国家科学技术学术著作出版基金资助出版

霍普金森杆实验技术

卢芳云　陈　荣　林玉亮　赵鹏铎　张　舵　著

科学出版社

北　京

内 容 简 介

本书从基本原理出发,系统介绍霍普金森杆实验技术及其应用与前沿发展,综合国内外学者在霍普金森杆实验领域的创造性贡献以及作者在这个领域工作的成果和经验,旨在尽可能系统、全面地介绍霍普金森杆所涉及的各种加载技术、测试手段以及相应的数据处理方法。全书共 8 章。第 1 章为霍普金森杆实验技术发展历史和现状简介;第 2 章介绍应力波基础理论与分离式霍普金森压杆基本原理;第 3 章和第 4 章分别从加载和测试技术两个方面介绍霍普金森杆的相关技术;第 5~8 章介绍基于霍普金森杆的拉伸、压剪、断裂和拓展加载技术。

本书可供从事材料动态力学研究及相关领域工作的科技工作者参考,可以使读者能够在较短的时间内全面了解相关研究和进展,正确使用分离式霍普金森杆实验技术,并获得可靠的实验数据。

图书在版编目(CIP)数据

霍普金森杆实验技术/卢芳云等著.—北京:科学出版社,2013

ISBN 978-7-03-038434-8

Ⅰ.①霍… Ⅱ.①卢… Ⅲ.①工程材料-力学性能试验 Ⅳ.①TB302.3

中国版本图书馆 CIP 数据核字(2013)第 196888 号

责任编辑:陈 婕 / 责任校对:刘亚琦

责任印制:赵 博 / 封面设计:陈 敬

科学出版社 出版

北京东黄城根北街 16 号

邮政编码:100717

http://www.sciencep.com

北京华宇信诺印刷有限公司印刷

科学出版社发行 各地新华书店经销

*

2013 年 10 月第 一 版 开本:720 × 1000 1/16

2025 年 1 月第七次印刷 印张:21

字数:402 000

定价:180.00 元

(如有印装质量问题,我社负责调换)

谨以此书献给我们的家人

和我们共同的事业！

前　　言

研究材料在高应变率加载下的力学响应，对于结构设计和材料研究均具有重要意义。在结构设计中，结构各部分需要满足不同的应变率范围和温度范围的功能要求，需要知道材料的力学性能会随着加载应变率的增加如何变化。对于材料研究而言，不同加载应变率和温度下应力应变曲线的变化不仅反映了材料的宏观力学行为，而且反映了材料的微观特性，因此它可为研究材料微观结构与更深层次的物理问题提供参考。

研究材料高应变率下的力学响应，困难在于结构惯性效应(应力波效应)和材料应变率效应相互影响。一方面，在应力波传播的分析中，材料动态本构方程是建立整个问题基本控制方程组不可缺少的组成部分，也就是说，分析应力波的传播是以材料动态本构关系已知为前提的；另一方面，在进行材料高应变率动态本构关系的实验研究时，一般都需要通过冲击加载，而冲击加载必须考虑实验装置和试件中的应力波传播及相互作用，也就是说在材料动态响应研究中，要分析材料中的应力波传播。这样就构成了一种耦合关系。

解决上述问题最常用的方法有两类。第一类是把试件设计成易于分析应力波传播的简单结构，在给定的冲击载荷(初边值条件)下测量波传播信息(如波传播速度等)或波传播效应(如波后质点速度和波后压力等)，由此来反推材料的动态本构关系。例如，利用飞片碰撞实验测试材料的状态方程。第二类方法的核心思想是，设法在试验中把应力波效应和应变率效应解耦。其中，最典型并应用得最广泛的就是分离式霍普金森压杆(split Hopkinson pressure bars，SHPB)实验。在分离式霍普金森压杆实验中，实验杆中传播的应力波同时承担加载和测试的功能，根据杆中应力波的传播来求解杆件与试样端面的应力-位移-时间关系；又通过设计加载波宽度远大于试样厚度，使试样受载过程处于一种局部动态平衡的状态，因此试样的变形分析无需考虑波传播效应，这样就可将应力波效应与应变率效应成功解耦，建立起材料在高应变率下的应力应变关系。

分离式霍普金森杆实验技术是研究中高应变率($10^2\sim10^4\mathrm{s}^{-1}$)下材料力学性能的最主要的实验方法，是爆炸与冲击动力学实验技术的重要组成部分。利用霍普金森杆不仅可以实现高应变率单轴拉伸、压缩、剪切加载，而且还发展了动态压-剪复合加载，主、被动围压等复杂加载，以及中应变率($1\sim10\mathrm{s}^{-1}$)加载等实验技术。分离式霍普金森杆实验技术及其相关应用研究已经开展了很多年，但是该实验技术在国内外都尚未标准化，技术发展和应用的空间还很大。本书尽可能系统、全面地介绍霍普金森杆所涉及的各种加载技术、测试手段以及相应的数据处理方法，融合了作者及所在团队在这个领域工作的成果和经验。本书从基本原理出发，系统介绍了霍普金森杆实验技术及其应用与前沿发展，旨在使读者能够在较短的时间内全面了解相关研究进展，同时为相关科研工作者和工程技术人员正确使用分离式霍普金森杆实验技术，以及获得可靠实验数据提供指导。

本书共 8 章，主要内容有：第 1 章霍普金森杆实验技术发展简史，简单介绍霍普金森杆实验的应用背景和该实验技术的发明及发展历程；第 2 章应力波基础理论与分离式霍普金森压杆基本原理，介绍霍普金森杆实验中涉及的弹性应力波控制方程与波传播、波形弥散等基础知识，并从基本原理、测试方法、实验数据处理、试样的设计原则、试样与实验杆端面的摩擦效应等方面阐述分离式霍普金森压杆实验技术的相关知识；第 3 章霍普金森杆实验中的加载控制技术，主要介绍入射波整形技术、单脉冲加载与试样变形控制技术、可控多脉冲加载技术、不同温度环境和围压作用下的霍普金森杆实验技术等；第 4 章霍普金森杆实验中的测试技术，重点介绍除传统应变片测试技术之外的其他测试技术及其在霍普金森杆实验中的应用，内容包括石英压电晶体压应力测试技术、剪应力测试技术，铌酸锂压电晶体及其剪应力测试应用，激光光通量位移计，同步高速摄影结合数字图像相关技术和温度测量技术；第 5 章霍普金森杆拉伸加载技术，阐述霍普金森杆直接拉伸加载实验、反射式霍普金森拉杆技术，以平台巴西实验实现拉伸加载和半圆盘三点弯实验实现拉伸加载的实验技术；第 6 章分离式霍普金森压剪杆实验技术，首先介绍实验装置、试样受载分析，然后从测试方法及有效性分析、测试的误差分析等角度对所涉及的测试手段进行详细说明，并给出实验试样的优化构型；第 7 章基于霍普金森杆的动态断裂实验，首先介绍断裂测试中的两个通用问题：应力强度因子的确定和起裂时间的确定，然后介绍基于霍普金森杆动态断裂实验的各种加载方式；第 8 章霍普金森杆实验技术的拓展应用，介绍用霍普金森杆实现中应变率加载实验、纯剪实验、动态摩擦实验以及其他拓展实验等。

在本书撰写过程中，作者参考了国内外大量的书籍和资料，其中有西北工业大学李玉龙教授、哈尔滨工程大学姜风春教授和日本丰桥科技大学（Toyohashi University of Technology）Homma 教授提供的部分参考文献；同时，加拿大多伦多大学夏开文教授、中南大学李夕兵教授、湘潭大学周益春教授和国防科技大学汤文辉教授对本书的撰写提出了很多宝贵意见，在此，特别对上述专家以及所有参考资料的作者表示衷心的感谢。

本书自 2007 年开始撰写，历时六载，九易其稿，经过多次补充和完善，是团队智慧和辛勤劳动的成果。全书由卢芳云、陈荣统稿，部分章节由林玉亮、赵鹏铎和张舵撰写，最终由卢芳云审核、定稿。本书内容涉及的主要研究成果包含了本团队赵习金、吴会民、王晓燕、崔云霄、李俊玲、王晓峰、覃金贵等人的研究工作；全书的撰写工作得到了本团队所在实验室师生的积极支持；蒋邦海副教授，李翔宇副教授，研究生文学军、张弘佳、卢潇等给予了帮助，在此一并对他们表示深深的感谢。

本书的主要成果来自作者的国家自然科学基金资助项目(10172092、10276038、10672177、10872215、11132012(重点)、11172328、11202232)、国防预研基金项目(51478030201KG0103)、国防科技大学基础研究项目(JC07-02-06、JC11-2-17)等；本书的出版得到了国家科学技术部学术著作出版基金和国防科技大学出版基金的资助，在此谨表示由衷的感谢。

限于作者的学术水平，书中难免存在不妥之处，敬请读者批评指正。

作 者

2013年5月1日

目　　录

第1章　霍普金森杆实验技术发展简史

1.1　研究背景

实验是研究材料力学行为的重要手段。传统液压伺服系统上准静态实验的应变率通常在 $1s^{-1}$ 以下。使用传统的加载方式，即使作特殊设计，应变率也只能达到 $100s^{-1}$。对于更高的应变率，需要采用其他手段。同时，高应变率实验和准静态实验的根本不同点在于，随着应变率的增加，惯性效应即应力波效应明显增强。通常不可能将惯性效应与研究对象的物理性能(应变率效应)分离开来。表1.1为各种加载方式所能满足的加载应变率范围以及对应力波的影响。

表1.1　各种加载方式所能满足的加载应变率范围

实验类型	加载应变率/s^{-1}	测试技术	应力波效应
压缩实验	<0.1	传统静态实验机	不重要
	0.1～100	特殊设计的伺服液压控制试验机	影响加载的测量
	0.1～500	凸轮式塑性机和落重	影响加载的测量
	200～10^4	霍普金森压杆	影响达到应力平衡
	10^3～10^5	泰勒冲击实验	需对结果进行修正
拉伸实验	<0.1	传统静态实验机	不重要
	0.1～100	特殊设计的伺服液压控制试验机	影响加载的测量
	100～10^3	霍普金森拉杆	影响达到应力平衡
	10^4	膨胀环	决定性影响
	>10^5	飞片碰撞	决定性影响
剪切和多轴加载	<0.1	传统静态实验机	不重要
	0.1～100	特殊设计的伺服液压控制试验机	影响加载的测量
	10～10^3	扭转冲击	影响达到应力平衡
	100～10^4	霍普金森扭杆	影响达到应力平衡
	10^3～10^4	双凹形剪切和冲塞实验	影响达到应力平衡
	10^4～10^7	压剪炮	决定性影响

分离式霍普金森压杆(split Hopkinson pressure bars, SHPB)实验技术是研究材料在中高应变率(10^2～10^4s^{-1})下力学性能的主要实验方法。其核心思想是

实验杆中传播的应力波同时承担加载和测试的功能,根据杆中应力波传播的信息来求解杆件与试样端面的应力-位移-时间关系,从而得到试样的应力-应变关系;通过设计加载波宽度远大于试样厚度,使试样受载过程处于一种局部动态平衡的状态,从而使试样的变形分析无需考虑波传播效应,将应力波效应与应变率效应成功解耦。

1914 年,Hopkinson J[1]利用长弹性杆中应力波的传播来测量动态过程中的压力脉冲;通过不同长度的吸能飞片来研究应力波在长杆中传播的形状与演化过程。正是由于他的研究工作具有开创性,人们将利用弹性应力波在长杆中的传播来测量材料动态应力应变响应的装置称为霍普金森(Hopkinson)杆。

1948 年,Davies[2]对该技术做了总结,研究了压力波形在杆中传播的规律,提出了一种采用电学测试的改进方案,克服了早期实验的许多不足。

1949 年,Kolsky[3]将试样放在两根杆中间,来测量材料的应力-应变曲线,这样就发展成了今天的分离式霍普金森压杆。因此,分离式霍普金森压杆又称为 Kolsky 杆或 Davies 杆。

以上这些科学家开创性的工作以及高精度应变片、高速信号采集和数字示波器等现代测试技术的发展为分离式霍普金森压杆技术的发展提供了有力支撑。

1.2 Hopkinson 父子开创性的工作

1872 年,Hopkinson J[4,5]在 *Proceedings of the Manchester Literary and Philosophical Society* 发表了两篇关于铁丝拉伸断裂的论文。论文介绍了波在铁丝中的传播理论,其中铁丝一端固定,另一端通过质量块施加一个拉应力脉冲,由此研究铁丝在不同加载条件下的强度。通过改变质量块的质量和速度来实现不同的加载条件,并观测铁丝是由入射波在加载端直接拉断,还是由反射波在固定端拉断。结果表明,反射拉断所需要的质量块速度仅为直接拉断时的一半。

三十三年后,Hopkinson B[6]继承了他父亲的实验。他加长了铁丝的长度,给出了波在其中传播的解析表达式。进而,他设计了一个实验,通过一个接触块 A 和电流表来测量铁丝中的瞬间伸长量,如图 1.1 所示。在实验中,滑块下落撞击铁丝端头的法兰,形成冲击加载。通过螺旋测微丝杆调节接触块 A 的预置位置,铁丝被加载后 A 向下运动,通过电流表是否有电流通过来确定 A、B 是否接触。他通过多次实验准确确定了铁丝的伸长量。这是首次采用定量的方法测量动态伸长量。

1914 年,Hopkinson B[1]设计了一个能够测量炸药爆炸或子弹射击杆端时所产生的压力-时间关系的装置,这就是后来的霍普金森压杆装置的雏形。他在发表的论文中这样写道:“如果用来复枪(rifle)发射一枚子弹撞击一圆柱形钢杆的端部,则在撞击期间,有一确定的压力作用在杆的端部,形成一个压力脉冲。这个撞击引起的压力脉冲沿着杆传播,在自由端发生反射产生一个拉伸脉冲。”如图 1.2 所示,药柱 A 用一个短木夹板固定在 B 杆的端面,钢杆直径为 1.25in(31.75mm)、长 15～30in(381～762mm)。整个装置悬挂起来,成为一个弹道摆。在 B 杆的另一端粘贴一个小圆柱体 C。小圆柱体 C 有 0.5～6in(12.7～152.4mm)长,用磁铁支撑,与接触面滑配。圆柱体的材料和直径与钢杆相同,将钢杆和小圆柱体的端面磨平,用油脂将小圆柱粘在钢杆上。

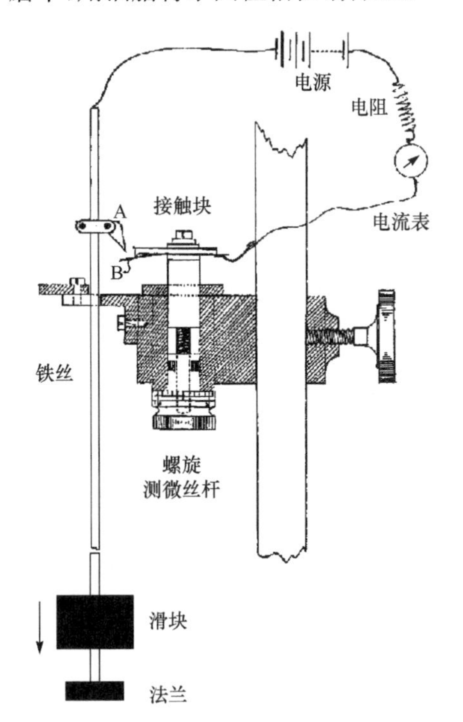

图 1.1　测量铁丝伸长量的装置[6]

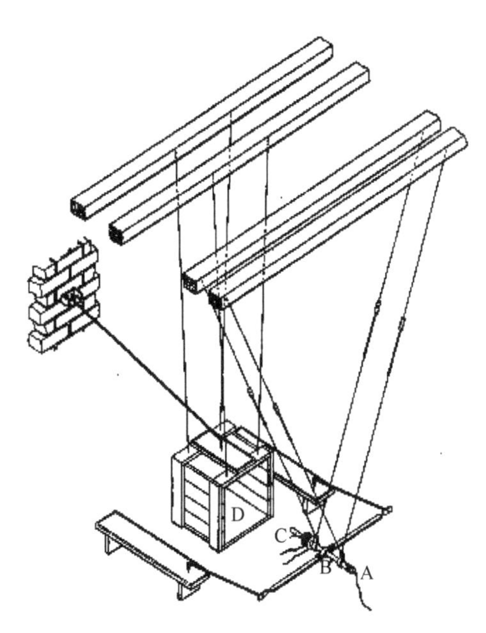

图 1.2　撞击杆中应力波传播示意图[1]

此方法的原理是,压力脉冲通过杆 B 与小圆柱体 C 间油脂的截面作用于 C,当到达小圆柱体 C 的另一个端面时,自由面反射拉伸波;而油脂的黏结力不足以承受拉应力,一旦拉伸波通过界面,小圆柱体 C 就会飞出,进入弹道摆 D。小圆柱体 C 的动量由弹道摆 D 测得,留在 B 杆内的动量则可由杆的摆动振幅来确定。小圆柱体 C 带走了压力脉冲中时间在 0 到 T 之间的动量,T 为小圆柱体 C 的长度的两倍除以声速。如果采用不同长度的小圆柱体 C 重复实验,就可以得到用方波脉冲近似组合而成的压力时间关系。图 1.3 中实线是 Hopkinson B 得到的原始结果,实验中采用 1 盎司(1ounce=31.10g)的雷管爆炸作为压力脉冲源，测量距离爆点 3/4in (19.05mm)位置处的压力历史曲线。图中长方形 1 的面积对应着 1in(25.4mm)长的小圆柱体得到的冲量，相应的时间长度为 10μs，长方形 1 的高度对应着 10μs[2×25.4(mm)/5100(m/s)≈10μs]内的平均压力。以此类推，不同长度小圆柱体实验得到不同高度的方形脉冲，以冲量等效的原则，折合得到压力脉冲曲线，如图 1.3 中虚线所示。

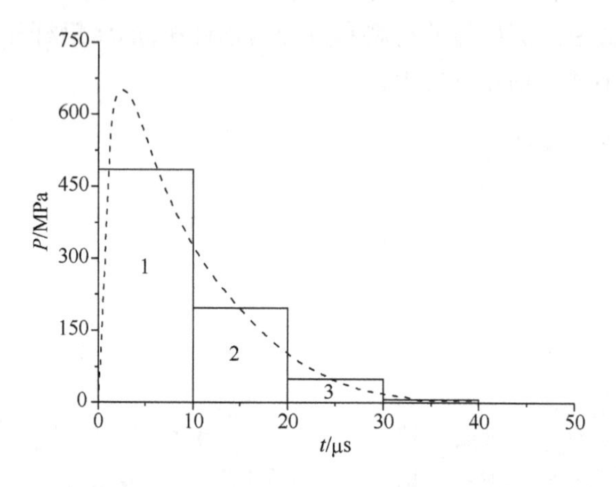

图 1.3　Hopkinson B 得到的实验结果[1]

虽然 Hopkinson B 的原始方案简单有效，并被成功应用于测量各种炸药的爆轰性能，但仍有一些不足之处。首先，该方案只能给出脉冲中各段压力时间曲线的积分，而在此过程中压力峰值以及压力时间曲线的演化过程均被忽略，得不到真正的压力时间曲线。其次，在实验中使油脂黏结段分开所需的压力不可测，从而引入了一个不确定因素，这导致该方案不能用来测量小脉冲波形。最后，虽然 Hopkinson B 已经注意到三维应力波在杆中传播的问题，并假设脉冲波形在杆中传播时不会变形，而这一点仅仅在脉宽远大于杆径且波形没有突变的条件下才能成立。

1.3　Davies 在压力波传播及波形检测方面的工作

1948 年，Davies 发表了题为“A critical study of the Hopkinson pressure bar”的论文[2]，使霍普金森杆实验技术取得了关键性的进步。

Davies 指出了霍普金森压杆在实验和理论上的局限。在实验和测量方面，Hopkinson B 的方案的局限性在于：一方面，在实验中使油脂黏结段分开所需的压力不可测；另一方面，不能直接得到压力时间曲线。在理论上，该方案的局限性表现为：①杆中的弹性波传播假设限制了该方法测量压力的范围；②假设杆中传播的弹性波不会弥散，这一点仅在脉宽远大于杆径的条件下成立；③假设波形通过界面时不会变形，而这在压杆端面附近是不成立的。这种局限先天性地存在于任何一个包含有限直径的杆中波传播的实验中。

Davies 首次提出了采用平板及柱形电容器同时测量霍普金森压杆实验中轴向和径向应变的方法。他将杆的自由端面作为平板电容器的阴极，从电容器出来的信号放大后接入阴极射线示波器，得到实验曲线，进而得到杆端面的轴向位移时间曲线。杆端的圆柱形电容器可测量径向位移时间曲线。图 1.4 是 Davies 提出的实验装置示意图。

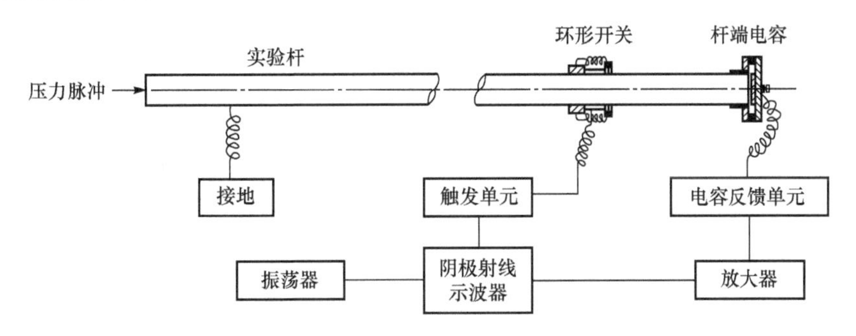

图 1.4　Davies 提出的实验装置简图[2]

Davies 的方案能够直接测量杆端面轴向位移 ξ 和径向位移 ζ 随时间变化的曲线。考虑一维弹性波在一端自由的杆中传播，Davies 证明了杆端面的质点速度 $\dot{\xi}$ 和径向位移 ζ 均与加载应力 σ 相关：

$$\dot{\xi}=\frac{2\sigma}{\rho c_0},\quad \zeta=\frac{\upsilon a\sigma}{E} \tag{1.1}$$

式中，ρ 为杆材料的密度；c_0 为杆中声速；a 为杆的半径；υ 为泊松比；E 为杨氏模量（注：在 Davies 原文中压力用 p 表示，泊松比用 σ 表示）。通过测量位移随时间的变化，可以计算得到杆中压力随时间的变化。

Davies 建立了与 Hopkinson B[1] 的方案类似的实验装置，并作了以下假定：

（1）杆材料是均匀的，杆中所受应力不能超过材料的弹性极限。

（2）通常情况下杆直径为 0.5～1.5in(12.7～38.1mm)，且直径是均匀的；所用杆长范围为 2～22ft(0.6～6.7m)。

（3）撞击端需要贴硬质保护片；可用少许油脂粘住保护片。

（4）杆中纵波速度 c_0 由振动实验测得。

根据实验杆端面的位移时间曲线，通过式(1.1)计算杆中的应力，得到如

图 1.5 所示的应力时程。类似地，测量了径向位移时间曲线，也可以通过式(1.1)由径向位移计算得到应力时间曲线，如图 1.6 所示。需要说明的是，图 1.5 与图 1.6 是由不同的实验得到的结果，不具备可比性。

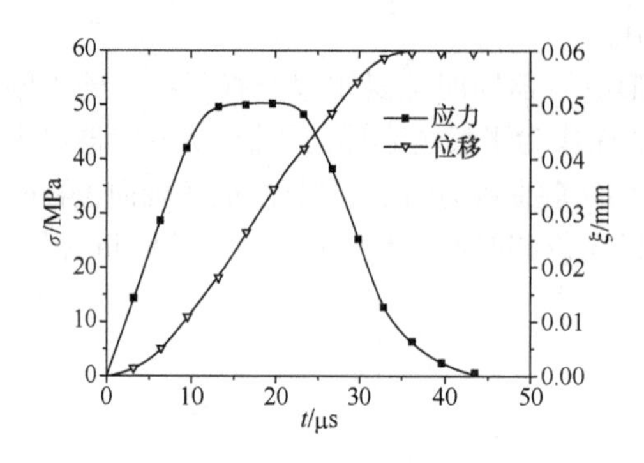

图 1.5　通过实验杆端面位移时间曲线计算霍普金森杆中的应力[2]

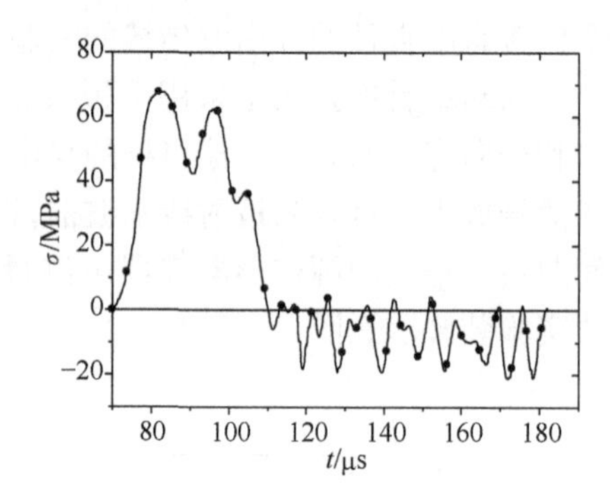

图 1.6　径向位移计算得到的应力时间曲线[2]

为保证实验的准确性，使实验误差最小化，Davies 讨论了无限杆中正弦纵波传播的弥散效应，并得到两点认识：

(1) 在简单的近似下，正弦波的波速与波长 λ 无关，都是 $c_0=\sqrt{E/\rho}$；而根据 Pochhammer 和 Chree 理论，波速 c 由 a、λ、c_0 和 υ 共同决定。事实上，c/c_0 是 υ 和 a/λ 的函数。任意一个从 $x=0$ 开始的扰动都能进行傅里叶(Fourier)变换，随着扰动沿着杆向前传播，各个分量的相位会发生变化，最终导致波形的弥散。

(2) 简单近似下，轴向应力和位移在杆的截面上的分布是均匀的，径向应力为 0，截面上距轴线中心 r 处的径向位移为 $\upsilon\sigma r/E$。而事实上轴向应力和位移在杆截面上的分布并不均匀，存在径向应力，且径向位移并非简单的线性关系。

Davies 还运用 Bessel 方程讨论了杆中正弦波的相速度 c_{p} 和群速度 c_{g}。求解 Bessel 方程可以得到 c/c_0 与 υ 和 a/λ 的关系：

$$\begin{cases}\dfrac{c_{\mathrm{p}}}{c_0}=1-\upsilon^2\bar{n}^2\left(\dfrac{a}{\lambda}\right)^2\\[2ex]\dfrac{c_{\mathrm{g}}}{c_0}=1-3\upsilon^2\bar{n}^2\left(\dfrac{a}{\lambda}\right)^2\end{cases}\tag{1.2}$$

当 a/λ 为 0 时，c/c_0 趋于恒定值。

图 1.7 中虚线①a 给出了比值 c_{p}/c_0 随 a/λ 的变化关系，曲线①～③分别是第 1～3 模数振动传播速度随 a/λ 的变化关系，并列出 c_1/c_0、c_2/c_0 和 c_{s}/c_0 作为参考。其中 c_1 是纵向波在无限介质中的波速；c_2 是剪切波在无限介质中的波速；c_{s} 是瑞利(Rayleigh)表面波在无限介质中的波速，且

$$\frac{c_1^2}{c_0^2}=\frac{1-\upsilon}{(1+\upsilon)(1-2\upsilon)},\quad \frac{c_2^2}{c_0^2}=\frac{1}{2(1+\upsilon)} \tag{1.3}$$

因为$\lambda=cT$，$a/\lambda=a/(cT)$，也就是说，a/λ等于一个拉伸波通过杆径所需要的时间除以波的周期。进一步，$ac/(\lambda c_0)$等于$a/(Tc_0)$，即如果杆的材料不变，半径增加k倍，波的周期也增加同样的倍数，则a/λ和c/c_0保持不变，$ac/(\lambda c_0)$仅仅是υ和a/λ的函数。

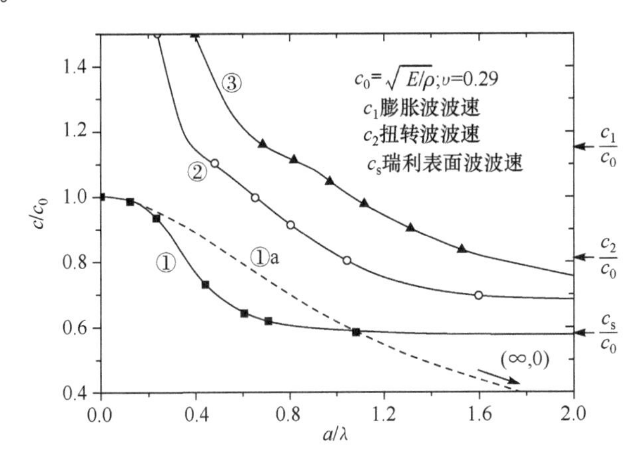

图1.7　相速度随a/λ的变化过程[2]

Bessel方程的根是多项式。假设泊松比υ为0.29，根据Bancroft给出的计算方法[7]，取前三种模态，如图1.7中曲线①～③。在Hopkinson B进行的实验条件下，对第二模态和第三模态影响不会太大，主要影响第一模态。当波长较长($a/\lambda\to 0$)时，相速度趋于杆的声速c_0；而当波长较短($a/\lambda\to\infty$)时，相速度比杆的声速小，趋向于瑞利表面波的波速c_s。若一个谐波的相速度与它的波长相关，波形就会弥散。而在有限直径杆中传播的波显然是弥散的。根据傅里叶变换，由撞击产生的、在杆中传播的压力脉冲波形可以看成各种不同频率波的叠加。通常波的上升段包含一个高频分量，而在传播过程中高频分量传播速度较低，所以波的上升段会被拉宽。因此，在有限杆径的霍普金森杆中会产生这种弥散。

最后，Davies得出如下结论：

(1) 压杆不能测量脉宽在1μs以内的压力脉冲。

(2) 当一个上升时间为0的压力脉冲作用于杆的端面，传播到被测端时，压力脉冲的上升时间将增加[对于泊松比为0.29、直径为0.5in(12.7mm)、长2.3ft(701mm)的杆，上升时间变成了2μs；对于直径为1in(25.4mm)、长2.2ft(671mm)

的杆，上升时间变成了 3μs；对于直径为 1in(25.4mm)、长 6ft(1829mm)的杆，上升时间变成了 5μs]。

(3) 对于压力脉冲的下降沿也有类似的结果。

(4) 若要测量一个脉宽为 T_0 的方波，对于直径为 0.5in(12.7mm)、长 2.3ft(701mm)的杆，T_0 不能小于 4μs；对于直径为 1in(25.4mm)、长 2.2ft(671mm)的杆，T_0 不能小于 6μs；对于直径为 1in(25.4mm)、长 6ft(1829mm)的杆，T_0 不能小于 10μs；否则，无法测量。

(5) 对幅值恒定或变化很小的脉冲波形，由杆端位移测得的压力幅值变化较小，并且测试精度随着脉宽 T_0 的增大而提高，若 T_0 大于脉冲上升时间的 6 倍，除去波头和波尾外，实验精度可达到 2%。

1.4 Kolsky 奠基性的工作

1949 年，Kolsky 发表了题为“An investigation of the mechanical properties of materials at very high rates of loading”的奠基性文章[3]，建立了分离式霍普金森压杆，他被认为是分离式霍普金森杆实验技术的创始人。

Kolsky 的实验基于 Davies 的应力应变测试方案。试样呈圆片状，放在两个圆柱钢杆之间。钢杆一端的雷管引爆产生压力脉冲，采用平板电容器测量另一根钢杆自由面的位移。一个圆柱形电容器放置在钢杆上雷管和试样之间的位置，用于测量到达试样的压力脉冲大小，最终可以得到试样的变形。

图 1.8 为 Kolsky 实验装置示意图。由图 1.8 可以看出，这和 Davies 的方案基本相似，不同的是钢杆分成两段，并引入了第二个电容器和放大器。入射杆和透射杆均由合金钢制成(屈服点为 617MPa)，直径为 1in(25.4mm)。入射杆长 6ft(1829mm)，透射杆长 4in(101.6mm)、6in(152.4mm)或 8in(203.2mm)，能够与黄铜套筒滑配。试样端面润滑，放在两个实验杆之间并用套筒箍住。入射杆和透射杆均接地，并采用套筒紧密相连。为保护入射杆的承压端，在雷管和入射杆间放置一个等直径的淬火钢质砧杆。砧杆需要经常更换。砧杆长 1.5in(38.1mm)。在砧杆和导入杆之间用少许油脂或重油黏结以保证界面紧密接触。

Kolsky 假设：

(1) 平面压缩波(脉冲)在线性圆柱形杆中传播时没有弥散，传播速度为 $c_0 = \sqrt{E/\rho}$。其中，E 为杆材料的弹性模量；ρ 为杆材料的质量密度。

(2) 轴向应力在每个横截面上都均匀分布。在实际问题中，径向应力是沿半径线性分布的，只有当所传播的应力波脉宽远大于杆的半径时，这个假设才能成立。

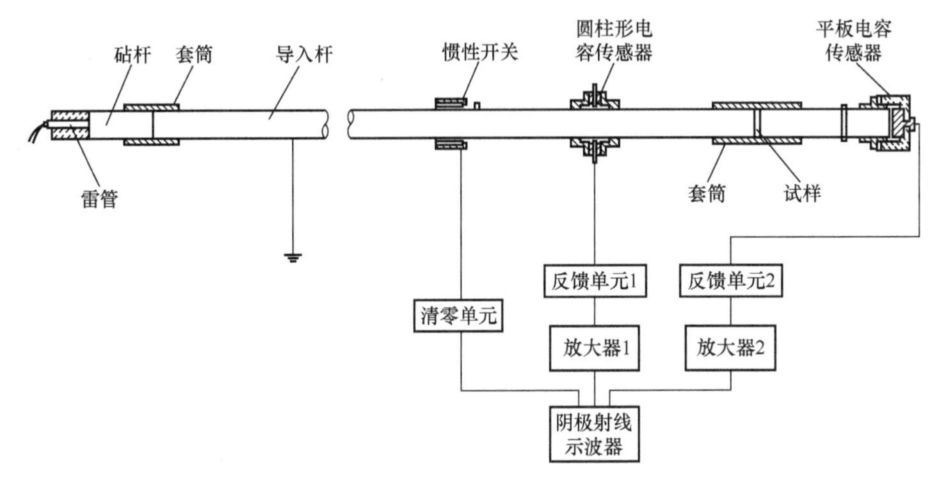

图 1.8　Kolsky 实验装置简图[3]

在这两个假设(一维假设)之下,杆中压力(轴向应力)可用下式计算:$\sigma=\rho c_0 v$,σ 为杆中应力,v 为杆中对应的质点速度。自由端界面上的质点速度是杆中质点速度的 2 倍。平行板电容器测得的是杆自由端的位移,并据此计算出自由界面上的质点速度,进而算得杆中的质点速度。在此基础上,再假设试样很薄,整个试样中(沿轴向和径向)应力、应变均匀(动态应力均匀假设),Kolsky 推导了我们现在仍在用的霍普金森压杆实验试样中应力、应变和应变率的计算方法。

Kolsky 对实验系统进行了校准和验证。前述的实验方案要求实验装置满足以下假设:①压力脉冲通过透射杆时不会产生形状改变;②脉冲通过杆界面油脂层时不会失真;③连接两杆的套筒不会在入射杆和透射杆间传递有效压力。为验证上述条件能否成立,进行了一系列实验。为验证条件①和②,除去套筒和透射杆,平板电容器直接放于入射杆的端面,得到实验波形;再将入射杆与透射杆用油脂黏结,测得的实验波形与前述实验波形相比较。结果表明,利用 4in(101.6mm)、6in(152.4mm)和 8in(203.2mm)长的透射杆所得位移时间曲线均与只有入射杆时的结果相同。这样在脉冲波到达实验杆端面之前,条件①和②均能成立。结果同时说明,当在入射杆与透射杆间夹有与杆件材料不同的试样时,脉冲波形会被拉宽,幅值会略微减小。而根据 Davies 的理论,这样被拉宽的波形在透射杆中传播时衰减更小。虽然这不能直接测试,但不管透射杆的长度如何,这种规律均成立。值得一提的是,为验证条件③,在两杆间预留一个 0.02in(0.5mm)的缝隙(这远大于两杆连接时测到的透射杆位移),然后将平板电容器的极化电压设为 360V 以提高电容器测量位移的灵敏度(约为原来的 30 倍),起爆雷管,示波器得到的波形几乎为直线,说明透射杆端面几乎没有位移,套筒不会在入射杆和透射杆间传递有效动量。

在 Kolsky 的初始实验中，他测量了聚乙烯、橡胶、塑料(聚甲基丙烯酸甲酯-异丁烯酸酯)、铜和铅等几种典型材料的动态力学性能。图 1.9 为 Kolsky 给出的实验结果。

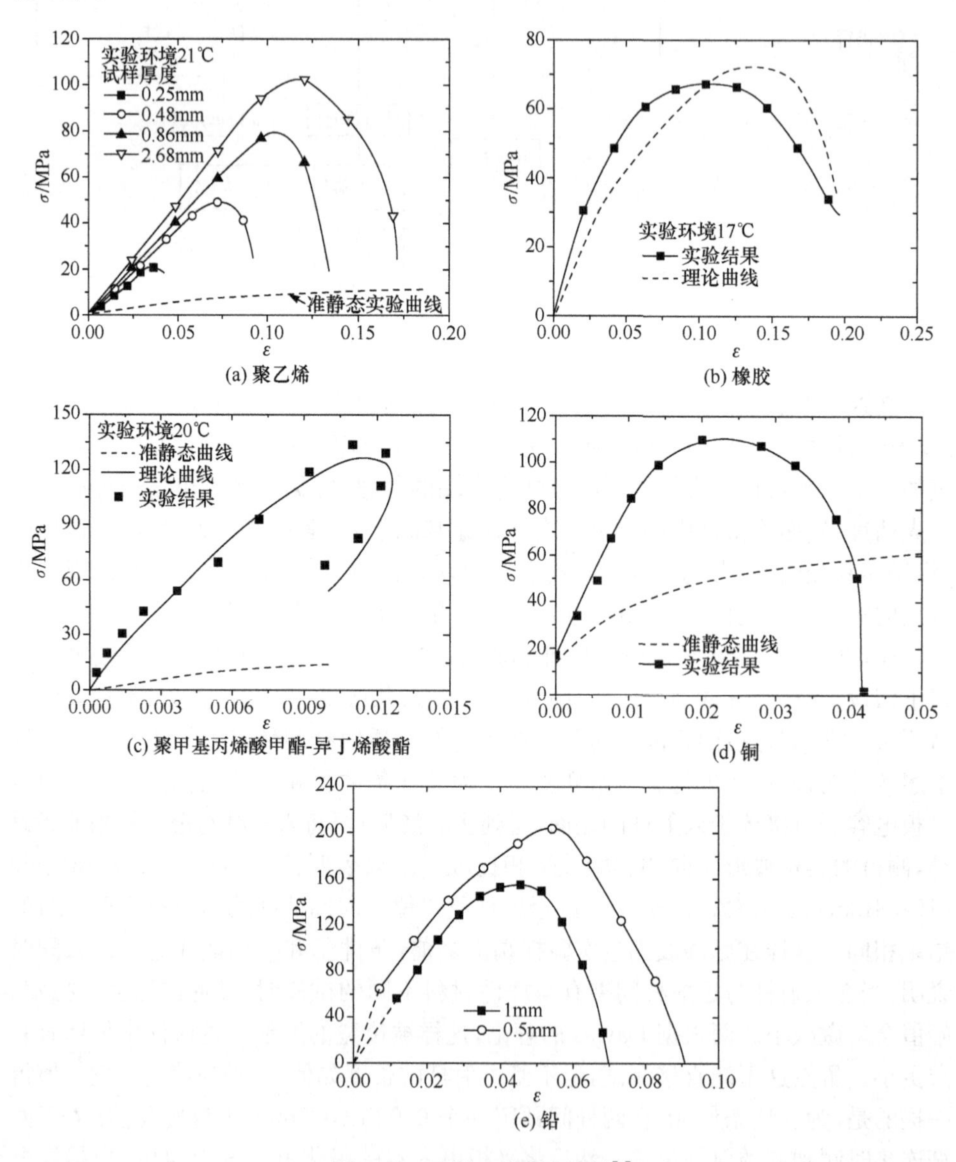

(a) 聚乙烯
(b) 橡胶
(c) 聚甲基丙烯酸甲酯-异丁烯酸酯
(d) 铜
(e) 铅

图 1.9 Kolsky 的实验结果[3]

Kolsky 的分离式霍普金森压杆最重要的特点在于，试样处于动态应力平衡状态，沿长度方向试样中应力梯度基本为零。这对于得到试样在一维应力条件下不同应变率的应力应变响应至关重要。因为该技术可以用来研究材料在不同应变率下一维应力的本构关系，最终得到众多材料基于实验结果的本构模型。但是，因为在实际实验中上述一维假设和动态应力均匀假设不能严格满足，实验结果总存在一定的误差，特别是在加载早期更是如此，所以，一般认为，由分离式霍普金森压杆实验得到的材料应力-应变曲线的上升前沿，即初始线弹性段不能反映材料的真实响应。

Kolsky 工作的重要性在于他改进了霍普金森压杆，最终建成了今天所说的分离式霍普金森压杆，扩展了霍普金森压杆的用途，使之成为研究材料动态力学性能的一种重要手段。

1.5 霍普金森杆技术的研究与进展

由于分离式霍普金森杆实验装置具有结构简单、操作方便、测量方法精巧、加载波形容易控制等优点，同时，分离式霍普金森杆实验方法所涉及的应变率范围（$10^2\sim10^4\,s^{-1}$）也是人们所关心的一般工程材料流动应力的应变率敏感性变化比较剧烈的范围，因此，半个多世纪以来，分离式霍普金森杆实验得到了深入讨论和广泛应用。在测试材料动态压缩性能的传统分离式霍普金森压杆的基础上，又发展了若干改进的霍普金森杆实验技术，实现了对试样的多种加载，如一维拉伸、扭转、剪切加载等。将以霍普金森杆为基础，而又不同于传统意义的分离式霍普金森杆实验技术通称为广义霍普金森杆技术。

在国外，20 世纪 70 年代前后，关于这项实验技术的讨论很热烈[8~10]，主要围绕这项实验技术的两个基本前提进行了较为全面的研究论证，建立了有关试样的设计原则和数据处理的修正方法。自 90 年代以来，很多研究者为了拓宽这项实验技术的应用范围，对传统的分离式霍普金森杆实验技术进行了各种实验方法上的改进和理论方面的修正。特别是通过改进分离式霍普金森杆实验技术，测试研究了两类特殊材料（软材料和脆性材料）的冲击压缩性能。根据 SCI 论文统计结果，如图 1.10 所示，自 20 世纪 90 年代以来，随着对材料在高应变率下力学性能的广泛关注，霍普金森杆实验技术得到了蓬勃发展。霍普金森杆技术的研究主要集中在美国、欧盟、中国和日本几个国家和地区，如图 1.11 所示。

对于软材料，Chen 等[11]采用空心铝杆以降低压杆有效面积 A 来增加透射信号幅值，增益在 1 个量级。还有文献[12]～[15]采用低弹性模量材料作为实验杆，以增加透射信号幅值。但对于特别软的材料，如低密度泡沫，这些增益仍不够。2000 年 Chen 等[16]采用在杆中嵌入石英压电晶体片的方法直接测量透射杆中应

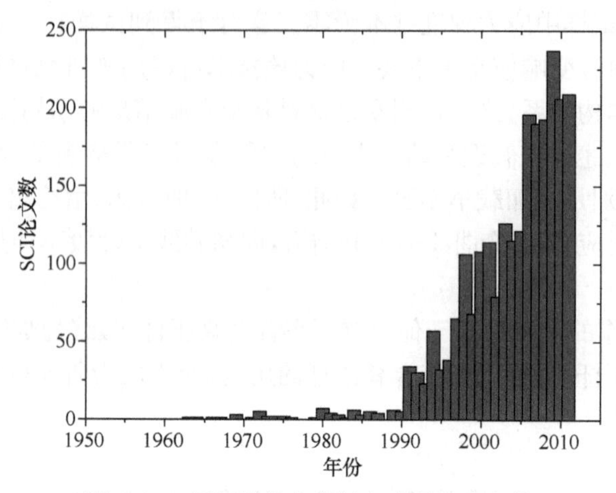

图 1.10 历年霍普金森杆实验研究论文数

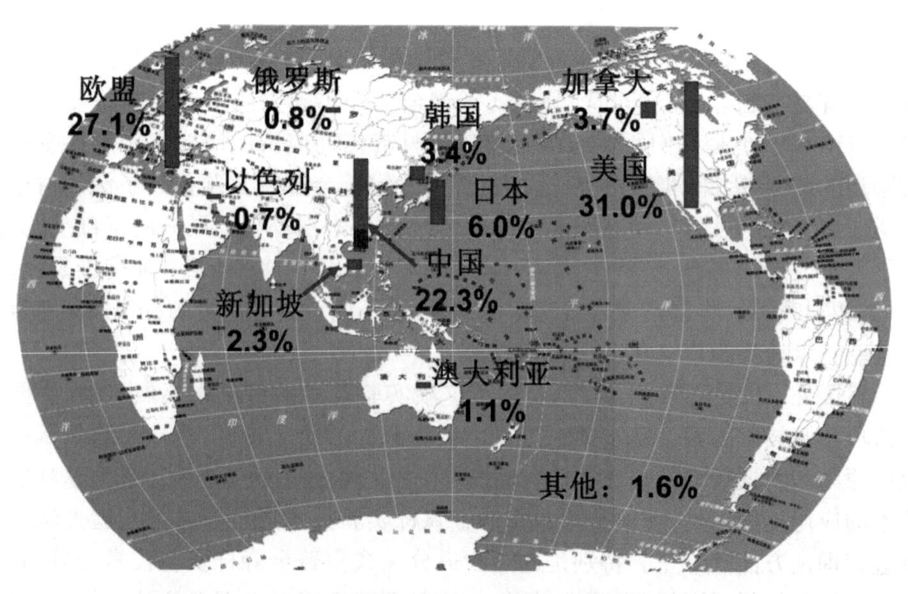

图 1.11 霍普金森杆实验研究论文地区分布(1950～2011)

力信号，对软材料试样测试得到具有较高信噪比的透射信号，幅值增加达 3 个量级。这应该是目前解决分离式霍普金森杆实验测试软材料透射信号弱问题的最好方法。Frew 等[17]应用霍普金森杆实验技术研究了岩石等脆性材料的动态应力应变关系。Ravichandran 和 Subhash[18]的研究表明，对于陶瓷材料，应力波在试样中需要来回传播四次才能在试样两端达到 5%以内的应力平衡。

在国内，20 世纪 80 年代初，中国科学院力学研究所率先设计加工了霍普金森压杆装置[19]，之后各高校和研究所逐渐加入研究，并不断发展相关技术。至今，国内已进行的相关研究工作主要有：①装置发展方面，有反射式冲击拉伸实验[20]、拉扭复合加载[21]、小尺寸的分离式霍普金森杆实验装置、大尺寸的分离式霍普金森杆实验装置[22]等；②技术改进与拓展方面，有高温加载技术[23,24]、PVDF 应力测试技术[25,26]、石英传感器测试技术[27,28]、动态巴西(Brazilian)实验[29]、材料动态断裂韧性的确定[30]、入射波整形技术[31]、单脉冲加载[32]、被动围压实验[33,34]、高 g 值加速度传感器的标定[35]等；③材料测试应用方面，已涵盖金属、岩石[36]、混凝土[37]、陶瓷材料[38]、橡胶[27,39]、泡沫塑料[27,40]、含能材料[41]、生物材料[42]、摩擦材料[34]以及吸能材料[43,44]等的研究。

表 1.2 中列出了霍普金森杆的发展史。由于调研不一定全面和准确，可能存在不少疏漏，此表仅供参考。

表 1.2　霍普金森杆发展纪事年表

时间	发展情况
1872	Hopkinson J，铁丝拉伸实验[45]
1914	Hopkinson B，霍普金森杆雏形[1]
1948	Davies，分析杆中波的传播理论[2]
1949	Kolsky，分离式霍普金森压杆[3]
1960	Harding 等，爆炸产生脉冲的动态拉伸实验[45]
1963	Chiddister 和 Malvern，高温霍普金森杆实验[46]
1966	Baker 和 Yew，霍普金森扭杆(储能，夹钳释放法)[47]
1967	Ferguson 等，霍普金森杆加载的动态冲塞实验[48]
1968	Lindholm 和 Yeakley，帽形试样测量材料的动态拉伸性能[49]
1969	Wasley 等，石英晶体用于 SHPB[50]
1970	Dowling 等，霍普金森杆加载的冲塞实验[51]
1971	Duffy 等，霍普金森扭杆(爆炸加载法)[52]
1972	Christensen 等，基于霍普金森杆的被动围压实验[53]
1974	Albertini 和 Montagnani，爆炸加载和直接撞击的动态拉伸实验[54]
1976	Eleiche 和 Campbell，霍普金森扭杆(储能，夹钳断裂释放法)[55]
1978	Costin，直接拉伸动态断裂实验[56]
1979	Harding 和 Huddart，霍普金森杆加载的双剪实验装置[57]
1980	Nicholas，反射式拉伸实验[58]
1980	Tanaka 和 Kagatsume，双杆三点弯加载的动态断裂实验[59]
1980	Gorham，直接撞击式霍普金森杆小型化[60]
1982	Klepaczko，楔形加载紧凑拉伸断裂试样的霍普金森杆实验[61]

续表

时间	发展情况
1983	Homma 等，气动加载的直接拉伸动态断裂实验[62]
1984	Frantz 等，入射波整形技术[63]
1984	Vinh 和 Khalil，霍普金森扭杆(马达驱动)[64]
1985	Albertini 等，大杆径的霍普金森杆来测试结构材料和混凝土[65]
1985	Mines 和 Ruiz，单杆三点弯动断裂实验[66]
1986	Meyer 等，帽形试样测试材料剪切应力[67]
1989	Yokoyama 和 Kishida，三杆三点弯动态断裂实验[68]
1991	Nemat-Nasser 等，单脉冲加载霍普金森杆技术与软回收技术[69]
1991～1993	Feng 和 Ramesh，霍普金森扭杆测量润滑材料的动态的滑动摩擦系数和剪切性质[70]
1992	Rittel 等，霍普金森杆加载紧凑压缩试样断裂研究[71]
1993	李夕兵等，异型弹头加载脉冲整形[72]
1994	Meyer 和 Staskewitsch，预扭斜圆柱的试样结构用于研究绝热剪切[73]
1994	王礼立等，聚合物杆(黏性杆)[12]
1995	Johnstone 和 Ruiz，基于霍普金森杆的动态巴西实验[74]
1996	Togami 等，高 g 值加速度计标定[75]
1997	Ogawa，透射杆旋转型动态摩擦装置[76]
1997～2002	Zhao 和 Gray 等，利用波的分离技术来增加霍普金森杆系统得有效长度[77～79]
1998	Macdougall、Lennon 和 Ramesh，利用辐射快速加热霍普金森杆的金属试样[80,81]
1998～2002	Bacon 等，分析非均匀黏弹性杆中的应力波传播情况[82,83]
1999	Chichili 和 Ramesh，发展了单脉冲扭杆技术[84]
1999	Rajagopalan 等，轴向预应力加载的单杆扭转摩擦试样[44,85]
2000	Chen 等，石英技术，整形技术测试软材料[86]
2000	Espinosa 等，轴向预应力加载的双杆扭转[87]
2002	Rittel 等，提出缺口圆柱试样测试材料剪切性能[88]
2002	Krzewinski 等，霍普金森杆对炸药和推进剂进行剪冲实验[89]
2002	Li 等，分离式霍普金森压杆实验装置用于进行动态挤出实验[90,91]
2002	Vernaza-Peña 等，基于霍普金森杆的动态切削实验装置[92]
2002	Krzewinski 等，火工品抗冲击安全性和可靠性评估[89]
2003	Othman 等，中应变率的加载的霍普金森杆实验[93]
2003	Grantham 等，片激光技术用于测试试样的变形[94]
2003	孟益平和胡时胜，用于脆性材料加载的万向头技术[95]

续表

时间	发展情况
2004	Song 和 Chen，采用组合整形器实现加载-卸载实验[96]
2005	崔云霄和卢芳云，霍普金森压剪杆实验系统[97]
2005	Nemat-Nasser 等，超高应变率实验[98]
2005	Rittel 等，单杆单点弯测试Ⅱ型裂纹[99]
2006	Rittel 等，薄套筒恒定被动围压[100]
2006	Weerasooriya 等，人字形切槽的四点弯动态断裂实验[101]
2006	Zhou 等，霍普金森杆加载带切槽的巴西圆盘试样研究复合型断裂[102]
2007	Li 和 Ramesh，激光光通量位移计测量拉伸应变[103]
2009～2011	Dai 和 Xia 等，霍普金森杆加载的动态断裂系列实验（半圆盘三点弯[104]、带预制裂纹的半圆盘三点弯[105]、人字形切槽的巴西圆盘[106]、人字形切槽的半圆盘[107]）
2009	Chen 等，原位测量的霍普金森杆实验技术[108]
2010	Frew 等，静水压加载的霍普金森杆实验系统[109]

1.6　霍普金森杆技术的发展展望

经过近百年的发展，分离式霍普金森杆实验技术作为获得材料在 $10^2 \sim 10^4 s^{-1}$ 应变率范围内应力应变关系的最主要实验手段，已经得到了广泛的应用，并根据不同需求发展了许多相关实验技术。本章简单总结了分离式霍普金森杆实验技术发展的历史，介绍了 Hopkinson 父子、Davies、Kolsky 等先辈的主要贡献。分离式霍普金森杆技术发展到今天，得益于以上这些做出开创性贡献的科学家，也得益于大批长期专注于霍普金森杆实验基本理论、测试技术和拓展应用研究的科学研究工作者，以及发展高精度应变片、信号采集、高速数字示波器的科学家和工程师。

作者认为有以下几个方面有待于深入和细化：

(1) 分离式霍普金森杆实验技术的标准化问题。只有建立了实验标准才能使分离式霍普金森杆更为广大研究人员所用，使其所测试的材料动态力学性能成为通用材料参数。2000 年美国 ASM 协会出版的 ASM 手册第八卷 *Material Testing and Evaluation* 一书系统介绍了分离式霍普金森杆及相关实验技术；最近 Chen 和 Song 出版了专著 *Split Hopkinson (Kolsky) Bar: Design, Testing and Applications*，二者均对实验起到了很好的指导作用，但是距建立详细实用的通用实验标准还有距离。

(2) 分离式霍普金森杆实验技术的拓宽应用问题。分离式霍普金森杆实验装置早期主要用来研究金属等内部组织结构均匀的材料，但现在已经广泛地用于研究一些比较特殊的材料，如各种复合材料、生物材料，以及内部组分复杂、均匀性较差的混凝土、土壤等材料。相应的实验技术尚不完善，尤其在加载过程控制和数据准确获取等方面都需要进一步改进和提高。随着新材料的不断涌现和材料特性测试的需求拓宽，发展相应的分离式霍普金森杆技术正成为必要的技术环节。

(3) 广义分离式霍普金森杆实验技术的发展问题。传统分离式霍普金森杆用来测量材料的力学响应，广义分离式霍普金森杆实验技术以霍普金森杆为加载、测试手段进行其他方面的研究。目前已经发展了利用霍普金森杆进行材料的动态拉伸、断裂性能研究的技术，以及基于霍普金森杆的其他多类拓展性实验技术。不断挖掘霍普金森杆技术的精华和潜力，可望引出更多的革命性的实验技术。

参考文献

[1] Hopkinson B. A method of measuring the pressure produced in the detonation of high explosives or by the impact of bullets[J]. Philosophical Transactions of the Royal Society of London. Series A. Mathematical Physical & Engineeing Sciences, 1914,213: 437—456.

[2] Davies R M. A critical study of the Hopkinson pressure bar[J]. Philosophical Transactions of the Royal Society of London. Series A. Mathematical Physical & Engineering Sciences, 1948,240(821): 375—457.

[3] Kolsky H. An investigation of the mechanical properties of materials at very high rates of loading[J]. Proceedings of the Physical Society. Section B,1949,62(11):676—700.

[4] Hopkinson J. Further experiments on the rupture of iron wire [C]. Proceedings of the Manchester Literary and Philosophical Society,1872.

[5] Hopkinson J. On the rupture of iron wire by a blow[C]. Proceedings of the Manchester Literary and Philosophical Society,1872.

[6] Hopkinson B. The Effects of Momentary Stresses in Metals[J]. Proceedings of the Royal Society of London, 1905,74: 498—506.

[7] Bancroft D. The velocity of longitudinal waves in cylindrical bars[J]. Physical Review, 1941, 59(2): 588—593.

[8] Lindholm U S. Some experiments with the split Hopkinson pressure bar[J]. Journal of the Mechanics and Physics of Solids, 1964, 12: 317—335.

[9] Bertholf L D, Karnes C H. Axis symmetric elastic-plastic wave propagation in 6061-T6 aluminum bars of finite length[J]. Journal of Applied Mechanics, 1969, 36: 533—541.

[10] Habberstad J L. A two-dimensional numerical solution for elastic waves in variously configured rods[J]. Journal of Applied Mechanics, 1971, 38: 62—70.

[11] Chen W, Zhang B, Forrestal M J. A split Hopkinson bar technique for low impedance materials[J]. Experimental Mechanics, 1999, 39: 81—85.

[12] Wang L L, Labibes K, Azari Z, et al. Generalization of split Hopkinson bar technique to use viscoelastic bars[J]. International Journal of Impact Engineering, 1994, 15(5): 669—686.
[13] Wang L L, Labibes K, Azari Z, et al. Generalization of split Hopkinson bar technique to use viscoelastic bars-reply[J]. International Journal of Impact Engineering, 1995, 16(3): 530,531.
[14] Zhao H. Testing of polymeric foams at high and medium strain rates[J]. Polymer Testing, 1997, 16: 507—523.
[15] Zhao H, Gary G, Klepaczko J R. On the use of a viscoelastic split Hopkinson pressure bar [J]. International Journal of Impact Engineering, 1997, 19: 319—330.
[16] Chen W, Lu F, Frew D J. Dynamic compression testing of soft materials[J]. Applied Mechanics, 2002, 69: 214—223.
[17] Frew D J, Forrestal M J, Chen W. A SHPB technique to determine compressive stress-strain data for rock materials[J]. Energetic Materials, 2002, 42(1): 40—46.
[18] Ravichandran G, Subhash G. Critical appraisal of limiting strain rates for compression testing of ceramics in a split Hopkinson pressure bar[J]. American Ceramic Society, 1994, 77(1): 263—267.
[19] 段祝平，孙琦清，杨大光．高应变率下金属动力学性能的实验与理论研究——一维杆的实验方法及其应用[J]. 力学进展，1980，(1):1—16.
[20] 胡时胜，邓德涛，任小彬．材料冲击拉伸实验的若干问题探讨[J]. 实验力学，1998，13(1): 9—14.
[21] 佟景伟，丛峰，李鸿琦．温度对高应变率扭拉复合加载下形状记忆合金本构关系影响的研究[J]. 固体力学学报，2001，22(1): 69—74.
[22] 张守保．Φ100 分离式霍普金森压杆研制报告[R]. 洛阳:工程兵科研三所，2005.
[23] 夏开文，程经毅，胡时胜．SHPB装置应用于测量高温动态力学性能的研究[J]. 实验力学，1998，13(3): 307—313.
[24] 张方举，谢若泽，田常津，等．SHPB 系统高温实验自动组装技术[J]. 实验力学，2005，20(2): 281—284.
[25] 郭伟国．PVDF 压电薄膜用于 Hopkinson 压杆测量泡沫金属的动态性能[J]. 实验力学，2005，20(4):635—639.
[26] 刘剑飞，胡时胜．PVDF 压电计在低阻抗介质动态力学性能测试中的应用[J]. 爆炸与冲击，1999，19(3):229—234.
[27] 卢芳云，Chen W，Frew D J. 软材料的 SHPB 实验设计[J]. 爆炸与冲击，2002，22(1): 15—19.
[28] 林玉亮，卢芳云，卢力．石英压电晶体在霍普金森压杆实验中的应用[J]. 高压物理学报，2005，19(4): 299—304.
[29] 宋小林，谢和平，王启智．大理岩的高应变率动态劈裂实验[J]. 应用力学学报，2005，

22(3)：419—426.
[30] 李玉龙，郭伟国，贾德新，等．40Cr 材料动态起裂韧性 $K_{Id}(\sigma)$的实验测试[J]．爆炸与冲击，1996，16(1)：21—30.
[31] 赵习金，卢芳云，王悟，等．入射波整形技术的实验和理论研究[J]．高压物理学报，2004，18(3)：231—236.
[32] 薛青，沈乐天，陈淑霞，等．单脉冲加载的 Hopkinson 扭杆装置[J]．爆炸与冲击，1996，16(4)：289—297.
[33] 施绍裘，陈江瑛，李大红，等．水泥砂浆石在准一维应变下的动态力学性能研究[J]．爆炸与冲击，2000，20(4)：326—332.
[34] 刘建秀，韩长生，张祖根，等．摩擦材料在无围压和加围压条件下的形变比较[J]．爆炸与冲击，2004，24(2)：151—157.
[35] 李玉龙，郭伟国．高 g 值加速度传感器校准系统的研究[J]．爆炸与冲击，1997，17(1)：90—96.
[36] 李夕兵，赖海辉，朱成忠．研究矿岩冲击破碎及动态特性的水平冲击实验法[J]．中南大学学报(自然科学版)，1988，10(5)：492—499.
[37] 严少华，李志成，王明洋．高强钢纤维混凝土冲击压缩特性试验研究[J]．爆炸与冲击，2002，22(3)：415—419.
[38] 李英雷，胡时胜，李英华．A95 陶瓷材料的动态压缩测试研究[J]．爆炸与冲击，2004，24(3)：441—447.
[39] 王宝珍，胡时胜，周相荣．不同温度下橡胶的动态力学性能及本构模型研究[J]．实验力学，2007，22(1)：1—6.
[40] 宋力，胡时胜．一种用于软材料测试的改进 SHPB 装置[J]．实验力学，2004，19(4)：448—452.
[41] 吴会民，卢芳云，卢力．三种含能材料力学行为应变率效应的实验研究[J]．含能材料，2004，12(4)：227—230.
[42] 赵隆茂，阎庆荣，杨桂通．高应变率下骨的力-电效应的实验研究[J]．中国生物医学工程学报，1993，12(1)：307—313.
[43] 潘艺，胡时胜，魏志刚．泡沫铝动态力学性能的实验研究[J]．材料科学与工程，2002，120(13)：341—343.
[44] Gu B H，Chang F K. Energy absorption features of 3-D braided rectangular composite under different strain rates compressive loading [J]. Aerospace Science and Technology，2007，11(7-8)：535—545.
[45] Harding J，Wood E D，Campbell J D. Tensile testing of material at impact rates of strain [J]. Journal of Mechanical Engineering Science，1960，2：88—96.
[46] Chiddister J L，Malvern L E. Compression-impact testing of aluminum at elevated temperatures[J]. Experimental Mechanics，1963，3(3)：81.
[47] Baker W W，Yew C H. Strain rate effects in the propagation of torsional plastic waves[J].

Journal of Applied Mechanics, 1966, 33: 917—923.

[48] Ferguson W G, Hauser J E, Dorn J E. Dislocation damping in zinc single crystals[J]. British Journal of Applied Physics, 1967, 18: 411—417.

[49] Lindholm U S, Yeakley L M. High strain rate Testing: Tension and compression[J]. Experimental Mechanics, 1968, 8: 1—9.

[50] Wasley R J, Hoge K G, Cast J C. Combined strain gauge-quartz crystal instrumented Hopkinson split bar[J]. Review of Scientific Instruments, 1969, 40(7): 889—894.

[51] Dowling A R, Harding J, Campbell J D. The dynamic punching of metals[J]. Journal Institute of Metals, 1970, 98(11): 215—224.

[52] Duffy J, Cambell J D, Hawley R H. On the use of a torsional split Hopkinson bar to study rate effects in 1100-0 aluminum[J]. Journal of Applied Mechanics, 1971, 38: 83—91.

[53] Christensen R J, Swanson S R, Brown W S. Split Hopkinson bar test on rock under confining pressure[J]. Experimental Mechanics, 1972, 12: 508—541.

[54] Albertini C, Montagnani M. Testing techniques based on the split Hopkinson bar[C]. The 3rd Conference on the Mechanical Properties at High rates of Strain, Oxford, 1974: 22—32.

[55] Eleiche A M, Campbell J D. Strain-rate effects during reverse torsional shear[J]. Experimental Mechanics, 1976, 8: 281—285.

[56] Costin L S, Duffy J, Freund L B. Fracture initiation in metals under stress ware loading conditions [C]. Fast Fracture and Crack Arrest, Philadelphia PA, 1977: 301—318.

[57] Harding J, Huddart J. The use of the double-notch shear test in determining the mechanical properties of uranium at very high rates of strain[C]. Proceedings of the 2nd International Conference, London, 1979: 49—61.

[58] Nicholas T. Tensile testing of materials at high rates of strain[J]. Experimental Mechanics, 1980, 21: 177—185.

[59] Tanaka K, Kagatsume T. Impact bend test on steel at low temperatures using a split Hopkinson bar [J]. Bulletin of the Seismological Society of America, 1980, 23(185): 1736—1744.

[60] Gorham D A. Measurement of stress-strain properties of strong metals at very high strain rates[C]. Conference on the Mechanical Properites at High Rates of Strain, Bristol, 1979: 16—24.

[61] Klepaczko J R. Discussion of a new experimental-method in measuring fracture-toughness initiation at high loading rates by stress waves[J]. Journal of Engineering Materials and Technology-Transactions of the Asme, 1982, 104(1): 29—35.

[62] Homma H, Shockey D A, Murayama Y. Response of cracks in structural materials to short pulse loads[J]. Journal of the Mechanics and Physics of Solids, 1983, 31(3): 261—279.

[63] Frantz C E, Follansbee P S, Wright W J. New experimental techniques with the split Hop-

kinson pressure bar[C]. The 8th International Conference on High Energy Rate Fabrication, San Antonio, 1984: 17—21.

[64] Vinh T, Khalil T. Adiabatic and viscoplastic properties of some polymers at high strain and high strain rate[C]. Conference on the Mechanical Properites at High Rates of Strain, Oxford, 1984: 39—46.

[65] Albertini C, Boone P M, Montagnini M. Development of the Hopkinson bar for testing large specimens in tension[J]. Journal de Physique, 1985, 46(C5): 499—503.

[66] Mines R A W, Ruiz C. The dynamic behavior of the instrumented Charpy test[J]. Journal de Physique, 1985, 46: 187—196.

[67] Meyer L W, Manwaring S, Murr L E, et al. Metallurgical applications of shock-wave and high-strain-rate phenomena[C]. Critical Adiabatic Shear Strength of Low Alloyed Steel under Compressive Loading, New York, 1986: 657—674.

[68] Yokoyama T, Kishida K. A novel impact three-point bend test method for determining dynamic fracture initiation toughness[J]. Experimental Mechanics, 1989, 29(2): 188—194.

[69] Nemat-Nasser S, Isaacs J B, Starrett J E. Hopkinson techniques for dynamic recovery experiments[J]. Proceedings of the Royal Society A. Mathematical Physical & Engineering Sciences, 1991, 435(1894): 371—391.

[70] Feng R, Ramesh K T. Dynamic behavior of elastohydrodynamic lubricants in shearing and compression[J]. Journal de Physique, 1991, 1(C3): 69—76.

[71] Rittel D, Maigre H, Bui H D. A new method for dynamic fracture toughness testing[J]. Scripta Metallurgica Et Materialia, 1992, 26(10): 1593—1598.

[72] 李夕兵，古德生，赖海辉．冲击载荷下岩石动态应力-应变全图测试中的合理加载波形[J]. 爆炸与冲击，1993，13(2)：125—130.

[73] Meyer L W, Staskewitsch E. Adiabatic shear failure under biaxial dynamic compression/shear loading[J]. Mechanics of Materials, 1994, 17: 203—214.

[74] Johnstone C, Ruiz C. Dynamic testing of ceramics under tensile stress[J]. International Journal of Solids and Structures, 1995, 32(17/18): 2647—2656.

[75] Togami T C, Baker W E, Forrestal M J. A split Hopkinson bar technique to evaluate the performance of accelerometers[J]. Journal of Applied Mechanics, 1996, 63: 353—356.

[76] Ogawa K. Impact friction test method by applying stress wave[J]. Experimental Mechanics, 1997, 37(4): 398—402.

[77] Zhao H, Gary G. A new method for the separation of waves: Application to the SHPB technique for an unlimited duration of measurement[J]. Journal of the Mechanics and Physics of Solids, 1997, 45: 1185—1202.

[78] Othman R, Bussac M N, Collet P, et al. Increasing the maximum strain measured with elastic and viscoelastic Hopkinson bars[C]. Proceedings of the 4th International Symposium on Impact Engineering, Chiba, 2001.

[79] Bacon C. Separation of waves propagating in an elastic or viscoelastic Hopkinson pressure bar with three dimensional effects[J]. International Journal of Impact Engineering, 1999, 22: 55—69.

[80] Macdougall D. A radiant heating method for performing high-temperature high-strain-rate tests[J]. Measurement Science Technology, 1998, 9: 1657—1662.

[81] Lennon A M, Ramesh K T. A technique for measuring the dynamic behavior of materials at high temperatures[J]. International Journal of Plasticity, 1998, 14: 1279—1292.

[82] Bacon C. An experimental method for considering dispersion and attenuation in a viscoelastic Hopkinson bar[J]. Experimental Mechanics, 1998, 42(1): 242—249.

[83] Casem D T, Fourney W, Chang P. Wave separation in viscoelastic pressure bars using single-point measurements of strain and velocity[J]. Polym Testing, 2003, 22: 155—164.

[84] Chichili D R, Ramesh K T. Recovery experiments for adiabatic shear localization: A novel experimental technique. [J]. Journal of Applied Mechanics, 1999, 66: 10—20.

[85] Rajagopalan S, Prakash V. A modified torsional Kolsky bar for investigating dynamic friction[J]. Experimental Mechanics, 1999, 39(4): 295—303.

[86] Chen W, Lu F, Zhou B. A quartz-crystal-embedded split Hopkinson pressure bar for soft materials[J]. Experimental Mechanics, 2000, 40(1): 1—6.

[87] Espinosa H D, Patanella A, Fischer M. A novel dynamic friction experiment using a modified Kolsky bar apparatus[J]. Experimental Mechanics, 2000, 40(2): 138—153.

[88] Rittel D, Lee S, Ravichandran G. A shear-compression specimen for large strain testing [J]. Experimental Mechanics, 2002, 42(1): 58—64.

[89] Krzewinski B, Blake O, Lieb R, et al. Shear deformation and shear initiation of explosives and propellants[C]. Proceedings of the 12th International Detonation Symposium, San Diego CA, 2002.

[90] Li Z H, Bi X P, Lambros J, et al. Dynamic fiber debonding and frictional push-out in model composite systems: Experimental observations[J]. Experimental Mechanics, 2002, 42(4): 417—425.

[91] Bi X, Li Z, Geubelle P H, et al. Dynamic fiber debonding and frictional push-out in model composite systems: Numerical simulations[J]. Mechanics of Materials, 2002, 34(7): 433—446.

[92] Vernaza-Peña K M, Mason J J, Li M. Experimental study of the temperature field generated during orthogonal machining of an aluminum alloy[J]. Experimental Mechanics, 2002, 42(2): 221—229.

[93] Othman R, Bussac M N, Collet P, et al. Testing with SHPB from quasistatic for dynamic strain rates[J]. Journal de Physique, 2003, 110: 397—404.

[94] Grantham S G, Siviour C R, Proud W G, et al. Speckle measurements of sample deformation in the split Hopkinson pressure bar[J]. Journal de Physique, 2003, 110: 405—410.

[95] 孟益平，胡时胜．混凝土材料冲击压缩试验中的一些问题[J]．实验力学，2003,18(1)：108—112.

[96] Song B, Chen W. Loading and unloading split hopkinson pressure bar pulse-shaping techniques for dynamic hysteretic loops[J]. Experimental Mechanics, 2004, 44(6): 622—628.

[97] 崔云霄．改进 Hopkinson 杆实现压剪复合加载[D]．长沙：国防科学技术大学，2005.

[98] Nemat-Nasser S, Choi J-Y, Guo W-G, et al. Very high strain-rate response of a NiTi shape-memory alloy[J]. Mechanics of Materials, 2005, 37: 287—298.

[99] Rittel D, A hybrid experimental-numerical investigation of dynamic shear facture[J]. Engineering Fracture Mechanics,2005,72(1):73—89.

[100] Rittel D, Wang Z G, Merzer M. Adiabatic shear failure and dynamic stored energy of cold work[J]. Physical Review Letters, 2006, 96: 075502.

[101] Weerasooriya T, Moy P, Casem D, et al. A four-point bend technique to determine dynamic fracture toughness of ceramics[J]. Journal of the American Ceramic Society, 2006, 89(3): 990—995.

[102] Zhou J, Wang Y, Xia Y. Mode-I fracture toughness of PMMA at high loading rates[J]. Journal of Material Science, 2006, 41: 8363—8366.

[103] Li Y, Ramesh K T. An optical technique for measurement of material properties in the tension Kolsky bar[J]. International Journal of Impact Engineering, 2007, 34: 784—798.

[104] Dai F, Xia K, Luo S N. Semi-circular bend testing with split Hopkinson pressure bar for measuring dynamic tensile strength of brittle solids[J]. Review of Scientific Instruments, 2008, 79: 123903.

[105] Chen R, Xia K, Dai F, et al. Determination of dynamic fracture parameters using a semi-circular bend technique in split Hopkinson pressure bar testing[J]. Engineering Fracture Mechanics, 2009, 76(9): 1268—1276.

[106] Dai F, Chen R, Iqbal M J, et al. Dynamic cracked chevron notched Brazilian disc method for measuring rock fracture parameters[J]. International Journal of Rock Mechanics and Mining Sciences, 2010, 47(4): 606—613.

[107] Dai F, Xia K, Zheng H, et al. Determination of dynamic rock Mode-I fracture parameters using cracked chevron notched semi-circular bend specimen[J]. Engineering Fracture Mechanics, 2011, 78(15): 2633—2644.

[108] Chen R, Huang S, Xia K, et al. A modified Kolsky bar system for testing ultrasoft materials under intermediate strain rates[J]. Review of Scientific Instruments, 2009, 80(7): 076108.

[109] Frew D J, Akers S A, Chen W, et al. Development of a dynamic triaxial Kolsky bar[J]. Measurement Science & Technology, 2010, 21(10): 105704.

第 2 章　应力波基础理论与分离式霍普金森压杆基本原理

分离式霍普金森压杆实验技术中涉及的分析方法主要基于弹性一维应力波理论。本章首先介绍弹性杆中一维应力波的波动方程，然后介绍两弹性杆相互撞击的分析方法、弹性波在界面上的反射和透射以及横向惯性引起的弥散效应等，从理论上阐明分离式霍普金森压杆实验技术的基础。

2.1　弹性应力波控制方程与波传播

2.1.1　弹性波控制方程

弹性杆中一维应力波的波动方程可以通过对图 2.1 所示的微元进行分析得到[1]。为了简化分析过程，假设杆横截面保持为平面，截面上应力均匀分布，从而简化为一维问题，同时规定应力和应变均是以拉为正，压为负。

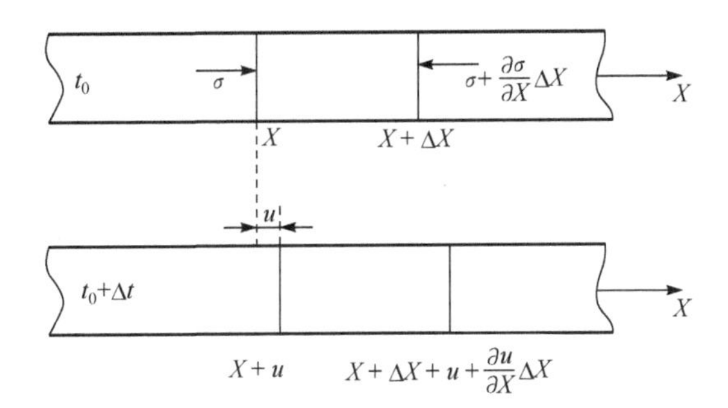

图 2.1　杆中微元在一维应力作用下的变形示意图

图 2.1 给出了杆中微元 ΔX 在一维应力作用下 Δt 时间内发生的变形示意图，图中，σ 为应力，u 表示质点位移。假定杆在加载过程中发生线弹性变形，且横截面保持为平面，那么根据牛顿第二定律，可以得到微元沿 X 方向的运动方程

$$\frac{\partial\sigma}{\partial X}A\Delta X=\rho A\Delta X\frac{\partial^2 u}{\partial t^2} \tag{2.1}$$

式中，A 为杆的横截面积；ρ 为杆的材料密度。根据应力、应变的定义以及虎克定律，可以得到微元的速度、应变和应力的表达式分别为

$$v=\frac{\partial u}{\partial t} \tag{2.2}$$

$$\varepsilon=\frac{\partial u}{\partial X} \tag{2.3}$$

$$\sigma=E\varepsilon \tag{2.4}$$

其中，v 为杆中质点沿 X 轴方向的速度；σ 和 ε 分别为微元内质点的轴向应力和应变；E 为杆的弹性模量。将式(2.3)和式(2.4)代入式(2.1)中，便可以得到

$$\rho\frac{\partial^2 u}{\partial t^2}=E\frac{\partial^2 u}{\partial X^2} \tag{2.5}$$

定义弹性杆中的一维应力波速度 $c_0=\sqrt{\frac{E}{\rho}}$，即得到经典的波动方程

$$\frac{\partial^2 u}{\partial t^2}=c_0^2\frac{\partial^2 u}{\partial X^2} \tag{2.6}$$

方程(2.6)有通解

$$u(X,t)=F_1(c_0t+X)+F_2(c_0t-X) \tag{2.7}$$

式中，F_1 和 F_2 分别表示左行波函数和右行波函数。对于线弹性波，左行波和右行波满足线性叠加原理，可以认为二者相互独立。为了简化，只考虑初始处于静止和自由状态弹性杆中的右行波，于是式(2.7)可以简化为

$$u(X,t)=F(c_0t-X) \tag{2.8}$$

将上式关于 X 求偏导数：

$$\frac{\partial u}{\partial X}=-F'(c_0t-X) \tag{2.9}$$

同理，将式(2.8)关于 t 求偏导数：

$$\frac{\partial u}{\partial t}=c_0F'(c_0t-X) \tag{2.10}$$

由式(2.9)、式(2.10)结合式(2.2)、式(2.3)可得，对于初始静止处于自由状态的弹性杆，右行波满足

$$v=-c_0\varepsilon \tag{2.11}$$

式(2.11)可以理解为连续性方程。将式(2.11)两边乘以波阻抗(ρc_0)，并将应力表达式(2.4)和波速公式代入，可以得到微元的轴向应力和质点速度的关系：

$$\sigma=-\rho c_0 v \tag{2.12}$$

式(2.12)可以理解为动量守恒方程。以上并非是基于弹性波动方程的严格推导，仅是以单向传播弹性波为例简要说明几个关键物理量之间的关系。直接考察波阵面，同样可以写出波阵面上的守恒关系：

$$\mathrm{d}v=\mp c_0\mathrm{d}\varepsilon,\quad \mathrm{d}\sigma=\mp\rho c_0\mathrm{d}v \tag{2.13}$$

其中,负号对应右行波,正号对应左行波。如果是弹性强间断波,其连续方程和动量守恒方程只要把式(2.13)中的微分符号 d 换成 Δ 即可。例如,用 $\Delta\sigma$ 表示弹性强间断波前波后的应力差

$$\Delta\sigma=\sigma^{-}-\sigma^{+} \tag{2.14}$$

其中,σ^{+} 和 σ^{-} 分别代表波前和波后的应力值,则有

$$v^{-}-v^{+}=\mp c_0(\varepsilon^{-}-\varepsilon^{+});\quad \sigma^{-}-\sigma^{+}=\mp\rho c_0(v^{-}-v^{+}) \tag{2.15}$$

由式(2.15)可知,在(σ,v)平面上,入射弹性间断的波后状态(σ^{-},v^{-})位于过波前状态(σ^{+},v^{+})且斜率为$(-\rho c_0)$的直线上。当取波前参量 $v^{+}=0,\sigma^{+}=0$ 时,式(2.15)即简化为式(2.11)、式(2.12)。在研究弹性波传播问题时,通常可以忽略密度和弹性波速的变化。对于本书讨论的霍普金森杆问题,无论是在撞击杆、入射杆还是透射杆中,都认为密度和波速不变。

2.1.2　两弹性杆的共轴撞击

传统分离式霍普金森压杆装置通过弹性杆撞击实现加载,下面分析两弹性杆的相互撞击过程。图2.2表示一撞击杆以速度 V_0 从左向右撞击原来静止的入射杆。撞击杆的长度为 L,撞击杆的弹性模量、横截面积、密度以及其中的波速分别为 E_{st}、A_{st}、ρ_{st} 和 c_{st},入射杆的弹性模量、横截面积、密度以及其中的波速分别为 E_i、A_i、ρ_i 和 c_i。

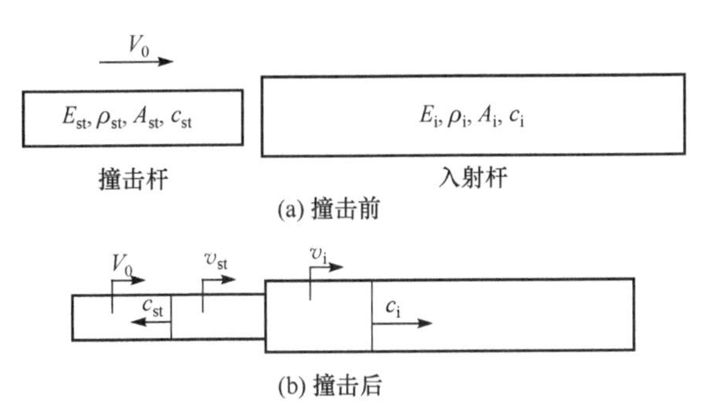

图2.2　两弹性杆的相互撞击

撞击前($t<0$),撞击杆中的质点速度等于撞击速度,即 $v=V_0$。撞击后($t>0$),将产生两个压缩波分别传入撞击杆和入射杆中。设撞击后界面速度为 v_{st},根据界面处的连续性条件,界面处撞击杆内的质点速度与入射杆内的质点速度应该相等,即

$$v_{st}=v_i \tag{2.16}$$

又根据牛顿第三定律,界面处两个表面上的受力应该相等,即

$$\sigma_{st}A_{st}=\sigma_i A_i \tag{2.17}$$

将上节推导的动量方程的强间断形式代入式(2.17)得

$$\rho_{st}c_{st}(v_{st}-V_0)A_{st}=-\rho_i c_i v_i A_i \tag{2.18}$$

联立式(2.16)和式(2.18)，可以解出撞击杆内的质点速度与入射杆内的质点速度：

$$v_i=v_{st}=\frac{\rho_{st}A_{st}c_{st}V_0}{\rho_i A_i c_i+\rho_{st}A_{st}c_{st}} \tag{2.19}$$

相应地，撞击杆与入射杆内质点的轴向应力分别为

$$\sigma_{st}=\rho_{st}c_{st}\left(\frac{\rho_{st}A_{st}c_{st}V_0}{\rho_i A_i c_i+\rho_{st}A_{st}c_{st}}-V_0\right)=-\rho_{st}c_{st}\frac{\rho_i A_i c_i V_0}{\rho_i A_i c_i+\rho_{st}A_{st}c_{st}} \tag{2.20}$$

$$\sigma_i=-\rho_i c_i\frac{\rho_{st}A_{st}c_{st}V_0}{\rho_i A_i c_i+\rho_{st}A_{st}c_{st}} \tag{2.21}$$

如果撞击杆与入射杆为相同的材料($\rho_{st}=\rho_i=\rho$，$c_{st}=c_i=c_0$)，并且具有相同的横截面积($A_{st}=A_i=A$)，即有相同的广义波阻抗($\rho_{st}c_{st}A_{st}=\rho_i c_i A_i=\rho c_0 A$)，则式(2.19)～式(2.21)可以进一步简化为

$$v_{st}=v_i=\frac{1}{2}V_0 \tag{2.22}$$

$$\sigma_{st}=\sigma_i=-\frac{1}{2}\rho c_0 V_0 \tag{2.23}$$

由此可见，此时入射杆中产生的右行应力脉冲的幅值与撞击速度的大小成正比。

下面分析这一右行应力脉冲持续的时间。图 2.3 为杆中应力波传播的示意图。当 $0<t<L/c_0$ 时，撞击杆中有一左行的应力脉冲；当 $t=L/c_0$ 时，这一左行的应力脉冲到达撞击杆的左端面，此时整个撞击杆以 $V_0/2$ 的速度向右运动，同时，由撞击杆自由端面产生一个右行的卸载波；当 $L/c_0<t<2L/c_0$ 时，撞击杆中左行的应力脉冲与右行的卸载波发生重叠。这样当 $t=2L/c_0$ 时，整个撞击杆内的应力和速度都将卸载为零，此时，撞击杆将与入射杆无接触力，入射杆内形成一个右行应力波脉冲。

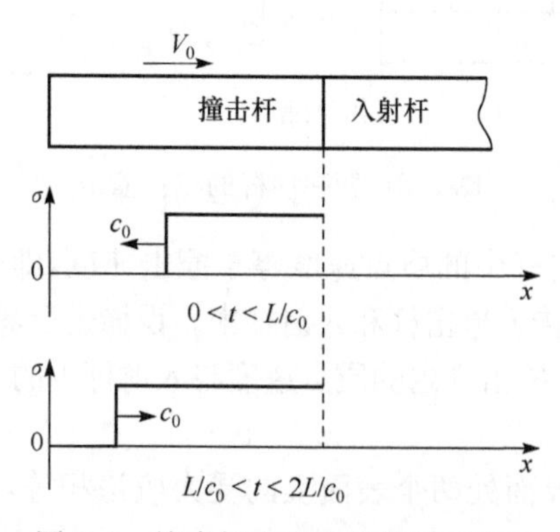

图 2.3　撞击杆中应力波传播示意图

入射杆中右行应力脉冲持续的时间等于波在撞击杆内来回一次的时间，即

$$\tau=\frac{2L}{c_0} \tag{2.24}$$

根据式(2.23)和式(2.24)可以得到以下结论：对于波阻抗相同的两杆，撞击后将产生一波速为 c_0 的右行应力波，波的幅值由撞击速度的大小来控制，波持续的时间由撞击杆的长度来控制。

2.1.3　弹性波在物质界面的反射和透射

当一个幅值为 $\Delta\sigma_{\mathrm{I}}$ 的弹性强间断从阻抗为 $(\rho_0 c_0)_{\mathrm{I}}$ 的介质自左向右传播到另一种阻抗为 $(\rho_0 c_0)_{\mathrm{II}}$ 的介质时，将会在两种介质的界面上引起分别向左传播的反射波和向右传播的透射波，如图 2.4 所示。对于固结界面(能够承受拉、压应力)，根据连续性条件和牛顿第二定律，反射波和透射波的波后质点速度和应力应相等。按照这个条件，分别用 $\Delta\sigma_{\mathrm{i}}$、$\Delta\sigma_{\mathrm{r}}$、$\Delta\sigma_{\mathrm{t}}$ 表示入射波、反射波和透射波的波前后应力变化，$\Delta v_j\,(j=\mathrm{i},\mathrm{r},\mathrm{t})$ 表示质点速度的变化，并结合强间断关系式，可得[1]

$$\begin{cases}\Delta\sigma_{\mathrm{r}}=F\Delta\sigma_{\mathrm{i}}\\ \Delta v_{\mathrm{r}}=-F\Delta v_{\mathrm{i}}\end{cases} \tag{2.25}$$

$$\begin{cases}\Delta\sigma_{\mathrm{t}}=T\Delta\sigma_{\mathrm{i}}\\ \Delta v_{\mathrm{t}}=nT\Delta v_{\mathrm{i}}\end{cases} \tag{2.26}$$

其中

$$\begin{cases}n=\dfrac{(\rho_0 c_0)_{\mathrm{I}}}{(\rho_0 c_0)_{\mathrm{II}}}\\ F=\dfrac{1-n}{1+n}\\ T=\dfrac{2}{1+n}\end{cases} \tag{2.27}$$

n 为两种介质的阻抗比；F 和 T 分别为反射系数和透射系数，它们显然满足以下关系：

$$1+F=T \tag{2.28}$$

可以看出，透射系数 T 总为正值，因此透射波和入射波总是同号。F 的正负取决于两种介质阻抗的相对大小。

当一个弹性间断波从左至右传入两个材料的交界面时(低阻抗材料位于左边，高阻抗材料位于右边)，应力波在时空平面上轨迹如图 2.4(a)所示，应力波轨迹线将时空平面划分为 0、1、2 三个状态区，它们的应力和速度状态分别对应图 2.4(c)中的 0、1、2 三个点。应力在空间上的分布如图 2.4(b)所示。

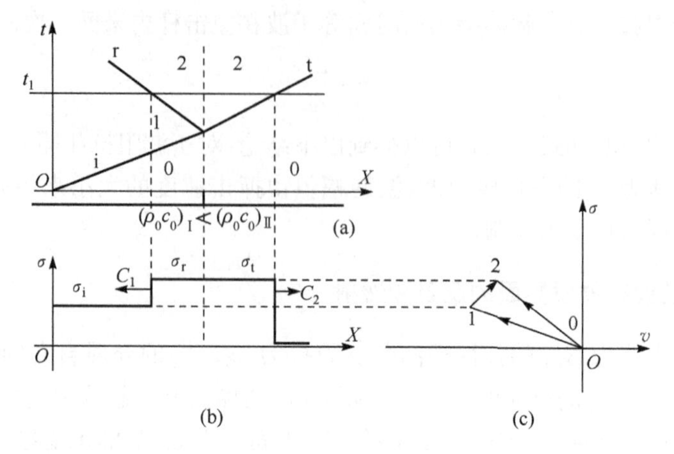

图 2.4　不同材料弹性杆中波的反射和透射($(\rho_0 c_0)_{\rm I} < (\rho_0 c_0)_{\rm II}$)

利用式(2.25)～式(2.27)同样可以画出应力波从波阻抗较高的材料传入波阻抗较低的材料时所对应波系图和应力-速度状态图,如图 2.5 所示。图中 C_1、C_2 分别表示反射和透射波阵面。

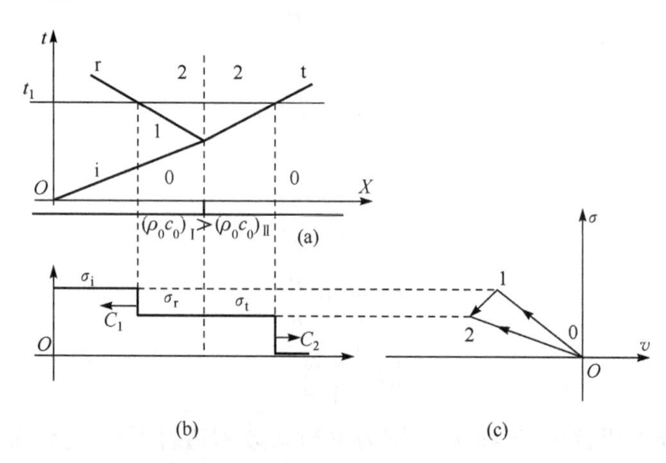

图 2.5　不同材料弹性杆中波的反射和透射($(\rho_0 c_0)_{\rm I} > (\rho_0 c_0)_{\rm II}$)

在应力波入射到刚性壁的情况下,对应 $(\rho_0 c_0)_{\rm II} \to \infty$ 或 $n \to 0$ 时,有 $T=2, F=1$。在应力波入射到自由表面(自由端)时,对应 $(\rho_0 c_0)_{\rm II} \to 0$ 或 $n \to \infty$ 时,有 $T=0$, $F=-1$。当入射杆和透射杆的波阻抗相同时,即 $(\rho_0 c_0)_{\rm I} = (\rho_0 c_0)_{\rm II}$,对应 $n=1$,则弹性波在通过此界面时将不发生反射($F=0, T=1$),称为阻抗匹配。在测试介质中应力波传播的实验中,如果埋入式传感器的波阻抗和介质的波阻抗相匹配,可以将传感器对波传播的影响降低到最小。

2.2　横向惯性引起的弥散效应

上述讨论基于平截面假设，即应力波在杆中传播时杆的截面总是保持为平面，并且平截面上的轴向应力沿半径是均匀分布的。这实际上忽略了杆中质点横向运动的惯性作用，即忽略了杆的横向收缩或膨胀运动对动能的贡献，因此被称为初等理论或工程理论。

由于泊松(Poisson)效应，杆在轴向应力的作用下除了产生轴向应变，必定还会同时产生横向变形，并可能导致杆的截面不再保持为平面。应力状态实际上不再是简单的一维应力状态。在初等理论范畴内导出波阵面上守恒条件(2.15)时，正是忽略了这一横向动能而只考虑了纵向动能(纵向运动的动能)。在考虑了横向动能的影响后，杆中轴向应力的表达式变为[2]

$$\sigma = E\varepsilon + \rho_0 \upsilon^2 r_g^2 \frac{\partial^2 \varepsilon}{\partial t^2} \tag{2.29}$$

式中，υ 为泊松比；r_g 为截面关于 X 轴的回转半径，

$$r_g = \frac{1}{A_0}\int_{A_0} (Y^2 + Z^2)\,\mathrm{d}Y\mathrm{d}Z \tag{2.30}$$

其中，Y 和 Z 表示以 X 轴为法线的平面内的两个正交坐标轴方向。将式(2.29)代入运动方程(2.1)，进一步可以得到半径为 a 的圆柱杆中波长为 λ 的谐波波速

$$\frac{c}{c_0} \approx 1 - \upsilon^2 \pi^2 \left(\frac{a}{\lambda}\right)^2 \tag{2.31}$$

这就是考虑了横向惯性修正的瑞利近似解。式(2.31)在 $a/\lambda \leqslant 0.7$ 的范围内，能给出足够好的近似。

从瑞利近似解可以看出，高频波的传播速度较低，而低频波的传播速度较高。对于具有一定频谱分布的线弹性波来说，不同频率的谐波分量具有不同的相速度，从而造成初始波形在传播过程不断地散开，即所谓波的弥散现象。在霍普金森压杆实验的实测波形中总是或多或少能够观察到这种几何弥散现象。

图2.6给出了霍普金森杆实验实测波形，由图可看出局部振荡。由上述分析可知，因为高频分量的传播速度低于低频分量，高频分量落后于波头，将使弹性波在压杆中弥散，最终导致波形相对位置的变化，以及压力脉冲在传播过程中上升前沿逐渐变缓。由于在实验中应变片的黏结位置离试样有一定的距离，使得在应变片处测得的脉冲波形并不能准确代表试样端面的压力脉冲波形，因此，当弥散效应较显著时，需要通过数学方法对测量信号做波形弥散修正，再代入到原来的二波或三波法公式中，计算得到更准确的应力-应变曲线。目前，在霍普金森杆实验技术

中,改善波形弥散的另一个措施是通过改进实验技术使加载波形光滑化,以减小弥散效应。

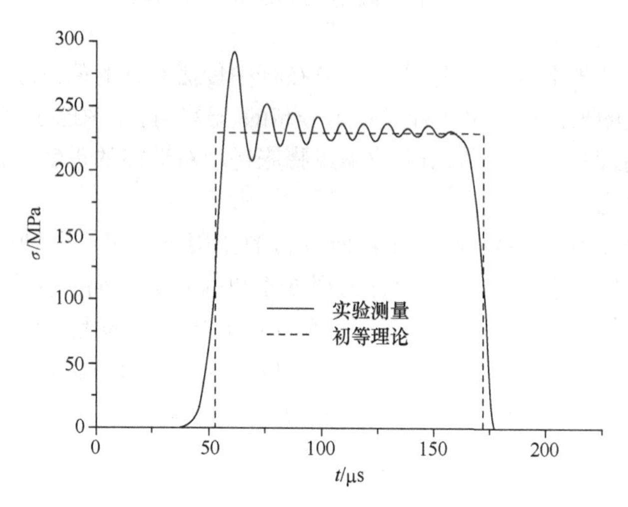

图 2.6　霍普金森压杆试验中实测到的代表性波形

2.3　分离式霍普金森压杆实验技术

2.3.1　分离式霍普金森压杆实验技术的基本原理

分离式霍普金森压杆实验技术主要基于两个基本假定。一个是前面所说的一维应力波假定。杆中一维应力波假定在杆径不大的情况是基本成立的,这里不再做过多论述,试样也要保证一维应力状态。另一个是试样中应力、应变沿试样长度均匀分布假定,下面简称为均匀性假定。在均匀性假定条件下,试样中的应变可以直接用试样两端的位移差求得。需要注意的是,均匀性假定的成立是有条件的,在应力波从入射杆进入试样的初期,试样中显然是有明显的应力和应变台阶或梯度的。但是当加载波在试样中多次反射之后,试样两端的相对应力差 α_k 逐渐降低。图 2.7 给出了矩形弹性间断波入射到试样中后,相对应力差与试样中应力波反射次数之间的递减关系。相对应力差为试样两端的应力差除以反射波的波后应力。试样与霍普金森杆材料的阻抗比 β 对于应力平衡的快慢也有显著的影响,β 接近 1 对应试样阻抗较高的情况,β 小于 1 对应试样的阻抗相对于杆的阻抗很小的情况。

如图 2.7 所示,当 $\beta=1/2$ 时,试样中的应力波只需反射 4 次即可将试样中的相对应力差降低到 5%以下;而当 $\beta=1/100$ 时,则需要反射超过 10 次以上才能将相对应力差降低到较低水平。霍普金森杆实验中,总是希望试样中的应力平衡越

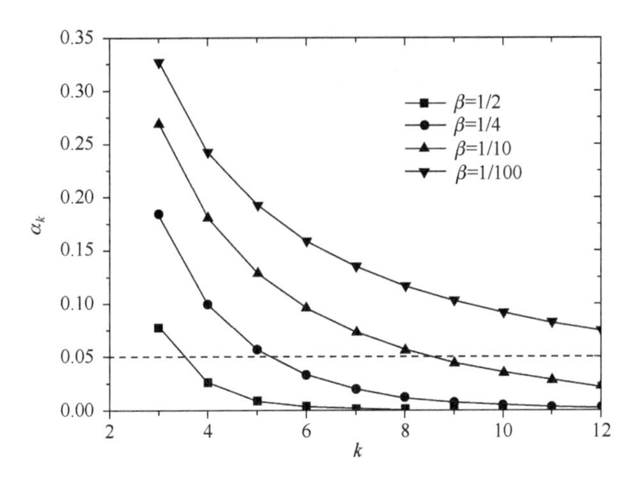

图 2.7　试样两端相对应力差与阻抗比 β 和应力波在试样中反射次数 k 的关系

快达到越好，使加载脉冲能够得到充分的利用，同时对试样的加载过程也更加平滑，以减小弥散效应。因此在设计实验时需要对上述因素进行综合考虑，例如，在满足试样一维应力加载的情况下尽量选择较短的试样，尽量选择与试样波阻抗接近的霍普金森杆材料等。

分离式霍普金森压杆装置简图如图 2.8 所示，其实验原理主要是通过使用应变片对入射杆中的入射波、反射波以及透射杆中透射脉冲进行测量，然后根据一维应力波理论导出试样的应力-应变关系。

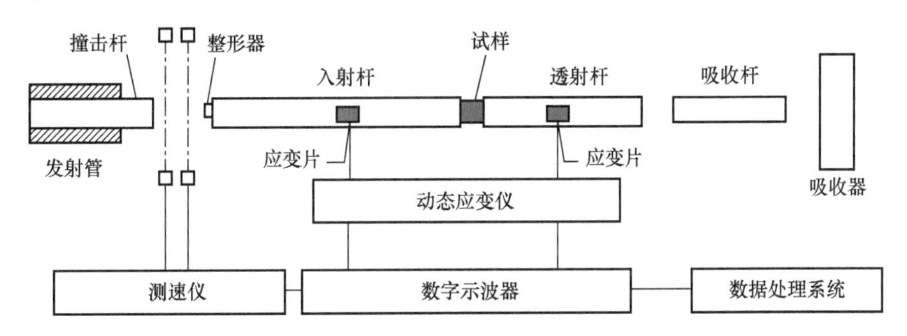

图 2.8　分离式霍普金森压杆压缩装置示意图

设试样与入射杆相连的端面为 1，试样与透射杆相连的端面为 2。若在实验过程中界面 1、2 上的位移分别为 U_1、U_2，根据线弹性波的线性叠加原理，则有

$$U_1 = c_0\int_0^t (\varepsilon_i - \varepsilon_r)\mathrm{d}\tau \tag{2.32}$$

$$U_2 = c_0\int_0^t \varepsilon_t \mathrm{d}\tau \tag{2.33}$$

式中，c_0 为压杆中的弹性波速；ε_i、ε_r、ε_t分别为入射波、反射波、透射波在独立传播时(没有相互叠加时)所对应的杆中应变。设试样的原始长度和横截面积分别是 l_0 和 A_0，则试样中的平均应变为

$$\varepsilon(t)=\frac{U_1-U_2}{l_0}=\frac{c_0}{l_0}\int_0^t(\varepsilon_i-\varepsilon_r-\varepsilon_t)\mathrm{d}\tau \tag{2.34}$$

其中，l_0 为试样的长度。将式(2.34)对时间求导，得到试样的平均应变率为

$$\dot{\varepsilon}=\frac{c_0}{l_0}(\varepsilon_i-\varepsilon_r-\varepsilon_t) \tag{2.35}$$

若试样端面 1 和端面 2 受力分别为 F_1 和 F_2，则有

$$F_1=AE(\varepsilon_i+\varepsilon_r) \tag{2.36}$$

$$F_2=AE\varepsilon_t \tag{2.37}$$

式中，A 和 E 分别为杆的横截面积和弹性模量；试样中的平均应力为

$$\sigma=\frac{1}{2A_0}(F_1+F_2)=\frac{AE}{2A_0}(\varepsilon_i+\varepsilon_r+\varepsilon_t) \tag{2.38}$$

当试样两端面受力平衡时，即

$$F_1=F_2 \tag{2.39}$$

认为试样中发生了均匀的受力和变形过程，平均应力即表征了材料中的一维应力状态。由式(2.36)、式(2.37)和式(2.39)可得

$$\varepsilon_i+\varepsilon_r=\varepsilon_t \tag{2.40}$$

将式(2.40)代入式(2.34)、式(2.35)和式(2.38)有

$$\sigma=\frac{AE}{A_0}\varepsilon_t \tag{2.41}$$

$$\varepsilon=-\frac{2c_0}{l_0}\int_0^t\varepsilon_r\mathrm{d}\tau \tag{2.42}$$

$$\dot{\varepsilon}=-\frac{2c_0}{l_0}\varepsilon_r \tag{2.43}$$

联立式(2.41)和式(2.42)即可得到试样材料在应变率为 $\dot{\varepsilon}$ 时的动态应力-应变曲线。

以上推导得到的是材料的工程应力与工程应变计算公式，在材料不可压假设下，真实应力 σ_T 和应变 ε_T 与工程应力和应变之间的换算关系为

$$\sigma_T=(1-\varepsilon)\sigma \tag{2.44}$$

$$\varepsilon_T=-\ln(1-\varepsilon) \tag{2.45}$$

2.3.2 杆中应变测试

在传统分离式霍普金森压杆实验中，应变信号的测量采用电阻应变片法，入

射、反射和透射应变分别由贴在入射杆和透射杆表面的应变片来测量。

应变片测试通常采用惠斯通电桥的测试原理。如图 2.9 所示，惠斯通电桥的四个桥臂电阻分别由标准电阻和电阻应变片构成，可采用对臂桥工作方式，如 R_1、R_4 采用高阻值(1000Ω)应变片，R_2、R_3 采用精密标准 1000Ω 电阻。

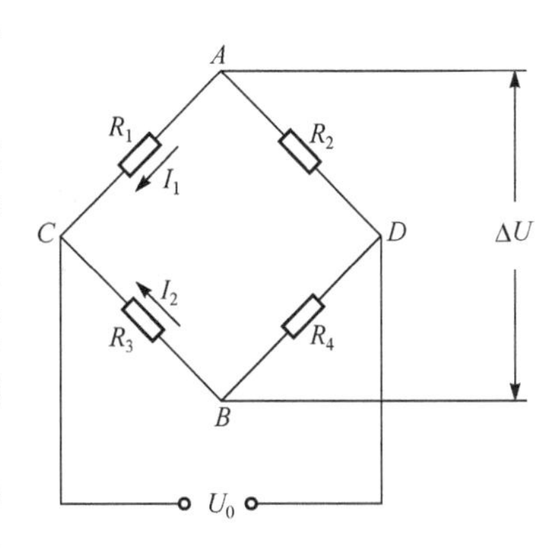

图 2.9　惠斯通电桥

电桥采用直流电源 U_0 供电，如图 2.9 所示，四个桥臂由电阻 R_1、R_2、R_3、R_4 组成。当输出端 A、B 间开路(AB 间外接电阻为高阻)时，电桥中有电流

$$I_1=\frac{U_0}{R_1+R_2},\quad I_2=\frac{U_0}{R_3+R_4} \tag{2.46}$$

则电阻 R_1 和 R_3上的电压分别为

$$U_{AC}=\frac{R_1}{R_1+R_2}U_0,\quad U_{BC}=\frac{R_3}{R_3+R_4}U_0 \tag{2.47}$$

因此，AB 间电压 ΔU 为

$$\begin{aligned}\Delta U=U_{AC}-U_{BC}&=\frac{R_1}{R_1+R_2}U_0-\frac{R_3}{R_3+R_4}U_0\\&=\frac{R_1R_4-R_2R_3}{(R_1+R_2)(R_3+R_4)}U_0\end{aligned} \tag{2.48}$$

当电桥平衡时，$\Delta U=0$，必然有

$$R_1R_4-R_2R_3=0,\quad \frac{R_2}{R_1}=\frac{R_4}{R_3}=n \tag{2.49}$$

式中，n 为桥臂电阻比。

假设电桥各桥臂电阻 R_1、R_2、R_3、R_4 都发生变化，其阻值的变化量分别为 ΔR_1、ΔR_2、ΔR_3、ΔR_4，电桥的输出为

$$\Delta U=\frac{n\left[\left(1+\frac{\Delta R_1}{R_1}\right)\left(1+\frac{\Delta R_4}{R_4}\right)-\left(1+\frac{\Delta R_2}{R_2}\right)\left(1+\frac{\Delta R_3}{R_3}\right)\right]}{\left(1+n+\frac{\Delta R_1}{R_1}+n\frac{\Delta R_2}{R_2}\right)\left(1+n+\frac{\Delta R_3}{R_1}+n\frac{\Delta R_4}{R_4}\right)} \tag{2.50}$$

当 $\Delta R_i \ll R_i$ 时，电桥的输出近似为

$$\Delta U=\frac{n}{(1+n)^2}\left(\frac{\Delta R_1}{R_1}-\frac{\Delta R_2}{R_2}-\frac{\Delta R_3}{R_3}+\frac{\Delta R_4}{R_4}\right)U_0 \tag{2.51}$$

因此，电桥的电压灵敏度为

$$k=\frac{n}{(1+n)^2}U_0 \tag{2.52}$$

显然，对于同样的 U_0 值(U_0 值大小受应变片功耗限制)，当 $n=1$ 时，电桥的电压灵敏度最高。所以，一般电阻应变仪都采用全等臂电桥($R_1=R_2=R_3=R_4=R$)方式，且电桥初始状态是平衡的。

当只有一个臂工作时，设 R_1 变化为 $R+\Delta R$，当 $\Delta R \ll R$ 时，输出电压为

$$\Delta U \approx \frac{U_0 \Delta R}{4R} \tag{2.53}$$

同理，当两个相对臂工作时，如 R_1、R_4 阻值均增加 ΔR，或相邻臂工作时，如 R_1 阻值增加 ΔR，R_2 阻值减少 ΔR，输出电压为

$$\Delta U \approx \frac{U_0}{2}\frac{\Delta R}{R} \tag{2.54}$$

全桥工作(R_1、R_4 阻值增加 ΔR；R_2、R_3 阻值减少 ΔR)时，输出电压为

$$\Delta U = U_0 \frac{\Delta R}{R} \tag{2.55}$$

在分离式霍普金森压杆实验中，应变测量使用的惠斯通电桥一般采用对臂桥工作方式：R_1 和 R_4 采用高阻值(如 1000Ω)应变片，R_2 和 R_3 采用对应的精密标准(如 1000Ω)电阻。两应变片对称地粘贴于压杆两侧，并置于压杆同一横截面上，以保证两者测到信号的同步性，同时还可以消除非轴向应变的干扰信号。

当压杆中有应变信号产生时，粘贴于压杆表面的应变片阻值将发生变化，应变片阻值变化与应变成线性关系，即

$$\frac{\Delta R}{R}=K_1\varepsilon \tag{2.56}$$

式中，K_1 为应变片的灵敏系数。

假定应变仪的放大系数为 K_2，那么按照对臂工作电桥的原理，可以得到应变片测量的应变值 $\varepsilon(t)$ 与输出电压 $\Delta U(t)$ 的关系为

$$\varepsilon(t)=\frac{2\Delta U(t)}{K_1K_2U_0} \tag{2.57}$$

若将四个应变片等距地分布在同一圆周上，两个测轴向应变，两个测环向应变，构成全桥电路，结合实验杆的泊松比，能完全消除弯曲应变[3]。此时，式(2.51)和式(2.57)变为(取 $n=1$)

$$\Delta U=\frac{1+\upsilon}{2}\frac{\Delta R}{R}U_0 \tag{2.58}$$

$$\varepsilon(t)=\frac{2\Delta U(t)}{(1+\upsilon)K_1K_2U_0} \tag{2.59}$$

式中，υ 为实验杆的泊松比。四个应变片的排列还可以修正磁弹效应(应变片因应力波在铁磁杆中传播而产生的电压效应)。

从惠斯通电桥输出的电压幅值很小，一般在毫伏量级，需要放大器将信号放大后输入示波器。放大器和示波器必须具有较高的频响来采集和记录信号，需要选用恰当频率的低通滤波器来获得高信噪比、低失真度的实验信号。文献[8]将全通(无滤波)、100kHz、3kHz 和 100Hz 滤波器分别应用于前置放大器进行实验。图 2.10给出了不同低通滤波器对同一实验信号记录的比较。从图中可以清晰地看出，当滤波器频率低于 3kHz 时，即便示波器有足够的频响，所记录的信号也会严重失真。因此，超动态应变仪的前置放大器频响必须大于 100kHz，这样才不会使信号失真，一般建议采用 200kHz 或以上频响。当绝对应变信号很小时，从应变片到超动态应变仪的导线屏蔽对消除外部噪声也是非常重要的。

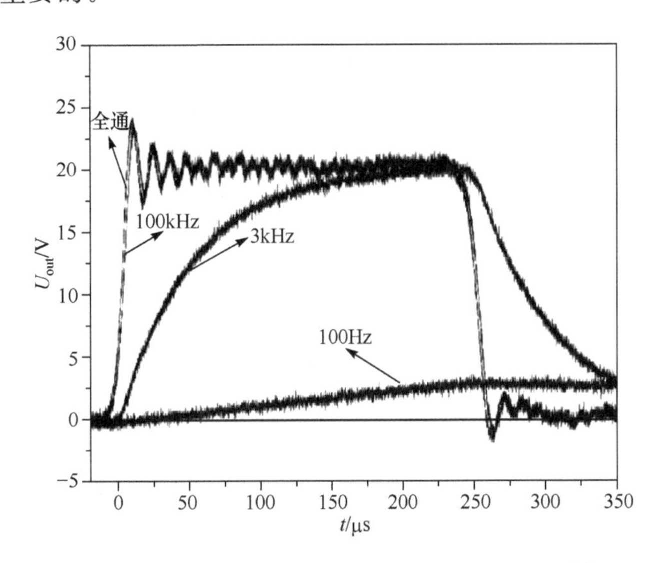

图 2.10　不同频响前置放大器对实验信号的影响[4]

实验中，由于贴片技术、黏结剂和应变片的动态响应特性等因素的影响，压杆上的应变片的实际灵敏系数与出厂值之间会有一定的差距。动态实验时需要重新标定，此时称 K_1 为动态灵敏系数 K_d。长度为 L_0 的子弹以速度 V_0 撞击实验杆，示波器所得信号为 $\Delta U(t)$。根据公式(2.24)知，应力波宽为 $T_0=2L_0/c_0$，于是得到信号的平均幅值 $\Delta\overline{U}$ 为

$$\Delta\overline{U}=\frac{c_0\int_0^{T_0}\Delta U(t)\mathrm{d}t}{2L_0} \tag{2.60}$$

结合弹性波阵面上的连续性方程(2.11)和式(2.57)，得到杆中的平均波后质点速度为

$$V_1=c_0\varepsilon=\frac{c_0^2\int_0^{T_0}\Delta U(t)\mathrm{d}t}{K_\mathrm{d}K_2U_0L_0} \tag{2.61}$$

对于对称碰撞，由两杆共轴撞击理论式(2.22)知，杆中波后质点速度为 $V_0/2$，即 $V_1=V_0/2$。于是，可以得到应变片的动态灵敏系数为

$$K_\mathrm{d}=\frac{2c_0^2\int_0^{T_0}\Delta U(t)\mathrm{d}t}{K_2U_0V_0L_0} \tag{2.62}$$

2.3.3 实验数据处理

数据处理首先要确定入射、反射和透射信号的起跳时间。入射信号起跳点可以设计软件程序判读，可以设计若某数据点后连续 50 个点偏离基线超过信号幅值的 1/20，即认为这一点是起跳点 T_i。实验中，入射杆应变片与试样的距离为 L_1，透射杆应变片与试样的距离为 L_2，实验杆中弹性波波速为 c_0，根据应变片间的距离可确定透射信号起跳时间 T_t及反射信号起跳时间 T_r与入射信号起跳时间 T_i的关系：

$$T_\mathrm{r}=T_\mathrm{i}+\frac{2L_1}{c_0} \tag{2.63}$$

$$T_\mathrm{t}=T_\mathrm{i}+\frac{L_1+L_2}{c_0}$$

按照实验杆中一维应力波传播的基本原理，若不考虑弥散效应，可以对波形进行平移。Lifshitz 和 Leber[5]详细讨论了分离式霍普金森压杆实验的数据处理问题，采用快速傅里叶变换(FFT)算法修正了不同频率的波形在杆中传播时的弥散，并提出了实验杆中弹性波波速的标定方法，即在不加试样的情况下，先测量入射杆和透射杆起跳点的时间差，然后结合两应变片之间的距离标定杆中的弹性波波速。王礼立和王永刚[6]指出只要杆的横向尺寸远小于波长，杆的横向动能便远小于纵向动能，则杆中一维应力波的初等理论就能给出足够好的近似结果；否则必须计及横向惯性引起的波的几何弥散并加以修正。

确定了起跳点，即将应变片处的应变历史曲线平移到实验杆与试样的界面上，便可以计算得到试样两端的加载应力历史。在试样两端面满足应力平衡，符合均

匀性假定的条件下，可以采用二波法[见式(2.41)～式(2.43)]或三波法计算得到试样的应力和应变-时间曲线[7]，从而推出应力-应变曲线。这就是传统的基于实验数据的数据处理方法。

目前还发展了与数值模拟相结合的数据处理方法。例如，将试样两端的速度历史作为初边值条件，并假设一个材料本构模型及其参数，利用数值模拟技术计算得到试样两端的应力历史，与实验结果进行比较。通过改变本构参数，使得计算应力历史与实验曲线吻合，最终可以得到最佳的本构参数。理论上，这种方法不再需要应力平衡的假定就可以得到试样的本构参数[8]。

2.3.4　试样的设计原则

多数研究人员利用分离式霍普金森压杆时一般采用圆柱形、立方形或长方形试样。圆柱形试样更易于在车床上精确加工。试样的最大长径比的选择取决于所需要的最大应变率以及能体现材料整体特性的尺寸要求，同时要满足实验技术的两个基本假设。

对压缩实验，试样的直径一般为杆直径的 80%左右。这样试样横向膨胀到直径等于实验杆直径时，轴向真实应变可达到 30%。与传统的低应变率测试一样，分离式霍普金森压杆实验试样的加工必须保证两加载表面的光洁度，且平行度在 0.01mm 公差范围以内。加载的平面加工精度对实现试样达到应力均匀状态十分重要。

即便假定试样均匀变形，高应变率实验中质点加速引起的纵向和径向惯性也会影响到应力-应变曲线的测量数据。Davies 和 Hunter[9]分析了纵向和径向惯性引起的误差，并对此作出了修正。修正后应力 σ 由下式表出：

$$\sigma(t)=\sigma_{\mathrm{m}}(t)+\rho_{\mathrm{s}}\left(\frac{l_0^2}{6}-\upsilon_{\mathrm{s}}\frac{d^2}{8}\right)\frac{d^2\varepsilon(t)}{\mathrm{d}t^2} \tag{2.64}$$

式中，σ_{m} 为测量应力；ρ_{s} 为试样的密度；υ_{s} 为泊松比；l_0 和 d 分别为试样的长度和直径。从式(2.64)可以看出，或者使实验应变率保持不变，或者通过选择试样尺寸使括号内的值为 0，可以将误差减到最小。为达到这个目的，合适的试样尺寸为

$$\frac{l_0}{d}=\sqrt{\frac{3\upsilon_{\mathrm{s}}}{4}} \tag{2.65}$$

当泊松比为 0.33 时，试样最适宜的长径比为 0.5，此时惯性效应引起的误差最小。Bertholf 和 Karnes[10]进一步用详尽的二维有限差分和弹塑性有限元分析对这些结果进行了证明。与静载实验标准 AETM E9 中规定的使摩擦引起的误差最小的长径比($1.5<l_0/d<2.0$)相比，这个长径比要小很多。不过，为了减少试样与杆间

的面积不匹配，分离式霍普金森压杆实验中总应变一般局限在25%左右，所以长径比为0.5的试样不太可能导致严重的误差。美国金属学会(ASM)推荐的长径比为0.5～1.0[3]。本书建议，若要减少径向、纵向惯性和端面摩擦效应引起的误差，试样的尺寸设计要能使试样与杆的面积不匹配降到最低，并且保持长径比在0.4～0.6。

除提高加载速度外，一般可以通过减小试样的尺寸来提高加载应变率。对于声速较高的材料，分离式霍普金森压杆实验技术在应变率$10^5 s^{-1}$以下都是有效的。必须注意的是，由于横向惯性效应局限了应变率的提高，因此试样减小的范围是有限的，只有声速较高均匀性较好的材料，如纳米晶体结构材料，才能达到如此高的应变率。对多晶金属与合金，试样直径至少是微观结构单元尺寸的十倍以上。结构不均匀的材料，尤其是工程复合材料和岩石混凝土等大晶粒材料，要得到高应变率下有效的应力-应变曲线，则需要根据具体情况设计试样的尺寸。

对于拉伸强度较小的材料，如陶瓷，或者纤维增强复合材料，需要专门设计试样。陶瓷试样尺寸的公差，如两端面的平行度、端面与轴的垂直度以及表面的粗糙度严重影响着分离式霍普金森压杆测得的陶瓷的应力-应变关系和破坏强度。陶瓷的弹性模量很高而破坏应变很小(<1%)，两端面平行度的极小变化会引起局部应力集中，从而导致试样在变形时发生破裂，应力均匀性假设不能成立。因此，必须打磨端面使之达到良好的表面粗糙度(不大于1.6)和两端面平行度(不大于0.02mm)，以免试样提前破坏。因为陶瓷材料对裂纹非常敏感，最好将所有的表面抛光，以减少加工表面瑕疵的影响。将陶瓷试样加工成由Tracy[11]最初设计的狗骨头样式，在分离式霍普金森压杆测试中能得到很稳定的一维应力状态。另一个办法就是在试样表面贴应变片，直接测量试样的应变。要精确测量高应变率下纤维增强复合材料的力学性能，同样需要单独设计试样。Couque等[12]认为，复合材料的一维应力测试可通过使用锥形试样来实现，试样的端面由斜切的圆环约束，以防止轴向劈裂。

2.4 试样与实验杆端面的摩擦效应

2.4.1 端面摩擦效应

摩擦是决定所有压缩实验是否有效的一个重要因素[13]。在分离式霍普金森压杆实验中，摩擦力也会引起压杆与试样间接触面的径向应力。降低端面摩擦的通用办法是在试样/杆的接触面涂抹润滑油。

从分离式霍普金森压杆实验技术开始应用时，Kolsky[14]就指出，实验中端面摩擦的存在会影响实验结果。在分离式霍普金森压杆实验中，当一个压缩应力脉冲作用于试样时,试样会产生横向膨胀,如果压杆与试样的接触界面上润滑不足,由此而产生的端面摩擦力会给实验带来两个主要的影响:①由端面摩擦产生的剪切力会改变试样中的应力状态,导致实验中测得的轴向应力比材料真实的一维流变应力高,所增加的这一流变应力,很容易被人们误认为是材料的应变率效应。1960 年,Hauser 等[15]为此而将铝合金误认为是应变率敏感材料,因为他们在实验中将试样与杆粘在了一起。②端面摩擦力会阻碍试样端面处的横向变形,试样不再是均匀变形,会呈现鼓状。这时分离式霍普金森压杆实验不再满足一维应力和变形均匀两个基本假定,导致实验结果不能正确反映材料的一维应力本构规律。

Bell[16]证实,若杆与试样的接触面不使用润滑剂,试样圆周面上所测得的应变与由分离式霍普金森压杆实验两加载表面的相对位移得到的平均应变存在很大的差异。Klepaczko 和 Malinowski[17] 建立了处理摩擦效应的模型。Jankowiak 等[18]验证了 Klepaczko-Malinowski 模型是一种进行摩擦修正的简单方法。

王晓燕等[13]的研究表明,分离式霍普金森压杆实验中端面摩擦效应与材料性质及试样设计相关,大泊松比黏弹性材料在试样长径比小的情况下表现出较强的端面摩擦效应。图 2.11 和图 2.12 给出了硅橡胶和 Comp. B 炸药试样分别在二硫化钼润滑、干摩擦、黏结三种端面摩擦条件下的应力-应变曲线。图中数据点代表实验原始数据,曲线是根据实验数据进行多项式拟合得到的结果。可以看出,硅橡胶的端面摩擦效应非常明显,最大应力在不同的端面摩擦条件下差别很大,在黏结条件下的最大应力几乎是润滑条件下的 9 倍;从曲线走势还可以发现,随着应变的增加,干摩擦和黏结条件下的应力幅值越来越大。

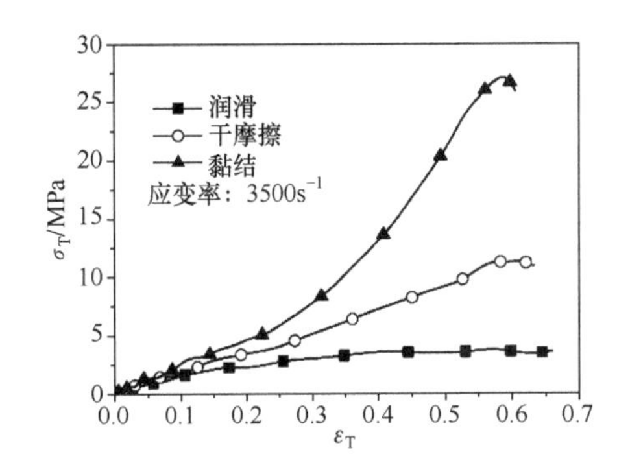

图 2.11　硅橡胶在不同端面摩擦条件下的应力-应变曲线

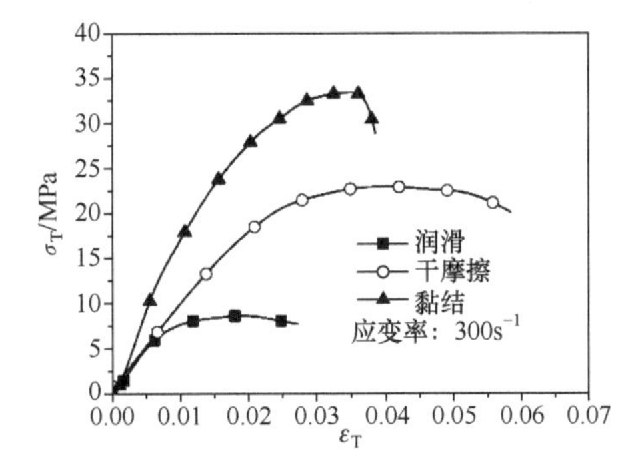

图 2.12　Comp. B 炸药在不同端面摩擦条件下的应力-应变曲线

2.4.2　端面摩擦效应理论分析

以圆柱形试样为例分析端面摩擦效应。图 2.13 为存在端面摩擦时试样的变形情况示意图。为了分析方便,这里采用柱坐标系进行描述。试样的原始长度为 l_0,直径为 d。当存在端面摩擦时,试样的变形不再均匀,这时试样内的受力情况也很复杂,存在多个应力分量,不再满足一维应力假设。为了简化分析,作以下四个假定。

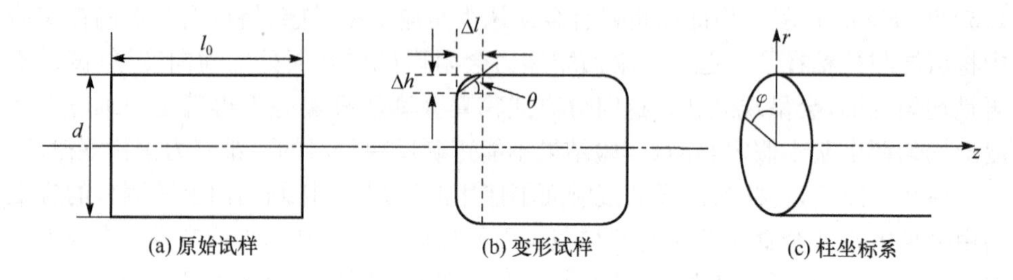

图 2.13 存在端面摩擦时试样变形图

假定 1:在试样受力变形过程中受端面摩擦影响的只在端面附近的一个区域,称为不均匀变形区,区域宽度为 Δl,体积为 Ω',该区域呈圆台状,顶角为 θ。中间宽度为 $l_0-2\Delta l$ 的区域为均匀变形区域,体积为 Ω。

假定 2:在不均匀变形区 Δl 内,只考虑轴向应力和端面剪切力。同时假定由于端面摩擦而引起的剪切力 $\tau_{r\varphi}$ 在整个 Δl 内均匀分布,为一常数。假定端面处的轴向应力为 $\bar{\sigma}_z$。$\bar{\sigma}_z$ 是实验中所测得的应力

$$\bar{\sigma}_z=\frac{4F}{\pi d^2} \tag{2.66}$$

式中,F 为施加在压杆与试样界面上的力。σ_0 为不存在端面摩擦时试样内一维应力下真实的轴向应力,也就是在端面润滑实验中得到的应力。在均匀变形区内,只存在轴向应力

$$\sigma_0=E\varepsilon_z \tag{2.67}$$

同时,由于假定端面摩擦而引起的剪切力 $\tau_{r\varphi}$ 在整个 Δl 内均匀分布,为一常数,因此剪切力可以写为

$$\tau_{r\varphi}=\mu\bar{\sigma}_z \tag{2.68}$$

式中,μ 为端面库仑摩擦系数。

假定 3:分离式霍普金森压杆实验是动态实验,实验过程中试样变形很快,可不考虑与外界的热交换,认为是一个绝热过程,因此采用下式描述试样变形过程中的功能转换关系:

$$\mathrm{d}W=\mathrm{d}E_K+\mathrm{d}U_I \tag{2.69}$$

式中,E_K 表示试样的动能;U_I 表示试样的变形能;$\mathrm{d}W$ 是摩擦力做的功。

如图 2.14 所示，进行实验过程能量分析，在端面摩擦效应明显的实验结果中，在相同的应变增量 $\Delta\varepsilon$ 内试样的能量比润滑条件下多出 ΔU。由假定 3 可以认为，由于端面摩擦的存在，摩擦力对试样做功造成了试样内动能和应变能的增加。

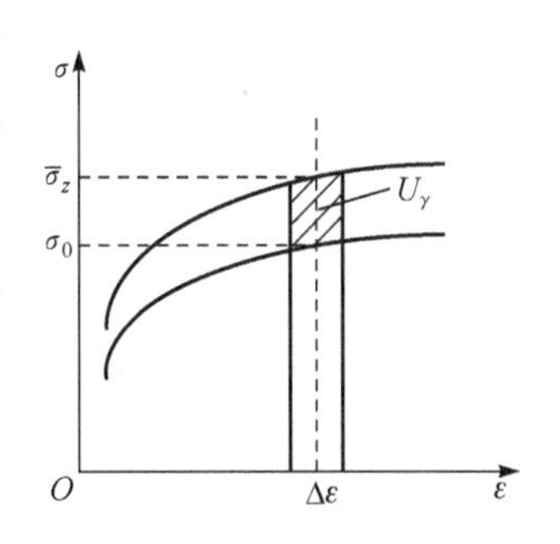

图 2.14　端面摩擦下试样的能量

假定 4：对于同种材料，在不同端面摩擦条件下试样的动能相等。

关于分离式霍普金森压杆实验中试样变形过程的动能 E_K，Davies 和 Hunter[9] 在分析试样内的惯性效应时得出

$$E_K=\frac{1}{2}\rho_s\Omega\left[v^2+\left(\frac{1}{12}l_0{}^2+\frac{1}{8}\upsilon_s{}^2d^2\right)\dot{\varepsilon}\right] \tag{2.70}$$

式中，ρ_s 为试样的密度；Ω 为试样的体积；v 为试样的平均速度；υ_s 为试样的泊松比；$\dot{\varepsilon}$ 是试样的应变率。

在实验中，如果同种材料试样在不同端面摩擦条件下实现了同一常应变率加载，那么式(2.70)中的第二项对于不同端面摩擦条件是相等的。前面已经假定，试样中只有不均匀变形区受端面摩擦的影响，均匀变形区的应力状态与润滑条件下的一样，所以可以认为在均匀变形区内试样质点的平均速度与润滑条件下试样的平均速度相等。同时假定不均匀变形区只在端面附近，区域宽度小，为此忽略不均匀变形区内由于试样质点速度的变化带来的动能变化。这样，不同端面条件下试样的动能相等。

于是，根据公式(2.69)，可以认为，端面摩擦力所做的功全部转变为试样的应变能增加，上面所说的不同端面条件下试样内能的差异即试样内应变能的差异所致。下面在这四个假定的基础上，运用能量守恒原理对端面摩擦效应进行分析。

在存在端面摩擦的情况下，试样在变形过程中内部储存的应变能 U_I 由两部分组成：一部分是由于一维轴向应变 ε_z 带来的轴向应变能，记为 U_ε；另一部分是由于端面摩擦的存在而产生的端面剪切力 $\tau_{r\varphi}$ 作用引起剪切应变 $\gamma_{r\varphi}$ 所带来的剪切应变能，记为 U_γ。试样中的应变能可写为

$$U_I=U_\varepsilon+U_\gamma \tag{2.71}$$

其中

$$U_I=\iiint\limits_{\Omega}\frac{1}{2}\bar{\sigma}_z\varepsilon_z\,\mathrm{d}\Omega \tag{2.72}$$

$$U_\varepsilon=\iiint\limits_{\Omega}\frac{1}{2}\sigma_0\varepsilon_z\,\mathrm{d}\Omega \tag{2.73}$$

$$U_\gamma = \iiint_{\Omega} \frac{1}{2}\tau_{r\phi}\gamma_{r\phi}\mathrm{d}\Omega' \tag{2.74}$$

根据线弹性理论和式(2.68)可得

$$\gamma_{r\phi} = \frac{\tau_{r\phi}}{G} = \frac{2\mu(1+\upsilon_s)\bar{\sigma}_z}{E} \tag{2.75}$$

式中,G 为材料的剪切模量;E 为材料的弹性模量;υ_s为材料的泊松比。

在不均匀变形区内,在变形不大的情况下,

$$\tan\theta = \gamma_{r\phi} \tag{2.76}$$

$$\tan\theta = \frac{\Delta h}{\Delta l} \tag{2.77}$$

为了简化分析,考虑最极端的情况,忽略端面的径向变形,Δh 是均匀变形区的径向变形量

$$\Delta h = \frac{d}{2}\upsilon_s\varepsilon_z \tag{2.78}$$

把式(2.78)代入式(2.77),得

$$\tan\theta = \frac{\upsilon_s\varepsilon_z d}{2\Delta l} \tag{2.79}$$

把式(2.75)、式(2.79)代入式(2.76),可得到不均匀变形区域宽度

$$\Delta l = \frac{\upsilon_s d\sigma_0}{4\mu(1+\upsilon_s)\bar{\sigma}_z} \tag{2.80}$$

不均匀变形区的体积 Ω' 运用圆台体积公式计算,可得

$$\Omega' = \frac{\pi d^2}{12}\left[1+(1+\upsilon_s\varepsilon_z)+(1+\upsilon_s\varepsilon_z)^2\right]\frac{\upsilon_s d\sigma_0}{4\mu(1+\upsilon_s)\bar{\sigma}_z} \tag{2.81}$$

试样的总体积 Ω 为

$$\Omega = \frac{1}{4}\pi d^2 l_0 \tag{2.82}$$

把式(2.67)、式(2.68)、式(2.81)、式(2.82)代入式(2.71),得

$$\frac{1}{2}\bar{\sigma}_z\varepsilon_z\Omega = \frac{1}{2}\sigma_0\varepsilon_z\Omega + 2\times\frac{1}{2}\tau_{r\varphi}\gamma_{r\varphi}\Omega' \tag{2.83}$$

进一步有

$$\bar{\sigma}_z\varepsilon_z = \sigma_0\varepsilon_z + \frac{1}{3}\frac{\mu\upsilon_s d\,\bar{\sigma}_z\sigma_0}{El_0}\left[1+(1+\upsilon_s\varepsilon_z)+(1+\upsilon_s\varepsilon_z)^2\right]$$

展开并简化后有

$$\bar{\sigma}_z - \sigma_0 = \frac{1}{3}\frac{\mu\upsilon_s d\,\bar{\sigma}_z}{l_0}\left[1+(1+\upsilon_s\varepsilon_z)+(1+\upsilon_s\varepsilon_z)^2\right]$$

最终有

$$\sigma_0=\bar{\sigma}_z\left\{1-\frac{\mu\upsilon_s d}{3l_0}\left[1+(1+\upsilon_s\varepsilon_z)+(1+\upsilon_s\varepsilon_z)^2\right]\right\} \tag{2.84}$$

于是得到了分离式霍普金森压杆实验中端面摩擦效应的理论分析公式，即式(2.84)。从该式可以看出，端面摩擦效应的影响与材料性质有很大关系，端面摩擦系数μ、材料泊松比υ_s、试样的长径比l_0/d以及轴向应变ε_z的大小是其主要影响因素。对于同种材料试样来说，在不同端面摩擦条件下，如果采用相同的长径比，且材料泊松比相同，则端面摩擦系数和实验中轴向应变是影响摩擦效应的两个因素。对于不同材料性质的试样而言，如果某种材料的泊松比大，在实验中与压杆之间的端面摩擦系数大，且轴向应变大，而试样的长径比小，则该种材料试样在分离式霍普金森压杆实验中的端面摩擦效应将会更加明显。

这里需要说明一点，在上面的理论分析过程中，定义端面剪切力$\tau_{r\varphi}=\mu\bar{\sigma}_z$，这种定义不适用于实验中的黏结情况。在端面黏结条件下，端面剪切力的大小不单单是由端面摩擦系数μ和轴向应力$\bar{\sigma}_z$两个参数的大小所决定的，这时，端面剪切力的大小等于材料在这种受力状态下的剪切强度或者界面黏结强度。由于存在端面摩擦时，试样内受力复杂，试样剪切强度的大小不方便确定，因此这里没有给出黏结条件下材料试样端面摩擦效应的理论分析，得到的公式(2.84)更适用于分析干摩擦情况，并且不考虑端面的滑移量。

在分离式霍普金森压杆实验中，为了避免摩擦效应以保证实验的有效性，需要针对不同的试样和加载条件，合理设计试样尺寸，恰当地选择和涂抹润滑剂。在室温条件下，一般认为二硫化钼是较为有效的润滑剂；而对于高温实验，薄薄的一层氮化硼细粉末可以用来润滑试样与杆的接触面。虽然现在可以将摩擦力减少到金属剪切强度的4%左右，但目前还没有能够完全消除摩擦的润滑剂。另外，接触面间的润滑剂会影响入射杆和透射杆上所记录的波传播时间，因此，杆端的润滑层越薄越好。

2.5　小　　结

分离式霍普金森压杆作为获得材料在$10^2\sim10^4\,s^{-1}$高应变率范围内应力应变关系的最主要实验手段，已经得到了广泛的应用。保证分离式霍普金森压杆实验有效性的两个基本条件为：杆中的一维弹性应力波传播(一维假定)，试样中应力/应变均匀分布(均匀性假定)。其中一维假定是为了保证试验杆上测试点处的应力波能够真实反演到试样与实验杆的端面。而在某些情况下，如大直径杆或黏弹性杆时，杆中的波形会产生弥散，这就导致该反演过程不能采用简单的一维应力波传播理论进行，为此产生了弥散修正的方法[5]。

达到均匀性假定的条件是试样两端面的应力平衡。理论上来讲，由于应力波在试样中传播，试样两端的应力总是不平衡的，一般认为两端的应力差小于试样中应力的5%时试样达到了应力平衡[19]。为使试样尽快达到应力平衡，一个通用的办法是采用入射波整形技术[20]，使加载脉冲在初始阶段变缓，这样在加载过程中的大部分时间试样能处于应力平衡状态。而且，试样处于弹性小变形的时候就已经达到了应力平衡，使得到的试样屈服点更为准确可信。关于入射波整形技术将在第3章分析。

根据不同的实验需求发展了许多相关实验技术。在一些拓展实验中，如动态巴西实验或基于分离式霍普金森压杆的动态四点弯曲实验，均匀性假定演变为动态力平衡，即在试样两端达到力的动态平衡之后，就可以将四点弯实验中准静态数据处理的理论拓展到动态实验中来[21]。这些内容将在后续章节中讨论。另外，试样与杆端的端面摩擦效应也是破坏两个基本假定的重要原因 。因此，特别强调，在进行分离式霍普金森压杆实验的过程中必须注意验证上述两个基本假定，只有满足时才能使用经典的数据处理理论和方法。

参考文献

[1] 王礼立．应力波基础[M]．第二版．北京：国防工业出版社，2005.

[2] Davies R M. A critical study of the Hopkinson pressure bar[J]. Philosophical Transactions of the Royal Society of London. Series A. Mathematical Physical & Engineering Sciences, 1948,240(821)：375—457.

[3] Gray G T. Classic split-Hopkinson pressure bar testing[M]// ASM Handbook. Vol 8. Mechanical Testing and Evaluation. Detroit：ASM International. 2000：1027—1067.

[4] 宋博．霍普金森压杆实验中的脉冲整形技术[C]．第二届 Hopkinson 杆实验技术讨论会，合肥，2007：70.

[5] Lifshitz J M, Leber H. Data processing in the split Hopkinson pressure bar tests[J]. International Journal of Impact Engineering, 1994,15(6)：723—733.

[6] 王礼立，王永刚．应力波在用 SHPB 研究材料动态本构特性中的重要作用[J]．爆炸与冲击，2005,25(1)：17—25.

[7] 宋力，胡时胜．SHPB 数据处理中的二波法与三波法[J]．爆炸与冲击，2005,25(4)：368—373.

[8] Zhao H, Gary G. On the use of SHPB techniques to determine the dynamic behavior of materials in the range of small strains[J]. International Journal of Solids and Structures, 1996, 33(23)：3363—3375.

[9] Davies E D, Hunter S C. The dynamic compression testing of solids by the method of the split Hopkinson pressure bar[J]. Journal of the Mechanics and Physics of Solids, 1963,11：

155—179.

[10] Bertholf L D, Karnes C H. Two-dimensional analysis of the SHPB system[J]. Journal of the Mechanics and Physics of Solids, 1975,23: 1—19.

[11] Tracy C A. A compression test for high-strength ceramics[J]. Journal of Testing and Evaluation, 1987,15(1): 14—19.

[12] Couque H, Albertini C, Lankford J. Failure mechanisms in a unidirectional fiber-reinforced thermoplastic composite under uniaxial, inplane biaxial and hydrostatically confined compression[J]. Journal of Materials Science Letters, 1993,12(24): 1953—1957.

[13] 王晓燕，卢芳云，林玉亮. SHPB 实验中端面摩擦效应研究[J]. 爆炸与冲击，2006，26(2): 134—139.

[14] Kolsky H. An investigation of the mechanical properties of materials at very high rates of loading[J]. Proceedings of the Physical Society. Section B, 1949, 62: 676—700.

[15] Hauser F E, Simmons J A, Dorn J E, et al. Response of Metals to High Velocity Deformation[M]. New York: New York Interscience Publishers, 1960.

[16] Bell J F. An experimental diffraction grating study of the quasi-static hypothesis of the SHPB experiment [J]. Journal of the Mechanics and Physics of Solids, 1966, 14: 309—327.

[17] Klepaczko J R, Malinowski J Z. Dynamic frictional effects as measured from the split Hopkinson pressure bar[M]//Kawata K, et al. High Velocity Deformation of Solids. Berlin: Springer-Verlag, 1979: 403, 404.

[18] Jankowiak T, Rusinek A, Lodygowski T. Validation of the Klepaczko-Malinowski model for friction correction and recommendations on split Hopkinson pressure bar[J]. Finite Elements in Analysis and Design, 2011,47(10): 1191—1208.

[19] Yang L M, Shim V P W. An analysis of stress uniformity in split Hopkinson bar test specimens[J]. International Journal of Impact Engineering, 2005,31(2): 129—150.

[20] Frantz C E, Follansbee P S, Wright W J. New experimental techniques with the split Hopkinson pressure bar[C]. The 8th International Conference on High Energy Rate Fabrication, San Antonio, 1984: 17—21.

[21] Weerasooriya T, Moy P, Casem D, et al. A four-point bend technique to determine dynamic fracture toughness of ceramics[J]. Journal of the American Ceramic Society, 2006,89(3): 990—995.

第3章 霍普金森杆实验中的加载控制技术

3.1 入射波整形技术

3.1.1 问题的提出

传统的霍普金森压杆实验技术采用直接加载，加载波近似为方波，上升前沿约为10～20μs，并且波头上叠加了由直接碰撞引起的高频分量。对于金属这类高阻抗材料，弹性波速度一般在5000m/s左右，即使试样厚度超过10mm，也能在加载波的上升时间内达到应力平衡。而对于低阻抗材料（软材料），材料中的波速可能低至1000m/s，甚至更低，即使很薄的试样，达到应力平衡所需的时间也远大于20μs。Ravichandran和Subhash[1]的研究表明，加载波在试样中来回反射3～5次以上可以达到试样中应力平衡的要求。所以对于软材料，在加载开始的相当长时间内，试样仍可能处于应力不均匀状态，不满足霍普金森压杆实验技术试样受力变形均匀的基本假定。因此，对于低阻抗材料，完全采用传统的霍普金森压杆实验技术不能获得准确可信的实验数据。

对于试样中难以达到应力平衡和变形均匀的问题，目前主要有两类解决途径：一类是从实验技术上加以改进，使实验过程满足霍普金森压杆实验的前提条件；另一类是在数据处理上采取一定的措施，修正实验数据的偏差。后一种修正方法通常给数据处理带来相当的复杂性，而且还可能引起新的误差。因此，如果使用霍普金森压杆实验技术测试低阻抗材料在高应变率下的应力应变关系，还是应该首先从实验技术上加以改进，使之满足其前提条件。

在实验技术上进行改进的一个重要途径是对入射波进行整形。入射波整形技术最初用来过滤加载波中由于直接碰撞引起的高频分量，从而减小波传播过程的弥散效应[1]。在软材料的霍普金森压杆实验中，入射波整形技术还可以用来保证实验时试样中的应力平衡和变形均匀，以及实现常应变率加载。

入射波整形技术是在输入杆撞击端的中心位置处粘贴一个或一组整形器，使撞击杆在碰撞加载过程中先撞击整形器，在整形器变形的同时，将加载应力波传入输入杆中。整形器的材料一般选取塑性较好的已知材料，通过其塑性变形来改变入射波形，有效地平缓加载波的上升前沿，从而实现试样在加载过程中的变形均匀和应力平衡。同时，合理的整形器材料和形状设计还可以方便地获得常应变率加载。

应变率是考察材料动态性能的一个关键参量。Samanta[2] 的研究表明,常应变率状态还是减小二维效应和惯性效应的一个重要条件。关于实现常应变率加载比较早的方法是 Ellwood 等[3] 在 1982 年提出的使用三段压杆方法。他们在通常意义的霍普金森压杆装置入射杆前放置一预加载杆,预加载杆与入射杆之间安放与待测试样相同的预加载试样,利用预加载试样的透射信号作为真正待测试样的入射加载波。通过简单分析可以知道,由于预加载试样与待测试样性质相同,采用这样的处理方式可以有效地实现对待测试样的常应变率加载。但这种方式也存在明显缺点:对于同一种尺寸试样实现某一常应变率加载比较容易,而要实现其他应变率加载,则要变化预加载试样的尺寸;若需要测试的材料应变率效应明显,则需要不断地调整预加载试样尺寸,才有可能得到对待测试样的一系列常应变率加载,这无形中增加了实验难度,也增加了实验成本。但这种采用预加载试样改变入射波形从而实现常应变率加载的方法是值得借鉴的,如 Parry 等[4] 将预加载杆换成低强度材料,得到了光滑的入射波形;Frew 等[5,6] 将预加载的试样换成了特定材料,如黄铜,最终形成了整形器技术。

3.1.2 整形器技术的实验研究

为了系统研究整形器技术,本节对硅橡胶试样进行了一系列实验,以研究波形整形规律。研究结果表明,采用整形器技术后,改善了加载波形,使得加载波形变得平滑;获得了具有较长上升时间且上升前沿平缓的入射波形,使得硅橡胶试样在实验过程中处于良好的应力平衡状态;通过改变整形器的直径,并适当调整加载速度,获得了常应变率加载;最终得到了整形器直径与加载应变率之间以及加载应变率与试样厚度两者之间的定量关系。

1. 实验简介

实验中,压杆材料采用 LC4 铝合金,撞击杆、输入杆和输出杆的直径都是 14.5mm,撞击杆的长度为 $L_0=113$mm,输入杆和输出杆的长度均为 793mm。压杆材料的弹性模量 $E=71$GPa,密度 $\rho=2.85\text{g/cm}^3$,泊松比 $\upsilon=0.31$。试样材料是硅橡胶,密度 $\rho=1.18\text{g/cm}^3$。根据 Bertholf 和 Karnes[7] 提出的试样尺寸设计原则,针对直径为 14.5mm 的压杆,将试样加工成直径为 10mm、端面平行度小于 10μm 的圆形薄片,厚度分别为 2.1mm、3.5mm 和 4.9mm。

实验中采用黄铜和橡皮作为整形器材料,对于像硅橡胶这类特别软的材料,仅用一个整形器对波形的改善效果仍不能满足试样中变形均匀和应力平衡的要求。

为了进一步延长加载波形的上升时间，采用了组合型的整形器，在较大尺寸的黄铜整形器的基础上，再叠加一个由橡皮制成的更小的整形器。实验时用真空脂将组合型整形器粘贴于输入杆撞击端的中心位置，对加载波形进行多次缓冲。

2. 波形整形的效果

图 3.1 和图 3.2 分别给出了未加整形器和采用整形器后的入射波形和反射波形。从图 3.2 中可以清楚地看出，采用整形器以后，原来加载波中由于直接碰撞引起的高频分量已经被滤掉了，这样减少了波在长距离传播中的弥散失真；同时，入射波的上升前沿变得平缓，上升时间明显增加，为试样中应力平衡和变形均匀提供了保障；而且，反射波基本上是一个平台波，由应变率和反射波幅值之间的关系式(2.43)知，实验中基本实现了常应变率加载。

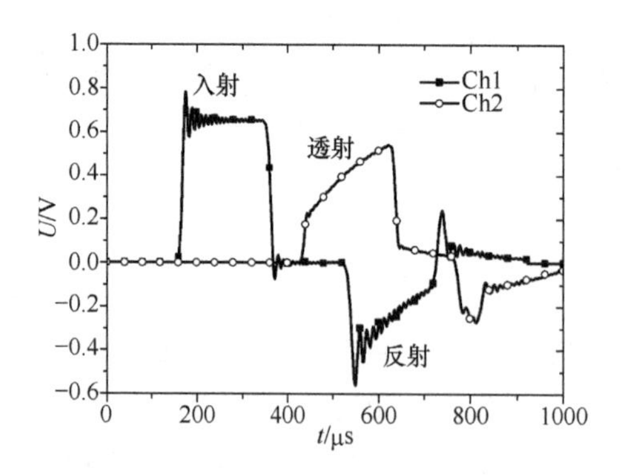

图 3.1　未整形时的入射和反射波形[8]

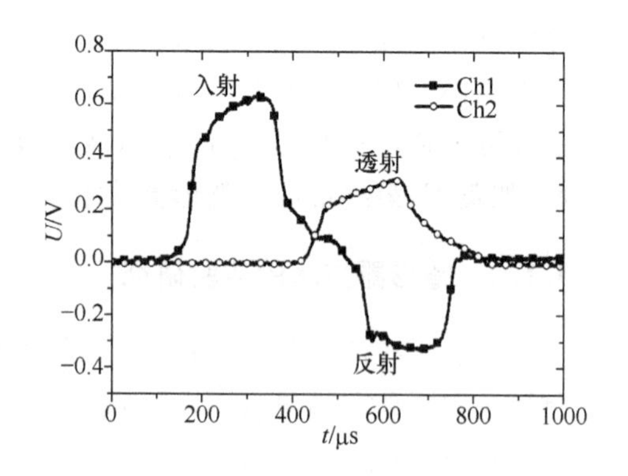

图 3.2　整形后的入射和反射波形[8]

3. 常应变率加载的实现

由霍普金森压杆技术的基本原理可知，透射信号反映了被测材料的强度性能，反射波反映了加载的应变率信息，反射波的波形与入射波形和透射波形之间存在相互耦合的关系。传统的霍普金森压杆技术采用直接加载，入射波固定为方波，由于被测材料的性能是未知的，透射波的波形是不可预知的，而反射波的波形受透射波形变化的影响，也是不可预测的，加上入射波形固定的限制，很难有效地控制加载过程中的应变率情况，尤其是难以获得常应变率状态。入射波经过整形以后，通过合理的整形器设计，可以改变入射波形的波形，进而获得常应变率加载。

图 3.3 给出了经整形以后的典型入射波形示意图。从图中可以看出，入射波

上升后出现第一个折拐点 A，然后继续爬升至最高点 B，最后开始下降卸载。实验发现，这两点的幅值分别与整形器的直径和撞击速度的大小相关。具体来说，整形器的直径越大，A 点的幅值越高；撞击速度越大，B 点的幅值越高。只要碰撞速度大于 A 点处幅值所对应的速度，这个波形就有很好的重复性。在加载过程中，通过合理调整整形器的直径和撞击速度的大小，就可以设计出由两部分组成的入射波形。因为 $\varepsilon_i=\varepsilon_{i1}+\varepsilon_{i2}$，如果使 $\varepsilon_{i2}=\varepsilon_t$，则由应力平衡条件可知，$\varepsilon_{i1}=|\varepsilon_r|$。此时反射波是一个平台波，这就意味着对试样实现了常应变率加载。根据式(2.43)，应变率的值可以由 A 点的幅值来确定，即

$$\dot{\varepsilon}(t)=-\frac{2c_0}{l_0}\varepsilon_r(t)=-\frac{2c_0}{l_0}\varepsilon_{i1}(t_0) \tag{3.1}$$

通过这一设计思想，可以根据反射波形的情况来合理地调整加载速度，以保证反射波是一个平台波，从而实现常应变率加载。具体来说，如果反射波从第一拐点处继续爬升，需要降低加载速度；相反，如果反射波从第一拐点处开始下降，则需要增加撞击速度，最终实现反射波持续为一平台的过程。图 3.4 给出了按照这一设计思想进行常应变率加载的实现过程。其中，整形器的直径不变，通过调整加载速度使得反射波接近于平台。图中，当速度为 7.9m/s 时，实现了常应变率加载状态。

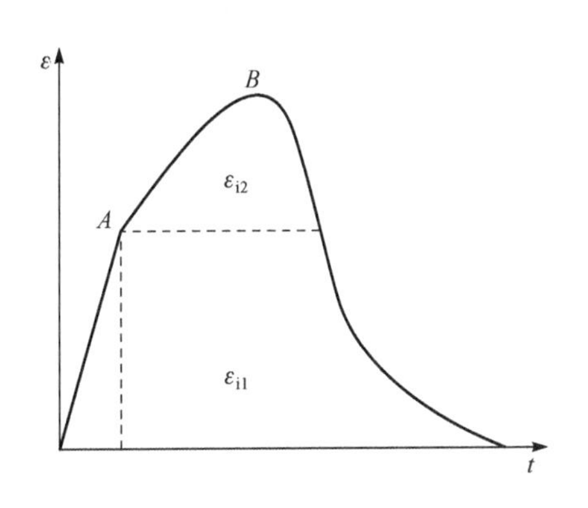

图 3.3　整形后的入射波形示意图

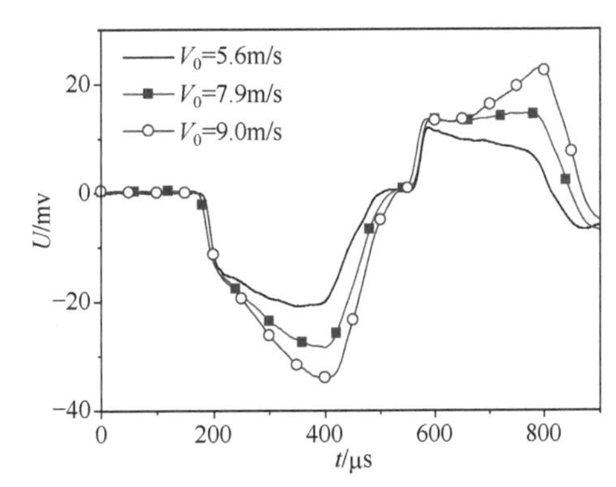

图 3.4　常应变率加载的过程

基于这个设计方法，重点针对 2.1mm 厚度的试样，改变整形器的直径(3.5～10.5mm)进行一系列实验。实验中，对每一个尺寸的整形器，通过合理地调整加载速度都可实现常应变率加载。表 3.1 给出了实验加载条件和相应的应变率值。从表 3.1 中可以看出，当整形器直径越大时，要实现常应变率加载，相应的撞击速度也越大。

表 3.1 同一尺寸硅橡胶试样常应变率实验的加载条件和结果

试样尺寸/mm	整形器尺寸/mm		撞击速度/(m/s)	应变率/s^{-1}
	黄铜	橡皮		
Φ10.02×2.12	Φ3.52×2.54	1.4×1.2×0.8	4.11	1000
Φ10.00×2.10	Φ4.54×2.54	1.1×1.0×0.8	5.01	1500
Φ10.02×2.12	Φ5.54×2.54	1.4×1.2×1.0	5.42	2000
Φ10.00×2.12	Φ6.54×2.54	1.5×1.2×1.0	6.28	2400
Φ10.00×2.10	Φ7.54×2.54	1.1×1.0×0.8	7.10	3000
Φ10.02×2.10	Φ8.54×2.54	1.5×1.3×0.8	7.51	3300
Φ10.02×2.12	Φ9.52×2.54	1.6×1.3×0.9	8.14	3600
Φ10.00×2.12	Φ10.54×2.54	1.8×1.4×1.0	8.49	4000

4. 实验结果及分析

由表 3.1 还可以看出，对于同一厚度的试样来说，整形器直径越大，相应得到的应变率也越大。为了直观地表达整形器直径和应变率之间的关系，用图 3.5 来表示表 3.1 的规律。图中，实心圆代表实验结果，直线是线性拟合的结果，拟合公式为 $\dot{\varepsilon}=-462.9+434.4D_s$，式中，$D_s$表示整形器的直径(mm)。由图 3.5 很容易看出，对同一尺寸的试样来说，动态加载过程中所达到的应变率与整形器(同一种材料)直径之间成线性增加的关系。

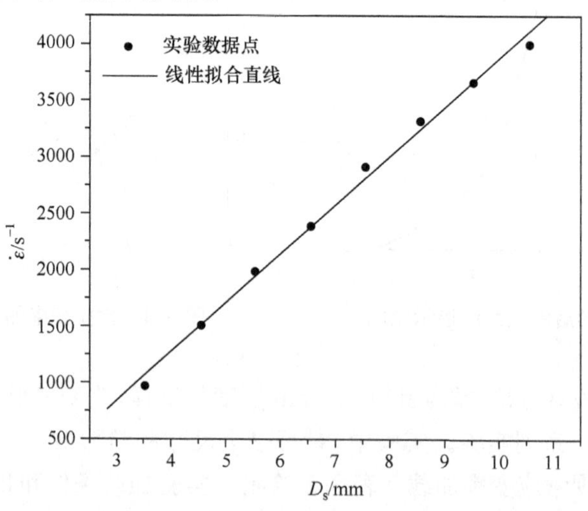

图 3.5 整形器直径与应变率的关系(同一厚度试样)[9]

以上只考虑了同一尺寸的试样，对于不同尺寸的试样，实验也证明了类似的结论。图 3.6 给出了尼龙和碳酚醛试样常应变率加载实验中应变率和试样厚度的乘积与整形器直径之间的关系。实验中压杆为 40Cr 钢杆，直径 20mm。尼龙试样的厚度为 6mm，碳酚醛试样的厚度为 5.5mm。由于两种试样的厚度不一样，为了考虑试样厚度的影响，将试样厚度 l_0 与应变率 $\dot{\varepsilon}$ 相乘合并为一项。另外，为了比较，图 3.6 还给出了硅橡胶试样在铝杆上的常应变率实验结果。图 3.6 表明，对于不同尺寸的试样，动态加载过程中应变率和试样厚度的乘积与整形器直径之间也呈线性增加的关系；整形器直径相同时，试样厚度与应变率的乘积基本上是不变的，并且这种线性关系对于不同材质的杆系都成立。

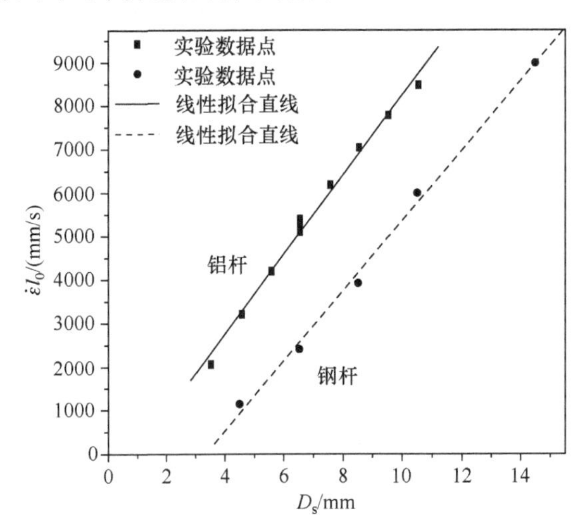

图 3.6　整形器直径与应变率的关系(不同厚度试样)[9]

进一步，为了研究应变率与试样厚度之间的关系，对同一直径的整形器(直径为 6.54mm)，针对三种厚度的硅橡胶试样分别进行了常应变率实验。表 3.2 给出了三种厚度硅橡胶试样的实验加载条件和相应的应变率。由表 3.2 可以看出，对于同一直径的整形器，试样的厚度越大，相应的应变率越低，两者之间成反比的关系，符合霍普金森压杆实验基本理论。

表 3.2　不同厚度硅橡胶试样常应变率实验的加载条件和结果

试样尺寸/mm	整形器尺寸/mm		撞击速度/(m/s)	应变率/s^{-1}
	黄铜	橡皮		
Φ10.00×2.12	Φ6.54×2.54	1.5×1.2×1.0	6.28	2400
Φ10.02×3.48	Φ6.54×2.54	1.3×1.2×0.8	6.30	1500
Φ10.00×4.92	Φ6.54×2.54	1.2×1.1×0.9	6.35	1100

3.1.3 入射波形的理论预估

以上从实验设计的角度，讨论了整形器技术和常应变率加载的实现。可以看出，入射波形的设计对于常应变率加载十分重要。入射波经过整形以后，根据入射波形的情况，通过合理的整形器设计，可以很方便地获得常应变率加载。但是实验中要得到常应变率加载，往往需要进行多次实验尝试。Frew 等[6]讨论了脆性材料霍普金森压杆实验中整形器的设计，可以较好地指导脆性材料的霍普金森压杆实验。如果能够建立入射波形的理论模型，根据给定的初始参数较准确地预估出入射波形，那么可以减少实验的尝试，真正地对实验起到指导作用。下面通过应力波传播过程的理论分析，建立可预估入射波形的理论模型。

1. 入射应力的计算

图 3.7 给出了撞击杆撞击整形器的示意图，图中撞击杆和入射杆为同一材料，密度和声速分别为 ρ 和 c_0，横截面积均为 A。撞击杆的长度为 L_0，撞击速度为 V_0。整形器的材料为黄铜 H62，整形器的初始横截面积和厚度分别为 a_0 和 h_0。

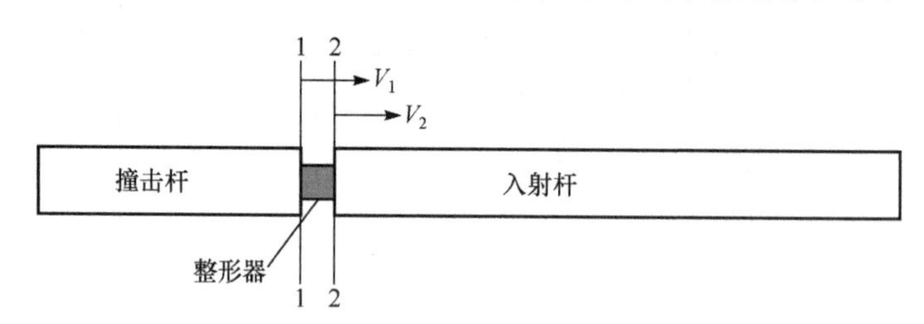

图 3.7 撞击杆撞击整形器示意图

当撞击杆撞击整形器时，整形器开始发生变形。假定整形器做不可压缩均匀变形，根据质量守恒，有下述关系式成立：

$$a_0h_0=a(t)h(t) \tag{3.2}$$

$a(t)$和 $h(t)$分别为 t 时刻整形器的横截面积和厚度。t 时刻整形器中的工程应变为

$$\varepsilon_p(t)=\frac{h_0-h(t)}{h_0}=1-\frac{h(t)}{h_0} \tag{3.3}$$

由以上两式可将 $a(t)$表示为

$$a(t)=\frac{a_0}{1-\varepsilon_p(t)} \tag{3.4}$$

不计轴向惯性，由作用力与反作用力定律知道，撞击过程中整形器作用面两边的力相等，即有

$$\sigma_p(t)a(t)=\sigma_i(t)A=\sigma_{st}(t)A \tag{3.5}$$

式中，$\sigma_p(t)$、$\sigma_i(t)$和$\sigma_{st}(t)$分别表示整形器、入射杆和撞击杆中的应力。将式(3.4)代入式(3.5)中，便可以得到入射应力的一般表达式：

$$\sigma_p(t)\frac{a_0}{1-\varepsilon_p(t)}=\sigma_i(t)A=\sigma_{st}(t)A \tag{3.6}$$

假设加载时整形器材料的应力应变函数为：$\sigma_p=\sigma_0 f(\varepsilon_p)$，$\sigma_0$ 为整形器的材料常数，同时考虑整形器作弹性卸载，假定卸载时整形器的应力应变关系为：$\sigma_p=\sigma_p^*-E_p(\varepsilon_p^*-\varepsilon_p)$，其中 σ_p^* 和 ε_p^* 分别是开始卸载时的应力和应变，E_p 为整形器材料的弹性卸载模量，那么根据式(3.6)就可以分别计算加载阶段和卸载阶段的入射应力：

$$\sigma_i(t)=\frac{\sigma_0 a_0 f(\varepsilon_p)}{A[1-\varepsilon_p(t)]}\quad(\text{加载时}) \tag{3.7}$$

$$\sigma_i(t)=\frac{a_0}{A[1-\varepsilon_p(t)]}[\sigma_p^*-E_p(\varepsilon_p^*-\varepsilon_p(t))]\quad(\text{卸载时}) \tag{3.8}$$

由式(3.7)及式(3.8)可见，要得到应力时程曲线 $\sigma_i(t)$，首先要计算出整形器的应变时间函数 $\varepsilon_p(t)$。

2. 整形器应变的计算

长度为 L_0 的撞击杆撞击整形器后，将分别在撞击杆和入射杆中传入一个加载波。加载波在撞击杆中来回一次的时间 $\tau=2L_0/c_0$，c_0 为撞击杆中的弹性波速度。首先分析$[0,\tau]$时段内的情形。设图 3.7 中 1-1、2-2 界面上的质点速度分别为 $V_1(t)$和 $V_2(t)$，撞击速度为 V_0，而撞击杆和入射杆中的质点速度分别为 $V_{st}(t)$和 $V_i(t)$。此时有下述关系成立：

$$V_1(t)=V_0-V_{st}(t),\quad V_2(t)=V_i(t) \tag{3.9}$$

而根据第 2 章中的应力波基本理论知：

$$V_i(t)=\frac{\sigma_i(t)}{\rho c_0},\quad V_{st}(t)=\frac{\sigma_{st}(t)}{\rho c_0} \tag{3.10}$$

将式(3.10)代入式(3.9)中，则有

$$V_1(t)=V_0-\frac{\sigma_{st}(t)}{\rho c_0},\quad V_2(t)=\frac{\sigma_i(t)}{\rho c_0} \tag{3.11}$$

由应变率的定义，整形器中的应变率为

$$\dot{\varepsilon}_p(t)=\frac{V_1(t)-V_2(t)}{h_0} \tag{3.12}$$

将式(3.11)代入式(3.12)，并由对称碰撞有 $\sigma_{st}(t)=\sigma_i(t)$，将加载时整形器材料的应力应变函数关系(3.7)代入，可以得到$[0,\tau]$时段内的应变率时间函数为

$$\frac{h_0}{V_0}\dot{\varepsilon}_p(t)=1-K\frac{f(\varepsilon_p(t))}{1-\varepsilon_p(t)},\quad 0\leqslant t<\tau \tag{3.13}$$

式中

$$K=\frac{2\sigma_0 a_0}{\rho c_0 A V_0},\quad \tau=\frac{2L_0}{c_0}$$

下面来分析[τ,2τ]时段内的情形。当 $t=\tau/2$ 时，撞击杆中左行的压缩波到达撞击杆的自由端面，将反射一个右行的卸载波。当 $t=\tau$ 时，这一右行的卸载波到达撞击杆和整形器的接触面，将会反射一个波并透射一个波。

分别将右行的卸载波及其引起的反射波和透射波记为$-\sigma_{st}(t-\tau)$、$\sigma_r^1(t-\tau)$和$\sigma_t^1(t-\tau)$，根据整形器两侧受力平衡的条件，此时有

$$\sigma_p(t)a(t)=[\sigma_i(t)+\sigma_t^1(t-\tau)]A=[\sigma_{st}(t)-\sigma_{st}(t-\tau)+\sigma_r^1(t-\tau)]A \tag{3.14}$$

这时整形器两端面处的质点速度 V_1(t)和 V_2(t)分别为

$$\begin{aligned}V_1(t)&=V_0-V_{st}(t)-V_{st}(t-\tau)-V_r^1(t-\tau)\\&=V_0-\frac{\sigma_{st}(t)}{\rho c_0}-\frac{\sigma_{st}(t-\tau)}{\rho c_0}-\frac{\sigma_r^1(t-\tau)}{\rho c_0}\end{aligned} \tag{3.15}$$

$$V_2(t)=V_i(t)+V_t^1(t-\tau)=\frac{\sigma_i(t)}{\rho c_0}+\frac{\sigma_t^1(t-\tau)}{\rho c_0} \tag{3.16}$$

将上述两式代入式(3.12)得到

$$\begin{aligned}h_0\dot{\varepsilon}_p(t)&=V_0-\frac{\sigma_{st}(t)}{\rho c_0}-\frac{\sigma_{st}(t-\tau)}{\rho c_0}-\frac{\sigma_r^1(t-\tau)}{\rho c_0}-\frac{\sigma_i(t)}{\rho c_0}-\frac{\sigma_t^1(t-\tau)}{\rho c_0}\\&=V_0-\frac{2}{\rho c_0}[\sigma_i(t)+\sigma_t^1(t-\tau)]-\frac{2\sigma_{st}(t-\tau)}{\rho c_0}\end{aligned} \tag{3.17}$$

而根据式(3.5)知道：

$$\sigma_i(t)+\sigma_t^1(t-\tau)=\frac{\sigma_p(t)a(t)}{A}=\frac{\sigma_0 f(\varepsilon_p)a_0}{(1-\varepsilon_p)A} \tag{3.18}$$

$$\sigma_{st}(t-\tau)=\frac{\sigma_p(t)a(t)}{A}=\frac{\sigma_0 f(\varepsilon_p(t-\tau))a_0}{[1-\varepsilon_p(t-\tau)]A} \tag{3.19}$$

将上述两式代入式(3.17)，便可以得到[τ,2τ]时段内的应变率时间函数：

$$\frac{h_0}{V_0}\dot{\varepsilon}_p(t)=1-K\frac{f(\varepsilon_p(t))}{1-\varepsilon_p(t)}-K\frac{f(\varepsilon_p(t-\tau))}{1-\varepsilon_p(t-\tau)},\quad \tau\leqslant t<2\tau \tag{3.20}$$

一般地，只要 $V_1>V_2$，整形器就仍处于压缩加载状态。重复上述的分析可以得到一般加载情形下，在[$n\tau$,$(n+1)\tau$]时段内的应变率时间函数为

$$\frac{h_0}{V_0}\dot{\varepsilon}_p(t)=1-K\frac{f(\varepsilon_p(t))}{1-\varepsilon_p(t)}-K\left[\frac{f(\varepsilon_p(t-\tau))}{1-\varepsilon_p(t-\tau)}+\frac{f(\varepsilon_p(t-2\tau))}{1-\varepsilon_p(t-2\tau)}+\cdots+\frac{f(\varepsilon_p(t-n\tau))}{1-\varepsilon_p(t-n\tau)}\right] \tag{3.21}$$

当 $V_1 \leqslant V_2$ 时，整形器开始卸载。根据实验的情况，卸载时刻一般发生在 $[\tau, 2\tau]$ 和 $[2\tau, 3\tau]$ 范围内。不妨假定整形器在 $[\tau, 2\tau]$ 范围内的某一时刻 t^* 处 $V_1 = V_2$，即开始卸载，那么在 $[t^*, 2\tau]$ 时间段，整形器处于卸载状态。此时式(3.18)相应地变为

$$\sigma_i(t) + \sigma_t^1(t-\tau) = \frac{\sigma_p(t)a(t)}{A} = \frac{a_0}{A(1-\varepsilon_p)}[\sigma_p^* - E_p(\varepsilon_p^* - \varepsilon_p)] \tag{3.22}$$

将式(3.19)和式(3.22)代入式(3.17)，便可以得到 $[t^*, 2\tau]$ 时段内处于卸载状态的应变率时间函数：

$$\frac{h_0}{V_0}\dot{\varepsilon}_p(t) = 1 - K\frac{\sigma_p^* - E_p(\varepsilon_p^* - \varepsilon_p(t))}{\sigma_0(1-\varepsilon_p(t))} - K\frac{f(\varepsilon_p(t-\tau))}{1-\varepsilon_p(t-\tau)}, \quad t^* \leqslant t < 2\tau \tag{3.23}$$

如果整形器在 2τ 时刻还没有完全卸载，类似上述分析，可以得到 $[2\tau, 3\tau]$ 时段内处于卸载状态的应变率时间函数，此时需要分段表示

$$\begin{aligned}\frac{h_0}{V_0}\dot{\varepsilon}_p(t) = {} & 1 - K\frac{\sigma_p^* - E_p(\varepsilon_p^* - \varepsilon_p(t))}{\sigma_0(1-\varepsilon_p(t))} \\ & - K\left[\frac{f(\varepsilon_p(t-\tau))}{1-\varepsilon_p(t-\tau)} + \frac{f(\varepsilon_p(t-2\tau))}{1-\varepsilon_p(t-2\tau)}\right], \quad 2\tau \leqslant t < \tau + t^*\end{aligned} \tag{3.24}$$

$$\begin{aligned}\frac{h_0}{V_0}\dot{\varepsilon}_p(t) = {} & 1 - K\left[\frac{\sigma_p^* - E_p(\varepsilon_p^* - \varepsilon_p(t))}{\sigma_0(1-\varepsilon_p(t))} + \frac{\sigma_p^* - E_p(\varepsilon_p^* - \varepsilon_p(t-\tau))}{\sigma_0(1-\varepsilon_p(t-\tau))}\right] \\ & - K\frac{f(\varepsilon_p(t-2\tau))}{1-\varepsilon_p(t-2\tau)}, \quad \tau + t^* \leqslant t < 3\tau\end{aligned} \tag{3.25}$$

一般地，当 $n \geqslant 2$ 时，整形器在 $[n\tau, (n+1)\tau]$ 时段内处于卸载状态的应变率时间函数按下面两式进行计算：

$$\begin{aligned}\frac{h_0}{V_0}\dot{\varepsilon}_p(t) = {} & 1 - K\left[\frac{\sigma_p^* - E_p(\varepsilon_p^* - \varepsilon_p(t))}{\sigma_0(1-\varepsilon_p(t))} + \cdots + \frac{\sigma_p^* - E_p(\varepsilon_p^* - \varepsilon_p(t-(n-2)\tau))}{\sigma_0(1-\varepsilon_p(t-(n-2)\tau))}\right] \\ & - K\left[\frac{f(\varepsilon_p(t-(n-1)\tau))}{1-\varepsilon_p(t-(n-1)\tau)} + \frac{f(\varepsilon_p(t-n\tau))}{1-\varepsilon_p(t-n\tau)}\right], \quad n\tau \leqslant t < (n-1)\tau + t^*\end{aligned} \tag{3.26}$$

$$\begin{aligned}\frac{h_0}{V_0}\dot{\varepsilon}_p(t) = {} & 1 - K\left[\frac{\sigma_p^* - E_p(\varepsilon_p^* - \varepsilon_p(t))}{\sigma_0(1-\varepsilon_p(t))} + \cdots + \frac{\sigma_p^* - E_p(\varepsilon_p^* - \varepsilon_p(t-(n-1)\tau))}{\sigma_0(1-\varepsilon_p(t-(n-1)\tau))}\right] \\ & - K\frac{f(\varepsilon_p(t-n\tau))}{1-\varepsilon_p(t-n\tau)}, \quad (n-1)\tau + t^* \leqslant t < (n+1)\tau\end{aligned} \tag{3.27}$$

如果整形器在 $[2\tau, 3\tau]$ 范围内某一时刻 t^* 处开始卸载，相应地可以得到 $[t^*, 3\tau]$ 时段内处于卸载状态的应变率时间函数：

$$\frac{h_0}{V_0}\dot{\varepsilon}_p(t) = 1 - K\frac{\sigma_p^* - E_p(\varepsilon_p^* - \varepsilon_p(t))}{\sigma_0(1-\varepsilon_p(t))} - K\left[\frac{f(\varepsilon_p(t-\tau))}{1-\varepsilon_p(t-\tau)} + \frac{f(\varepsilon_p(t-2\tau))}{1-\varepsilon_p(t-2\tau)}\right] \tag{3.28}$$

如果整形器在 3τ 时刻还没有完全卸载，则当 $n\geqslant 3$ 时，整形器在 $[n\tau,(n+1)\tau]$ 时段内处于卸载状态的应变率时间函数仍按式(3.26)和式(3.27)进行计算。

分别根据上述加载和卸载段内的应变率时间函数，将等式左边化为差分形式，通过迭代求解得出相应时段内整形器中的应变时间函数 $\varepsilon_p(t)$，然后运用式(3.7)及式(3.8)，便可以得到整个入射应力的时程曲线 $\sigma_i(t)$。上述应变计算模型中需要知道整形器的材料模型以及一些具体的参数值，所以在计算应变之前，需要确定出整形器的材料模型和参数。

3. 整形器材料模型及参数的确定

实验中用的是由黄铜 H62 加工成的整形器，首先针对这种材料的试样做了三组不同应变率的动态实验。图 3.8 给出了黄铜 H62 三种不同应变率下的应力-应变曲线，根据卸载段的情况可以得到黄铜 H62 的弹性卸载模量 E_p 为 102GPa。

然后，取不同厚度的整形器，以不同的速度撞击，得到不同的入射波形。实验后分别测量出每一个整形器的变形，计算出相应的工程应变 $\varepsilon_p(t)$。同时，通过测量出入射波形的最高幅值，计算最大的入射应力，由式(3.6)计算出相应的 σ_p 值：

$$\sigma_p=\frac{A(1-\varepsilon_p)}{a_0}\sigma_i \tag{3.29}$$

对于黄铜 H62 整形器，用函数 $\sigma_p=\dfrac{\sigma_0\varepsilon_p^n}{1-\varepsilon_p^m}$ 来拟合这组应力应变数据，如图 3.9 所示。图中的数据点为实验结果，实线是拟合曲线，相应的拟合参数 σ_0、m 和 n 分别为 650MPa、4.5 和 0.12。

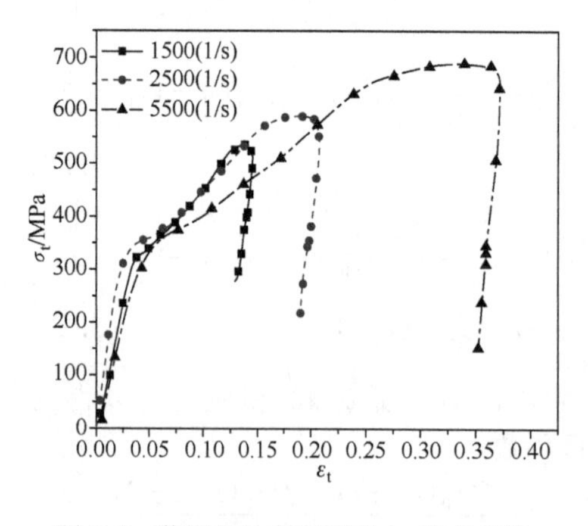

图 3.8　黄铜的动态压缩应力-应变曲线

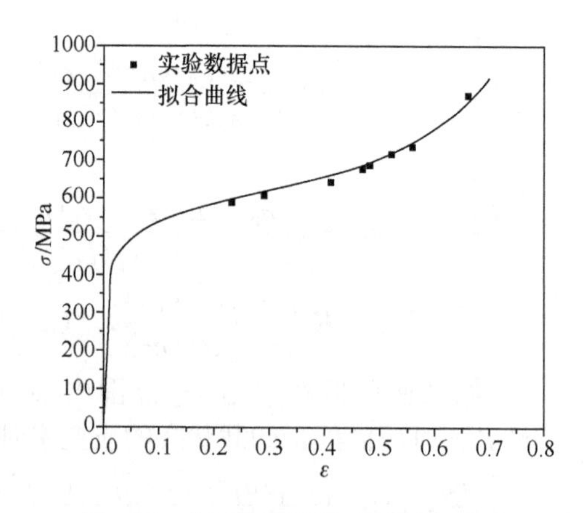

图 3.9　黄铜整形器的实验拟合曲线

4. 计算结果与实验结果的比较

根据上述推导的理论预估模型，针对使用的黄铜 H62 整形器进行了多组计算。图 3.10 给出了两组计算结果和实验结果的比较，实线是计算结果，虚线是实验结果。实验中压杆和撞击杆均为 40Cr 钢杆，压杆的直径为 20mm，撞击杆的长度为 150mm。图 3.10(a)中，黄铜整形器的直径为 4.5mm，撞击速度为 7.3m/s；图 3.10(b)中，黄铜整形器的直径为 6.5mm，撞击速度为 10.5m/s。

由图 3.10(a)、(b)可以看出，对于同一材料的整形器，直径越大，整形后入射波形第一拐点处的值越大；撞击速度越大，入射波形的峰值也越大。计算结果与实验结果都反映了这一主要特征，并且二者在相应关键点处的值基本上也是一致的。

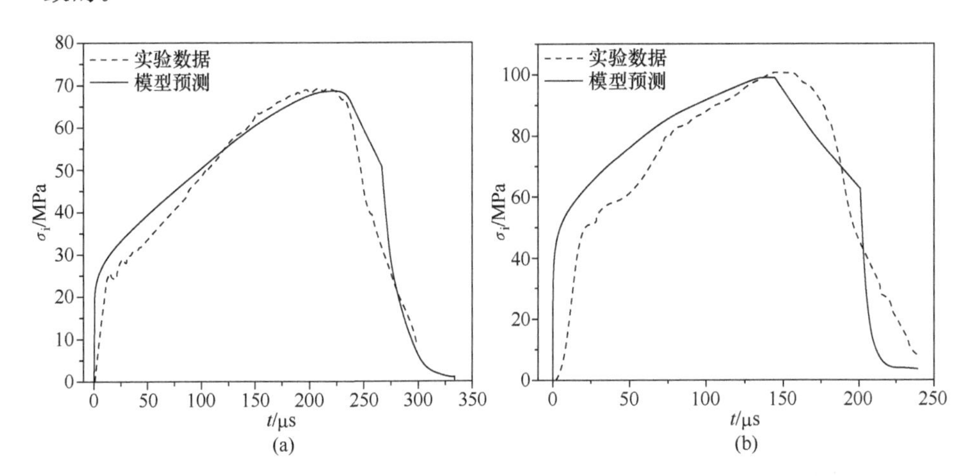

图 3.10 黄铜 H62 整形器整形后入射波形计算结果和实验结果的比较

表 3.3 给出了经黄铜 H62 整形器整形以后入射波形及整形器的相关实验数据与预测结果的比较。表中数据表明计算结果与实验数据十分接近，说明上述理论预估模型是比较准确的，可以有效指导实验设计。

表 3.3 黄铜 H62 整形器实验数据与理论预估值的比较

撞击速度/(m/s)	初始直径/mm	初始厚度/mm	最终直径*/mm	最终厚度*/mm	应变*	最大入射应力*/MPa
10.53	6.48	2.50	7.71/7.67	1.75/1.78	0.300/0.287	101.0/100.5
14.46	10.46	2.46	11.79/11.66	1.96/1.98	0.203/0.195	188.5/189.6
11.43	6.42	2.52	7.82/7.83	1.69/1.69	0.329/0.328	106.2/105.4

续表

撞击速度 /(m/s)	初始直径 /mm	初始厚度 /mm	最终直径* /mm	最终厚度* /mm	应变*	最大入射应力* /MPa
14.29	10.32	2.44	11.32/11.52	1.96/1.96	0.197/0.197	185.6/185.2
10.62	6.44	2.56	7.68/7.61	1.81/1.84	0.293/0.283	98.5/98.4
14.63	10.36	2.48	11.66/11.5	1.98/1.97	0.202/0.193	196.2/197.4
11.54	6.48	2.42	7.88/7.93	1.66/1.62	0.314/0.331	107.8/109.2
14.32	10.44	2.42	11.75/11.68	1.94/1.94	0.218/0.198	188.6/187.4

*表示实验结果/计算结果。

3.1.4 异形子弹整形技术

关于入射波整形的思想，也可以通过异形子弹整形技术来实现。该技术通过改善冲头形状对加载波形进行调整，早在1948年Davies[10]就比较了圆头子弹和锥形子弹撞击后杆中应力波形的不同。1972年，Christensen等[11]在进行岩石材料围压实验时，采用了圆锥形子弹进行加载。1982年，寇绍全等[12]利用阶梯圆柱形子弹进行了冲击试验。李夕兵等[13,14]对异形冲头进行了大量的系统深入研究，利用多种子弹冲头对红砂岩、大理岩和花岗岩等进行了不同入射加载波形下的冲击加载实验。

岩石类材料通常需要较大的试样尺寸，相应地需要增大实验杆的半径，而随着杆径的增加，波形弥散的问题逐渐凸显。周子龙[15]对三种典型的应力波形（矩形波、三角波和半正弦波）在直径50mm弹性长杆中传播的弥散情况进行了比较分析，结果如图3.11所示。从图中可以看出：对于频率成分丰富的矩形波脉冲，其波形弥散十分严重，而且随着传播距离的增加，弥散程度越大；而频率成分单一的半正弦波则在传播过程中基本无弥散。另外，不同频率成分还会引起弹性杆轴截面上应力分布的不均匀，而频率成分单一的半正弦波在弹性杆轴截面上应力分布比较均匀。

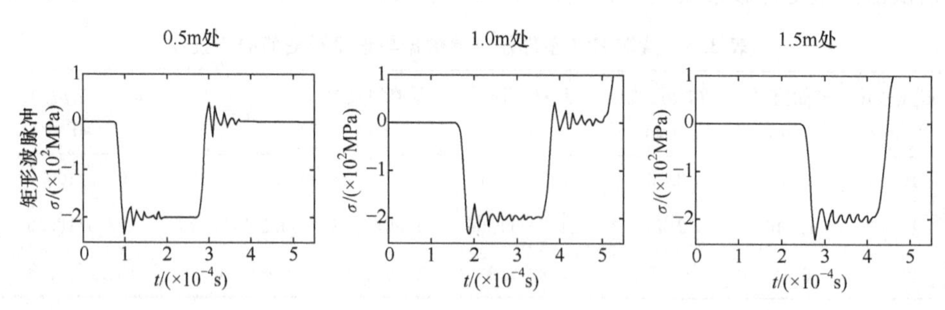

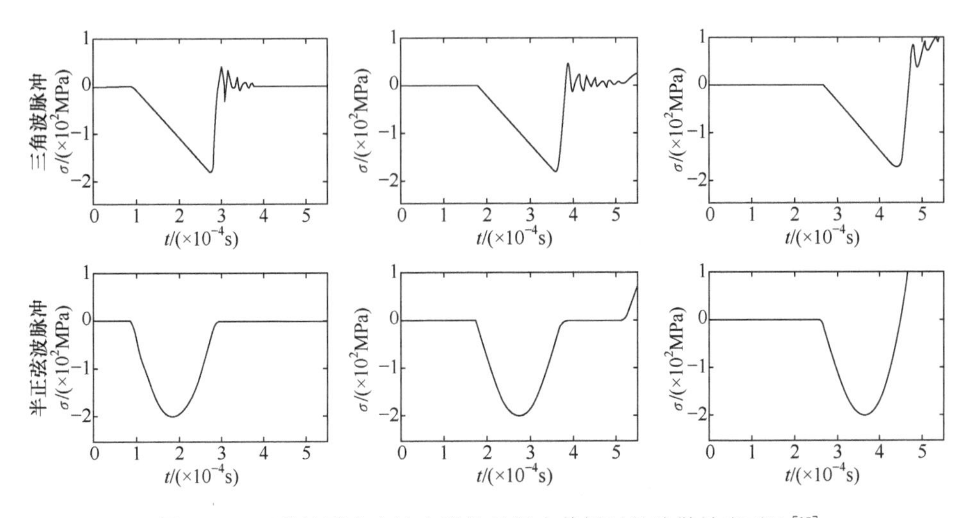

图 3.11　三种波形应力波在弹性长杆中传播时的弥散效应对比[15]

图 3.12 是李夕兵等[14]用于撞击入射杆的不同结构形式的子弹冲头。图 3.13 则是与各子弹冲头相对应的入射波形。从试验结果看,等径冲头和单阶梯形冲头子群产生的入射应力波存在明显的振荡,而锥形冲头以及多阶梯形冲头子群所对应的入射应力波加载段振荡明显减少。在此基础上,他们进一步提出了半正弦波是霍普金森压杆装置合理加载波形这一概念[17]。

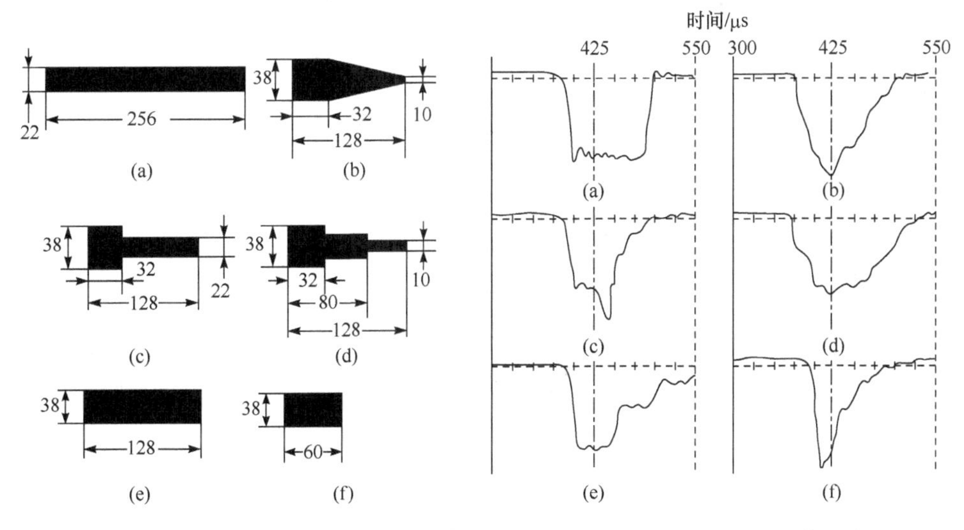

图 3.12　不同结构形式的子弹(单位:mm)[14]

图 3.13　不同构形子弹所对应的入射应力波形[14]

刘德顺等[17]基于一维应力波理论和反演设计理论，对如何获得半正弦波的问题进行了深入研究，推动了这一试验技术的进一步发展。后来，基于 LS-DYNA 实体建模和径向基函数神经网络自适应识别，构造了应用于岩石实验的大直径霍普金森压杆装置的理想冲头子弹，并取得了较好的加载波形，进一步完善了异形子弹产生半正弦波的霍普金森压杆实验波形整形技术[18]，而且根据冲击反演理论得到了能产生理想半正弦应力波的子弹形状，如图 3.14 所示[19]。

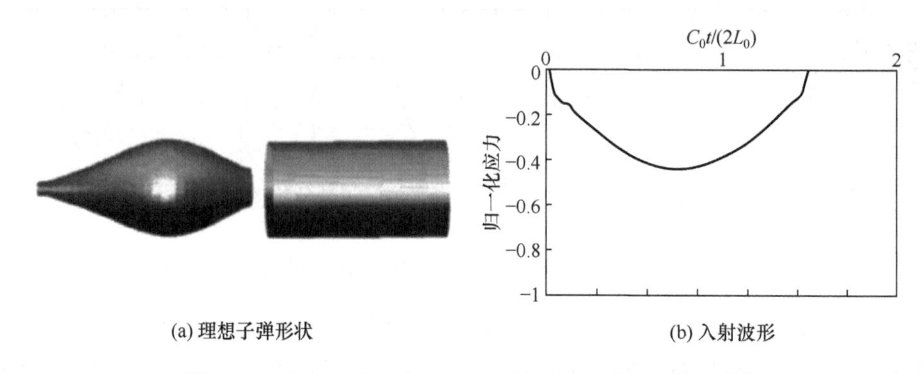

(a) 理想子弹形状　　(b) 入射波形

图 3.14　理想子弹所产生的应力脉冲的数值模拟结果[19]

为了便于实际加工和试验操作，对如图 3.14 所述子弹形状进行了简化，形成了“双锥”型冲头，如图 3.15 所示[20]。图 3.16 是新加坡南洋理工大学利用配备有该“双锥”冲头的霍普金森压杆装置对新加坡 Bukit Timah 花岗岩进行实验时得到的应力-应变试验曲线[21]。

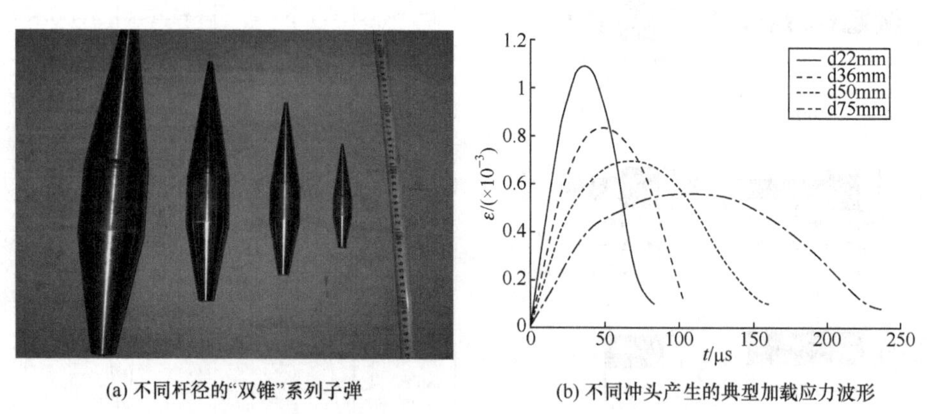

(a) 不同杆径的“双锥”系列子弹　　(b) 不同冲头产生的典型加载应力波形

图 3.15　“双锥”系列子弹以及对应的典型加载应力波形[20]

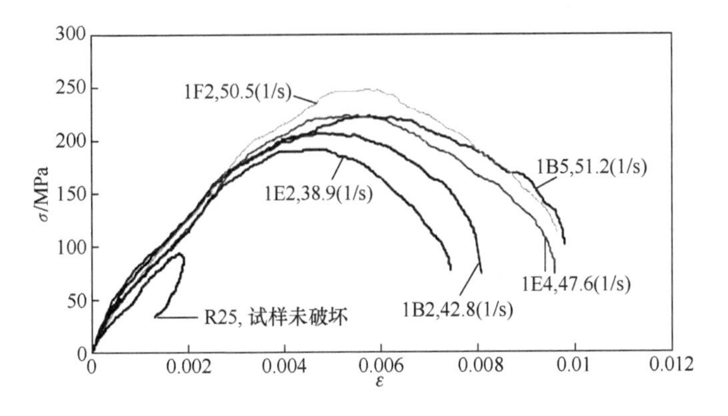

图 3.16　花岗岩的动态应力-应变试验曲线[21]

3.2　单脉冲加载与试样变形控制技术

3.2.1　单脉冲加载技术

1. 单脉冲加载原理

在常规的霍普金森压杆技术中，由于反射拉伸波在入射杆的撞击端再反射形成压缩波，会对试样造成二次加载，导致回收试样所反映的受载情况与应力-应变曲线描述的不一致。为解决该问题，Namat-Nasser 等[22]在 1991 年提出了能实现单脉冲加载的霍普金森压杆技术。如图 3.17(a)所示，通过重新设计入射杆的加载端，可以在入射杆中产生一个由压缩波和紧随其后的拉伸波组成的系列应力波。装置的具体改进如下。

将入射杆的加载端加工成一个传递法兰(transfer flange)。入射管(incident tube)是和子弹等长的圆筒，与子弹和入射杆横截面积相同，材料相同，波阻抗相同。质量块(reaction mass)是入射杆穿过其中的钢制大质量圆筒。入射管安装在传递法兰和质量块之间。当子弹以速度 V_0 撞击传递法兰时，由接触面质点速度方程和轴向动量守恒可得，入射杆和入射管中的质点速度均为 $V_0/3$，在入射杆和入射管中都会产生压缩波。入射杆中的压缩波传到试样端面对试样进行加载，而入射管中的压缩波传播到反射质量块端面(固壁界面)会反射一个压缩波，与从子弹自由面反射的拉伸波同时到达传递法兰与入射管的交界面，子弹开始回弹。由于入射管和入射杆横截面积相同，材料相同，入射管加载传递法兰形成一个与压缩波等幅值的拉伸波。于是向入射杆中传进一个紧随压缩波的拉伸波，这就避免了二次压缩加载。图 3.17(b)是典型入射波形。

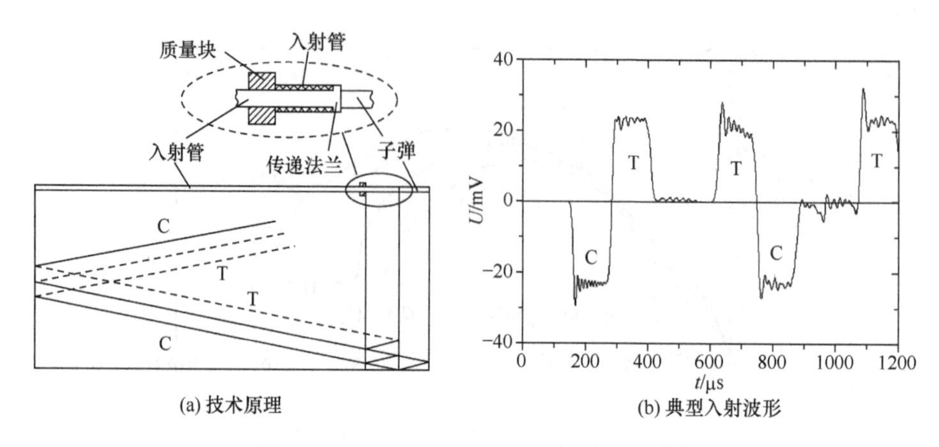

(a) 技术原理 (b) 典型入射波形

图 3.17 Nemat-Nasser 单脉冲加载方法[22]

由于入射管的存在,法兰盘所承受的拉伸应力数值上等于入射压缩应力的值,若子弹撞击速度较高,容易将法兰盘与杆的连接处拉断(如果它和杆是一体的,可能在连接处剪断;如果由螺栓连接,则可能将螺栓拉断),影响装置的重复使用。这是早期单脉冲加载装置的缺点。1997 年,Nemat-Nasser 和 Isaacs[23] 又在原实验的基础上作了部分改进,在入射管和传递法兰间预置一个缝隙,当子弹撞击入射杆时,入射杆撞击端产生的位移量正好等于预留间隙。当反射波到达时,传递法兰与入射管紧密接触。通常的霍普金森压杆二次加载是由于反射拉伸波在入射杆的撞击端反射形成压缩波(此时子弹已经与入射杆分离),而在此装置中,反射拉伸波被入射管完全吸收,从而不会有二次压缩波的再进入。国内的李玉龙等也是采用这种设计方案[24,25]。

在 Nemat-Nasser 方案的改进设计中,入射管已经不是必需的了,Song 和 Chen[26] 给出了更简单的设计。当反射拉伸波到达法兰时,由于质量块的限制,相对于拉伸波是一个固壁界面,于是反射仍为拉伸波,不会再对试样有压缩波加载,从而实现了单脉冲加载。波系分析如图 3.18(a)所示,入射杆应变片所测的典型波形如图 3.18(b)所示。由图中可以看到,反射拉伸波传到法兰处反射回去的还是拉伸波,因此不会再对试样有压缩波加载。在此技术中,法兰盘与质量块之间的预留缝隙设置是一个关键环节,如图 3.18(a)中局部放大图所示。

2. 单脉冲加载实验

采用 Chen 单脉冲加载实验方案进行相关实验,实验中所有压杆均采用 LC4 铝合金杆,压杆直径为 20mm,密度为 2.85g/cm^3,杨氏模量为 71GPa,杆中弹性波波速为 4970m/s。入射杆长为 1800mm,透射杆长为 1000mm,子弹长度为

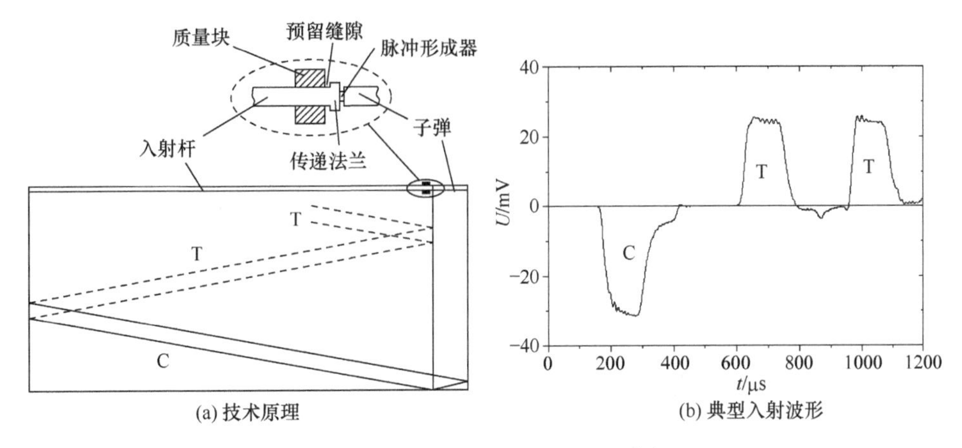

图 3.18　Chen 单脉冲加载方法[26]

300mm。法兰直径为 30mm，厚度为 10mm，采用 M10 螺纹与压杆撞击端连接。钢制质量块直径为 100mm，长 120mm，重约 7kg，利用 C 字钳与实验平台固定。

根据前述原理分析，当反射拉伸波到达入射杆撞击端时，预留缝隙刚好闭合。而子弹撞击结束后反射拉伸波到达之前，实验杆的撞击端位移为 0，故预留缝隙大小即为子弹撞击结束时入射杆撞击端的位移。若长为 L_0 的子弹以速度 V_0 撞击入射杆，假定对称碰撞，入射杆中的波后质点速度为 $v=V_0/2$，而入射波宽度为 $\tau=2L_0/c_0$，于是预留缝隙为

$$d=v\tau=\frac{L_0V_0}{c_0} \tag{3.30}$$

当使用整形器时，采用实验标定预留缝隙更为准确。先不加质量块，子弹以速度 V_0 撞击入射杆，测出入射杆中的应变 ε_i，最终可计算得到入射杆的位移，即预留缝隙为

$$d=S=\int_0^{T_0}\varepsilon_i c_0\,\mathrm{d}t \tag{3.31}$$

积分区域 T_0 为加载脉宽。此 T_0 不同于直接撞击的加载脉宽 τ，一般 $T_0>\tau$。

如某次实验中，子弹加载速度为 5m/s，试样为聚氨酯泡沫，为获得常应变率加载，使用了 $\Phi 6.5\times 2.5$mm 的黄铜整形器。根据公式(3.30)计算，预留缝隙为 0.30mm；根据公式(3.31)计算，预留缝隙为 0.32mm，如图 3.19 所示[27]。这是由于黄铜整形器的引入，使加载脉宽变大，最终导致入射杆加载端位移略大。

为考证不同预留缝隙对实验结果的影响，取 0.20、0.27、0.30、0.32、0.44、0.68、∞(mm)七种预留缝隙进行比较。图 3.20 为不同预留缝隙条件下入射杆中实验波形的对比。以 0.32mm 作为预留缝隙理论值，当预留缝隙小于理论值，且误差不超过 10%时(即不小于 0.27mm)，对实验结果的影响不大，但随着预留缝隙

的进一步减小，入射波的波尾会被质量块“吃掉”一部分，使得入射波形不完整，但不会对试样进行二次加载，如图 3.20(a)所示。当预留缝隙大于理论值时，会存在部分的二次反射压缩波对试样进行加载，随着缝隙的增加，二次压缩加载波形不断增宽，如图 3.20(b)所示。说明在预留缝隙设置时，在小于理论值 10%范围内可以保证对试样的单脉冲加载，通常的塞尺调整可以满足此项精度控制要求。

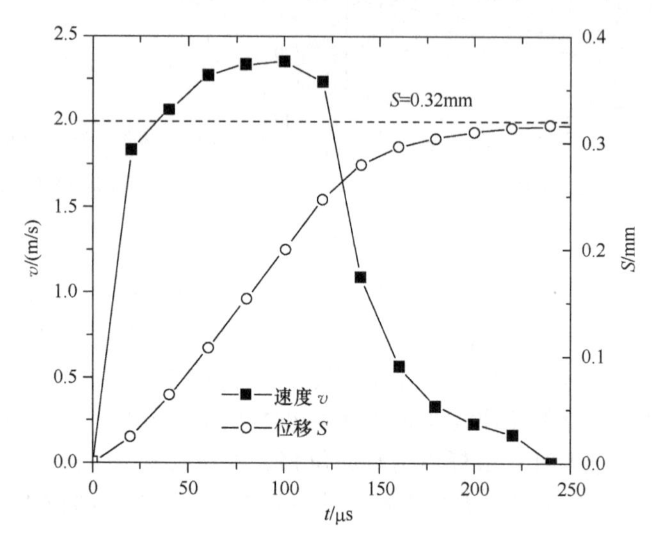

图 3.19　预留缝隙计算图

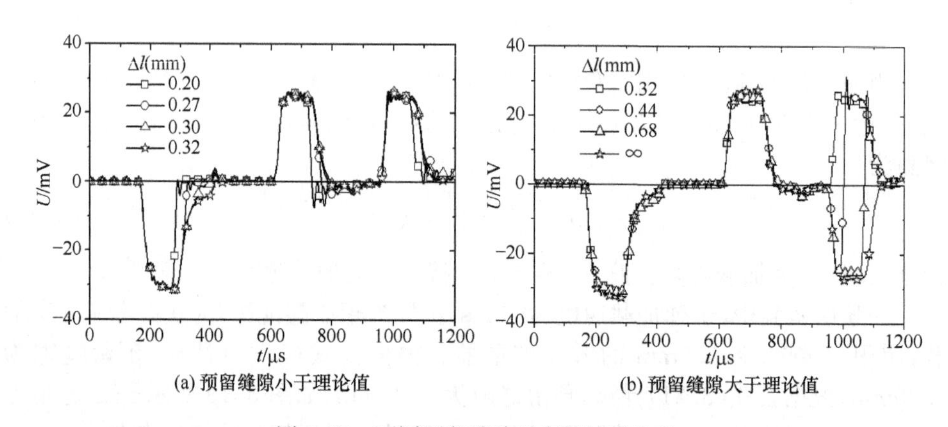

图 3.20　不同预留缝隙时实验波形比较

3.2.2　应变冻结技术

在某些实验条件下，需要限制霍普金森杆压缩试样的最大应变，称为应变冻结技术。一般采用一个强度较高的限位环限制试样的变形，限位环通过固定套筒固定在入射杆和透射杆之间，固定套筒内侧与实验杆和限位环均滑动配合，其结构如图 3.21 所示。若试样的初始长度为 l_0，初始半径为 a_0，需要限制应变为 ε_0，试样泊松比为 υ_s，则在不考虑限位环变形的情况下，限位环的尺寸必须满足以下条件：

$$l_1 = l_0(1-\varepsilon_0) \tag{3.32}$$

$$a_1 \geqslant a_0(1+\varepsilon_0)\upsilon_s \tag{3.33}$$

l_1、a_1 分别为限位环的长度和内径。若考虑限位环的变形，试样的实际应变要略大于 ε_0。

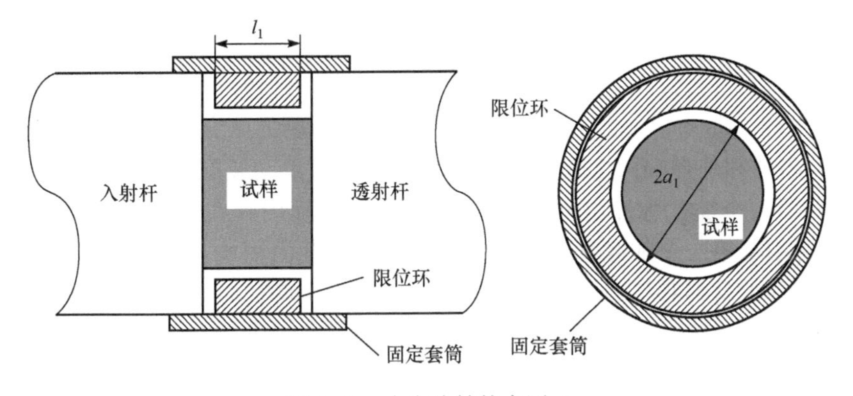

图 3.21　应变冻结技术原理

3.3　可控多脉冲加载技术

3.3.1　实验原理

Lindholm[28]最早利用反射波在入射杆撞击端二次反射产生的第二次加载，研究了加载历史对材料力学性能的影响。两次加载脉冲之间的时间间隔是一个定值，为两倍的入射杆长度除以弹性波速，不能根据需要调整。第二次加载由二次反射产生，决定了其加载幅度必然小于第一次加载。2005 年，Luo 等[29]为研究破甲过程中陶瓷装甲在承受初次冲击破碎后的后续冲击，建立了双脉冲加载的霍普金森杆实验装置，如图 3.22 所示。实验时将直径相同的一个钢弹和一个铝弹串联起来，用弹簧连接两个子弹的弹托。发射时弹簧的弹力将两个子弹隔开，前面的钢弹撞击入射杆后，后面的铝弹继续运动压缩弹簧，直到撞击到前面的钢弹产生第二次脉冲。这样一次发射产生两个脉冲，两个脉冲之间的时间间隔通过弹簧来控制。但是弹簧的引入会导致加载时间间隔的控制比较困难，而时间间隔可控的双脉冲加载技术实用价值更大，例如可用于爆破工程中的时间控制以及钻地弹侵彻多层靶过程中的装药安定性的研究。因为爆破工程中需要延时起爆以得到可控的破坏模式，而钻地弹战斗部的装药在钻地过程中也可能受到多次的冲击。模拟这些过程要求对延时时间进行精确控制。时间可控多脉冲加载技术可以支撑对这些现象的研究。

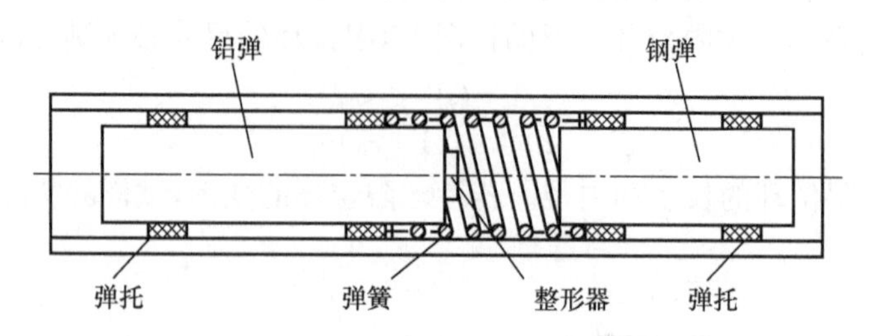

图 3.22 串联弹多脉冲加载技术[29]

2008 年,Xia 等[30]设计的夹心弹推进了这个问题的研究。夹心弹由内弹和外弹组成,内弹和外弹端面之间留有距离 d,内外弹壁滑动装配,如图 3.23 所示。其原理是,第一个加载脉冲由外弹撞击入射杆引起,而内弹在滞后一段距离 d 以后撞击外弹引起第二个加载脉冲。外弹的材料和横截面积均与入射杆相同,即阻抗相同。内弹的材料和横截面积控制第二个加载波的幅值。通过调整内外弹之间的间距以及子弹速度来控制两个加载脉冲之间的时间间隔,并可实现两个加载脉冲之间的时间间隔在 0～250μs 连续变化,且误差只有 3μs。脉冲间的最大时间间隔仅仅受到入射杆长度的制约。

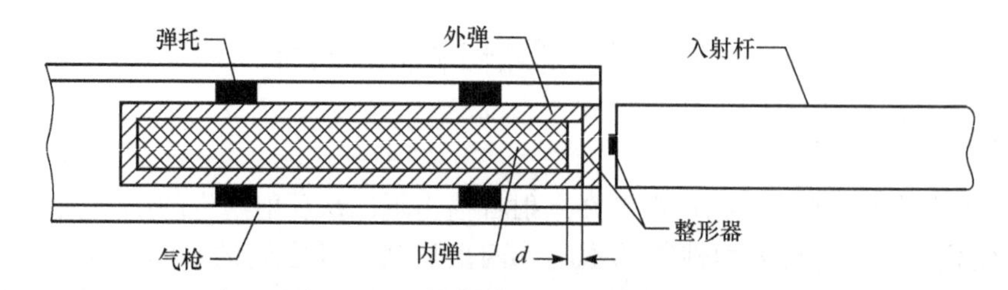

图 3.23 夹心弹多脉冲加载技术[30]

实现双脉冲加载的夹心弹实物如图 3.24 所示。

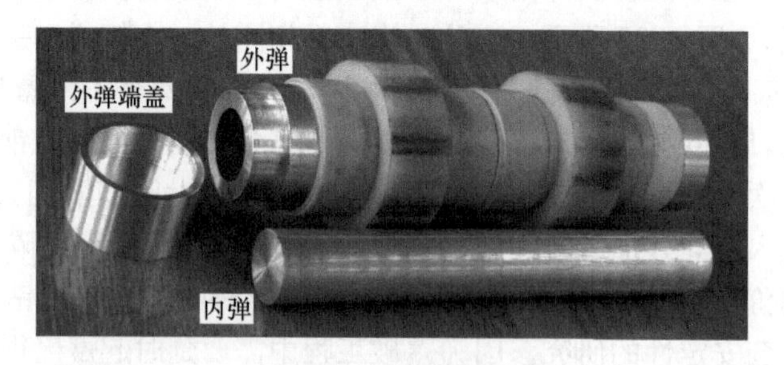

图 3.24 夹心弹示意图

3.3.2　延时时间间隔确定

假设子弹初始速度为 V_0，外弹和入射杆阻抗相同(即对称碰撞)，外弹与入射杆中的波后质点速度为 $v=V_0/2$，而入射波宽度为 $\tau=2L_0/c_0$，其中 L_0 为外弹的长度，c_0 为杆中的一维应力波波速。由于内弹和外弹之间有间隔，内弹的速度仍为 V_0。

当内外弹之间的间距 d 较小时，在 τ 时刻之前缝隙就已经闭合，这时外弹的位移为 $d_1=V_0t_0/2$。如图 3.25(a)所示，在杆中 x_1 处，两个脉冲之间的时间间隔 t_0 为

$$t_0=\frac{d}{V_0-V_0/2}=\frac{2d}{V_0} \tag{3.34}$$

当内外弹之间的间距 d 较大时，要在 τ 时刻以后缝隙才闭合，这时外弹的位移为 $d_1=V_0\tau/2$。如图 3.25(b)所示，x_1 处两个脉冲之间的时间间隔为

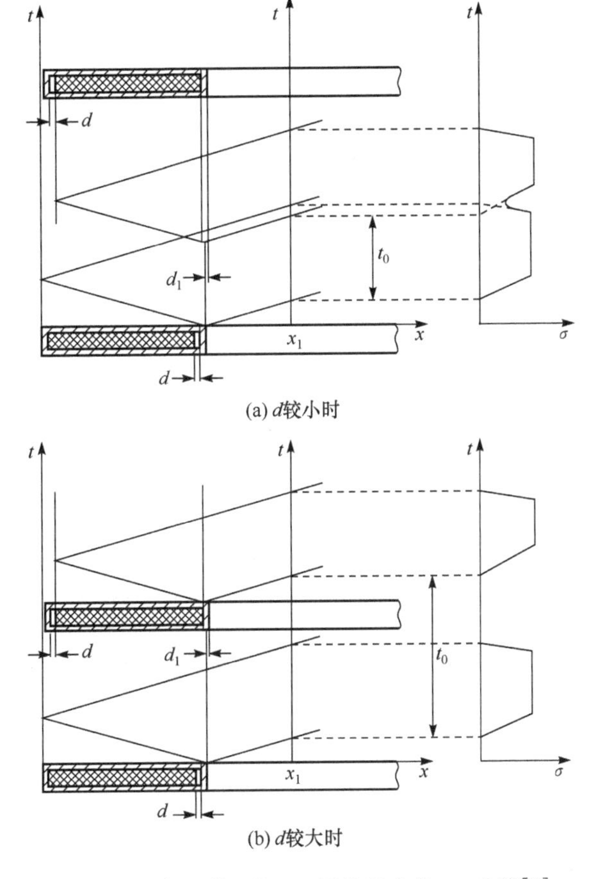

图 3.25　夹心弹工作 x-t 图及相应的σ-t 曲线[30]

$$t_0=\frac{d+d_1}{V_0}=\frac{d}{V_0}+\frac{L_0}{c_0} \tag{3.35}$$

若固定夹心弹的加载速度为10m/s,通过改变内外弹之间的距离 d 可得到两个加载脉冲之间的不同时间间隔,如图 3.26(a)所示。当内外弹之间距离较小时(d=0.65mm),两个脉冲相互叠加;当内外弹之间距离增大后,两个脉冲分开,可利用方程(3.35)计算时间间隔。图 3.26(b)给出了时间间隔和内外弹之间间隔的关系,图中拐点前一段折线为公式(3.34)计算的结果。这种情况下两个入射脉冲相叠加,用实验难以观测;拐点后一段折线为公式(3.35)计算的结果,实验结果与方程(3.35)计算结果吻合很好。

由误差传递公式得

$$\begin{aligned}\Delta t_0 &=t_0\sqrt{\left(\frac{\partial t_0}{\partial d}\right)^2(\Delta d)^2+\left(\frac{\partial t_0}{\partial V_0}\right)^2(\Delta V_0)^2+\left(\frac{\partial t_0}{\partial L_0}\right)^2(\Delta L_0)^2}\\ &=\sqrt{\left(\frac{\Delta d}{V_0}\right)^2+\left(\frac{d\Delta V_0}{V_0^2}\right)^2+\left(\frac{\Delta L}{c_0}\right)^2}\end{aligned} \tag{3.36}$$

假设子弹速度为(10±0.2)m/s,内外弹之间间隔为(1.4±0.02)mm,外弹长度为(105±1)mm,杆中的弹性波波速为 4970m/s,则两个脉冲的时间间隔为(161±3)μs。这说明,通过精确控制内外弹之间的间隔可以有效控制两个脉冲之间的时间间隔,不确定度达到了 3μs 的误差。

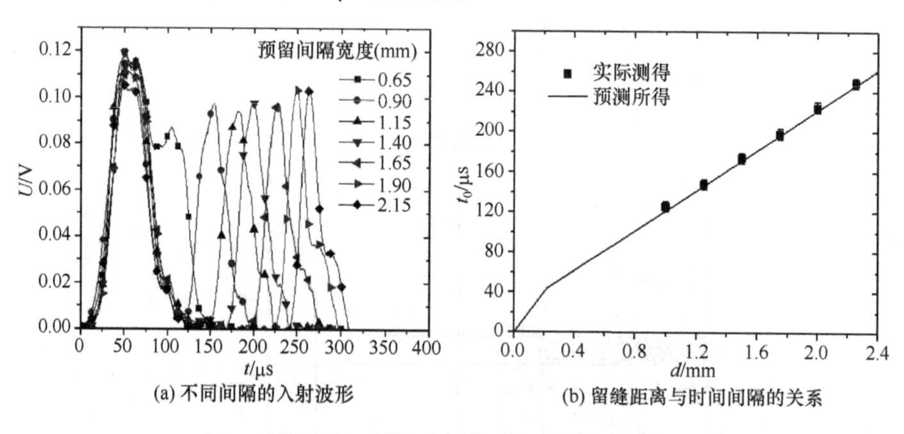

图 3.26 两脉冲间的时间间隔控制

3.3.3 加载-卸载-再加载实验

为验证可控脉冲加载实验装置的有效性,本节采用 OFHC 无氧铜试样进行加卸载实验。试样直径为 12.5mm,厚度为 6mm。实验中使用黄铜整形器保证试样达到应力平衡,入射杆与试样界面的应力时间曲线[图 3.27(a)中“入射+反射”]

由入射信号加上反射信号计算得到;透射杆与试样界面的应力时间曲线[图 3.27(a)中“透射”]由透射信号计算得到。从图 3.27(a)中可以看到,在整个加载过程中试样均达到了很好的应力平衡。第一个脉冲宽度为 80μs,第二个脉冲宽度为 60μs,两个脉冲之间时间间隔为 110μs。

图 3.27(b)为双脉冲加载下 OFHC 铜材料的典型加卸载应力-应变曲线。该铜为应变率不敏感材料。第一次加载应变率为 $1500s^{-1}$,第二次加载应变率为 $800s^{-1}$。从图中可以看出,第一次加载后试样呈典型的弹塑性响应,第二次加载的流动应力和第一次加载时的卸载应力相同,这也说明 OFHC 铜的力学强度对加载历史不敏感。

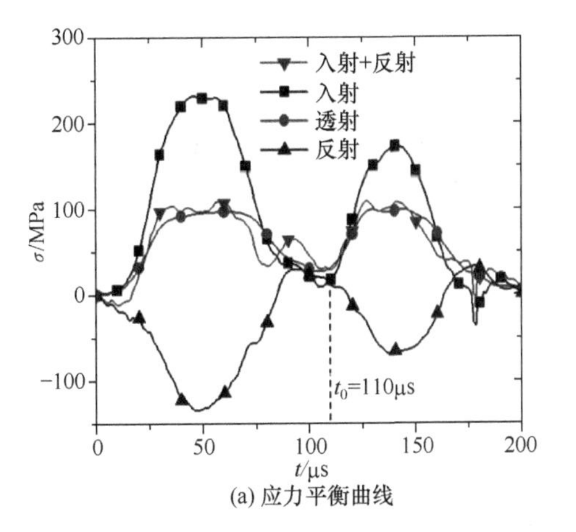

(a) 应力平衡曲线

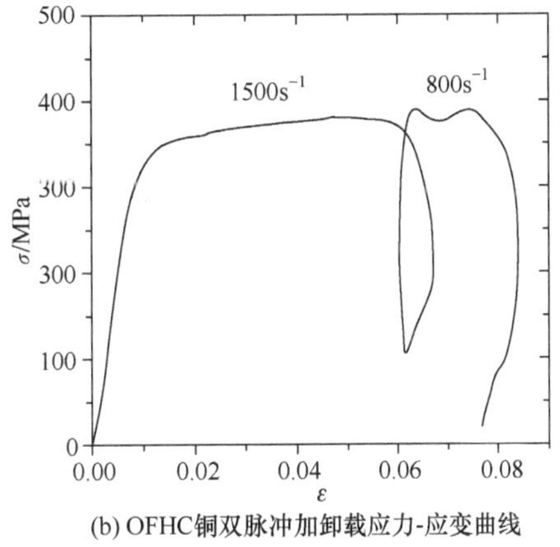

(b) OFHC铜双脉冲加卸载应力-应变曲线

图 3.27　夹心弹实现双脉冲加载

反射波在入射杆端反射还可以形成第三次加载。第三次加载与第一次加载之间时间间隔为:$t_3=2L_1/c_0$,其中 L_1 为入射杆的长度。但此时必须在透射杆后增加一个吸收杆,以保证在第三次加载到来之前试样和透射杆之间保持接触。图 3.28(a)为三次加载的应力平衡曲线。从图中可以看出,在整个加载过程中实现了很好的应力平衡;第一个脉冲长度为 80μs,第二个脉冲长度为 60μs,两个脉冲之间时间间隔为 180μs;在第 610μs 时第三次加载到来。图 3.28(b)为三次加载的应力-应变曲线,图中,第一次加载应变率为 $1000s^{-1}$,第二次加载应变率为 $500s^{-1}$,第三次加载应变率为 $300s^{-1}$。

本节利用该方法还研究了一种聚酯材料的动态力学性能。由于聚酯材料的强度较小,反射应力较大,可以产生对试样的四次加载。图 3.29(a)为应力平衡曲线,图 3.29(b)为试样的加卸载应力-应变曲线。第二次加载在第 170μs 到达,试样中应力未卸载到零,第二个脉冲引起的流动应力大于第一个脉冲卸载时的相应应

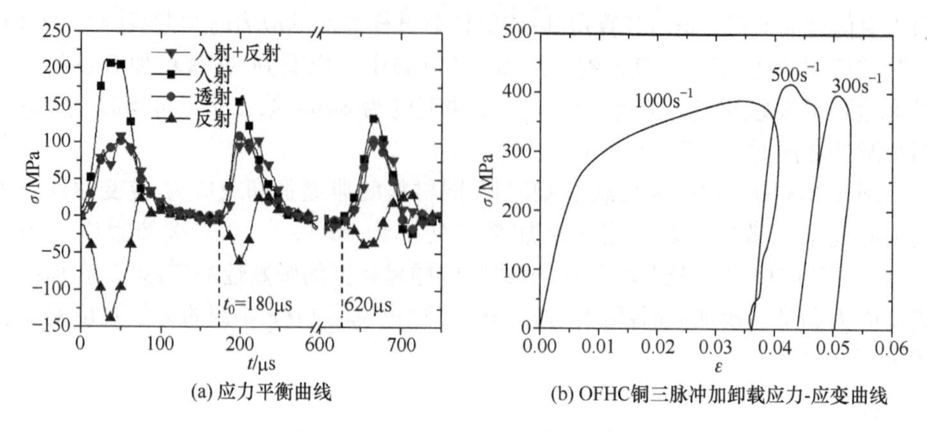

(a) 应力平衡曲线 (b) OFHC铜三脉冲加卸载应力-应变曲线

图 3.28 夹心弹实现三脉冲加载

力。第二次加载与第三次加载之间间隔较长，脉冲延迟为 430μs，试样中应力完全卸载到零，第三个脉冲引起的屈服应力等于第二个脉冲卸载时的相应应力，第四个脉冲加载的结果与第二个类似。这些实验现象表明，加载历史对聚酯材料试样的力学性能有较大影响。

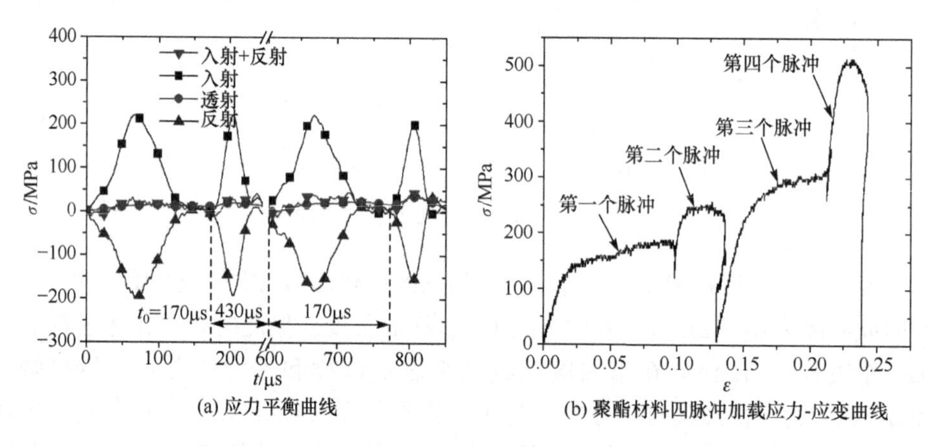

(a) 应力平衡曲线 (b) 聚酯材料四脉冲加载应力-应变曲线

图 3.29 夹心弹实现四脉冲加载

3.4 不同温度环境下的霍普金森杆实验技术

3.4.1 高温加载

在低应变率下，材料的高温力学性能测量可以通过在等材料试验机上加装高温试验箱来完成。而在霍普金森杆实验条件下，一方面由于实验杆在实验过程中高速运动，高低温箱难以形成一个密闭空间；另一方面，实验杆同时承担加载和测试的功能，实验杆上的温度梯度对结果有一定的影响，所以材料的高温高应变率力学性能测量一直是研究的难点之一。利用霍普金森杆进行材料高温动态力学性能测试，主要有两种途径。一种途径是将试样以及小部分实验杆放入温度箱中同时进行加热[31]，这样将不可避免地在入射、透射杆上形成温度梯度[32]，而温度梯度的存在对测量精度将产生一定影响，因此在进行数据处理时，需采取各种方法对实验信号进行修正。同时这些方法需要测试实验杆中的温度分布，并了解实验杆模量随温度变化的规律。另一种途径是通过实验装置的特殊设计，缩短温度梯度场的影响域，进而忽略这一影响。例如，用热不敏感材料制作入射杆、透射杆，在实验温度比较低的情况下忽略温度梯度场，进行局部瞬时加温及采用隔热材料连接杆与试件等[33~37]。这些方法使得数据处理时不必考虑温度梯度场的影响，从而数据处理过程比较简单，但带来了试验装置的复杂化。

自 20 世纪 60 年代，Chiddister[38]、Lindholm[39]等就试图将霍普金森压杆装置应用于高温动态力学性能的测量，国内李玉龙、王春奎等也进行了相应的研究[40,41]。夏开文等[42]采用附有恒温加热炉的霍普金森压杆装置，通过修正温度梯度场对测量的影响，使得材料高温动态力学性能的实验研究更为准确可靠。

1986 年，Rosenberg 等[43]提出了一种利用金属材料的涡旋电流和磁滞现象发热的电磁加热方法，其加热原理如图 3.30 所示。实验是在采用反射式拉伸的霍普金森杆上进行的，关于反射式拉伸见本书 5.2 节。在待测试样表面缠绕一层导电线圈，当线圈中通以高频高压(450kHz，5kV)交流电时，由于电磁效应，金属试样内部会感应生成涡旋电流从而产生大量的热量。如果该种金属还具有磁性，比如铁等，则材料的剩磁效应同样会产生热量。这种加热方式的最大特点就是可以对试样进行集中加热，从而提高加热效率。然而，此方法的局限性也是显而易见的：首先，加热原理利用的是金属在交变磁场中产生涡旋电流的性质，因此这种方法只能对金属材料进行加热；其次，感应线圈会产生较强的磁场干扰，造成较强的电磁辐射，从而对实验的电学测量带来影响。

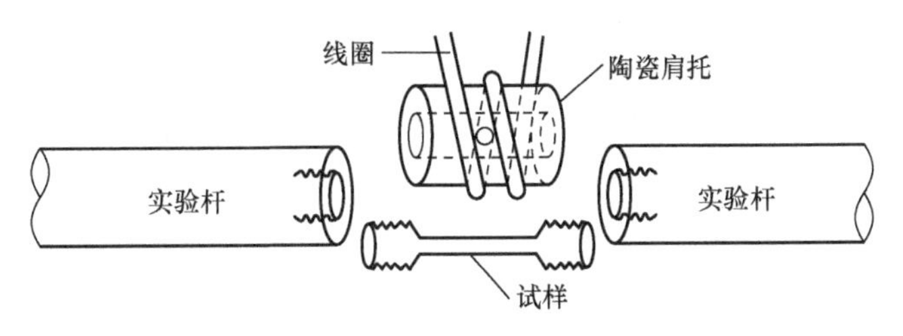

图 3.30　电磁加热原理图[43]

1998年,Macdougall设计使用辐射加热装置对试样进行加热[44,45]。2003年,Seo等[46]对热辐射加热装置进行了改进,其装置示意图如图3.31和图3.32所示。图3.31和图3.32分别是此装置的平面图和立体视图。这套装置主要包括两个部分:两个椭球反射镜和两个650W的碘钨灯。每个椭球反射镜各有两个焦点,并设置两个椭球反射镜共用其中的一个焦点,将两个碘钨灯分别置于两个反射镜的另外一个焦点上。加热时将试样放置在公共焦点,利用椭球的几何特性,可以集中碘钨灯辐射出的能量对试样进行加热。在温度测量方面则采用红外温度计进行测量,以达到非接触测量的目的。这套装置最突出的特点在于整个加热和测温过程都是非接触的,从而避免了可能由接触引起的一些问题,同时,加热效率比较高。然而,这套加热设备结构比较复杂,加工成本较高。

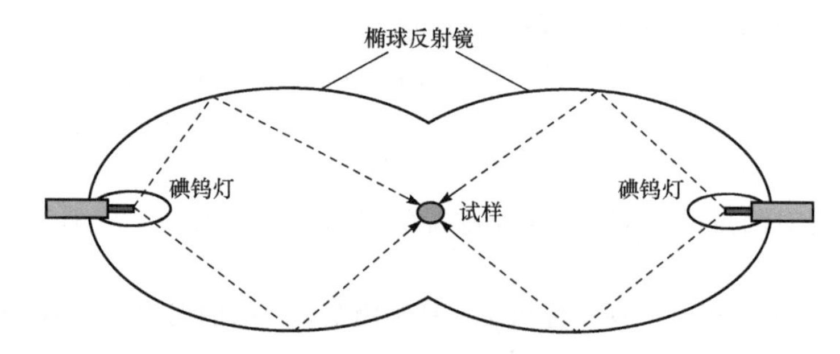

图3.31　辐射加热装置示意图[46]

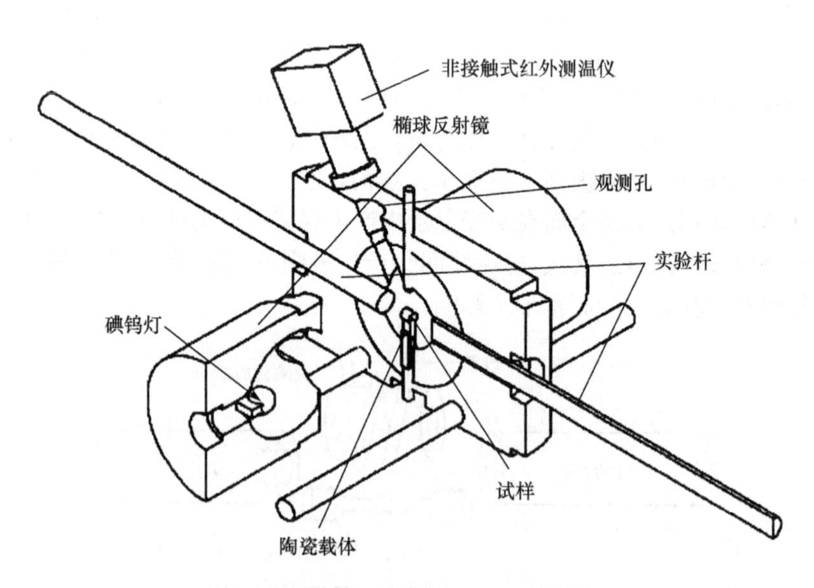

图3.32　辐射加热装置的立体示意图[46]

Nemat-Nasser及其合作者使用一种同步组装系统[47,48]进行了高温实验。实验基本思路是，当试样加热时，试样与杆未接触；当试样加热到预定温度时，启动同步组装系统，推动透射杆向试样移动，同时开启空气炮发射撞击杆，撞击入射杆，在入射杆中产生应力脉冲；通过有效控制，使得应力波到达入射杆与试样接触面时，入射杆、试样及透射杆刚好紧密接触，从而避免对杆传热造成的测量误差。国内的李玉龙等[49]也采用了这类实验装置，如图3.33所示。气室分前气室、活塞和后气室，后气室通过气动开关与气源和同步组装系统气路相连，活塞内置一个单向阀，使得气体可以由后气室向前气室单向流动。充气时，进气阀2打开，但出气阀1关闭，高压气体通过后气室向前气室流动，并且后气室的气压总是大于前气室的气压，活塞与炮管紧密闭合。当前气室达到预期的压力后，关闭进气阀2，开启气阀1，后气室卸压，活塞向后运动，使得前气室的压力进入炮管驱动子弹，另外，在气阀1打开后，后气室的高压气体通过管道14驱动驱动器活塞12，带动透射杆向入射杆方向运动，从而使透射杆首先接触试样，带动连接试样的套筒，使试样与入射杆、透射杆在加载应力波到达试样同时紧密接触。在这套系统中，可以不考虑实验杆和试样中的温度变化，数据处理相对简单；但整套气动装置比较复杂，需要精确控制气动同步。

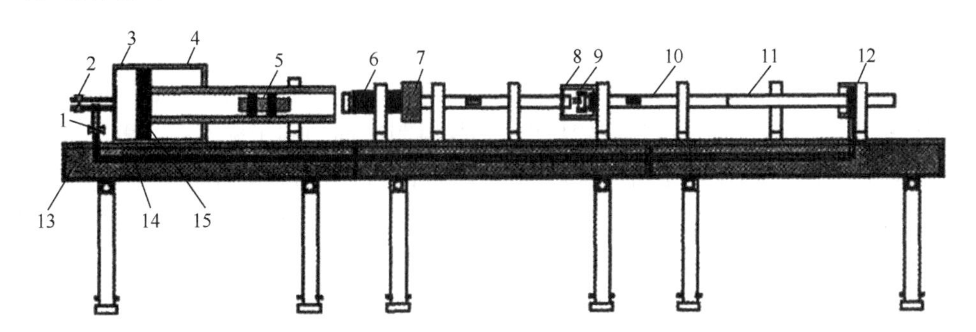

图3.33 采用同步组装的高温霍普金森压杆实验系统示意图[49]

1. 出气阀；2. 进气阀；3. 后气室；4. 前气室；5. 子弹；6. 入射杆；7. 质量块；8. 加热炉；9. 样品；10. 透射杆；11. 吸收杆；12. 驱动器活塞；13. 实验平台；14. 空气管；15. 活塞

图3.34给出了某压装含铝炸药在不同温度(25～74℃)下的应力-应变曲线。取图中应力峰值点为其压缩强度，压缩强度随环境温度的变化趋势如图3.35所示。从图3.35中可以看出，在25～50℃范围内，试样压缩强度随温度变化比较敏感，其强度值从17MPa下降到12MPa，而当温度从50℃增加到75℃的过程中，压缩强度的下降趋势较为缓慢。

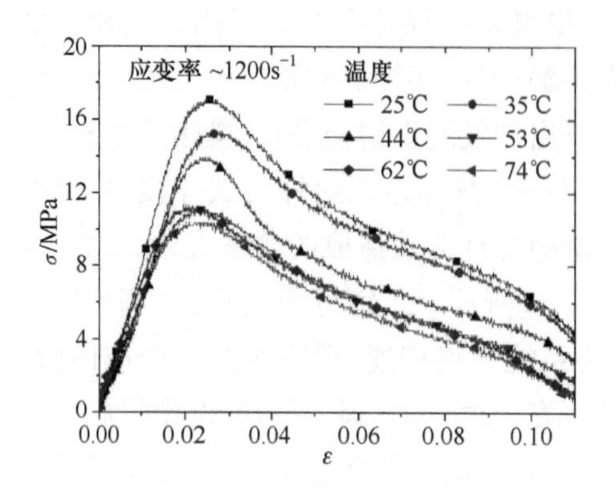

图 3.34　不同温度下的应力-应变曲线

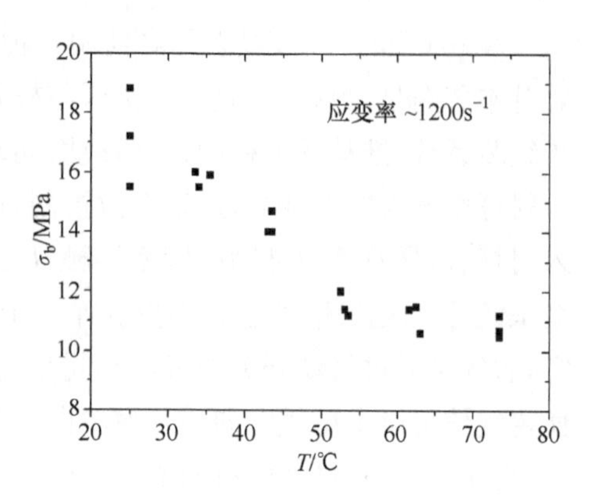

图 3.35　压缩强度随环境温度的变化

3.4.2　低温加载

低温条件下材料的动态力学响应也是关心的范畴之一，而目前还没有专门针对霍普金森杆实验设备用的制冷系统，研究人员在霍普金森杆实验中所用的制冷系统基本上都是根据具体实验要求自行设计的制冷系统。主要制冷方式是液氮制冷，并利用热电阻或热电偶测温，不同之处主要在于控制降温的方式不同，大致分为两类：一类是直接制冷，另一类是换热制冷。

直接制冷是用液氮作为制冷介质，循环使用，然后通过冷腔内空气的自然对流及换热进行制冷，这样可以达到较低的温度，但制冷剂的利用率不高。图 3.36 为美国 SANDIA 国家实验室对阿拉斯加终年性冻土进行动态霍普金森压杆实验所采用的制冷系统实物图[50]。他们采用的是液氮循环制冷方式，液氮通过铜管蒸发制冷。

换热制冷是将气化的液氮与常温气体（氮气）混合，通过控制混合比例来调节制冷腔内的温度。Shazly 等[51]采用间壁换热耗散型低温系统对冰进行冲击压缩实验，实验装置如图 3.37 所示。低温在一个壁厚 31.75mm 的树脂保温腔内实现，铜管螺旋缠绕后浸入到液氮瓶中，铜管的一头接到氮气罐上，另一头接到低温腔内的螺旋管上。温度监控采用直径 0.381mm(0.015in)的 Ni-Cr 热电偶，通过调节氮气的流量来调节温度。冷却的氮气通过铜管，在制冷腔内冷却铜管管壁，然后再冷却制冷腔内的空气，从而达到制冷的效果（图 3.37）。从整个循环系统来看，需要液氮和氮气的存贮装置，制冷效率达不到用液氮循环制冷的效果。制冷剂的利用率比直接喷射较高，铜管内被冷却的氮气最终被释放，没有被循环利用。制冷空气仅仅是在制冷腔内冷却铜管那一部分，会有比较明显的温度梯度。

图 3.36　美国 SANDIA 国家实验室霍普金森压杆实验设备用的制冷系统[50]

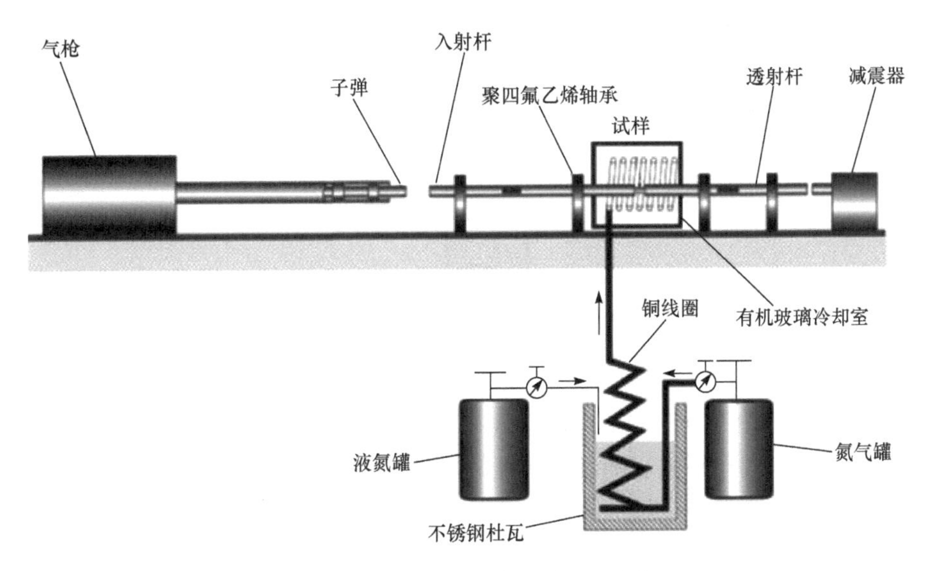

图 3.37　间壁换热耗散型低温系统[51]

陈柏生[52]采用回热换热耗散型低温系统对冻土进行了冲击压缩实验，实验装置如图 3.38(a)所示。制冷系统采用的是液氮喷气制冷，电热丝发热促使液态氮相变成氮蒸气，氮蒸气通过导气管，直接喷射到制冷腔内部，促使内部环境温度下降。液态氮变成气态氮后，虽然耗散了液氮从液态到气态的相变能，但相变后的氮蒸气依然具有－196℃的低温，仍不失为一种理想的制冷剂，且其流动性好，可利用气体的扩散进行循环，不需要专门的循环泵，对机械系统要求较低。埋置在制冷腔内部的微型热电阻 PT100 实时监测制冷腔内温度，利用 PID 控制器(proportional-integral-derivative，PID 控制器即比例-积分-微分控制器，是一种在工业控制中常用的反馈回路控制部件)设定预制冷温度后，控制器根据设定值及监测值，经 PID 算法实时调节可控硅开断时间来控制电热丝功率，从而调节低温氮气的流量，达到控制制冷腔内温度的目的。

在该装置中需要考虑氮蒸气的流量及蒸气在螺旋管中的流向，因此制冷盒中心的螺旋槽部分成为该制冷盒的技术核心。为了使蒸气喷射更均匀，喷气口分布采用均匀的环向分布，喷气口口径从喷气入口向两端逐级增加[图 3.38(b)]。该方法对制冷剂的利用率也较低，但结构简单，制冷效率较高，制冷至－50℃仅需 8min[52]。

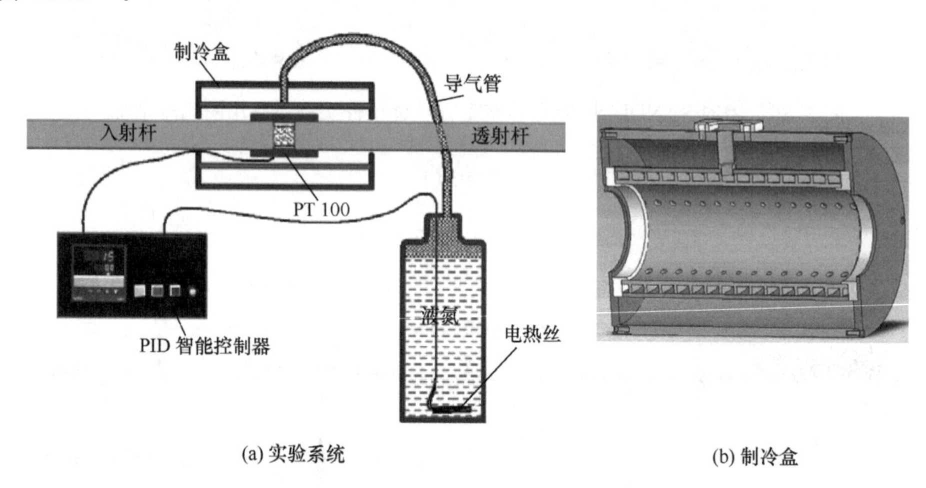

(a) 实验系统　　(b) 制冷盒

图 3.38　回热换热耗散型低温系统[52]

图 3.39 给出了一种 PBX 炸药在不同温度条件下的压缩应力-应变曲线，图 3.40 为对应的压缩强度随环境温度的变化规律。结果表明，随着环境温度的降低，试样的压缩强度明显增加。

3.4.3　温度加载实验中的接触热传导

由于实验测量时试件与实验杆连接在一起，给试件加热或制冷都将不可避免地在实验杆中造成一定的温度分布，而考虑到精度、耐热性等要求，应变片一般贴在杆上远离试样处，但这一温度梯度场的存在必然会对测量结果产生一定的影响。

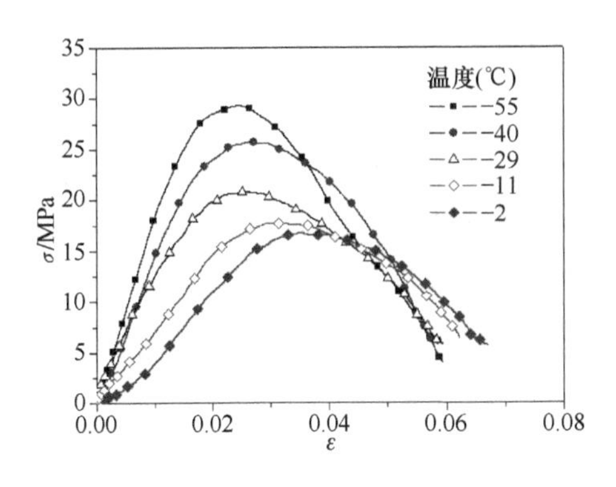

图 3.39　不同温度下的应力-应变曲线

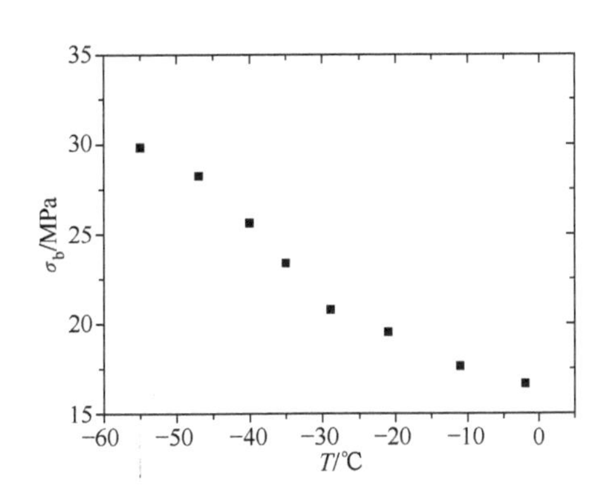

图 3.40　压缩强度随环境温度的变化

由于高温装置的温度范围较大，本节主要以高温实验为例分析接触热传导的影响。在用霍普金森杆测试材料高温动态力学性能时消除温度梯度影响的方法分为两类：

第一类是通过实验装置的特殊设计，避免过大的温度梯度。一般采用试样预先加热，实验前快速组装的加载方式。在这一过程中，当实验杆与试件组装完成等待应力波到达时，实验杆与试件会产生热交换，在试件上形成温度梯度，由此给实验带来误差。对此，需要针对实验状态进行接触热传导分析计算。图 3.41 给出了不同接触时间下试件中轴向温度分布图[53]。其计算条件为，用 Φ22mm 的钢质实验杆、Φ18mm×9mm 的钢试件，实验杆端部距炉芯中央 35mm，实验前两实验杆的端部温度为 200℃，炉芯中央温度为 1000℃（上述为实验实测数据），接触时间分别取 40ms、100ms、150ms，热阻抗系数为 3mJ/(m^2 · s · ℃)。用 ABAQUS 程序计算，给出试件沿轴向温度分布如图 3.41 所示。可以看出试件中部温度均匀区宽度分别为 8mm、7mm、4mm，试件两端部温度分别为 970℃、950℃、890℃。在实验中，只要控制好组装时间，温度的不均匀性可控制在 10％以内，在数据处理时温度梯度的影响可以忽略。

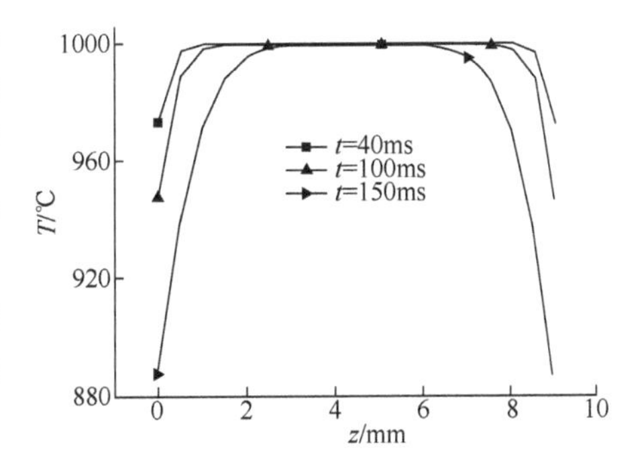

图 3.41　不同接触时间时试件中轴向温度分布图[53]

第二类是在数据处理中考虑温度梯度场的存在，并依据波传播理论进行修正，消除温度梯度的影响。

Lindholm 和 Yeakley[39] 采用统一的修正公式处理入射波与透射波：

$$\frac{\varepsilon_0}{\varepsilon_m}=1+[c_a(T)]^{3/4},\quad c_a(T)=\frac{a_2(T-T_0)}{a_1} \tag{3.37}$$

式中，ε_0 代表应变片测到的常温 T_0 下的应变；ε_m 代表温度为 T 的修正应变；a_1、a_2 为材料常数，用于描述弹性模量随温度的变化：$E=a_1+a_2(T-T_0)$。

夏开文等[42]利用一维应力波传播理论和热传导原理，修正了温度梯度场对波形测量的影响。他首先求出实验杆中不同位置处的温度分布，由热传导原理可知，置于空气中的一端有一恒温大热源的半无限长的圆杆，其温度分布可表达为

$$T-T_\infty=(T_0-T_\infty)\mathrm{e}^{-mx} \tag{3.38}$$

式中，$m^2=h\delta/(kA)$；x 为离热源的距离；T_0 为热源温度；T_∞ 为无穷远处温度，即室温；h 为空气热交换系数；δ 为杆截面周长；k 为杆的导热系数；A 为杆的截面面积。

杆的密度 ρ 随温度的变化不大，通常可认为保持为恒值 ρ_0。不同温度条件下实验杆模量的变化规律如图 3.42 所示，随着温度的增加，弹性模量不断减小，可以用线性关系或者多项式拟合得到该规律。考虑不同温度条件下实验杆模量的变化，可得到加温条件下杆中一维应力波传播的控制方程组：

$$\begin{cases}\dfrac{\partial v}{\partial x}=\dfrac{\partial \varepsilon}{\partial t}\\[2ex]\rho_0\dfrac{\partial v}{\partial t}=E(T)\dfrac{\partial \varepsilon}{\partial x}\end{cases} \tag{3.39}$$

式中，v 为质点速度。将上式写成差分格式，以实验测得的应变历史为边值条件，可求解试样端面的实验杆应变历史。试样温度为 400℃条件下修正前后的应变信号比较如图 3.43 所示。由图可见，温度梯度的影响还是比较明显的。

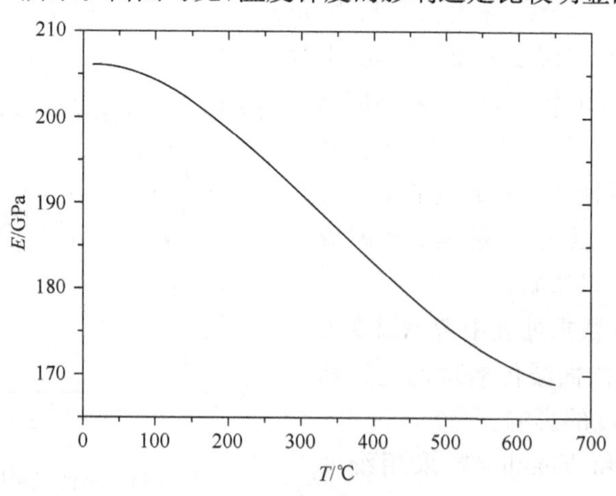

图 3.42　弹性模量随温度变化[42]

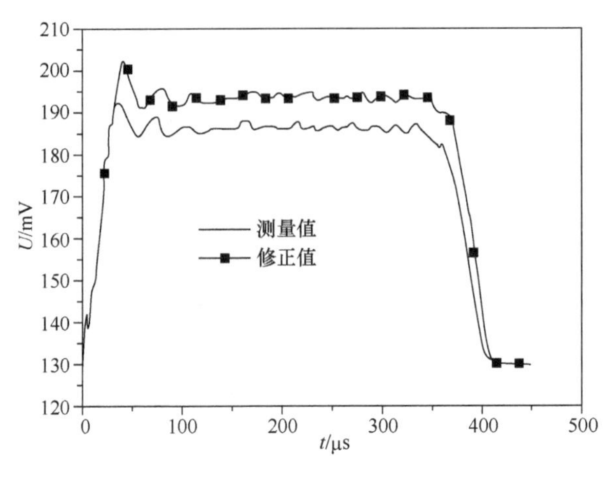

图 3.43　应变信号的温度修正[42]

3.5　围压作用下的霍普金森杆实验技术

3.5.1　套筒围压加载

1. 厚壁套筒围压加载

利用霍普金森压杆加载的被动围压套筒装置如图 3.44 所示。试样和实验杆的直径相同，在试样外箍一个内径与试样外径相同的套筒。由应变片记录入射杆、透射杆上应力波的入射、反射和透射波形，以及套筒外壁环向应变脉冲波形。厚壁套筒围压的条件是套筒始终处于弹性变形状态，不需要考虑套筒的屈服。

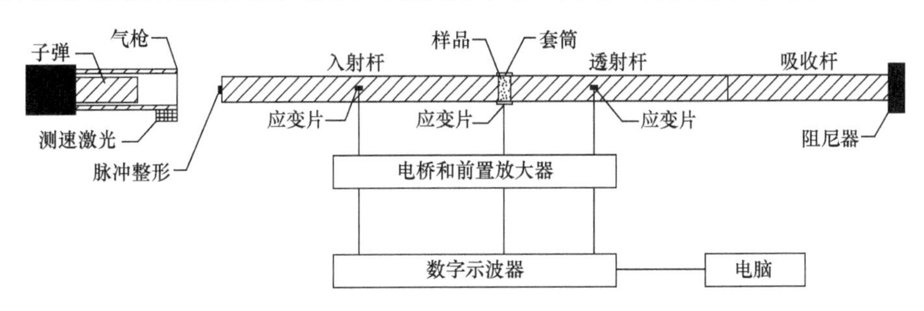

图 3.44　霍普金森杆加载的被动围压示意图

由入射、反射及透射波形一维应力波理论处理，可得到试样的准侧限轴向应力-应变曲线。由套筒外壁环向应变片记录的脉冲波形，可算得套筒外壁环向拉伸应变 ε_j(注：此处定义压缩为正，这里 ε_j 为负值)。利用厚壁圆筒理论可由 ε_j 求得圆筒内壁的压力 p_1 以及套筒内壁的径向位移 U_r：

$$p_1 = -\frac{R_2^2 - R_1^2}{2R_1^2} E_j \varepsilon_j \tag{3.40}$$

$$U_r = -\frac{R_1 \varepsilon_j}{2}\left[(1-\upsilon_j) + (1+\upsilon_j)\frac{R_2^2}{R_1^2}\right] \tag{3.41}$$

式中，R_1 和 R_2 分别为套筒的内、外半径；E_j 为套筒材料的弹性模量；υ_j为套筒材料的泊松比。可以认为套筒内壁与试样紧密闭合，即界面满足如下平衡条件：套筒内壁的径向应力与试样外壁的径向应力相等，套筒内壁的环向应变与试样外壁的环向应变相等。由此得到试样的径向和环向应力和应变分别为

$$\sigma_{rr} = \sigma_{\theta\theta} = p_1 = -\frac{R_2^2 - R_1^2}{2R_1^2} E_j \varepsilon_j \tag{3.42}$$

$$\varepsilon_{rr} = \varepsilon_{\theta\theta} = -\frac{U_r}{R_1} = \frac{\varepsilon_j}{2}\left[(1-\upsilon_j) + (1+\upsilon_j)\frac{R_2^2}{R_1^2}\right] \tag{3.43}$$

而试样的轴向应力应变可以通过传统霍普金森杆的理论公式求出：

$$\varepsilon_{zz} = 2\,\frac{c_0}{l_0}\int_0^t \varepsilon_r(\tau)\,\mathrm{d}\tau \tag{3.44}$$

$$\sigma_{zz} = \frac{A_s}{A} E \varepsilon_t \tag{3.45}$$

式中，l_0 为试样初始长度；A_s、A 分别为试样和实验杆横截面积；ε_r、ε_t 分别为反射、透射应变；E 为实验杆弹性模量。这样，通过实测波形就得到了应力张量的三个主应力分量：σ_{zz}、σ_{rr}、$\sigma_{\theta\theta}$，而在被动围压条件下 $\sigma_{zz} > \sigma_{\theta\theta} = \sigma_{rr}$，故当试样屈服时可记为 $\sigma_{zz} = \sigma_1$，$\sigma_{rr} = \sigma_3$。

图 3.45 为在 2 mm 厚 LY12 铝套筒的围压下，霍普金森压杆加载 1.6g/cm^3 密度 PBX 炸药试样的典型实验原始信号，Ch1 记录入射信号和反射信号，Ch2 记录透射信号，Ch3 记录围压信号。图 3.46 为实验中试样两端的应力平衡曲线。其

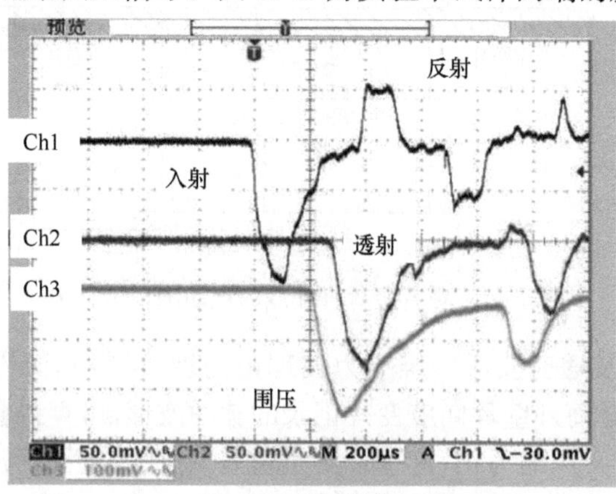

图 3.45　被动围压典型实验结果

中,入射杆与试样界面的应力时间曲线(图中"入射+反射")由入射信号加上反射信号计算得到;透射杆与试样界面的应力时间曲线(图中"透射")由透射信号计算得到。从图中可以看到,在整个加载过程中试样均达到了很好的应力平衡。

图3.47为2mm厚LY12铝套筒围压下,1.6g/cm^{3}密度PBX炸药试样的轴向应力-应变曲线。从图中可以看出,在围压条件下试样不再表现为脆性材料响应,而是表现出典型的两段线性的弹塑性材料特征,并且试样塑性段的塑性模量基本一致。

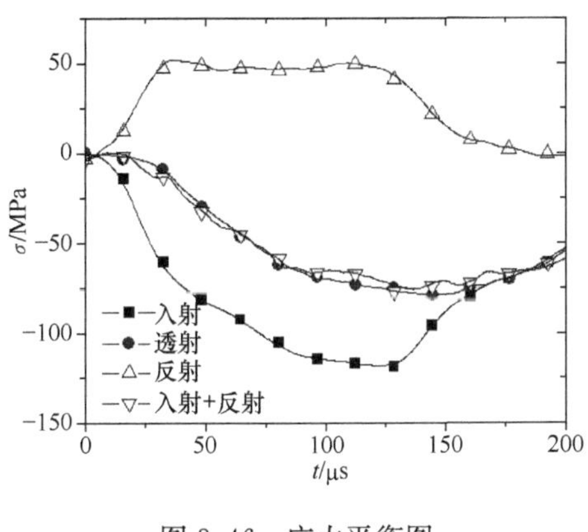

图3.46　应力平衡图

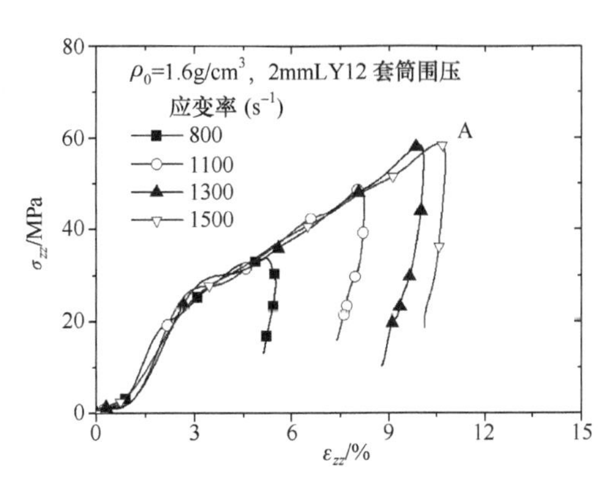

图3.47　围压下的轴向应力-应变曲线

图3.48为典型实验中轴向应力及围压应力历史曲线。图3.49为轴压、围压应力的对应关系。从图中可以看出,试样所受的轴向应力与围压应力同步等比例变化。取弹性加载与塑性加载的拐点作为试样的屈服点,可以发现轴向应力达到屈服点时围压应力同时达到屈服点(图中虚线所示)。同时值得注意的是,这里的曲线峰值点A并不代表试样的破坏,而是由于加载结束造成的。

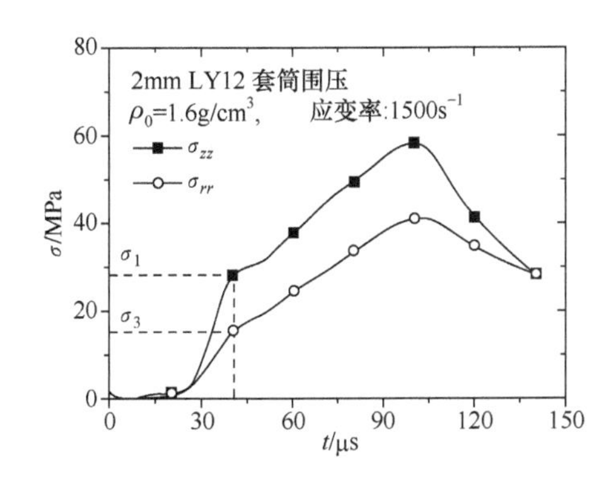

图3.48　围压下的轴压及围压历史

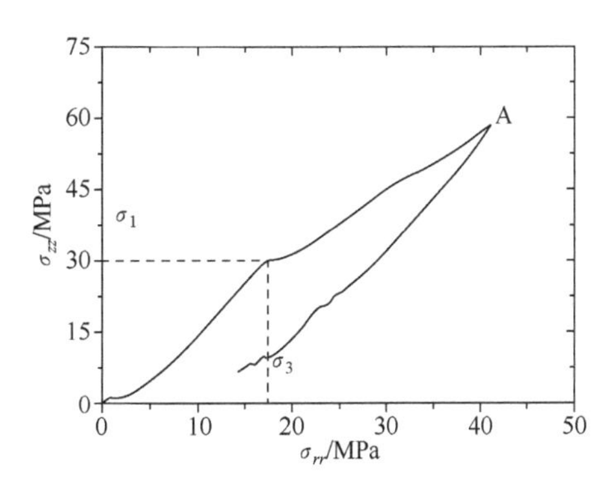

图3.49　围压下的轴压-围压关系

2. 薄壁套筒围压加载

在厚壁套筒围压加载中，要求套筒始终处于弹性状态，如果将套筒设计成薄壁结构，也可利用其塑性段实现围压加载。Rittel 等[54] 给出的试样装置如图 3.50 所示，试样为 AM50 合金钢，直径为(8.00±0.01)mm，在试样外有一圈紧密结合的 4340 钢质薄壁套筒。通过改变套筒的厚度实现不同的围压加载，套筒厚度分别为(0.2±0.005)mm，(0.4±0.005)mm 和(0.6±0.005)mm。试样两端加上硬质合金钢垫块，避免实验过程中薄壁套筒的端面与实验杆相互作用。另外，通过校准圆环保证垫块与试样之间的直线度。

图 3.50 薄壁套筒围压装置[56]

只有内压 p_1 的圆筒内壁的径向应力为 p_1，环向应力为

$$\sigma_{\theta\theta}^{i}=-p_1\frac{R_2^2+R_1^2}{R_2^2-R_1^2} \tag{3.46}$$

套筒材料的屈服强度为 σ_s，根据最大剪应力理论，屈服条件为 $|\sigma_{\theta\theta}^{i}-\sigma_{rr}^{i}|\leqslant\sigma_s$，即[55]

$$\frac{2R_2^2}{R_2^2-R_1^2}p_1\leqslant\sigma_s \tag{3.47}$$

当套筒内侧面处出现塑性变形后，式(3.47)取等式。考虑套筒壁厚 δ 与套筒半径相比是一个小量，$\delta=(R_2-R_1)\ll R_1$，可以求得围压应力为

$$\sigma_{rr}=\sigma_{\theta\theta}=p_1=\sigma_s\frac{R_2^2-R_1^2}{2R_2^2}\approx\sigma_s\frac{\delta}{R_1} \tag{3.48}$$

假设实验过程中试样的轴向应变为 ε_{zz}，试样泊松比为 υ_s，试样膨胀后导致薄壁套筒的内径变为 $R_1(1+\varepsilon_{zz}\upsilon_s)$，一般直径要远大于壁厚，根据体积不变原理($R_1\delta=\text{const}$)，膨胀后套筒的壁厚为 $\delta/(1+\varepsilon_{zz}\upsilon_s)$。相应地，应力 σ_{rr} 和 $\sigma_{\theta\theta}$ 为

$$\sigma_{rr}=\sigma_{\theta\theta}\approx\sigma_s\frac{\delta}{R_1}\frac{1}{(1+\varepsilon_{zz}\upsilon_s)^2}\approx\sigma_s\frac{\delta}{R_1}(1-2\varepsilon_{zz}\upsilon_s) \tag{3.49}$$

式(3.49)也说明在实验过程中围压应力随加载的变化较小。例如，一次实验中试样轴向应变为 0.2，试样泊松比为 0.3，则应力 σ_{rr} 和 $\sigma_{\theta\theta}$ 变为原来的 88%。

图 3.51 给出了 AM50 合金钢在不同围压加载条件下的应力-应变曲线，其围压应力值通过比较围压条件下应力-应变曲线与单轴加载下的应力-应变曲线得

到[56]。这种求解围压应力的方法只适用于金属等符合 von Mises 屈服准则的材料,而对于屈服应力随围压应力变化的材料(如必须采用 Drucker-Prager 准则的材料)则不适用,在此情况下围压应力需要采用实测值,如在套筒外壁上粘贴应变片进行实时监测。

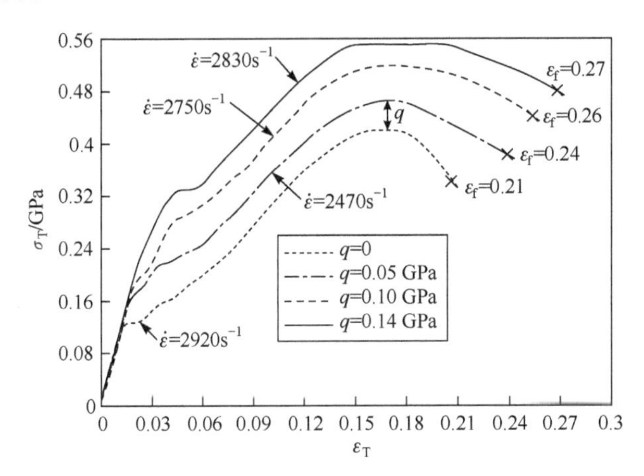

图 3.51　薄壁套筒围压下应力-应变曲线[56]

3.5.2　液压油加载

1. 液压油实现被动围压加载

Chen 和 Lu[57]利用液压油建立的被动围压装置如图 3.52 所示,压力容器与实验杆之间通过密封垫圈进行密封,试样直径与实验杆相同,与液压油之间用密封橡胶隔离。实验前将压力容器中充满液压油,通过压力传感器监测实验过程中压力容器腔内液压油的压力变化。典型的实验结果如图 3.53(a)所示,其中 U_1 为实验杆上应变片所测得的信号,U_2 为压力传感器所测得的信号。

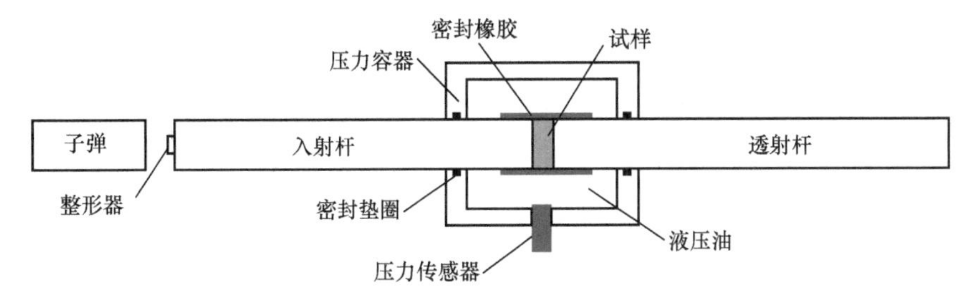

图 3.52　通过液压油实现被动围压加载[57]

在初始加载中液压油的压力为 0,忽略密封橡胶的力学作用,动围压为在加载

过程中由于试样的横向膨胀压缩液压油导致液压油体积减小，油压值增加，产生的油压为 p_1，则试样中的应力状态为

$$\sigma_{rr}=\sigma_{\theta\theta}=p_1 \tag{3.50}$$

油压与体积变化的关系可以写成

$$p_1=-\frac{K_{\mathrm{oil}}\Delta V_{\mathrm{oil}}}{V_{\mathrm{oil}}} \tag{3.51}$$

式中，V_{oil} 为液压油的体积；ΔV_{oil} 为液压油的体积变化量；K_{oil} 为液压油的体积模量，一般取为 1.4～1.7GPa[57]。液压油体积变化量为：$\Delta V_{\mathrm{oil}}=V_{\mathrm{s}}(\varepsilon_{zz}-\varepsilon_{kk})$，$\varepsilon_{kk}=\varepsilon_{rr}+\varepsilon_{\theta\theta}+\varepsilon_{zz}$ 为体应变，V_{s} 为试样体积，体积变化包含实验杆运动导致的液压油体积减小量（$V_{\mathrm{s}}\varepsilon_{zz}$）和试样被压缩导致的液压油体积增加量（$V_{\mathrm{s}}\varepsilon_{kk}$）之差。得到试样的围压应变为

$$\varepsilon_{rr}=\varepsilon_{\theta\theta}=-\frac{1}{2}\frac{p_1}{K_{\mathrm{oil}}}\frac{V_{\mathrm{oil}}}{V_{\mathrm{s}}} \tag{3.52}$$

假设试样为弹性变形，由胡克定律

$$\varepsilon_{rr}=\frac{\sigma_{rr}}{E_{\mathrm{s}}}-\frac{\upsilon_{\mathrm{s}}}{E_{\mathrm{s}}}(\sigma_{zz}+\sigma_{\theta\theta}) \tag{3.53}$$

结合式(3.50)和式(3.52)可得到围压应力和轴压应力的比值为

$$\frac{\sigma_{rr}}{\sigma_{zz}}=\frac{\upsilon_{\mathrm{s}}}{E_{\mathrm{s}}V_{\mathrm{oil}}/(2K_{\mathrm{oil}}V_{\mathrm{s}})+1-\upsilon_{\mathrm{s}}} \tag{3.54}$$

当 $K_{\mathrm{oil}}\gg E_{\mathrm{s}}$ 时，式(3.54)可以简化为

$$\frac{\sigma_{rr}}{\sigma_{zz}}=\frac{\upsilon_{\mathrm{s}}}{1-\upsilon_{\mathrm{s}}} \tag{3.55}$$

此时试样处于一维应变状态，相当于厚壁套筒实验。而油压实验中 K_{oil} 与 E_{s} 相当，该比例系数为 0.85，如图 3.53(b)所示。

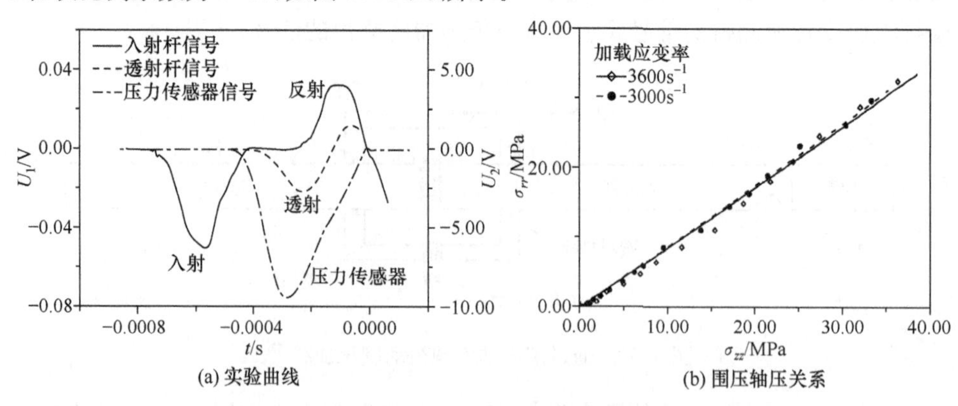

(a) 实验曲线　　(b) 围压轴压关系

图 3.53　液压油被动围压加载典型实验结果[57]

从另一个角度来分析式(3.54)，当 $V_{oil}E_s \gg K_{oil}V_s$ 时，试样的围压与轴压应力的比值趋于 0，即无围压约束。

2. 液压油实现主动围压加载

在液压油被动围压加载中，围压的压力随轴压的变化而变化。若在实验前将图 3.52 中的压力容器内充满一定压力的液压油，就构成了主动围压装置[58]，如图 3.54 所示。该围压装置通过橡胶隔层将实验杆(试样)和液压油完全隔离开来，通过一个异形的密封垫实现了隔离功能，如图 3.55 所示。实验装置照片如图 3.56 所示。

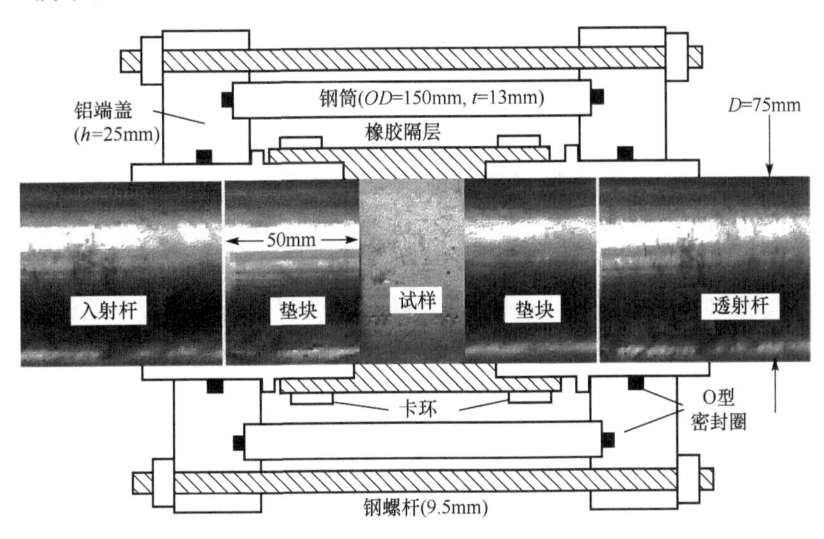

图 3.54　主动围压系统示意图[58]

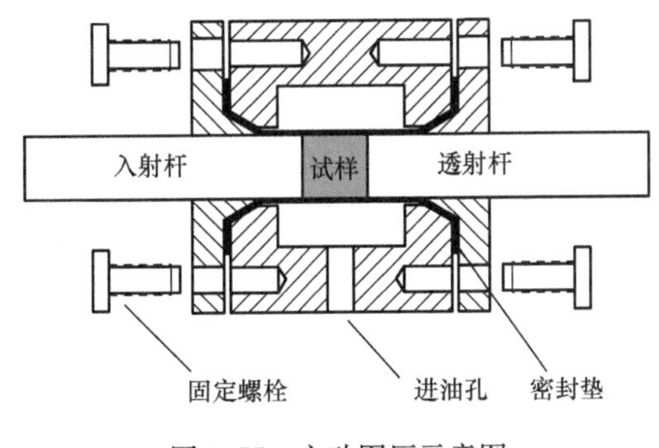

图 3.55　主动围压示意图

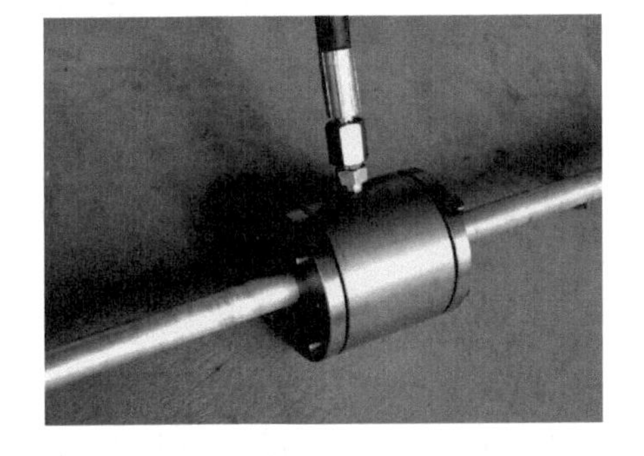

图 3.56　主动围压装置照片

在此条件下,试样的径向和环向应力即为液压油的初始压力 p_0:

$$\sigma_{rr}=\sigma_{\theta\theta}=p_0 \tag{3.56}$$

另外,实验过程中试样膨胀导致液压油压缩带来的压力增量可以用公式(3.54)进行估算。

实验中需注意的是,侧向围压值一旦大于被测材料的静态压缩强度,试样在加载前就可能会被围压应力所破坏,所以可以施加的应力值范围受到试样强度的限制。另外,主动围压时试样与实验轴线杆之间的微小偏差会导致实验前实验杆往两端运动,因此主动围压时一般需要限制实验杆的轴向运动。

3. 液压油实现静水压预加载

静水压加载下的动态压缩实验原理如图 3.57 所示[59~62],其主旨是通过设计使得轴向限制压力等于环向的油压,即给试样施加了一个静水压载荷。通过在主动围压加载装置上加装轴压装置实现静水压加载,入射杆前端通过法兰固定在前端固定支架上,透射杆尾端通过特制的油压千斤顶固定在后端固定支架上,前端、后端固定支架均固定在实验平台上。千斤顶活塞的直径与实验杆直径相同,将主动围压和千斤顶的油路相连通,即可保证围压应力与轴压应力相同,这样就形成了对试样的静水压预加载。静水压加载仅受制于液压系统的承压能力和材料体应力的弹性极限,可以对试样施加较高的压力值。Frew 等[63]也给出了类似的设计。

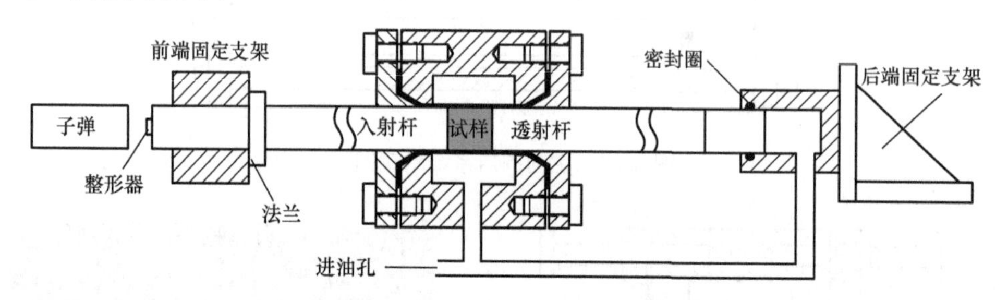

图 3.57　静水压加载下的动态压缩实验原理图[62]

静水压力的存在会导致试样有初始应变,根据弹性假设,试样初始轴向应变为

$$\varepsilon_{zz}\big|_{p_0}=\varepsilon_{rr}\big|_{p_0}=\frac{1}{E_s}(1-2\upsilon_s)p_0 \tag{3.57}$$

式中,p_0 为静水压力值。所以在动态加载时,试样的初始尺寸已经变为

$$l'_0=l_0(1-\varepsilon_{zz}\big|_{p_0})=l_0\left[1-\frac{1}{E_s}(1-2\upsilon_s)p_0\right] \tag{3.58}$$

$$R'_1=R_1(1-\varepsilon_{rr}|_{p_0})=R_1\left[1-\frac{1}{E_s}(1-2\upsilon_s)p_0\right] \tag{3.59}$$

需将修正后的试样尺寸带入霍普金森压杆实验数据处理公式求解试样的轴向应力-应变曲线。另外，当液压缸的容积比较小时，需要考虑液压油体积变化对围压应力的附加影响，具体计算方法与式(3.54)相同。

图3.58为一种PBX炸药在静水压预加载情况下的霍普金森杆实验原始曲线。实验中，实验杆为直径20mm的钢杆，试样尺寸为Φ20mm×12mm。图3.58中Ch1记录入射波和反射波信号，Ch2记录透射波信号，从图中可以看出，反射波为一个平台说明实验实现了常应变率加载。图3.59为对应的应力平衡曲线，从图中可以看出整个实验过程中试样两端达到了应力平衡。

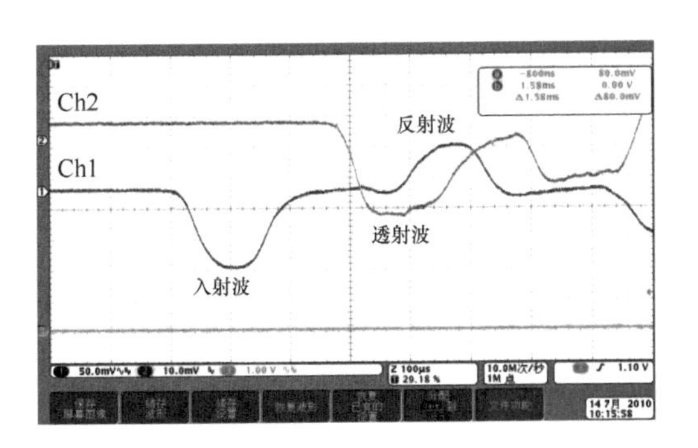

图3.58　静水压加载实验原始记录

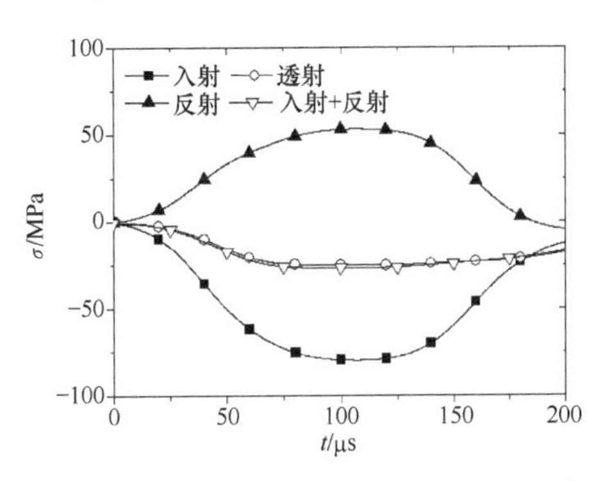

图3.59　静水压预加载下的应力平衡图

实验中液压油的体积为66mL，液压油体积模量为$V_{oil}=1.55$GPa，试样体积$V_s=3.77\text{cm}^3$，试样的弹性模量$E_s=0.5$GPa，泊松比$\upsilon_s=0.2$，由式(3.54)计算得到围压的附加影响为$\Delta\sigma_{rr}=0.0552\Delta\sigma_{zz}$。实验中，通过设置示波器耦合方式为交流耦合，滤去静水压引起的实验杆中初始应力信号，只测试动态加载引起的轴向应力信号，试样的实际轴向应力为测试值$\Delta\sigma_{zz}$再加上静水压力值p_0：

$$\sigma_{zz}=\Delta\sigma_{zz}+p_0 \tag{3.60}$$

$$\sigma_{rr}=\sigma_{\theta\theta}=0.0552\Delta\sigma_{zz}+p_0 \tag{3.61}$$

图3.60(a)是加载应变率为1100s^{-1}时不同静水压加载条件下试样的轴向应力-应变曲线。从图中可以明显看到，在相同应变率下，静水压的存在会使试样的强度显著提高。随着静水压的增加，试样的应力-应变曲线和相应的破坏模式会发生变化。在单轴压缩和较低的静水压条件下，应力-应变曲线中破坏点之后表现为应变软化，试样的宏观破坏模式为剪胀破坏；在5MPa静水压条件下试样呈现出理想塑性的特征；而随着静水压应力的进一步增加，应力-应变曲线中破坏点后表现

为应变硬化，断裂面为剪切滑移面。这个规律与文献[64]研究得到的 PBS9501 在不同围压条件准静态下的结果相似[图 3.60(b)]。参照 Wiegand 和 Reddingius 的准静态加载分析方法[64]，取应力-应变曲线中线性段与塑性段线性拟合的交汇点为试样的破坏点，如图 3.60(a)中箭头所指，试样上升破坏时的应力状态为

$$\sigma_1=\sigma_{zz}\big|_{\text{Failure}} \tag{3.62}$$

$$\sigma_3=0.0552\Delta\sigma_{zz}\big|_{\text{Failure}}+p_0 \tag{3.63}$$

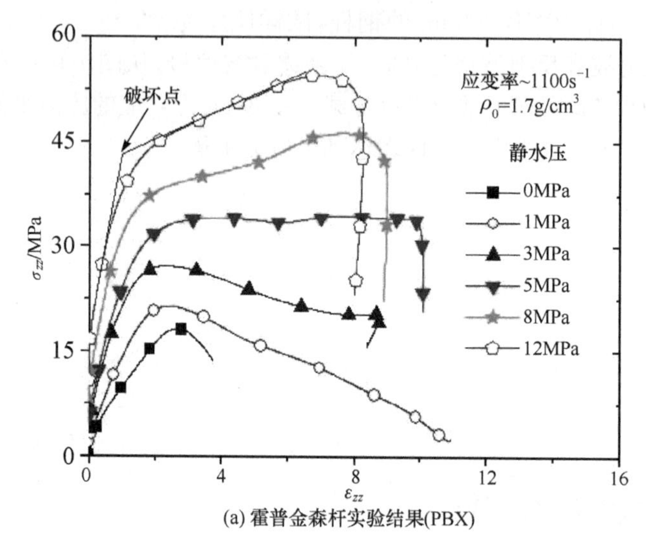

(a) 霍普金森杆实验结果(PBX)

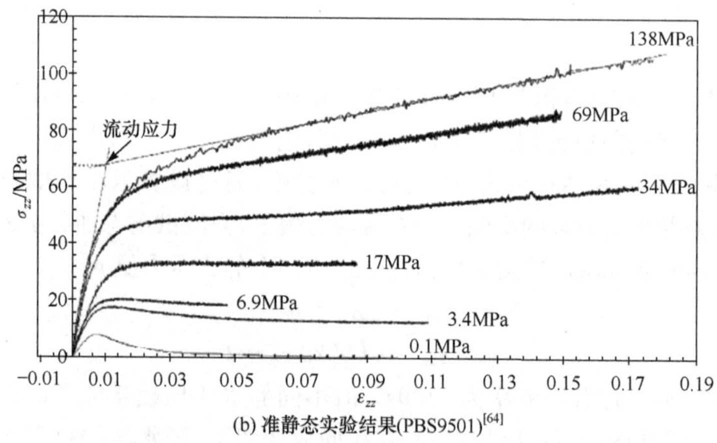

(b) 准静态实验结果(PBS9501)[64]

图 3.60 不同静水压加载下应力-应变曲线

图 3.61 为不同静水压力不同加载应变率下材料的破坏示意图。从图中可以看出，不同静水压条件下，试样破坏时的轴向应力均随着应变率的增加有所增加；

同时在相同或相近加载应变率下，试样破坏时的轴向应力随着静水压的增加而增加。

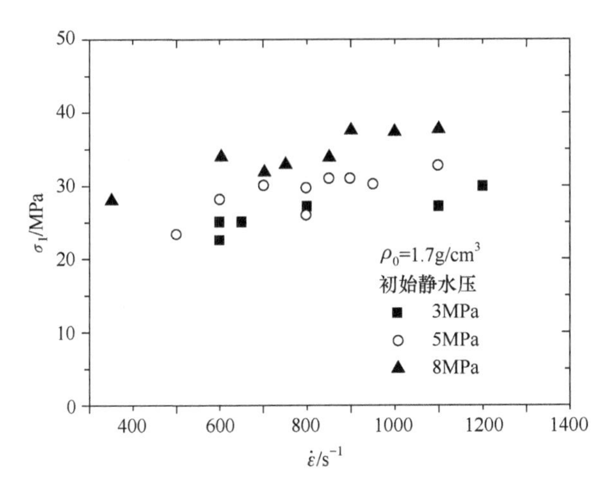

图 3.61　试样破坏应力随加载应变率和围压的变化

3.6　小　　结

本章对霍普金森杆实验中的加载控制技术进行归纳，认为霍普金森杆的加载技术主要包括两个方面的内涵：一是加载脉冲的控制，包括入射波整形、单脉冲加载和可控多脉冲加载等；二是加载条件的叠加，包括温度环境和围压环境的叠加。随着科技的发展，还可以发展一些新的实验技术，如真三轴加载的霍普金森杆、霍普金森杆加载叠加电磁场环境加载等，都值得我们在后续工作中加以关注。

参 考 文 献

[1] Ravichandran G, Subhash G. Critical appraisal of limiting strain rates for compression testing of ceramics in a split Hopkinson pressure bar[J]. American Ceramic Society, 1994, 77(1): 263—267.

[2] Samanta S K. Dynamic deformation of aluminum and copper at elevate temperature[J]. Journal of the Mechanics and Physics of Solids, 1971, 19: 117—135.

[3] Ellwood S, Griffiths L J, Parry D J. Materials testing at high constant strain-rate [J]. Journal of Physics E: Scientific Instruments, 1982, 15: 280—282.

[4] Parry D J, Walker A G, Dixon P R. Hopkinson bar pulse smoothing[J]. Measurement Science and Technology, 1995, 6(5): 443—446.

[5] Frew D J, Forrestal M J, Chen W. Pulse shaping techniques for testing elastic-plastic mate-

rials with a split Hopkinson pressure bar[J]. Experimental Mechanics, 2005, 45(2): 186—195.

[6] Frew D J, Forrestal M J, Chen W. Pulse shaping techniques for testing brittle materials with a split Hopkinson pressure bar[J]. Experimental Mechanics, 2002, 42(1): 93—106.

[7] Bertholf L D, Karnes C H. Two-dimensional analysis of the SHPB system[J]. Journal of the Mechanics and Physics of Solids, 1975, 23: 1—19.

[8] 林玉亮. 软材料的高应变率实验技术及本构行为研究[D]. 长沙: 国防科学技术大学, 2005.

[9] 赵习金. 分离式霍普金森压杆实验技术的改进和应用[D]. 长沙: 国防科学技术大学, 2003.

[10] Davies R M. A critical study of the Hopkinson pressure bar[J]. Philosophical Transactions of the Royal Society of London. Series A. Mathematical Physical & Engineering Sciences, 1948, 240(821): 375—457.

[11] Christensen R J, Swanson S R, Brown W S. Split Hopkinson bar tests on rock under confining pressure[J]. Experimental Mechanics, 1972, 12(11): 508—541.

[12] 寇绍全, 虞吉林, 杨根宏. 石灰岩中应力波衰减机制的试验研究[J]. 力学学报, 1982, 14(6): 583—588.

[13] 李夕兵, 古德生, 赖海辉. 冲击载荷下岩石动态应力-应变全图测试中的合理加载波形[J]. 爆炸与冲击, 1993, 13(2): 125—130.

[14] 李夕兵, 古德生, 赖海辉. 岩石在不同应力波下的动态响应[C]// 第三届全国岩石动力学论文选集. 武汉, 1992: 142—151.

[15] 周子龙. 岩石动静组合加载实验与力学特性研究[D]. 长沙: 中南大学, 2007.

[16] 李夕兵, 刘德顺, 古德生. 消除岩石动态实验曲线振荡的有效途径[J]. 中南工业大学学报, 1995, 26(4): 457—460.

[17] 刘德顺, 彭佑多, 李夕兵. 冲击活塞的动态反演设计与试验研究[J]. 机械工程学报, 1998, 34(4): 78—84.

[18] 李夕兵, 周子龙, 王卫华. 运用有限元和神经网络为SHPB装置构造理想冲头[J]. 岩石力学与工程学报, 2005, 24(23): 4215—4218.

[19] Lok T S, Li X B, Liu D, et al. Testing and response of large diameter brittle materials subjected to high strain rate[J]. Journal of Materials in Civil Engineering, 2002, 14(3): 262—269.

[20] 洪亮. 冲击荷载下岩石强度及破碎能耗特征的尺寸效应研究[D]. 长沙: 中南大学, 2008.

[21] Li X B, Lok T S, Zhao J. Dynamic characteristics of granite subjected to intermediate loading rate[J]. Rock Mechanics and Rock Engineering, 2005, 38(1): 21—39.

[22] Nemat-Nasser S, Isaacs J B, Starrett J E. Hopkinson techniques for dynamic recovery experiments[J]. Proceedings: Mathematical and Physical Sciences, 1991, 435(1894): 371—391.

[23] Nemat-Nasser S, Isaacs J B. Direct measurement of isothermal flow stress of metals at ele-

vated temperatures and high strain rates with application to Ta and Ta-W alloys[J]. Acta Materialia, 1997, 45(3): 907—919.

[24] Li Y, Ramesh K T, Chin E S C. Viscoplastic deformation and compressive damage in an A359/SiCp metal-matrix composite[J]. Acta Materialia, 2000, 48(7): 1536—1573.

[25] 李玉龙，郭伟国，徐绯. Hopkinson 压杆技术的推广应用[J]. 爆炸与冲击，2006，26(5): 385—394.

[26] Song B, Chen W. Loading and unloading split Hopkinson pressure bar pulse-shaping techniques for dynamic hysteretic loops[J]. Experimental Mechanics, 2004, 44(6): 622—627.

[27] 陈荣，卢芳云，林玉亮，等. 单脉冲加载的 Hopkinson 压杆实验中预留缝隙确定方法的研究[J]. 高压物理学报，2008，22(2): 187—191.

[28] Lindholm U S. Some experiments with the split Hopkinson pressure bar[J]. Journal of the Mechanics and Physics of Solids, 1964, 12(5): 317—335.

[29] Luo H Y, Chen W N W, Rajendran A M. Dynamic compressive response of damaged and interlocked SiC-N ceramics[J]. Journal of the American Ceramic Society, 2006, 89(1): 266—273.

[30] Xia K, Chen R, Huang S, et al. Controlled multipulse loading with a stuffed striker in classical split Hopkinson pressure bar testing[J]. Review of Scientific Instruments, 2008, 79: 053906.

[31] Oosterkamp D L, Ivankovic A, Venizelos G. High strain rate properties of selected of aluminium alloys[J]. Materials Science and Engineering, 1999, 278(1-2): 225—235.

[32] Kapoor R, Nemat-Nasser S. Determination of temperature rise during high strain rate deformation[J]. Mechanics of Materials, 1998, 27: 1—12.

[33] Gilat A. Elevated temperature testing with the torsional split Hopkinson bar[J]. Experimental Mechanics, 1994, 34:166—170.

[34] Lennon A M, Ramesh K T. A technique for measuring the dynamic behavior of materials at high temperatures[J]. International Journal of Plasticity, 1998, 14(12): 1279—1292.

[35] Lee W S, Sue W C, Lin C F. The effects of temperature and strain rate on the properties of carbon-fiber-reinforced 7075 aluminum alloy metal-matrix composite[J]. Composites Science and Technology, 2000, 60(10): 1975—1983.

[36] Lee W S, Lin C F. High-temperature deformation behavior of Ti-6Al-4V alloy evaluated by high strain-rate compression tests[J]. Journal of Materials Processing Technology, 1998, 75: 127—136.

[37] Lankford J. Temperature-strain rate dependence of compressive strength and damage mechanisms in aluminium oxide[J]. Journal of Material Science, 1981, 16: 1567—1578.

[38] Chiddister J L, Malvern L E. Compression-impact testing of aluminum at elevated temperatures[J]. Experimental Mechanics, 1963, 3(3): 81.

[39] Lindholm U S, Yeakley L M. High strain rate testing: Tension and compression[J]. Ex-

perimental Mechanics, 1968, 8(1): 1—9.

[40] Trojanowski A, Macdougall D, Harding J. An improved technique for the experimental measurement of specimen surface temperature during Hopkinson-bar tests[J]. Measurement Science and Technology, 1998, 9(1): 12—19.

[41] 王春奎. LY-12 高温凝聚态动力学性质研究-高温弹性模量的测定[J]. 高压物理学报, 1991, 5: 27—34.

[42] 夏开文, 程经毅, 胡时胜. SHPB 装置应用于测量高温动态力学性能的研究[J]. 实验力学, 1998, 13(3): 307—313.

[43] Rosenberg Z, Dawicke D, Strader E, et al. A new technique for heating specimens in Split-Hopkinson-Bar experiments using induction-coil heaters[J]. Experimental Mechanics, 1986, 26(3): 275—278.

[44] Macdougall D. A radiant heating method for performing high-temperature high-strain-rate tests[J]. Measurement Science and Technology, 1998, 9(10): 1657—1662.

[45] Macdougall D A S, Harding J. The measurement of specimen surface temperature in high-speed tension and torsion tests[J]. International Journal of Impact Engineering, 1998, 21(6): 473—488.

[46] Seo S, Min O, Yang H. Constitutive equation for Ti-6Al-4V at high temperatures measured using the SHPB technique[J]. International Journal of Impact Engineering, 2005, 31: 735—754.

[47] Nemat-Nasser S, Li Y-F, Isaacs J B. Experimental/ computational evaluation of flow stress at high strain rates with application to adiabatic shear banding[J]. Mechanics of Materials, 1994, 17: 111—134.

[48] Armstrong R W, Walley S M. High strain rate properties of metals and alloys[J]. International Materials Reviews, 2008, 53(3): 105—129.

[49] 李玉龙, 索涛, 郭伟国, 等. 确定材料在高温高应变率下动态性能的 Hopkinson 杆系统[J]. 爆炸与冲击, 2005, 25(6): 487—492.

[50] Lee M Y, Fossum A, Costin L S, et al. Frozen soil material testing and constitutive modeling[R]. SAND2002-0524. 2002.

[51] Shazly M, Prakash V, Lerch B A. High strain-rate behavior of ice under uniaxial compression[J]. International Journal of Solids and Structures, 2009, 46: 1499—1515.

[52] 陈柏生. 冻土动态力学性能的实验研究[D]. 合肥: 中国科学技术大学, 2006.

[53] 谢若泽, 张方举, 颜怡霞, 等. 高温 SHPB 实验技术及其应用[J]. 爆炸与冲击, 2005, 25(4): 330—334.

[54] Hanina E, Rittel D, Rosenberg Z. Pressure sensitivity of adiabatic shear banding in metals [J]. Applied Physics Letters, 2007, 90(2): 021915.

[55] 刘鸿文. 材料力学[M]. 北京: 高等教育出版社, 1992.

[56] Rittel D, Hanina E, Ravichandran G. A note on the direct determination of the confining

pressure of cylindrical specimens[J]. Experimental Mechanics, 2008, 48(3): 375—377.

[57] Chen W, Lu F. A technique for dynamic proportional multiaxial compression on soft materials[J]. Experimental Mechanics, 2000, 40(2): 226—230.

[58] Nemat-Nasser S, Isaacs J B, Rome J. Triaxial Hopkinson techniques[M]//ASM Handbook Vol 8. Mechanical Testing and Evaluation. Detroit: ASM International, 2000: 1163—1168.

[59] Kabir M E, Chen W W. Dynamic triaxial test on sand[C]. The 2010 SEM Annual Conference, Indianapolis, 2010.

[60] Kabir M E, Chen W W, Kuokkala V T. Measurement of stresses and strains in high rate triaxial experiments[C]. The 2010 SEM Annual Conference, Indianapolis, 2010.

[61] 叶洲元，李夕兵，周子龙，等．三轴压缩岩石动静组合强度及变形特征的研究[J]. 岩土力学，2009，30(7)：1981—1986.

[62] 陈荣．一种 PBX 炸药试样在复杂应力动态加载下的力学性能实验研究[D]. 长沙：国防科学技术大学，2010.

[63] Frew D J, Akers S A, Chen W, et al. Development of a dynamic triaxial Kolsky bar[J]. Measurement Science & Technology, 2010, 21(10): 105704.

[64] Wiegand D A, Reddingius B. Mechanical properties of confined explosives[J]. Journal of Energetic Materials, 2005, 23(2): 75—98.

第4章　霍普金森杆实验中的测试技术

在霍普金森杆实验中除了最常用的应变片测量方法外，经过多年来的发展，还出现了许多其他的测试技术，如测试应力的压电晶体测试技术、测试位移和应变的光学测试技术以及基于不同原理的各种温度测试技术等。本章将对这些测试技术进行介绍。

4.1　石英晶体压应力测试技术

4.1.1　晶体的压电效应

1880年，居里兄弟首先在α石英晶体上发现了压电效应。压电效应反映了晶体的弹性性能与介电性能之间的耦合。当某些介质沿一定的方向受力而发生变形时，其内部将产生电极化现象，同时在其表面产生符号相反的极化电荷；当外力撤去后，又重新恢复不带电状态，这种现象称为压电效应[1]。具有压电效应的晶体称为压电晶体。按照这个定义，对压电晶体施加应力σ_{jk}时，在晶体的x、y、z三个方向将产生与σ_{jk}成比例的电极化强度P_i。令比例常数为d_{ijk}，则有压电效应关系式：

$$P_i = d_{ijk}\sigma_{jk} \tag{4.1}$$

式中，d_{ijk}称作压电系数矩阵。

因应力为二阶对称张量，$\sigma_{jk}=\sigma_{kj}$，故规定

$$d_{ijk} = d_{ikj} \tag{4.2}$$

即三阶张量d_{ijk}的后两个指标是对称的，它的独立分量由27个减少到18个。为了简化计算，将三阶张量的压电系数矩阵分量d_{ijk}简写为双下标d_{im}，按3×6矩阵写出，$i=1,2,3$表示电学量方向，$m=1,2,3,4,5,6$表示力学量方向，单位C/N。于是

$$\begin{cases} d_{im}=d_{ijk}, & m=1,2,3;j=k \\ d_{im}=2d_{ijk}, & m=4,5,6;j\neq k \end{cases} \tag{4.3}$$

这样，二阶压电系数矩阵分量d_{im}反映了压电晶体的弹性和介电性之间的耦合关系。

对于国际单位制，有

$$\boldsymbol{D} = \boldsymbol{\kappa}_0 \cdot \boldsymbol{E} + \boldsymbol{P} \tag{4.4}$$

式中，$\boldsymbol{\kappa}_0$ 为介电常数矩阵；$\boldsymbol{E}$ 为电场强度；$\boldsymbol{D}$ 为电位移矢量。当外电场 $\boldsymbol{E}=0$ 时，$\boldsymbol{D}=\boldsymbol{P}$，则式(4.4)变为

$$\boldsymbol{D}=\boldsymbol{d\sigma}$$

即

$$\begin{bmatrix} D_1 \\ D_2 \\ D_3 \end{bmatrix}_{E=0} = \begin{bmatrix} d_{11} & d_{12} & d_{13} & d_{14} & d_{15} & d_{16} \\ d_{21} & d_{22} & d_{23} & d_{24} & d_{25} & d_{26} \\ d_{31} & d_{32} & d_{33} & d_{34} & d_{35} & d_{36} \end{bmatrix} \begin{bmatrix} \sigma_1 \\ \sigma_2 \\ \sigma_3 \\ \sigma_4 \\ \sigma_5 \\ \sigma_6 \end{bmatrix} \tag{4.5}$$

式中，分量 σ_{jk} 的下标也作了简缩，简缩关系见表 4.1。

表 4.1　应力分量下标简缩关系

应力分量 σ_{jk}	σ_{11}	σ_{22}	σ_{33}	σ_{23}	σ_{31}	σ_{12}
简缩写法 σ_m	σ_1	σ_2	σ_3	σ_4	σ_5	σ_6

4.1.2　石英的压电效应

1. 石英晶体的形态与结构[1,2]

石英晶体又名水晶，是一种同质多相变体的晶体，它具有 12 种晶态，自然界中存在较多的有石英、磷石英、方石英等。石英的主要形态有 α 石英(或称低温石英)和 β 石英(或称高温石英)。α 石英在低于 573℃温度下结构稳定，当 α 石英晶体加热至 573℃时，晶体的内部结构即硅氧四面体之间结合的角度发生变化，形成 β 石英。压电传感器元器件大多用的是 α 石英。

α 石英晶体属于三方晶系，32 点群，具有左右旋结构的特征，它的理想外形有 30 个晶面，如图 4.1 所示，图(a)为左旋晶体，图(b)为右旋晶体。这种晶体有 6 个 m 面(又称为柱面)，6 个大 R 面(又称为大菱面)，6 个小 r 面(又称小菱面)，还有 6 个 s 面(三方双锥)及 6 个 x 面(三方偏方面体)。左旋石英与右旋石英为镜像对称晶体。实际上，天然石英晶体的晶面一般不会全部出现，尤其是 s 面和 x 面很少出现。

石英晶体的基本结构单元是硅氧四面体，参见图 4.2。硅在四面体的中心，氧位于 4 个顶角。硅离子 Si^{4+} 的半径 $r^+=0.039$nm，氧离子 O^{2-} 的半径 $r^-=0.134$nm，两者间的半径比为 $r^+/r^-=0.291$。硅和氧靠化学键结合起来，硅氧键的距离约为 0.16nm。联系硅原子和氧原子的化学键是一种混合键，其中 50%属

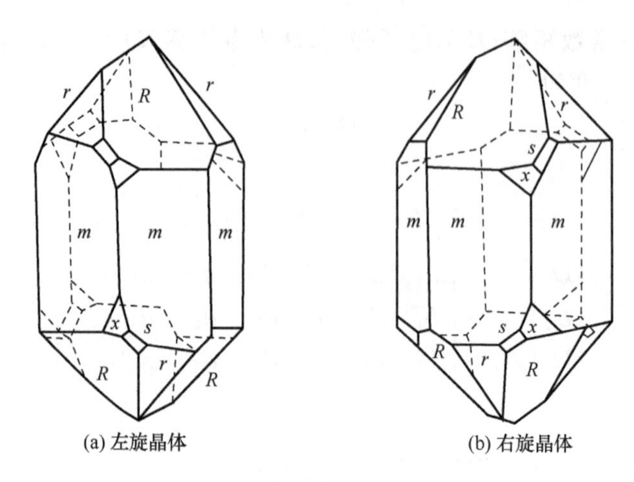

图 4.1　α 石英晶体的理想外形示意图

离子键，50％属共价键，键与键之间有一定的角度和方向性，在严格服从其方向性及键角的情况下，晶体的化学稳定性最好。α 石英 Si-O-Si 之间的角度为 144°，β 石英相应的角度为 160°。因此，α 石英转化为 β 石英不需要将原有的硅氧骨架拆散，而仅仅在原有骨架基础上将硅氧四面体稍稍扭转即可。

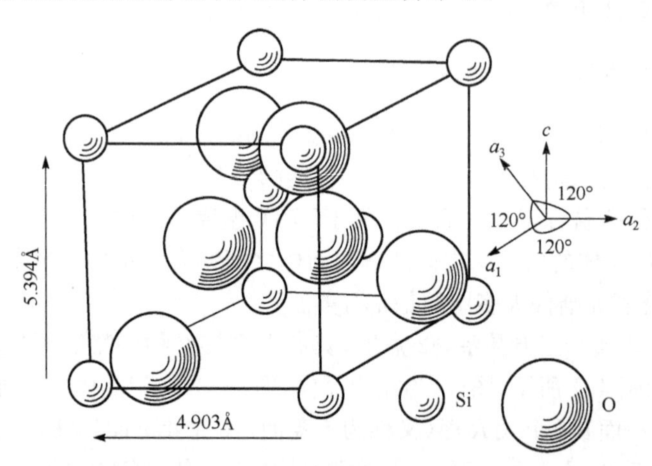

图 4.2　右旋石英晶体单个晶胞三维示意图

2. 石英晶体的压电性能[3]

石英晶体属于无对称中心的晶体，当它在某一方向受拉压时，电平衡被破坏，从而产生压电效应。石英晶体之所以具有压电效应与它的内部结构有关，晶体内部硅氧离子的排列如图 4.3 所示。方便起见，将组成石英晶体的硅离子 Si^{4+} 和氧

离子 O^{2-} 在 xoy 平面上投影，如图 4.3(a)所示，"●"代表硅离子，"○"代表氧离子。进一步，可以将这些硅、氧离子等效为图 4.3(b)中正六边形排列，图中"⊕"代表 Si^{4+}，"⊖"代表 $2O^{2-}$。x、y 取晶轴方向。

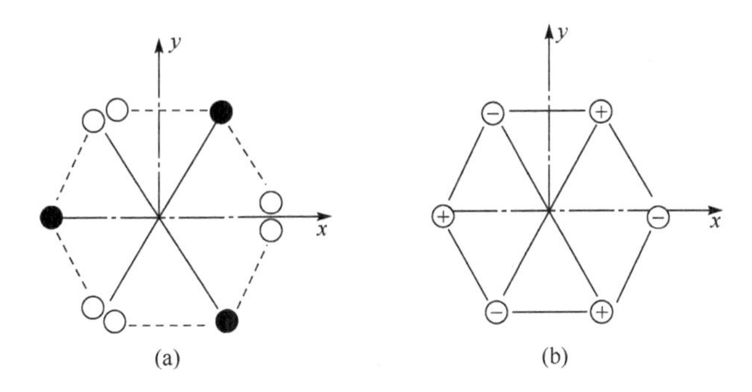

图 4.3　硅氧离子排列示意图

石英晶体的压电系数写成矩阵形式为

$$(d_{ij})=\begin{bmatrix} d_{11} & -d_{11} & 0 & d_{14} & 0 & 0 \\ 0 & 0 & 0 & 0 & -d_{14} & -2d_{11} \\ 0 & 0 & 0 & 0 & 0 & 0 \end{bmatrix} \tag{4.6}$$

由上式可见，石英晶体独立的压电系数只有两个

$$\begin{cases} d_{11}=\pm 2.31\times 10^{-12}\text{C/N} \\ d_{14}=\pm 0.73\times 10^{-12}\text{C/N} \end{cases} \tag{4.7}$$

左旋晶体的 d_{11} 和 d_{14} 取正号，右旋晶体取负号。

根据式(4.5)，在应力张量 σ 的作用下，石英晶体的压电效应可表示为 $D_i=d_{im}\sigma_m$，或展开写成

$$\begin{cases} D_1=d_{11}\sigma_1-d_{11}\sigma_2+d_{14}\sigma_4 \\ D_2=-d_{14}\sigma_5-2d_{11}\sigma_6 \\ D_3=0 \end{cases} \tag{4.8}$$

当对石英晶体施加外力时，晶体发生形变，电偶极矩发生变化，晶体表面产生极化电荷，称为正压电效应。反过来，电偶极矩的变化也能使石英晶体产生形变，称为逆压电效应。利用石英晶体制作压力传感器是利用其正压电效应。

4.1.3　石英压电晶体在分离式霍普金森压杆中的应用

石英晶体性能稳定，介电常数和压电系数的温度稳定性相当好，在常温范围内几乎不随温度变化[3]，这使得石英晶体在传感器领域得到了广泛应用。同时，石英是一种各向异性晶体，按不同方向切割的晶片，物理性质(如弹性、压电效应、温度

特性等)相差很大。所以,在设计石英传感器时,可根据不同的需要选择石英的切型,比如 X 切、Y 切石英晶体等。

为了以后叙述清楚,先在这里对切型符号作一个说明。根据 IEEE 标准[4],用一组字母和角度表示切型。第一个字母表示旋转前晶片的厚度方向,第二个字母表示旋转前晶片的长度方向,余下字母表示晶片旋转的棱边方向,分别用 t、l、w 表示厚度、长度、宽度方向。如果仅作一次旋转,则切型符号只有三个字母,后面的角度就表示该次旋转的角度。以 Y 切晶体 $yzw/165°$ 切型为例,它表示晶片原始厚度方向平行于 y 轴,长度方向平行于 z 轴,然后绕宽度方向轴逆时针旋转 165°切割得到的石英晶体,如图 4.4(a)所示。同样,X 切和 Z 切分别表示晶体原始厚度方向沿 x 轴和 z 轴,如图 4.4(b)所示。

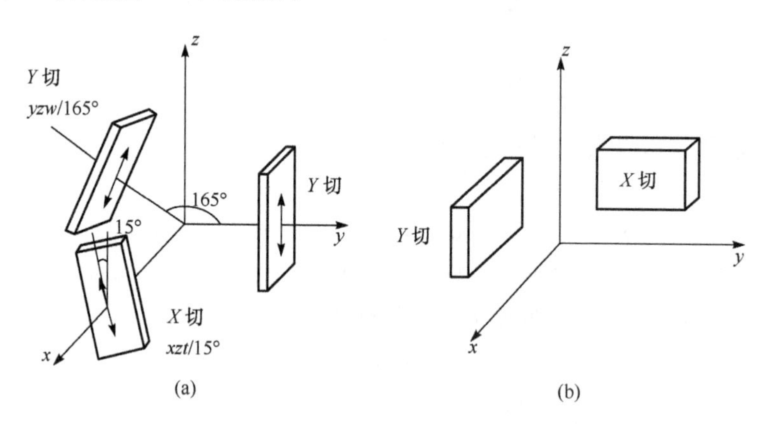

图 4.4 晶体切型示意图

1. X 切石英晶体的工作原理

石英晶体的 x 晶轴方向是一个特殊的方向,单轴应力波作用于该方向时不会产生波的耦合传播,称为纯模方向,这时压电效应只产生于单轴加载的作用。因此,在霍普金森压杆实验中,采用 X 切石英晶体作为压力传感器。

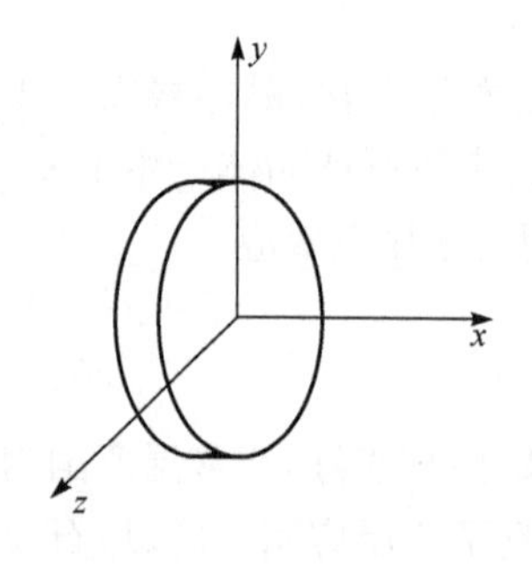

图 4.5 X 切石英晶片

图 4.5 给出了分离式霍普金森压杆实验中所采用的 X 切石英晶片示意图,其中 x、y、z 分别对应石英晶体的三个晶轴方向。当 X 切晶片受到沿晶轴 x 方向的单轴应力 σ_1 作用时,晶片将发生变形,引起电极化现象。在以 x 轴为法向的前后表面上产生极化电荷 q_x。按照式(4.8),沿 x 轴的电位移分量 D_1 与应力 σ_1 成正比,即

$$D_1 = d_{11}\sigma_1 = d_{11}\frac{F_x}{A_0} \tag{4.9}$$

式中，F_x为沿晶轴 x 方向施加的力；d_{11}为压电系数；A_0为石英晶片的横截面积。由于电位移分量在数值上等于面电荷密度，即有

$$D_1 = \frac{Q_x}{A_0} \tag{4.10}$$

将(4.10)式代入式(4.9)，可得

$$Q_x = d_{11}F_x \tag{4.11}$$

从上面的推导可以看到，当 X 切石英晶片只受到 x 轴方向的力作用时，沉积在晶体表面的电荷量与其所受力的大小成正比。

2. *X 切石英晶体在分离式霍普金森压杆中的应用*

通过对 X 切石英晶体工作原理的分析可以知道，如果在分离式霍普金森压杆实验中，将石英晶片嵌于杆中，当一维应力波在杆中传播通过石英晶片时，通过测出极化电荷即可推知石英的受力情况，从而导出应力波的状态。

图 4.6 给出了嵌入石英压电晶体后的分离式霍普金森压杆装置示意图，石英晶体片被嵌入透射杆中原应变片的测试位置，用于测试透射杆中应力。石英晶片的 x 轴与杆轴同向，横截面积与杆的横截面积相等，厚度为 0.25mm。注意到，石英

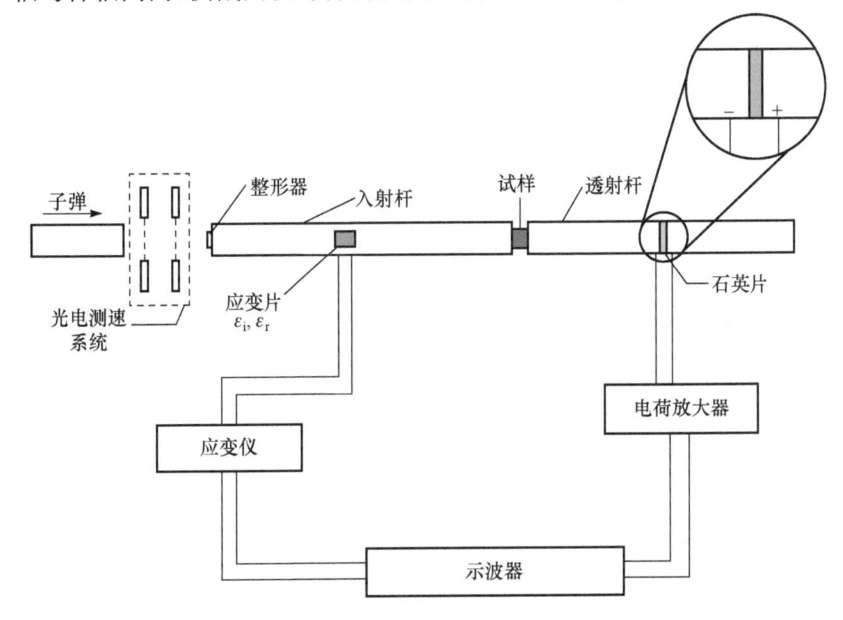

图 4.6　嵌入石英压电晶体的分离式霍普金森压杆装置示意图

与 LC4 铝合金材料的波阻抗相当，见表 4.2。当应力波由铝杆传入等截面的石英晶片时，应力波将几乎无反射地全部通过。这样，石英的受力情况既反映了铝杆中的应力状态，也不会影响应力波的传播。图 4.7 中给出了在压杆中嵌入石英晶片后，未加试样情况下(入射杆与透射杆连接在一起)测得的入射信号 $\varepsilon_i(t)$ 和透射信号 $\varepsilon_t(t)$。从图 4.7 中可以看到，透射波与入射波几乎完全一致。扣除压杆界面可能造成的影响，可以认为入射脉冲完全进入了透射杆，说明嵌在铝杆中的石英晶片对波传播没有造成影响。事实上，当嵌入压杆中的晶体片厚度较小时，即使阻抗不匹配，也可以被看作杆中的一个拉格朗日量计，对波传播的影响也非常小。

表 4.2　石英[5]与 LC4 铝合金材料波阻抗 $\rho c_0 A$ 比较

材料	密度 ρ/(kg/m³)	声速 c/(m/s)	面积 A	阻抗
石英	2650	5700	A_0	$15.09A_0\times10^6$
铝合金(LC4)	2850	5096	A_0	$14.52A_0\times10^6$

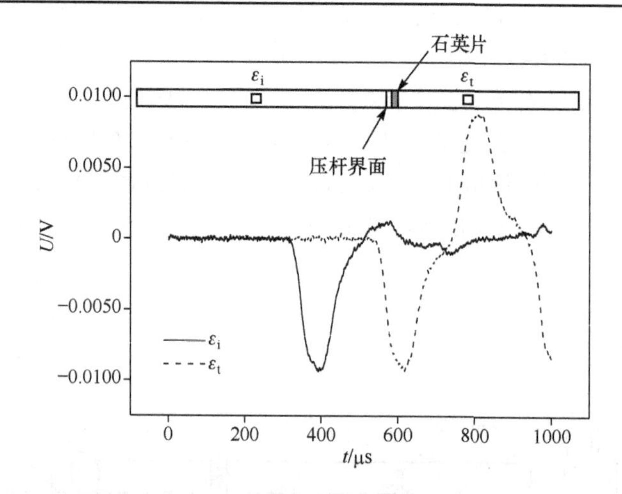

图 4.7　一维应力波通过石英晶片传播示意图

实验时，用银粉导电胶将晶体粘贴于两铝杆间，石英片受压时所产生的电荷通过铝杆导出，然后利用电荷放大器将这些电荷转化为电压信号输出，由示波器记录。经电荷放大器灵敏度归一化处理后，石英晶片所受压力 F_x 与电荷放大器输出电压 ΔU 之间的关系为

$$F_x=\frac{\Delta US}{d_{11}M} \tag{4.12}$$

式中，M 为电荷放大器的增益倍数(mV/unit)；S 为电荷放大器设置的灵敏度系数(pC/unit)；计算得到的力单位为国际单位制。同时，杆中应力可以由下式计算得到：

$$\sigma_1 = \frac{F_x}{A_0} \tag{4.13}$$

试样中应力 σ_s 与石英测得的应力信号 σ_1 之间有下述关系：

$$\sigma_s = \frac{A_0}{A_s}\sigma_1 \tag{4.14}$$

式中，A_0 和 A_s 分别为杆和试样的横截面积。将式(4.14)代入式(4.13)中，便可以计算出试样中的应力

$$\sigma_s = \frac{\Delta US}{d_{11}MA_s} \tag{4.15}$$

在软材料的测试中，由于软材料强度低，因而透射应力小，石英晶体成为测试弱信号最有效的方法之一。图 4.8 给出了利用上述分离式霍普金森压杆装置对一种低密度聚氨酯泡沫试样测试得到的透射信号与传统应变片测试信号的对比。其中，抖动较大、幅值较低的曲线 U_s 为利用金属电阻应变片得到的，由于基线抖动很大，难以分辨有效信号。从该曲线看出，利用金属电阻应变片得到的透射信号在 0.7mV 左右，基线干扰幅度在 0.4mV 左右，这样的信号即使作优化处理也存在较大误差。图 4.8 中较光滑、幅值较大的曲线 U_Q 是利用石英压电晶体得到的透射信号，从中可以看出曲线幅值大且信噪比高。从两曲线的对比可以看出，利用石英压电晶体可以获得增幅近三个量级的高信噪比信号，这说明石英压电晶体测试技术可以有效解决分离式霍普金森压杆实验测试软材料时透射信号弱的问题。

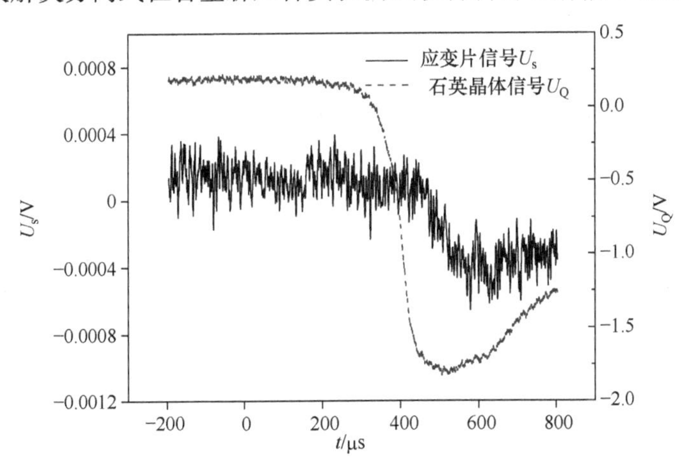

图 4.8　低密度聚氨酯泡沫分离式霍普金森压杆实验透射信号比较

通过在试样两端面压杆中嵌入石英晶片对试样两端面的应力进行测试，还可以实时了解试样两端面的受力情况，监测试样中应力是否达到了平衡。图 4.9 给出了试样两端嵌入石英晶片的装置示意图。图 4.10 给出了利用图 4.9 所示装置

监测得到的试样两端受力情况实验记录。图中 Ch1 记录入射杆中应变信号，Ch2 记录透射杆中应变信号，Ch3、Ch4 分别记录试样两端石英压电晶体 Q1 与 Q2 得到的电压信号。有了 Q1、Q2 得到的电压信号，通过式(4.15)即可计算试样两端面的受力情况。从图 4.10 可以看出，Q1、Q2 得到的电压信号除了上升起始部分的局部有小的差异外，其余基本完全重合在一起，说明试样在实验过程中达到了较好的力平衡。波形起始处的差异来源于石英片所处位置离开试样界面有一个距离而造成的波相互作用的影响。

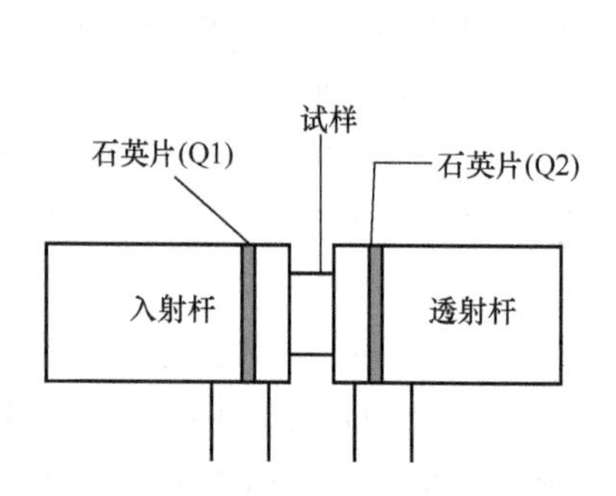

图 4.9　试样两端嵌入石英晶体片监测力平衡的装置示意图

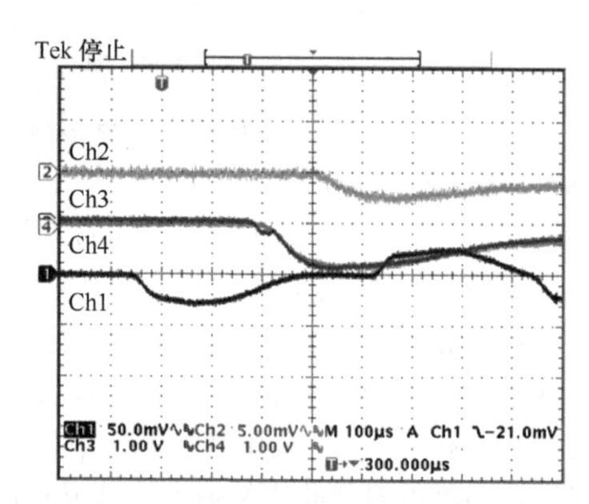

图 4.10　石英监测试样两端受力情况实验记录

值得注意的是，由于石英晶片比较脆，且厚度较小(0.25mm)，容易损坏，因此在实验过程中应注意轻拿轻放，避免人为损坏。同时，由于是高阻测量技术[6]，石英压电测试对环境十分敏感，比如环境湿度和洁净度、导电胶的性能与黏结工艺都会影响测试的稳定性。所以在使用过程中应注意如下几点：

(1) 用来粘贴石英片的铝杆端面必须与压杆轴向垂直，以保证石英晶片两个端面的平行度，并且要具有一定的光洁度。

(2) 导电胶的配制要严格按比例进行，既保证黏结强度，又具有良好的电导率。同时，导电胶层尽量做到薄而均匀，不能留有气泡，以保证将实验过程中产生的极化电荷完全导出。

(3) 待导电胶固化完全后，用丙酮清洗干净残留在晶片截面外的导电胶，保证晶体两表面间的绝缘性，一般要求静态绝缘电阻在 200MΩ 以上。同时，晶片两极与大地之间也要有较高的绝缘性。

(4) 确定石英片正常工作后，可以用环氧胶对石英片进行密封处理。

石英片粘贴好后，还需要对其进行标定。可以采用应变片进行标定，标定过程与图 4.7 所描述的方式类似。图 4.11 给出了典型的石英压电系数标定实验记录，图中 Ch1 记录入射杆中应变信号，Ch2 记录透射杆中应变信号，Ch4 记录嵌入透射杆中石英压电晶体的压力信号。前面图 4.7 已经比较了入射杆与透射杆中的应变信号，证明两者几乎没有区别，因此可认为石英片测到的信号与两应变片得到的信号相同。通过简单的换算比较(一般比较三者信号的峰值)，即可标定石英片的动态压电系数 d'_{11}。

假设应变片得到的信号为 $\varepsilon(t)$，石英片得到的电压信号为 $U(t)$，电荷放大器设置的灵敏度系数为 S，单位为 pC/unit，电荷放大器的输出增益为 M，单位为 mV/unit，则石英片的动态压电系数 d'_{11} 为

$$d'_{11}=\frac{S}{E\varepsilon(t)A_0}\frac{\Delta U(t)}{M} \tag{4.16}$$

式中，E 为压杆的杨氏模量；A_0 为压杆的横截面积。计算得到的 d'_{11} 单位为 10^{-12}C/N。一般认为透射信号与石英片测到的信号一致，因为两者在同一压杆中。

图 4.12 给出了压电系数动态标定的结果，纵坐标为 d_{11}/d'_{11}，d_{11} 为理论值，即 2.31×10^{-12}C/N，d'_{11} 为动态标定结果，单位 10^{-12}C/N；横坐标 n 为实验编号。从图中可以看到，在动态条件下，石英片的压电系数较理论值高约 15%，d_{11}/d'_{11} 在 0.847～0.87，一致性较好。将所有标定结果取平均值，有 $d_{11}/d'_{11}=0.856$，$d'_{11}=2.31\times10^{-12}/0.856=2.70\times10^{-12}$C/N。

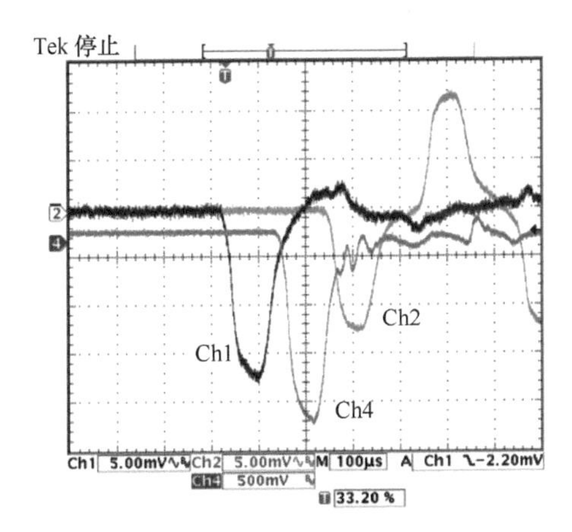

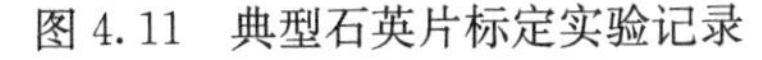

图 4.11　典型石英片标定实验记录

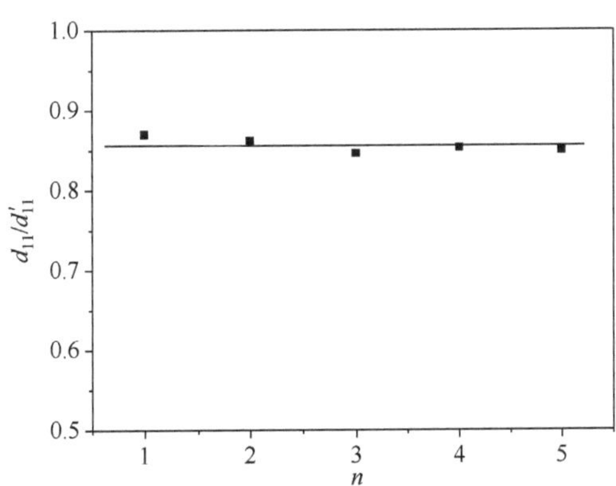

图 4.12　石英晶体压电系数动态标定结果

4.2　石英压电晶体剪应力测试技术

石英晶体不仅可以作为压缩应力计，而且通过选择特殊的切型可以使石英晶体只对某一个或某两个方向的剪切应力响应，从而成为剪切应力计的一个选择。

4.2.1 Y 切石英晶体的纯模方向分析

Y 切石英压电晶体受到应力 σ_j 作用时，在晶体的 y 方向要产生与 σ_j 成正比的电位移矢量 D_2，压电效应关系式为

$$\frac{Q_y}{A_0}=(D_2)_{E=0}=(d_{21} \quad d_{22} \quad d_{23} \quad d_{24} \quad d_{25} \quad d_{26})\begin{bmatrix}\sigma_1\\\sigma_2\\\sigma_3\\\sigma_4\\\sigma_5\\\sigma_6\end{bmatrix} \tag{4.17}$$

式中，Q_y 为极化电荷；A_0 为晶体横截面积；d_{2j} 为压电系数(下标 $j=1,2,3,4,5,6$ 表示分量)，单位 C/N。

对于 Y 切石英晶体有 $d_{21}=d_{22}=d_{23}=d_{24}=0$，其余两个非零项为剪切项，所以 Y 切石英晶体的压电效应只对剪应力响应。在测试动态剪应力时，不希望因为量计本身的各向异性导致原应力波分解出新的准纵波和准横波，从而改变了原来传入应力波的振动模式。因此，波的传播方向应该沿晶体的纯模方向或近似纯模方向。

从数值上确定石英晶体的纯模方向需要求解压电体中波传播的 Christoffel 方程，考虑均匀各向异性单一晶体中的弹性波传播。在直角坐标系下，波动控制方程为

$$\frac{\partial \sigma_{ij}}{\partial x_j}=\rho\frac{\partial^2 u_i}{\partial t^2}, \quad i,j=1,2,3 \tag{4.18}$$

式中，σ_{ij} 为应力张量；ρ 为密度；u_i 为位移分量。由虎克定律有

$$\sigma_{ij}=C_{ijkl}^{E}\varepsilon_{kl} \tag{4.19}$$

式中，C_{ijkl}^{E} 为晶体的弹性系数；ε_{kl} 为应变张量。联立式(4.18)和式(4.19)得

$$C_{ijkl}^{E}\frac{\partial \varepsilon_{kl}}{\partial x_j}=\rho\ddot{u}_i \tag{4.20}$$

根据应变位移关系的定义：

$$\varepsilon_{ij}=\frac{1}{2}\left(\frac{\partial u_i}{\partial x_j}+\frac{\partial u_j}{\partial x_i}\right) \tag{4.21}$$

则以位移表示的波动方程为

$$\frac{1}{2}C_{ijkl}^{E}\left(\frac{\partial^2 u_k}{\partial x_j \partial x_l}+\frac{\partial^2 u_l}{\partial x_j \partial x_k}\right)=\rho\frac{\partial^2 u_i}{\partial t^2} \tag{4.22}$$

注意到 C_{ijkl}^{E} 关于 i 和 j 对称，关于 k 和 l 对称，即 $C_{ijkl}^{E}=C_{ijlk}^{E}=C_{jikl}^{E}$，故

Christoffel方程可变化为

$$C_{ijkl}^{E}\frac{\partial^2 u_l}{\partial x_j \partial x_k}=\rho\frac{\partial^2 u_i}{\partial t^2} \tag{4.23}$$

研究表明准静态近似(即忽略电场 $E=E(r)-\nabla\Phi$ 的有旋场部分,认为电场仅为势场,并且 $E=-\nabla\Phi$)下,只要用等效弹性系数 C_{ijkl} 代替 C_{ijkl}^{E},则非压电各向异性介质中弹性波的有关结论可适用于压电晶体[7]。下面,将等效弹性系数 C_{ijkl} 简缩下标为 C_{ij}。石英晶体的等效弹性系数矩阵变为[2~5]

$$(C_{ij})=\begin{bmatrix} C_{11} & C_{12} & C_{13} & C_{14} & 0 & 0 \\ C_{12} & C_{11} & C_{13} & -C_{14} & 0 & 0 \\ C_{13} & C_{13} & C_{33} & 0 & 0 & 0 \\ C_{14} & -C_{14} & 0 & C_{44} & 0 & 0 \\ 0 & 0 & 0 & 0 & C_{44} & C_{14} \\ 0 & 0 & 0 & 0 & C_{14} & \frac{1}{2}(C_{11}-C_{12}) \end{bmatrix}$$

$$=\begin{bmatrix} 86.74 & 6.99 & 11.91 & 17.91 & 0 & 0 \\ 6.99 & 86.74 & 11.91 & -17.91 & 0 & 0 \\ 11.91 & 11.91 & 107.2 & 0 & 0 & 0 \\ 17.91 & -17.91 & 0 & 57.94 & 0 & 0 \\ 0 & 0 & 0 & 0 & 57.94 & 17.91 \\ 0 & 0 & 0 & 0 & 17.91 & 43.39 \end{bmatrix}\times 10^9(\mathrm{N\cdot m^{-2}}) \tag{4.24}$$

考虑沿任意方向 $\vec{l}=l_1\vec{i}+l_2\vec{j}+l_3\vec{k}$ 传播的平面波,其质点位移为

$$u_i=u_i^0\exp[i(K\vec{l}\cdot\vec{r}-\omega t)] \tag{4.25}$$

式中,$\vec{r}$ 为位置矢量;$K=2\pi/\lambda$ 为波数;ω 为圆频率 u_i^0 为质点位移振幅。

把式(4.25)代入式(4.23),并因为式(4.25)有 $\frac{\partial u_i}{\partial x_1}=Kl_1u_i$,$\frac{\partial u_i}{\partial x_2}=Kl_2u_i$,$\frac{\partial u_i}{\partial x_3}=Kl_3u_i$,得到 Christoffel 方程:

$$K^2\begin{bmatrix} \Gamma_{11} & \Gamma_{21} & \Gamma_{31} \\ \Gamma_{21} & \Gamma_{22} & \Gamma_{32} \\ \Gamma_{31} & \Gamma_{32} & \Gamma_{33} \end{bmatrix}\begin{bmatrix} u_1 \\ u_2 \\ u_3 \end{bmatrix}=\rho\omega^2\begin{bmatrix} u_1 \\ u_2 \\ u_3 \end{bmatrix} \tag{4.26}$$

式中

$$\Gamma_{ij}=l_kC_{iklj}l_l$$

为了求得在 y-z 面内传播的应力波的纯模方向，需要考虑在 y-z 面内的波传播情况。为此，取波的传播方向为：$\vec{l}=(0,l_2,l_3)=(0,\cos\theta_2,\cos\theta_3)$，并将石英晶体的弹性系数矩阵(4.24)代入式(4.26)，并定义 $c^2=\dfrac{w^2}{k^2}$，c 为波传播速度，可得

$$\begin{bmatrix} C_{66}l_2^2+C_{55}l_3^2+2C_{56}l_2l_3 & 0 & 0 \\ 0 & C_{11}l_2^2+C_{44}l_3^2-2C_{14}l_2l_3 & -C_{14}l_2^2+(C_{13}+C_{44})l_2l_3 \\ 0 & -C_{14}l_2^2+(C_{13}+C_{44})l_2l_3 & C_{44}l_2^2+C_{33}l_3^2 \end{bmatrix}\begin{bmatrix} u_1 \\ u_2 \\ u_3 \end{bmatrix} = \rho c^2\begin{bmatrix} u_1 \\ u_2 \\ u_3 \end{bmatrix} \tag{4.27}$$

求解式(4.27)可以得到三个特征位移矢量 $\vec{u}$。波的位移矢量之间是正交的，而一般而言位移矢量与波传播方向 $\vec{l}$ 夹角可以任意，当 $\vec{u}$ 与 $\vec{l}$ 平行时表示纵波，当 $\vec{u}$ 与 $\vec{l}$ 垂直时表示横波，除此之外的任意角度表示波在晶体中以准纵波形式和准横波形式传播。只有沿纯模方向传播引起的位移矢量要么平行(纵波)要么垂直(横波)于波的传播方向，即有：纯纵波时 $\vec{u}\times\vec{l}=0$；纯横波时 $\vec{u}\cdot\vec{l}=0$。式(4.27)中的第一个特征值对应的特征向量为(1,0,0)，即质点位移方向沿 x 轴，此方向与 y-z 面垂直，说明存在一个纯剪切波。另外，两个特征值对应的特征向量可以通过求解公式(4.27)得到，这两个特征向量的一般形式为$(0,u_2^2,u_3^2)$和$(0,u_2^3,u_3^3)$。

要求纯模方向，即需要使晶体的厚度方向(即波传播方向)要么平行于特征向量(位移矢量)，要么垂直于特征向量，以保证沿厚度方向传播的波不发生纵波和横波的耦合效应。为求得另外两个特征值对应的纯模方向，考虑纯纵波情况，设 $\vec{u}$ 为其中的特征向量，即代表平行于 $\vec{l}$ 的纯模方向，因已设 $\vec{l}=(0,l_2,l_2)$，故 $\vec{u}$ 有形式$(0,u_2,u_3)$，满足：

$$\vec{u}\times\vec{l}=u_2l_3-u_3l_2=0 \tag{4.28}$$

由式(4.27)和式(4.28)联立消去 u_2、u_3，得到

$$\left(\frac{l_3}{l_2}\right)^3(C_{33}-C_{13}-2C_{44})+3C_{14}\left(\frac{l_3}{l_2}\right)^2+\left(\frac{l_3}{l_2}\right)(C_{13}+2C_{44}-C_{11})-C_{14}=0 \tag{4.29}$$

式(4.29)有三组解，表明存在三个纯模方向 $\vec{l}=(0,\cos\theta_2,\cos\theta_3)$，针对 Y 切石英晶体的三个纯模方向如表 4.3 所示。要使晶体厚度方向对应纯模方向，需将原始晶体进行相应角度的旋转。在此，三个方向分别对应了 Y 切旋转 17.705°、72.409°和 139.177°切型。以角度 17.705°为例，此角度表示当取 Y 切 17.705°旋

转晶体时，晶体片厚度方向为一个纯模纵波方向。同样可分析纯横波情况，考虑到三个特征矢量相互垂直，第三个方向与第二个方向为互余关系，在此就不赘述了。

表 4.3　Y 切石英晶体的纯模方向

θ_1	θ_2	θ_3
90°	72.295°	17.705°
90°	17.591°	72.409°
90°	49.177°	139.177°

那么三个纯模方向切型的晶体哪个更适合作量计呢？还需要从应力响应效率来考虑最优切型。

4.2.2　Y 切石英晶体最优切型分析

对应 Y 切旋转石英晶体，石英晶体的压电系数矩阵也需要做相应的旋转变化，变化关系为

$$\boldsymbol{d}'=\boldsymbol{A}\boldsymbol{d}\boldsymbol{N}^{\mathrm{T}} \tag{4.30}$$

式中，$\boldsymbol{A}$ 和 $\boldsymbol{N}$ 为坐标变换矩阵，并有

$$\boldsymbol{A}=\begin{bmatrix} a_{11} & a_{12} & a_{13} \\ a_{21} & a_{22} & a_{23} \\ a_{31} & a_{32} & a_{33} \end{bmatrix}=\begin{bmatrix} \cos\alpha_1 & \cos\beta_1 & \cos\gamma_1 \\ \cos\alpha_2 & \cos\beta_2 & \cos\gamma_2 \\ \cos\alpha_3 & \cos\beta_3 & \cos\gamma_3 \end{bmatrix} \tag{4.31}$$

$$\boldsymbol{N}=\begin{bmatrix} a_{11}^2 & a_{12}^2 & a_{12}^2 & a_{12}a_{13} & a_{11}a_{13} & a_{11}a_{12} \\ a_{21}^2 & a_{22}^2 & a_{23}^2 & a_{22}a_{23} & a_{21}a_{23} & a_{21}a_{22} \\ a_{31}^2 & a_{32}^2 & a_{33}^2 & a_{32}a_{33} & a_{31}a_{33} & a_{31}a_{32} \\ 2a_{21}a_{31} & 2a_{22}a_{32} & 2a_{23}a_{33} & (a_{22}a_{33}+a_{32}a_{23}) & (a_{23}a_{31}+a_{33}a_{21}) & (a_{21}a_{32}+a_{31}a_{22}) \\ 2a_{31}a_{11} & 2a_{32}a_{12} & 2a_{33}a_{13} & (a_{32}a_{13}+a_{12}a_{33}) & (a_{33}a_{11}+a_{13}a_{31}) & (a_{31}a_{12}+a_{11}a_{32}) \\ 2a_{11}a_{21} & 2a_{12}a_{22} & 2a_{13}a_{23} & (a_{12}a_{23}+a_{22}a_{13}) & (a_{13}a_{21}+a_{23}a_{11}) & (a_{11}a_{22}+a_{21}a_{12}) \end{bmatrix} \tag{4.32}$$

其中，α_i、β_i、γ_i（$i=1,2,3$）为新旧坐标轴间的夹角。设旋转前的坐标轴分别为 x，y，z，而旋转后的坐标轴为 x'，y'，z'，其夹角关系如表 4.4 所示。

表 4.4　新旧坐标轴之间的夹角

坐标轴	x	y	z
x'	α_1	β_1	γ_1
y'	α_2	β_2	γ_2
z'	α_3	β_3	γ_3

对于 Y 切 θ 旋转石英晶体，$\alpha_1=0$，$\alpha_2=\alpha_3=\beta_1=\gamma_1=\pi/2$，$\beta_2=\gamma_3=\theta$，$\beta_3=\gamma_2=\pi/2-\theta$，其旋转变化矩阵为

$$\mathbf{A}=\begin{bmatrix}1 & 0 & 0\\ 0 & \cos\theta & \sin\theta\\ 0 & \sin\theta & \cos\theta\end{bmatrix} \tag{4.33}$$

压电系数旋转变换后变为

$$\boldsymbol{d}'=\begin{bmatrix}d_{11} & -d_{11}\cos^2\theta+d_{14}\cos\theta\sin\theta & -d_{11}\sin^2\theta-d_{14}\sin\theta\cos\theta & d_{11}\sin2\theta+d_{14}(\cos^2\theta-\sin^2\theta) & 0 & 0\\ 0 & 0 & 0 & 0 & -d_{14}\cos^2\theta+2d_{11}\cos\theta\sin\theta & -d_{14}\cos\theta\sin\theta-2d_{11}\cos^2\theta\\ 0 & 0 & 0 & 0 & d_{14}\sin\theta\cos\theta-2d_{11}\sin^2\theta & d_{14}\sin^2\theta+2d_{11}\sin\theta\cos\theta\end{bmatrix} \tag{4.34}$$

其中，$d_{11}=2.31\times10^{-12}\text{C/N}$，$d_{14}=0.73\times10^{-12}\text{C/N}$。由式(4.34)可以看出，变换后的压电系数矩阵的第二行，即厚度方向只存在对剪切应力响应的两项 d'_{25}、d'_{26} 不为零，其余项均为零。图 4.13 给出了 Y 切石英晶体 d'_{25}、d'_{26} 随旋转角度的变化曲线，图中三条虚竖线对应的是三个纯模方向的旋转角度。

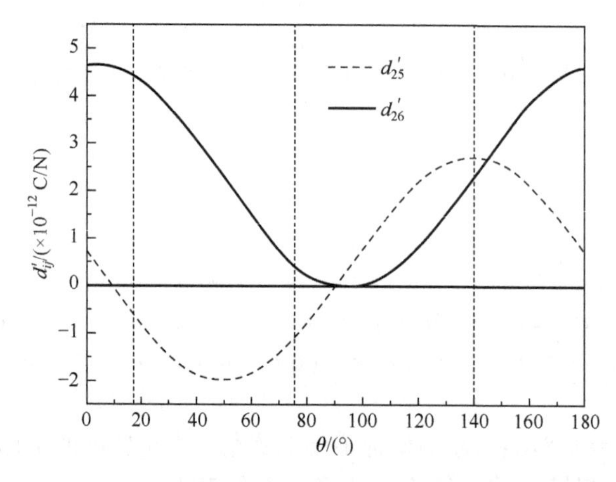

图 4.13 Y 切型石英晶体剪切项压电系数随旋转角度的变化

表 4.5 是三个纯模方向相对应的压电系数值和两个非零压电系数的比值。从表中可以看出，在旋转 17.705°的纯模条件下，不为零的两个剪切压电系数比值较大，达到 6.516。在压剪加载中，只施加了一个方向的剪应力如 σ_6，另外两个方向的剪应力 σ_4 和 σ_5 几乎可以忽略，则该纯模方向旋转的 Y 切石英晶体可以给出剪应力 σ_6 的直接测量。如果在实验中难免由于界面约束等原因，存在剪应力 σ_4 和 σ_5 引起的噪声，这种切型也能使噪声的影响降到最小。

表 4.5　三个纯模角度下的压电系数及其比值

旋转角度/(°)	17.705	72.409	139.177
d'_{25}/ (×10^{-12}C/N)	−0.676	−1.264	2.704
d'_{26} /(×10^{-12}C/N)	4.404	0.632	2.284
$\lvert d'_{26}/d'_{25}\rvert$	6.516	0.500	0.845

表 4.6 对忽略其他两项剪切应力 σ_4 和 σ_5 给实验测试带来的误差做了理论分析，其中各剪切应力值来源于数值模拟。分析表明，忽略晶体对应力 σ_5 的响应，最终给实验结果带来的最大相对误差为 1.27%。因此，可选择旋转 17.705°Y 切型石英晶体作为剪应力计，同时保证剪切压电系数大的一项所对应方向与实验剪切加载方向一致。

表 4.6　旋转 Y 切 17.705°晶体测量剪切力的误差分析

坐标方向	$YZ(\sigma_4)$	$ZX(\sigma_5)$	$XY(\sigma_6)$
剪切应力/MPa	1.42	3.73	45.8
压电系数/(×10^{-12}C/N)	0	−0.676	4.404
应力×压电系数	0	−2.522	201.703
最大相对误差	|2.522/(2.522−201.703)|×100%=1.27%		

4.2.3　Y 切石英晶体动态系数标定

晶体剪应力计在使用前，可通过应变片技术对其压电系数进行动态标定。标定过程为：将石英晶体用导电胶粘贴于两片金属之间，形成一个测试块，置于改进后的实验杆之间，如图 4.14 所示。实验杆中压缩脉冲传过测试块时，两片金属受推力，对其中的石英晶体(黏结剂将剪切传至石英晶体)形成纯剪切。

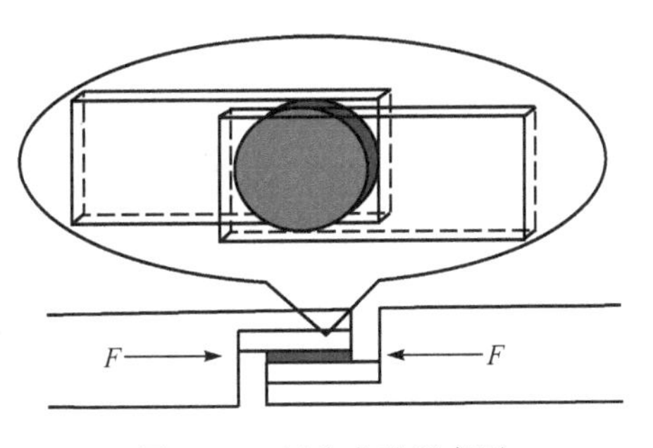

图 4.14　标定实验示意图

假设测试块受推力时，石英晶体片仅受到杆轴方向的剪切应力 σ'_6 作用，则沿杆轴的电位移分量 D'_2 为

$$D'_2=d'_{26}\sigma'_6 \tag{4.35}$$

由于电位移分量在数值上等于晶体的面电荷密度，则

$$Q'_y=D'_2A_0=d'_{26}\sigma'_6A_0 \tag{4.36}$$

式中，Q'_y 为晶体片表面的极化电荷；A_0 为晶体片面积。

极化电荷通过电荷放大器转化成电压信号 ΔU，于是，晶体所受剪切应力为

$$\sigma_6'=\frac{\Delta US}{d_{26}'MA_0} \tag{4.37}$$

式中，M 为电荷放大器的放大倍数；S 为电荷放大器设置的灵敏度系数。

基于测试块两端受力平衡，得到 σ_6' 为

$$\sigma_6'=\frac{E_t\varepsilon_tA_t}{A_0} \tag{4.38}$$

式中，E_t、A_t 分别为透射杆的杨氏模量和横截面积；ε_t 为透射杆表面的应变片所测应变。由式(4.37)、式(4.38)可得 d_{26}' 为

$$d_{26}'=\frac{\Delta US}{E_t\varepsilon_tA_tM} \tag{4.39}$$

图 4.15 给出了晶体动态标定结果，纵坐标为 d_{26}'，横坐标 n 为实验编号。从图中可以看到，动态标定结果比较一致，将所有标定结果取平均值有 $d_{26}'=4.123\times10^{-12}$C/N，其理论值为 4.404×10^{-12}C/N，标定值比理论值低约 7%。

在实验操作中，利用导电胶将晶体片一侧贴于透射杆端，并在透射杆上标记晶体 x 轴方向(对应剪切加载方向)，固化后再将铝垫片贴于晶体另外一侧，如图 4.16所示。铝垫片的直径与晶体片、透射杆直径相同，厚度小于 3mm，实验中一般采用 2mm。

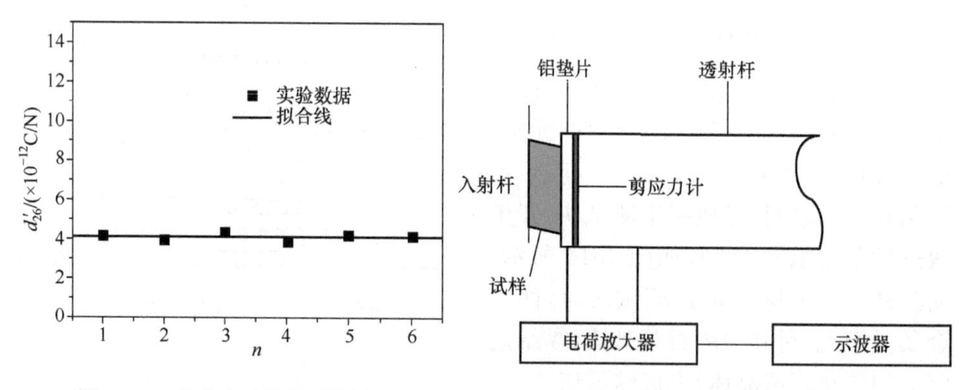

图 4.15 剪应力计剪切项压电系数的动态标定结果

图 4.16 剪应力测试方法示意图

假设透射杆中嵌入的剪应力计所测剪切应力是 τ_t，则试样中的剪切应力为

$$\tau=\frac{A_t\tau_t}{A_s} \tag{4.40}$$

式中，A_s 为试样的横截面积；A_t 为透射杆横截面积。

4.3　铌酸锂压电晶体及其剪应力测试应用

4.3.1　铌酸锂晶体特性概述

铌酸锂($LiNbO_3$)晶体是无色或略带淡黄色的透明晶体[8],熔点为 1253℃,密度为 4.64×10^3kg/m^3,莫氏硬度 5～5.5,居里温度达 1210℃,因而又被称为高温铁电体。铌酸锂是由八面体 NbO_2 组成的晶体,铁电相的空间群属于 R3c(3m 点群),不仅具有压电效应,还具有热释电效应、一次和二次电光效应、光弹效应和倍频效应。

铌酸锂晶体结构常用六角晶胞描述(图 4.17),晶格常数为:$a_H=0.5150$nm,$c=1.3863$nm。铌酸锂晶体的 $x=0$ 面为对称面,z 轴为三阶转轴。晶体中 Li、Nb、O 原子的相对位置如图 4.17 所示。在 c 轴上,O 原子呈六角密排,Nb 原子、Li 原子位于 O 原子构成的扭曲的正八面体空隙中。

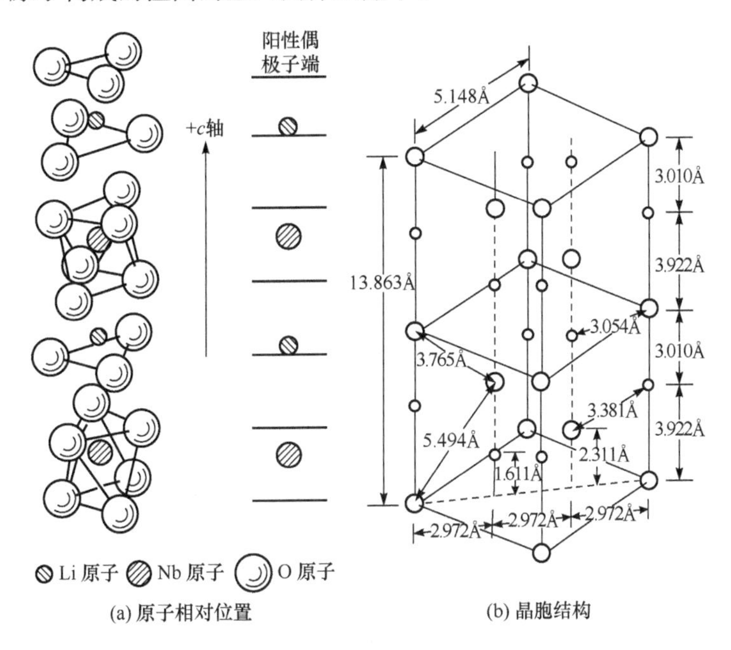

图 4.17　铌酸锂晶体结构示意图

铌酸锂晶体有两种晶型:顺电相和铁电相。顺电相不具有压电性,常用的晶型为铁电相。当温度高于居里温度时,铌酸锂铁电相转变为顺电相,Li 原子位于 O 原子平面,Nb 原子位于八面体空隙的中心并且与 Li 原子相距 $c/4$,这种结构使得顺电相没有极性。温度低于居里温度时,铌酸锂晶体为铁电相,晶体的弹性力占主导地位，并使 Li^+、Nb^{5+} 偏离原来的位置，Li^+、Nb^{5+} 离子相对于氧八面体沿 c 轴的移动导致电荷中心的分离，使得铌酸锂铁电体显示出自发极化。

铌酸锂晶体具有压电、热电、铁电等特点，它的压电系数高，有较高的电荷输出，这样在无源的条件下，抗干扰能力更强；且机电耦合系数大，声波传播速度高，化学稳定性好，机械加工性能好，有良好的热稳定性。基于上述优点，铌酸锂晶体广泛用于光通信、集成光路等工程领域，如制作声波转换器、电光调制器、介电波导等。又由于铁电相的铌酸锂晶体具有强压电特性，因此可用于动态应力测试。下面介绍铌酸锂晶体用于剪应力测试的原理。

4.3.2 铌酸锂工作原理及剪应力计设计分析

铌酸锂晶体是各向异性晶体，考虑到在高应变率实验中使用时，压电性能和应力波的传播均具有明显的方向性，都会对参数测量造成影响，剪应力计的设计必须综合考虑这两方面的因素，即压电效应的响应方向和波传播的纯模方向。

1. 压电特性的设计考虑

铌酸锂晶体属于 3m 的三角晶系，压电系数[9]为

$$(d_{ij})=\begin{bmatrix} 0 & 0 & 0 & 0 & d_{15} & -2d_{22} \\ -d_{22} & d_{22} & 0 & d_{15} & 0 & 0 \\ d_{31} & d_{31} & d_{33} & 0 & 0 & 0 \end{bmatrix}$$

$$=\begin{bmatrix} 0 & 0 & 0 & 0 & 6.8 & -4.2 \\ -2.1 & 2.1 & 0 & 6.8 & 0 & 0 \\ -0.1 & -0.1 & 0.6 & 0 & 0 & 0 \end{bmatrix}\times 10^{-11}\,(\mathrm{C/N}) \tag{4.41}$$

按照压电晶体的振动模式，所需要的剪应力传感器在工作时属于厚度剪切方式(所谓厚度剪切，是指被测外力的方向与传感器承载面相切或平行)。如采用 Y 切型的圆片，其半径为 R，厚度 l_t 沿 y 轴方向，且有 $R\gg l_t$，沿厚度 l_t 方向极化，则电极面垂直于 y 轴，按照式(4.5)和式(4.41)可知，仅 σ_1、σ_2、σ_4 会对量计信号输出有影响，两极面的电位移大小为

$$D_2=d_{21}\sigma_1+d_{22}\sigma_2+d_{24}\sigma_4 \tag{4.42}$$

因为晶体不同角度的切向显著影响器件的性能，所以设计动载下的剪应力量计，最好使压电晶体只对剪切应力敏感，即便是在压剪复合加载下也该如此。为了不受压缩作用的影响，铌酸锂晶片切型必须限制在某些特定的方向上，即通过采用不同的晶体切型，消除压缩分量的影响，以获得最大的剪应力转化效率，为分析带来便利。

从压电系数矩阵看，采用 X 切型或 Y 切型铌酸锂晶体都可以获得较大的电荷

输出。假定经过如式(4.30)所示的切型变换并按照转轴方向的变化，取 $m=\cos\theta$，$n=\sin\theta$，对于旋转 Y 切，相当于绕 x 轴旋转，则有

$$A=\begin{bmatrix}1 & 0 & 0\\ 0 & m & n\\ 0 & -n & m\end{bmatrix} \tag{4.43}$$

$$N=\begin{bmatrix}1 & 0 & 0 & 0 & 0 & 0\\ 0 & m^2 & n^2 & mn & 0 & 0\\ 0 & n^2 & m^2 & -mn & 0 & 0\\ 0 & -2mn & 2mn & m^2-n^2 & 0 & 0\\ 0 & 0 & 0 & 0 & m & -n\\ 0 & 0 & 0 & 0 & n & m\end{bmatrix} \tag{4.44}$$

将式(4.43)和式(4.44)代入式(4.30)可知，变换后的压电系数矩阵分量 $d'_{25}=d'_{26}=0$，于是按照式(4.5)沿厚度方向的极化电位移为

$$D'_2=d'_{21}\sigma'_1+d'_{22}\sigma'_2+d'_{23}\sigma'_3+d'_{24}\sigma'_4 \tag{4.45}$$

若压剪加载中只存在一个压缩分量 σ'_2 和一个剪切分量 σ'_4，为了测得剪切分量，需要消去轴向正应力分量 σ'_2 对压电效应的贡献，为此可以使变换后的压电系数矩阵中的 d'_{22} 为 0。将式(4.43)、式(4.44)代入式(4.30)有

$$d'_{22}=\cos^2\theta\sin\theta d_{24}+\cos^2\theta(d_{22}\cos^2\theta+d_{32}\sin\theta)+d_{33}\sin^3\theta=0 \tag{4.46}$$

将铌酸锂的压电系数矩阵(4.41)代入上式，并求解得到相应的切型旋转角 θ：162.74°和−17.26°。也就是说，取 162.74° 旋转的 Y 切型铌酸锂时，其厚度方向只对纯剪有压电响应。−17.26°为 162.74°互补的切型，与 162.74°的效果一致。相对来讲，162.74°旋转的 Y 切型铌酸锂为测试剪切的一个理想切型。

图 4.18 给出了各压电系数在不同旋转角度下数值的变化情况。从图中可以看出，对于 162.74°旋转，沿该方向压缩系数 d'_{22} 为零，剪切系数接近最大值，而对应正应力 σ'_1 和 σ'_3 的压电系数 d'_{21} 和 d'_{23} 并不为零，两者大小接近且异号。所以进行剪切测量时，压缩应力 σ'_2 的存在不会造成对压电效应的贡献，但如果正应力 σ'_1 和 σ'_3 存在，则会带来误差。本节后面将对误差进行分析。

因为铌酸锂晶体属于各向异性介质，动态测量时还需要考虑在其中的波传播对测量造成的影响。上面的处理有可能会使传入的压缩波和剪切波通过晶体后分解成为准纵波和准横波的偏振，给分析结果带来新的复杂性，所以还必须结合纯模方向考虑最优切型。

2. 应力波传播的影响

在无限大各向同性介质中，平面弹性波沿任何方向传播基本上都是两类波：一

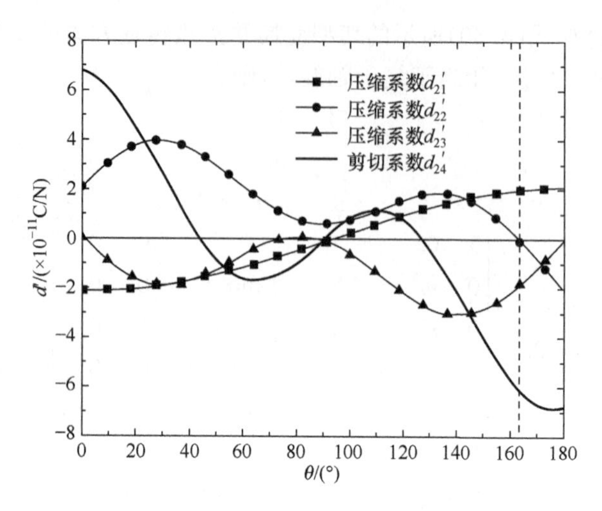

图 4.18 铌酸锂晶体不同切型对应的压电系数变化

个纯纵波和两个纯横波，并且这两类波的偏振方向是相互垂直的。在各向异性介质中，弹性波通常都是以准纵波和准横波的方式偏振，其质点速度方向既不平行也不垂直于波矢量方向，纵波和横波在传播时相互耦合。如文献[10]利用平面正碰撞 Y 切 α 石英晶体，产生的准纵波与准横波可传入黏结在石英后表面的试件中，实现对试件的一维平面压剪复合加载。只有沿纯模方向（沿该方向波的相速度方向和能量传播方向相同）传播的波才满足纯纵波和纯横波的偏振模式。

在测试动态剪应力时，如果用于压剪复合加载，则不希望出现压剪应力耦合造成对测量结果的影响，即当压剪加载脉冲传过时，不会因为量计本身的各向异性导致原应力波分解出新的准纵波和准横波，而使原来传入的压缩、剪切分量的大小或性质发生改变。因此，根据测试需要，波的传播方向应该沿晶体的纯模方向，或至少尽量靠近纯模方向，以避免准纵波和准横波复杂的耦合作用造成的影响。同时要选择剪切作用能产生较大压电极化电荷的方向，以简化分析的过程。

已知铌酸锂晶体的等效弹性系数为[9]

$$
C_{ij}=\begin{bmatrix}
C_{11} & C_{12} & C_{13} & C_{14} & 0 & 0 \\
C_{12} & C_{11} & C_{13} & -C_{14} & 0 & 0 \\
C_{13} & C_{13} & C_{33} & 0 & 0 & 0 \\
C_{14} & -C_{14} & 0 & C_{44} & 0 & 0 \\
0 & 0 & 0 & 0 & C_{44} & C_{14} \\
0 & 0 & 0 & 0 & C_{14} & \dfrac{1}{2}(C_{11}-C_{12})
\end{bmatrix}
$$

$$=\begin{bmatrix} 219 & 37 & 76 & -15 & 0 & 0 \\ 37 & 219 & 76 & 15 & 0 & 0 \\ 76 & 76 & 252 & 0 & 0 & 0 \\ -15 & 15 & 0 & 95 & 0 & 0 \\ 0 & 0 & 0 & 0 & 95 & -15 \\ 0 & 0 & 0 & 0 & -15 & 91 \end{bmatrix}\times 10^9(\mathrm{N\cdot m^{-2}}) \tag{4.47}$$

将铌酸锂晶体的弹性系数矩阵(4.47)代入式(4.26)得

$$\begin{bmatrix} C_{11}l_1^2+C_{66}l_2^2+C_{44}l_3^2+2C_{14}l_2l_3 & (C_{12}+C_{66})l_1l_2+2C_{14}l_1l_3 & (C_{13}+C_{44})l_1l_3+2C_{14}l_1l_2 \\ (C_{12}+C_{66})l_1l_2+2C_{14}l_1l_3 & C_{66}l_1^2+C_{11}l_2^2+C_{44}l_3^2-2C_{14}l_2l_3 & (C_{13}+C_{44})l_2l_3+C_{14}(l_1^2+l_2^2) \\ (C_{13}+C_{44})l_1l_3+2C_{14}l_1l_2 & (C_{13}+C_{44})l_2l_3+C_{14}(l_1^2+l_2^2) & C_{44}(l_1^2+l_2^2)+C_{33}l_3^2 \end{bmatrix}$$

$$\times\begin{bmatrix} u_1 \\ u_2 \\ u_3 \end{bmatrix}=\rho c^2\begin{bmatrix} u_1 \\ u_2 \\ u_3 \end{bmatrix} \tag{4.48}$$

求解该方程组，方程组非零解存在的条件是

$$|\Gamma_{ij}(l_1,l_2,l_3)-\rho c^2\delta_{ij}|=0 \tag{4.49}$$

其中

$$\delta_{ij}=\begin{cases}1, & i=j\\ 0, & i\neq j\end{cases} \tag{4.50}$$

式(4.50)可视为特征值方程，设$\xi=\rho c^2$，代入Γ_{ij}的对应值，解出ξ的特征值及相应特征向量，即可得到波速和对应的质点位移矢量。显然，式(4.50)存在三个特征值及三个对应的特征向量。对于各向同性材料，这三个特征值即对应了一个纵波和两个横波的波速，三个特征向量对应了三个波后质点位移方向，这些方向要么与波传播方向一致，要么垂直，是纯模方向且相互垂直。而对于各向异性材料，三个波造成的波后质点位移矢量仍然相互垂直，但它们不一定与波的传播方向正交，这就造成了准纵波和准横波的传播。为了获得纯模的波传播，可以通过切型旋转来改变弹性系数矩阵的结构得到满足纯模方向的切型。

对于Y切铌酸锂晶体，需要求得在y-z面内传播的应力波的纯模方向。于是取波的传播方向为：$\vec{l}=(0,l_2,l_3)=(0,\cos\theta_2,\cos\theta_3)$，此时，

$$\Gamma_{ij}=\begin{bmatrix} C_{66}l_2^2+C_{44}l_3^2+2C_{14}l_2l_3 & 0 & 0 \\ 0 & C_{11}l_2^2+C_{44}l_3^2-2C_{14}l_2l_3 & (C_{13}+C_{44})l_2l_3+C_{14}l_2^2 \\ 0 & (C_{13}+C_{44})l_2l_3+C_{14}l_2^2 & C_{44}l_2^2+C_{33}l_3^2 \end{bmatrix} \tag{4.51}$$

将式(4.51)代入式(4.49)求解，得第一个特征值：

$$\xi_1 = \Gamma_{11} = C_{66} l_2^2 + C_{44} l_3^2 + 2C_{14} l_2 l_3 \tag{4.52}$$

该特征值对应的特征向量为(1,0,0)，即波后质点位移方向沿 x 轴，说明 y-z 面总是存在一个纯剪切波模式，其质点运动沿(1,0,0)方向。

下面求解另外两个特征值 ξ_2、ξ_3 及其对应的特征向量。对于特定的切型结构，晶体厚度方向即为波传播方向 $\vec{l}=(0,l_2,l_3)$，可以得到对应两个特征方向的位移矢量 $\vec{u}^2=(0,u_2^2,u_3^2)$ 和 $\vec{u}^3=(0,u_2^3,u_3^3)$。波的位移矢量之间是相互垂直的，即 $\vec{u}^2 \perp \vec{u}^3$。但位移矢量与波传播方向 $\vec{l}$ 夹角可以任意，即 $\vec{l}$ 与 $\vec{u}^2$ 和 $\vec{u}^3$ 的夹角任意，这时两个波将在晶体中以准纵波形式和准横波形式传播。只有沿纯模方向的位移矢量要么平行(纵波)要么垂直(横波)于波的传播方向，即要求纯纵波时，$\vec{u}\times\vec{l}=0$；纯横波时，$\vec{u}\cdot\vec{l}=0$。要达到纯模方向的要求，需要合适地调整晶体厚度方向，即切型方向，来满足这个限定条件。

考虑纯纵波的情况。设 $\vec{u}$ 为上述两个特征向量之一，满足平行于 $\vec{l}$ 的纯纵波限定条件，即

$$\vec{u}\times\vec{l} = u_2 l_3 - u_3 l_2 = 0 \tag{4.53}$$

与式(4.48)联立消去 u_2、u_3 后得到

$$\left(\frac{l_3}{l_2}\right)^3 (C_{33}-2C_{44}-C_{13}) + 3C_{14}\left(\frac{l_3}{l_2}\right)^2 + \frac{l_3}{l_2}(C_{13}-C_{11}+2C_{44}) - C_{14} = 0 \tag{4.54}$$

注意到 $l_i=\cos\theta_i$。Y 切铌酸锂晶体的纯模方向的旋转角度可按公式(4.54)计算出，如表 4.7 所示[12]。

表 4.7　Y 切铌酸锂晶纯模方向计算结果

θ_1	θ_2	θ_3
90°	165.44°	75.44°
90°	134.04°	135.96°
90°	104.08°	14.08°
90°	45.96°	44.04°

3. 切型设计考虑

从表 4.7 的计算结果知，Y 切型晶体可以采用 165.44°、134.04°、104.08°、45.96°四个绕 x 轴旋转的切型方向，即铌酸锂晶体在 Y 切型下有四个可选择的纯模方向，对应四个纯模方向的压电系数见表 4.8。具体应用时应该采用靠近压电效应响应最大的最优切型方向，以获得最大的剪切信号转化效率。

表 4.8　Y 切铌酸锂晶纯模方向压电系数计算

压电系数 角度	压缩系数 $d'_{22}/(\times10^{-12}C/N)$	剪切系数 $d'_{24}/(\times10^{-12}C/N)$
45.96°	3.325	−1.258
104.08°	0.913	0.988
134.04°	1.914	−1.667
165.44°	−0.270	−6.80

按照压电效应最优的切型方向(见表 4.8 和图 4.18),效应最优的切向 Y 切 162.74°是一个比较好的选择,但是采取这一切型与纯模方向存在一定的差距,将导致准纵波和准横波的偏振模式,即在透射杆中产生准横波和准纵波传播,而分析准纵、准横波的影响又是庞杂烦琐的。根据公式(4.45)和图 4.18 可知,45.96°、104.08°和 134.04°显然不是好的选择,剪切产生的分量会被压缩分量所掩盖。从机电耦合系数计算和图 4.18 可以看出,在 150°~180°取切型较为合适。因此,应该以纯模方向为基础,取靠近压电效应最优的切型。

所以,为了加工的方便以及定向的准确,Y 切 165°是一个较好选择。一方面靠近纯模方向,几乎没有波耦合的影响,另一方面靠近效应最优切向 Y 切 162.74°,压缩分量产生的影响较小。这时,Y 切 165°铌酸锂对应的压电系数为 $d'_{22}=2.97\times10^{-12}$C/N,$d'_{24}=63.3\times10^{-12}$C/N。

可见,采用 $yzw/165°$ 切型导致剪切系数减小,与效应最优切向 Y 切 162.74°相比,剪切系数差距在 10%以内,而带来的压缩效应变化较大(主要是因为纵向应力本身较大),但是因为主要考虑的是剪切,并且压缩的影响可由应变片电测信号换算为应力,再通过压电矩阵的计算予以消除,所以可以认为这样的设计是合理的。

4.3.3　铌酸锂剪应力计的测试分析

1. 运用铌酸锂剪应力计的测试

铌酸锂晶体的密度为 4.65×10^3kg/m³,纵波声速为 6570m/s,横波声速为 4160m/s。对于霍普金森杆材而言,常用的材料钢的密度为 7.85×10^3kg/m³,声速为 5570m/s;铝的密度为 2.78×10^3kg/m³,声速为 5096m/s。晶体和杆二者之间存在阻抗失配问题。本应考虑波的透射与反射,但是使用的 Y 切 165°铌酸锂晶体是 Φ20mm×0.25mm 的圆片,表面粗糙度为 14μm,量计厚度很薄,类似飞片加载测试中的拉格朗日量计,所以,量计的引入对透射杆中信号的影响可以忽略不计。压电量计对测试电路的特殊要求是:整个测试系统对地绝缘要求很高,需要采用具有高输入阻抗的放大器。

实验是在作者自行研制的分离式霍普金森压剪杆装置(详见第 6 章)上进行的,采用嵌入式的安装方式将铌酸锂晶体片置于透射杆靠近试样的端部,透射杆与一个铝片作为电荷输出的两个电极,晶体表面和透射杆与铝电极片间用导电胶黏结,见图 4.19。压剪过程中产生的极化电荷信号由屏蔽电缆引至电荷放大器,再由电荷放大器输出到示波器。

由于示波器得到的电压信号实际上是压缩脉冲 σ_{tp} 与剪切脉冲 τ 共同作用于铌酸锂晶片产生的结果,为得到其中的剪切部分的大小,必须将其中的压缩部分对应的电压去掉。

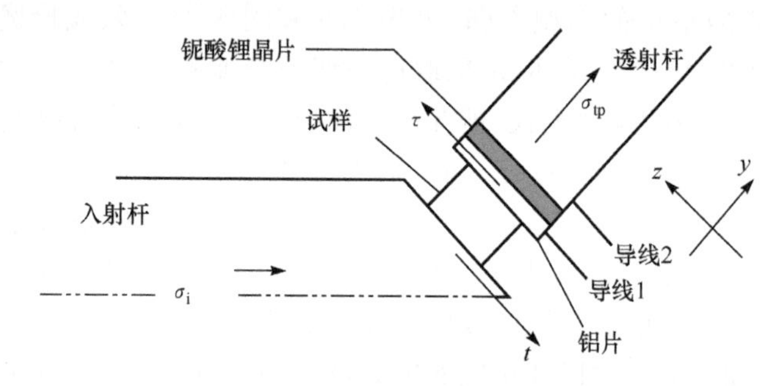

图 4.19　剪应力传感器示意图

假设实验中透射杆上应变片测到的压缩应变信号为 ε_{tp},Y 切 165°铌酸锂晶体的压电系数分别为:压缩系数 $d_p=d'_{22}=-2.97\times10^{-12}$C/N,剪切系数 $d_s=d'_{24}=-63.3\times10^{-12}$C/N;电荷放大器设置的传感器灵敏度为 S(pC/unit),电荷放大器的输出增益为 M(mV/unit),示波器记录到的电压信号为 U_c。首先,依据应变片得到的压缩应变信号 ε_{tp}、铌酸锂晶体与压缩相关的压电系数 d_p及电荷放大器相关参数的设置,可以计算得到压缩应变信号 ε_{tp}对应的电压值 U_p为

$$U_p=\varepsilon_{tp}E_tA_t\frac{d_pM}{S} \tag{4.55}$$

式中,E_t、A_t分别为透射杆的弹性模量与横截面积,铌酸锂晶体与透射杆直径一致,计算得到 U_p的单位为 V。这样,与剪切部分对应的电压 U_s为

$$U_s=U_c-U_p \tag{4.56}$$

计算得到相应的剪应力 τ 为

$$\tau=\frac{U_s}{MA_t}\frac{S}{d_s} \tag{4.57}$$

上述过程即为利用 Y 切 165°铌酸锂晶体剪应力量计得到的信号计算求得剪应力的过程。

2. 实验误差分析

鉴于铌酸锂晶体作为剪应力计有其特殊性，也鉴于霍普金森杆压剪实验涉及更复杂的应力状态，需要研究可能影响实验结果的因素，对它们的影响程度做出定量的分析。归结实验误差可能来自以下四个方面[13]：

(1) 实验中使用的旋转 Y 切 165°晶体片并非是完全纯模方向(165.44°)，这将造成准横波和准纵波的传播，由此产生的影响需要定量考虑。

(2) 加工旋转 Y 切晶体时，加工误差对压电系数的影响。

(3) 铌酸锂晶体片承受剪切方向要同晶体片晶轴 z 方向一致。但是，由于实验中入射杆和透射杆对齐时难免造成方向误差，同样需要定量分析误差影响程度。

(4) 透射杆前端存在横向正应力，剪应力计对两个横向正应力有响应，即在式(4.56)的 U_s 中包含了正应力 σ_1' 和 σ_3' 的贡献，这样会对剪应力测量带来重要影响。

1) 第一种误差：波耦合的影响

理论计算得到 Y 切铌酸锂的纵波纯模方向结果如图 4.20 所示。图中 $\theta_2^1=165.44°$，$\theta_2^2=134.04°$，$\theta_2^3=104.08°$ 均表示 Y 切晶体的纯模方向，即纵波沿着这三个方向传播时，能量传播方向和波矢方向一致。图 4.21 表示 Y 切型示意图，当其中 γ 等于图 4.20 中三个角度的任意一个值时，沿晶体厚度方向即为纵波纯模方向。

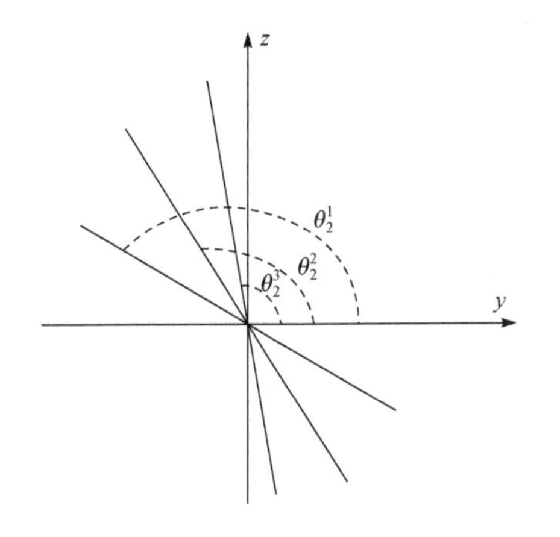

图 4.20　Y 切纯模方向示意图

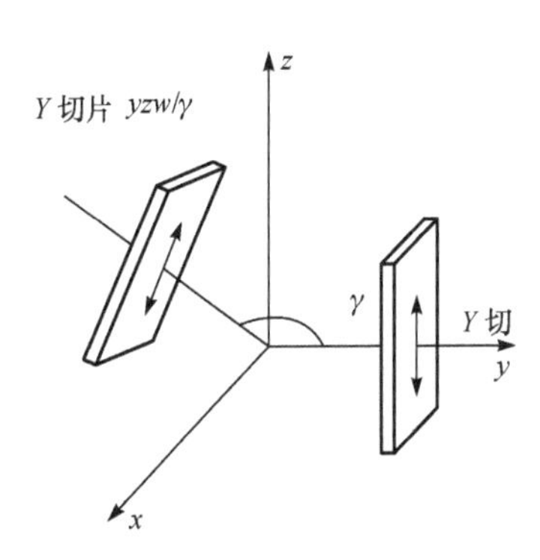

图 4.21　Y 切型示意图

对于实验中使用的晶体片旋转方向是 $\theta_2=165°$，$\theta_3=75°$，代入式(4.51)求得

$$\Gamma_{ij}=\begin{bmatrix}1.0223 & 0 & 0\\ 0 & 0.9581 & -0.4175\\ 0 & -0.4175 & 2.4148\end{bmatrix}\times 10^{-11}\,(\mathrm{C/N}) \tag{4.58}$$

公式计算中晶体常数按照文献[14]选择。将式(4.58)代入 Christoffel 方程求解特征向量,求得三个特征向量或者说质点振动的三个方向分别为

$$\vec{u}^{1}=\begin{bmatrix}1\\0\\0\end{bmatrix},\quad \vec{u}^{2}=\begin{bmatrix}0\\-0.9663\\-0.2573\end{bmatrix},\quad \vec{u}^{3}=\begin{bmatrix}0\\-0.2573\\0.9663\end{bmatrix} \tag{4.59}$$

特征向量$\vec{u}^{1}$对应一个剪切波,且和波传播方向垂直。对于沿 $\theta_1=90°$,$\theta_2=165°$,$\theta_3=75°$的压缩加载是不能激发此方向质点振动的。特征向量$\vec{u}^{2}$、$\vec{u}^{3}$对应另外两个质点振动方向,并且两者相互垂直。由 $\arccos(-0.9663)=165.0831°$知道,准纵波和 y 轴夹角为 165.0831°,即准纵波和波的传播方向夹角 $\delta=0.0831°$。

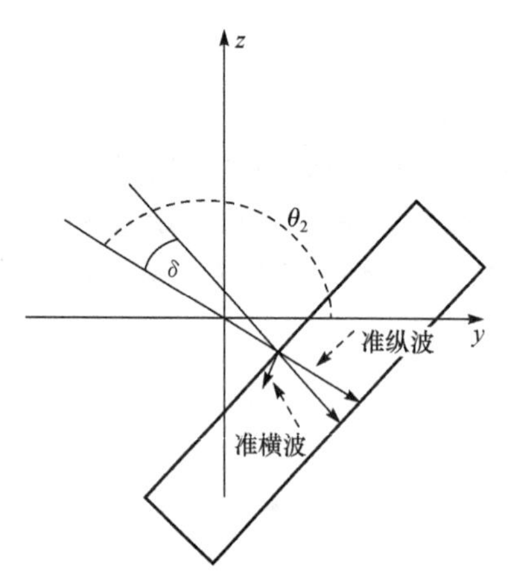

图 4.22　波在晶体中传播的示意图

或者说在晶体中波的传播方向与 y 轴成 165°,所激发的一个质点振动方向与 y 轴成 165.0831°,激发的另一个质点振动方向与前一个质点振动方向垂直。这样就出现了一个准纵波和一个准横波,如图 4.22 所示。

考虑一个与晶体表面接触的各向同性材料,一个纯纵波分别穿过各向同性材料和晶体。选界面上一点,考虑连续性,晶体表面质点的位移应该仍是波的传播方向,但存在分别沿准纵波和准横波方向的位移分量。如果准纵波与波的传播方向夹角 $\delta=0.0831°$,$\tan\delta=0.0015$,那么准横波的振动位移不足准纵波振动位移的 2‰。这样准横波的影响是可以忽略的。

2) 第二种误差:加工精度的影响

假设在加工时实际的旋转角度与设计的角度相差 1°,通过比较两种角度下压电系数的变化量来评估这种误差的影响程度。利用式(4.30)和式(4.43)、式(4.44)可求得不同角度下的压电系数,为了处理方便,定义影响度

$$ki=\left|\frac{d_{2i\text{实际}}-d_{2i\text{设计}}}{d_{2i\text{设计}}}\right| \tag{4.60}$$

式中,设计指 165°为参考。经过旋转,Y 切铌酸锂晶体会出现四项压电系数项。

表 4.9分别计算了三种角度下四项压电系数的大小。

表 4.9　不同旋转角度下的压电系数值　　单位：10^{-11}C/N

角度 θ	d'_{21}	d'_{22}(压缩项)	d'_{23}	d'_{24}(剪切项)
165°	2.0026	−0.2642	−1.6348	−6.7931
164°	1.9911	−0.1462	−1.7346	−6.7153
166°	2.0134	−0.3839	−1.5328	−6.8618

表 4.9 中角度 164°和 166°对应的影响度见表 4.10。可以看出，两个横向压缩项的压电系数的影响度分别为 0.6%和 6%，而轴向压缩项的压电系数的影响度约为 45%，剪切项的压电系数的影响度约为 1%。旋转角度 1°的误差对轴向压缩项的压电系数的影响最大，对其他三项的压电系数的影响都很小，造成这一结果的原因是轴向压缩项的压电系数值太小，比其他三项压电系数小一个量级，于是其影响度对角度变化就非常敏感。但是，其对实验结果影响并没有这么大，因为实验中轴向压缩对极化电荷的贡献比剪切的贡献小一个量级，而实际实验中主要使用剪切项，所以这种误差对剪切项来说是可以忽略的。

表 4.10　偏差 1°对理论压电系数值的影响度

角度 θ	$k1$	$k2$	$k3$	$k4$
164°	0.0057	0.4466	0.0610	0.0115
166°	0.0054	0.4531	0.0624	0.0101

3）第三种误差：晶片定向的影响

实验中，需要将晶体片的 x 轴（小缺口）和试样受剪方向对齐。但是，由于这是通过肉眼对齐、手动调整的，必然带来误差。假设误差在 3°左右，分析其对实验的影响。

由 $D'_2=d'_{21}\sigma'_1+d'_{22}\sigma'_2+d'_{23}\sigma'_3+d'_{24}\sigma'_4$ 可知，旋转后的 Y 切铌酸锂晶体只对一个方向剪切响应，对另外两个剪切项不响应，即如果由于对齐造成误差，那么只有部分剪应力响应到。以 3°为例，将所施加应力沿晶体 x 轴方向投影，则有

$$\sigma_{实际}=\cos 3^\circ \sigma_{设计} \tag{4.61}$$

这样误差的影响可表示为

$$k=\left|\frac{\sigma_{实际}-\sigma_{设计}}{\sigma_{设计}}\right|=1-\cos 3^\circ=0.0014 \tag{4.62}$$

显然，这样的误差是可以忽略的。

4）第四种误差：横向正应力造成的影响

下面利用数值模拟结果的数据，估算实验测试中忽略横向正应力带来的误差。

实验上无法测得 x 向正应力和 z 向正应力，但是剪应力计会对两者响应，这样给剪切测试带来误差。剪应力计测试原理是利用晶体的压电效应来测量剪应力，存在简单关系式 $Q/A_s = d'_{21}\sigma'_1 + d'_{22}\sigma'_2 + d'_{23}\sigma'_3 + d'_{24}\sigma'_4$。式中 Q 和 A_s 分别表示极化电荷与剪应力计横截面积；σ'_1、σ'_2、σ'_3、σ'_4 分别是 x 轴向正应力（横向应力）、y 轴向正应力（实验轴向压缩应力）、z 轴向正应力（横向应力）、yz 剪切应力（实验剪切应力）；d'_{21}、d'_{22}、d'_{23}、d'_{24} 分别是各项应力对应的压电系数。利用数值模拟中各应力值，计算各项应力对剪应力计极化电荷的贡献量发现，由于两个横向应力压电系数异号，两者产生的极化电荷可以抵消一部分。表 4.11 反映了轴向压缩应力项、横向正应力项和剪切应力项对极化电荷的贡献程度。由表可以看出，两个横向正应力项之和的贡献量是 11%。在实验时，由于无法测到横向应力，故忽略了横向应力项对极化电荷的贡献，这将会带来大约 10%的误差。

表 4.11 各项应力对应的极化电荷的百分比

	轴向压缩应力项	横向正应力项	剪切应力项
极化电荷贡献量	19%	11%	70%

从上述对铌酸锂晶体剪应力计的全面分析可得到的结论是，一方面，从原理上看，铌酸锂晶体对于纯剪应力的测试是可行的；另一方面，当夹杂压缩剪切共同作用时，测试信号中混杂了压缩的贡献，给剪应力贡献的分离带来困难。因此针对后一种情况，可以根据这个原理寻找更单纯的剪应力量计，如前面 4.2 节介绍的 Y 切石英剪应力计。前述相应的误差分析原则也同样适用于对石英剪切计的误差分析。

4.4 激光光通量位移计

光学测试技术具有非接触测量的独特优势，早在 1959 年就在分离式霍普金森压杆中得到了应用[15]，后来 Griffith 和 Martin[16]采用白光光源监测圆柱形试样的端面位移。国内的唐志平等[17]早在 1991 年也将光电测量方法应用到动态测试当中，唐春安等[18]采用白光光源测量了动态断裂实验中的裂纹面张开位移。随着光电技术的发展，激光取代白光成为光源被广泛应用到霍普金森杆实验测试中。Ramesh 和 Kelkar[19]采用线激光测量了平板碰撞实验中的飞片速度历史。不久，Ramesh 和 Narasimhan[20]又将线激光用于测量霍普金森杆实验中试样的径向膨胀。后来，李玉龙等将线激光测量技术应用到霍普金森拉杆实验中，测量了黏塑性材料的动态拉伸性能[21]。激光通量位移计作为霍普金森杆实验中一个重要的光学测试手段，能够弥补传统应变片测试的不足，拓展霍普金森杆的使用范围。

4.4.1　基本原理及装置

激光光通量位移计的基本原理是通过监测线激光通光量的变化得到挡光部分(或者通光部分)的位移。激光光通量位移计包括固体线激光、激光架、柱状透镜、接收透镜和光电传感器,如图 4.23 所示。在本系统中,线激光的波长为 670nm,输出功率为 5mW。在距离激光口 65mm 处线激光的厚度仅为 30μm。由于激光有一个 5°的发射角,采用柱状透镜将扇形光转换为平行光。柱状透镜由表面镀膜的 BK7 玻璃制成,在 650～1050nm 光谱范围内反射率小于 0.5%。光电接收部分主要包括接收透镜和光电传感器。接收透镜将激光汇聚到光电传感器的感光面,这样光电传感器的输出电压就与激光的通光量成正比。光电传感器的响应频率为 1.5MHz,系统噪声小于 0.4mV。

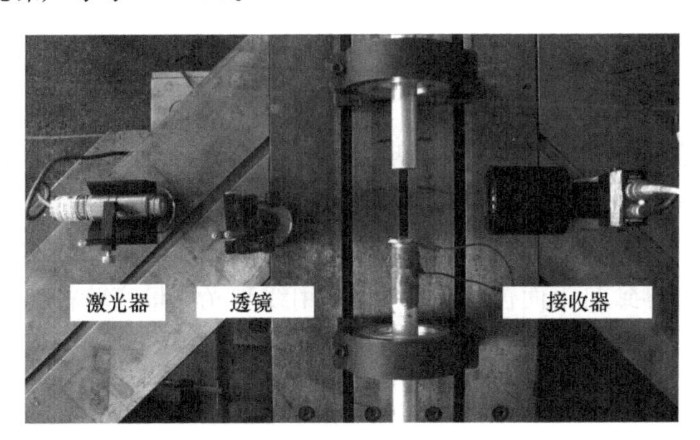

图 4.23　激光光通量位移计结构及原理

4.4.2　系统标定

激光光通量位移计标定包括静态标定和动态标定[22]。静态标定是用块规遮挡部分激光,如图 4.24(a)中小图所示。块规的高度范围为 0～10mm,高度间隔 0.1mm。块规厚度 d 的变化即线激光宽度的变化(Δd),对应着光电传感器的输出电压变化(ΔU)。由于线激光宽度方向的光强很均匀,Δd 与 ΔU 高度线性相关,如图 4.24(a)所示,即

$$\Delta d = k\Delta U \tag{4.63}$$

系统经标定得到 $k=4.08\text{mm/V}$。标准差记为 σ,则系统不确定度的传播关系为

$$\sigma_{\Delta d}/\Delta d \approx \sqrt{(\sigma_k/k)^2 + (\sigma_{\Delta U}/\Delta U)^2} \tag{4.64}$$

式中,$\sigma_k=0.03\text{mm/V}$ 为线性拟合的标准差;$\sigma_{\Delta U}=0.4\text{mV}$ 为系统噪声。当输出电

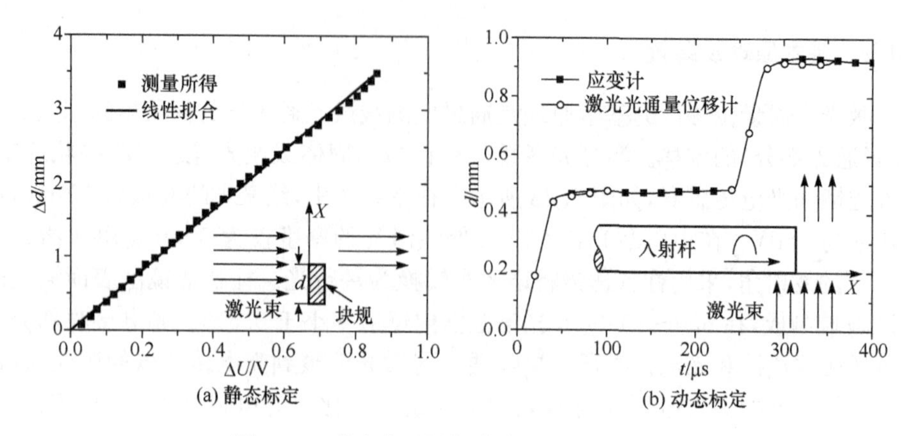

图 4.24　激光光通量位移计测试系统的标定

压变化为 $\Delta U=0.25\mathrm{V}$，线激光宽度变化 $\Delta d=1.02\mathrm{mm}$ 时，可以得到系统不确定度约为 0.8%。

系统的动态标定由霍普金森杆单杆撞击完成。动态标定的目的是证明激光光通量位移计的系统频响足够高，进一步验证其动态测试的可行性。如图 4.24(b)中小图所示，子弹撞击实验杆后，在杆中产生压缩波 $\varepsilon_i(\tau)$，压缩波在自由面反射成为拉伸波 $\varepsilon_r(\tau)$，导致自由面位移。一方面，用线激光测量实验杆自由面的位移；另一方面，通过应变片信号可以得到自由面的位移。由应变片信号计算单杆自由面位移的公式如下：

$$\Delta d = c_0 \int_0^t [\varepsilon_i(\tau) - \varepsilon_r(\tau)] \mathrm{d}\tau \tag{4.65}$$

式中，c_0 为杆中弹性波速度；t 为加载时间。图 4.24(b)为动态标定的结果，表明两者吻合较好，说明本系统的频响足够高，能够应用于霍普金森杆的测量。

4.4.3　系统应用

1. 动态泊松比

文献[17]提出通过激光光通量位移计测试试样的径向膨胀，得到试样的径向应变，进而求得试样材料的动态泊松比。考虑到在加载过程中试样沿着杆的方向有大约 0.2mm 的位移，将激光光通量位移计中线激光的厚度调节到 2mm，这样测到的就是一个平均的径向应变，减小了试样沿杆方向运动对实验结果的影响。另外，试样和实验杆的接触面用二硫化钼润滑，以减小端面摩擦对实验结果的影响。为得到动态加载条件下材料由弹性变形到塑性变形的过程中泊松比的变化历史，将原来的圆柱形子弹换成台阶形变截面子弹(图 4.25)。这样在入射杆中就会形成一个阶梯形的入射波。

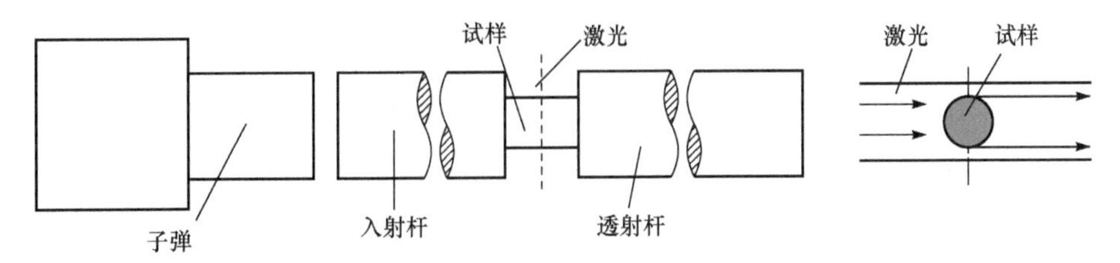

图4.25　激光光通量位移计测试材料的动态泊松比示意图

由激光信号得到试样的径向应变 ε_R 为

$$\varepsilon_R(t)=\frac{k}{D_0}U(t) \tag{4.66}$$

式中，k 为公式(4.63)中的标定参数；D_0 为试样的初始直径；$U(t)$ 为激光光通量位移计输出信号。试样的轴向应变 ε_z 可以根据传统的霍普金森杆得到。于是，泊松比为

$$\upsilon_s=\frac{\varepsilon_R}{\varepsilon_z} \tag{4.67}$$

图4.26为某铝试样动态加载过程中泊松比的测试结果。整个加载过程分为四个部分：Ⅰ为弹性加载段，Ⅱ为初始塑性加载区，Ⅲ为后续塑性加载区，Ⅳ为卸载

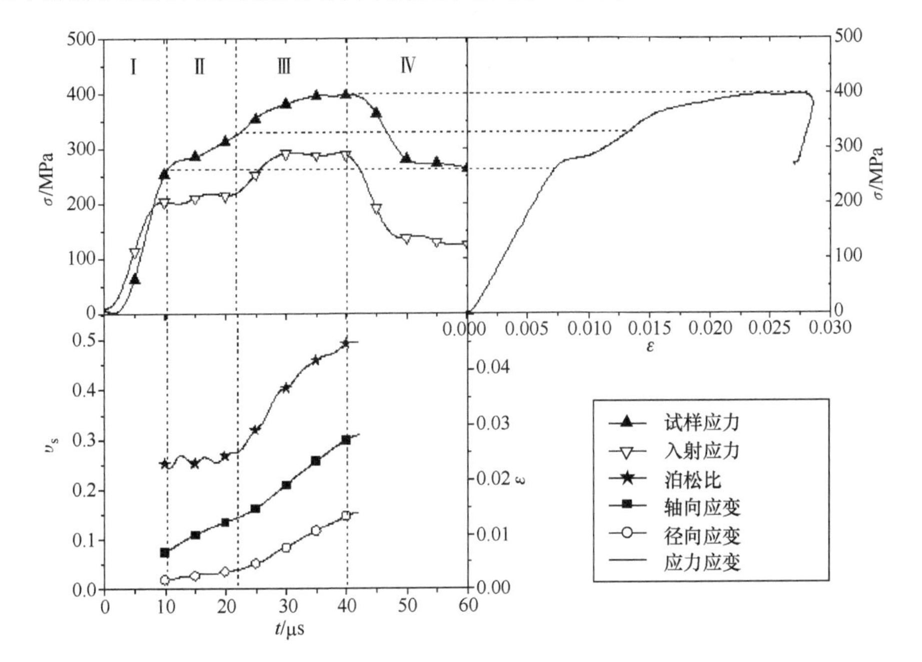

图4.26　试样加载过程中的应力、应变及泊松比历史[17]

区。对于分离式霍普金森压杆在弹性加载段(图 4.26 中Ⅰ区)和卸载段(图 4.26 中Ⅳ区)的轴向应变测量准确性需要验证,但是在塑性加载段(图 4.26 中Ⅱ区和Ⅲ区)的轴向应变测量是准确的。这里只讨论Ⅱ区和Ⅲ区的泊松比。Ⅱ区的泊松比约为 0.26,小于准静态值 0.3;随着第二个加载波的到达,Ⅲ区中泊松比不断增加,直到试样达到完全塑性状态,泊松比趋于 0.5。这说明材料由弹性到塑性的转变过程中,材料的可压缩性逐渐减小,最终趋近于完全不可压缩状态,即泊松比为 0.5 的完全塑性状态。

2. 裂尖张开位移

在动态断裂测试过程中,激光光通量位移计还可以用来测量裂尖张开位移(crack surface opening displacement, CSOD),如图 4.27 所示。Tang 和 Xu[18] 采用单杆撞击加载测试岩石材料的动态起裂韧度,并用白光线光源测量了动态断裂过程中的裂纹面张开位移,但由于实验条件的限制没有考虑试样两端力平衡的问题。在文献[22]中,使用入射波整形技术保证了试样两端在整个加载过程中的力平衡,运用准静态公式,根据加载力历史,计算试样裂纹尖端的应力强度因子[23,24]:

$$K_{\mathrm{I}}(t)=\frac{P(t)S}{BR^{3/2}}Y\left(\frac{a}{R}\right) \tag{4.68}$$

式中,B、R 分别为试样厚度和半径;S 为支撑间距;a 为预置裂纹长度,如图 4.27 所示;$P(t)$为加载历史,如图 4.28(a)所示;$Y(a/R)$为形状参数,可以根据数值模拟得到。起裂时刻的应力强度因子就是材料的动态起裂韧度 K_{IC}^{d},应力强度因子的增加率即实验的加载率 $\dot{K}_{\mathrm{I}}$。

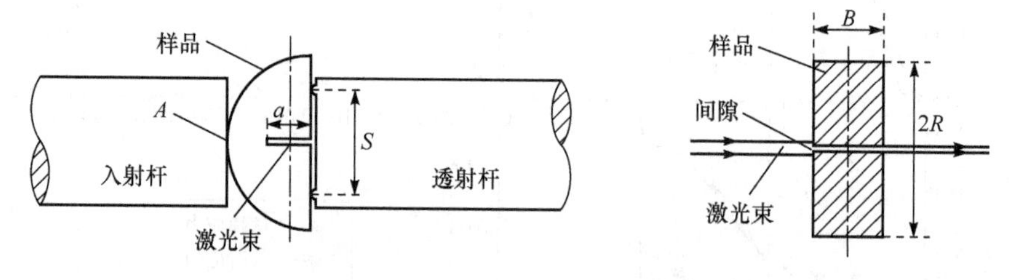

图 4.27　激光光通量位移计测试动态断裂过程中的裂尖张开位移装置示意图

在试样完全断裂后,会绕顶点(图 4.27 中 A 点)转动[22]。激光光通量位移计可以监测试样的转动速度,进而求出试样的转动动能。在实验过程中,应力波 $\varepsilon(t)$ 所携带的能量为

$$W=\int_{0}^{t}E\varepsilon^{2}(\tau)A_{0}c_{0}\mathrm{d}\tau \tag{4.69}$$

将入射波 ε_i、反射波 ε_r 和透射波 ε_t 信号分别代入上式可以求得各自的能量。而在整个实验过程中实验杆传递给试样的能量可以由入射波的能量减去反射波及透射波的能量得到，即 $\Delta W = W_i - W_r - W_t$。激光光通量位移计测得的 CSOD 历史如图 4.28(a)所示，试样起裂时 CSOD 是加速增加的，当试样完全断裂后，CSOD 为一条直线。拟合得到裂纹面张开速度 $v=13.9\text{m/s}$，而激光光通量位移计的测试点离转动轴心 A 点的距离已知，$l_s=18\text{mm}$，这样可以得到试样绕 A 点的转动角速度为 $\omega=v/(2l_s)=386\text{rad/s}$。完全断裂后试样绕定点 A 的转动惯量为 I，于是试样的转动动能为 $K=I\omega^2/2$。在总输入能量 ΔW 中扣除断裂试样的转动动能 K，就可以得到生成新表面的表面能 $W_G=\Delta W - K$，进一步得到材料的断裂能：

$$G_c=\frac{W_G}{A_c} \tag{4.70}$$

式中，A_c 是新生成的表面面积。图 4.28(b)为动态起裂韧度和断裂能随加载率变化的规律。从图中可以看出，动态起裂韧度和断裂能均有明显的加载率效应，即随着加载率的提高而增加。

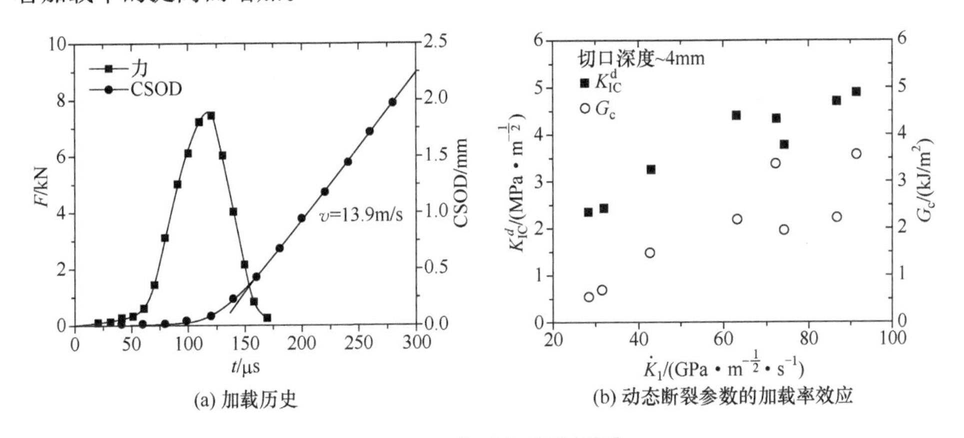

图 4.28　典型实验结果[22]

4.5　同步高速摄影结合数字图像相关技术

数字图像相关(digital image correlation，DIC)技术是运动测量技术的一种，通过对变形前后采集的物体表面的两幅图像进行相关处理，以实现对物体变形场的测量。其基本原理是，匹配不同状态下数字化图像上的同一个子区域(或称模板)，通过追踪模板的运动来获得物体表面变形信息。承载变形信息的散斑可以是激光形成的(称为激光散斑)，也可以通过喷漆等人工斑化方法获得，或者把物体表面的特殊纹理作为散斑场来分析。后两种方法只需要白光作为光源，称为白光散斑。DIC技术在20世纪80年代初由日本的Yamaguchi[25]和美国南卡罗来纳大学的Peter和Ranson[26]等提出。Yamaguchi[25]在测量物体小变形时，采用双光束照明，并在照明点法线方向上放置图像传感器，通过测量物体变形前后光强的相关函数峰值来导出物体的位移；推导出物体变形与在衍射场中散斑位移的关系，并利用这个关系导出表面应变，研制出了一种测量表面应变的激光应变计。而Peter和Ranson[26]则采用电视摄像机记录被测物体加载前后的激光散斑图，经模数转换得到数字灰度场，经过图像相关迭代运算，即计算相关系数随试凑位移及其导数的变化过程，找出相关系数的极值，从而得到相应的位移、应变。在随后的二十多年里，美国南卡罗来纳大学在Sutton等的领导下，继续保持着数字图像相关技术研究的中心地位[27~30]。美国纽约州立大学的Chiang也在数字图像相关技术的理论与应用研究方面做了重要工作[31]。在国内，中国科技大学、清华大学、西安交通大学、天津大学、国防科学技术大学等对数字图像相关技术的理论和应用都做了大量有价值的研究工作[32~42]。

自从数字图像相关技术建立以来，该方法经过不断的改进和完善，已成为实验力学领域中一种重要的测试方法，并广泛应用于材料力学性能测量、细观力学测量(借助于扫描电镜、透射电镜、原子力显微镜等显微仪器)和材料破坏与损伤研究等，成为无损检测中新的亮点。

4.5.1　数字相关计算

1. 运动表征

测量中以平面方式记录散斑场，因此只考虑二维情况(图4.29)。运动表征的目的是确定图像某一区域的位移向量函数$[u,v]$的形式。一般假设图像中一矩形区域内的$M\times N$个像素的运动模式都相同，可以用相同的表达式和运动参数。

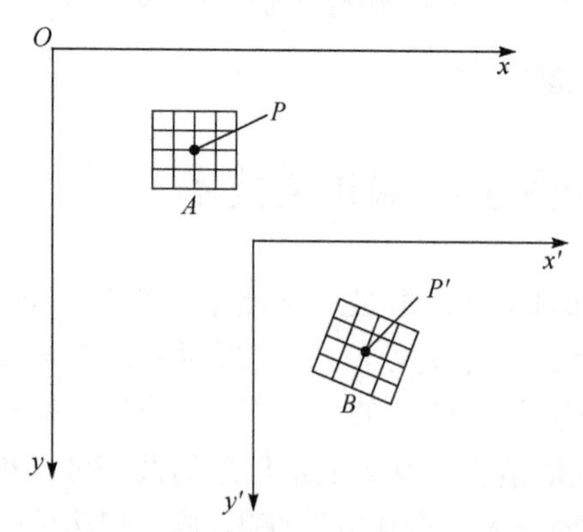

图4.29　变形前后散斑图子集的关系[43]

在刚体平移运动模式中，假设区域中所有像素都发生刚体平移，运动模式表征为

$$\begin{bmatrix} u \\ v \end{bmatrix} = \begin{bmatrix} u_0 \\ v_0 \end{bmatrix} \tag{4.71}$$

式中，u_0和v_0为区域基准点的位移。此模型区域基准点可以取任何一点，一般取中心点，有两个未知数。

由于物体在加载作用下除了平移之外，还会发生转动、变形(伸缩，扭曲等)，因

此需要考虑位移的导数项。运动模式为

$$\begin{bmatrix} u \\ v \end{bmatrix} = \begin{bmatrix} u_0 \\ v_0 \end{bmatrix} + \begin{bmatrix} \dfrac{\partial u}{\partial x} & \dfrac{\partial u}{\partial y} \\ \dfrac{\partial v}{\partial x} & \dfrac{\partial v}{\partial y} \end{bmatrix}\Bigg|_{\substack{x=0 \\ y=0}} \begin{bmatrix} \Delta x \\ \Delta y \end{bmatrix} \tag{4.72}$$

式中，u_0、v_0 为区域基准点 x_0 的位移；Δx 和 Δy 为点 x 与基准点的坐标差，有 6 个未知数。

如图 4.30 所示，微线段 $\overline{PQ}$ 变形后成为微线段 $\overline{pq}$。变形前 P 点坐标为 (x_P, y_P)，Q 点的坐标为 (x_Q, y_Q)，其中

$$\begin{cases} x_Q = x_P + \mathrm{d}x \\ y_Q = y_P + \mathrm{d}y \end{cases} \tag{4.73}$$

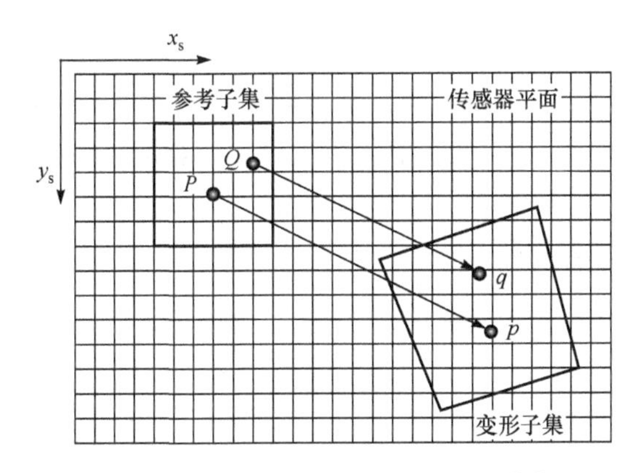

图 4.30　变形前后线段的坐标关系[43]

变形后 p 的坐标为

$$\begin{cases} x'_p = x_P + u \\ y'_p = y_P + v \end{cases} \tag{4.74}$$

则运动变形后 q 的坐标为

$$\begin{cases} x'_q = x'_p + \mathrm{d}x' = x_P + \mathrm{d}x + u + \dfrac{\partial u}{\partial x}\mathrm{d}x + \dfrac{\partial u}{\partial y}\mathrm{d}y = x_Q + u + \dfrac{\partial u}{\partial x}\mathrm{d}x + \dfrac{\partial u}{\partial y}\mathrm{d}y \\ y'_q = y'_p + \mathrm{d}y' = y_P + \mathrm{d}y + v + \dfrac{\partial v}{\partial x}\mathrm{d}x + \dfrac{\partial v}{\partial y}\mathrm{d}y = y_Q + v + \dfrac{\partial v}{\partial x}\mathrm{d}x + \dfrac{\partial v}{\partial y}\mathrm{d}y \end{cases} \tag{4.75}$$

此外，还有其他运动表征方法，如复杂变形表征等，需要用到位移的高次导数，未知数的个数也相应增多，这里不再赘述。

然而，由于偏导数项在量级上比位移值小得多，在实际运算中只是求解位移项，然后用位移场求解应变场。

2. 相关函数

相关函数是数字图像相关技术的关键，通常最简单的相关函数的定义为

$$C(u,v)=\int_M P(x,y)P(x+u,y+v)\mathrm{d}x\mathrm{d}y \tag{4.76}$$

其中，$P(x,\ y)$和 $P(x+u,\ y+v)$分别为变形前、后物体表面的灰度场。该式必须满足在被积平面内位移均匀的前提。如果是变形表面，u、v 不能看作整体均匀位移，那么就要限制在围绕被测量点周围的一小块面积上，若把它看作均匀位移，则式(4.76)变为

$$\Delta C(u,v)=\int_{\Delta M} P(x,y)P(x+u,y+v)\mathrm{d}x\mathrm{d}y \tag{4.77}$$

在 ΔM 面积内，对应于物体的位移找到最大的相关值 ΔC，然后移至下个 ΔM。

对散斑运算而言，由于图像记录系统所记录的是离散信号，因而相关的求积运算被求和运算代替。而且由于在力学测量中，位移量远远大于位移导数项，相关运算中导数项的影响极小，而加入运算将大大增加计算烦琐程度，因而不考虑位移导数项。

本书采用的相关函数是

$$C=\frac{\sum\sum(f-\langle f\rangle)(g-\langle g\rangle)}{\left[\sum\sum(f-\langle f\rangle)^2(g-\langle g\rangle)^2\right]^{1/2}} \tag{4.78}$$

其中，$f=f(i,\ j)$和 $g=g(i+u,\ j+v)$分别为以原点和目标点为中心的散斑图的灰度值；u 和 v 为其水平和垂直方向的位移值；$\langle f\rangle$和$\langle g\rangle$为系统平均值。

图 4.31 为式(4.80)计算得到的相关系数分布曲面。为了对相关函数进行性能分析，一般用到以下四个指标[44]：

C_{m}——相关系数最大值；

C_{sec}——相关系数次高峰值；

W_{50}——主高峰在相关系数 $C=0.5C_{\mathrm{m}}$处的宽度；

E_{xy}——平均位移测量的绝对误差。

通常在搜索过程中会给出一个阈值(大于次高峰的 C 值)以保证搜索到主峰。C_{sec}值越小，越容易确定相关系数最大值 C_{m}，而一个稳定的 C_{sec}更有利于确定阈值。W_{50}代表最大主峰的宽度，宽度越小，则越有利于提高搜索精度和速度。本书中相关函数式(4.78)中取 $C_{\mathrm{sec}}=0.336$，$W_{50}=5.59\mathrm{Pixel}$，$E_{xy}=0.00263\mathrm{Pixel}$。

3. 匹配搜索

确定了相关函数后，下一步就是如何找出相关系数 C 最大的位置。相关系数

的运算实际上是试凑位移及其导数的搜索过程，这是一个烦琐的计算过程，早期主要采用逐点搜索方法。为了节省运算时间又满足精度要求，应采用先粗后细的搜索方法。通常是先对整数像素试凑位移，即对变形前散斑图的一子区域与位移后的散斑图一子区域进行相关系数的运算，求得最大的 u、v，得到真实位移的第一次逼近；然后采取一定的搜索技术进行细化逼近。

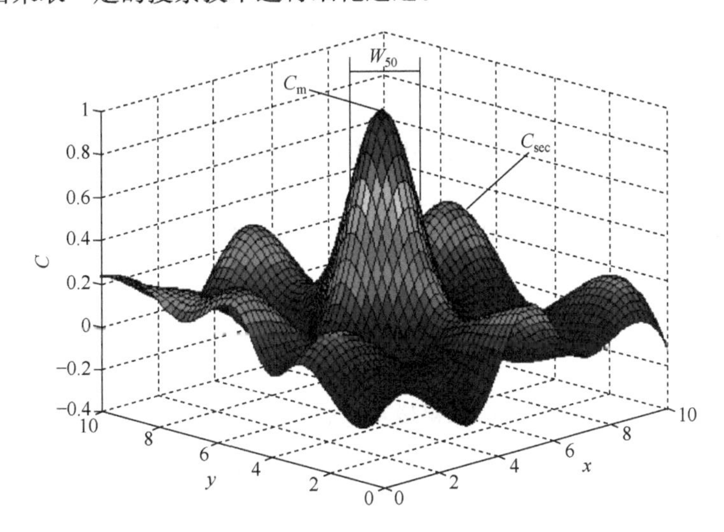

图 4.31 相关系数的表示

搜索技术是提高运算速度和精度的关键，几十年来受到了广泛关注，也相继出现了许多搜索方法，如全局搜索法[27]、十字搜索法[37]、爬山搜索法[45]、小波多级分解搜索法[46]、遗传算法搜索[47]等。由于计算机技术的飞速发展，对搜索速度研究的意义逐渐减小。霍普金森杆实验中数据处理方式一般为事后处理，对计算速度没有要求，故选取最简单的全局搜索法进行搜索即可。

简单的全局匹配搜索只能达到整像素级精度，为了进一步提高测量精度，在完成相关搜索后，需采用一些数学手段，获得亚像素尺度范围的最佳匹配点的位置[48,49]。亚像素位移求解主要有两种思路：一种是基于散斑场亚像素恢复的灰度插值方法(gray-value interpolation subpixel reconstruction, GISR)；另一种是基于相关系数分布的拟合或插值方法(coefficient distribution fitting interpolation, CDFI)。对灰度插值方法，影响亚像素求解精度的最重要因素是采用哪种插值方法来恢复亚像素散斑图像。目前主要采用的插值方法有三次多项式插值、三次样条插值、五次样条插值等。对相关系数插值方法，一般要假设相关系数分布为确定的曲面形状，如二次多项式曲面、高斯曲面、样条曲面等。因此，亚像素精度和求解过程最主要的影响因素是亚像素图像重建时选用的插值方法或者图像相关系数分布曲面的理论模型。研究表明[36]，在背景噪声较小时，灰度插值方法有较好的精度，而在噪声较大时，相关系数插值有较好的精度。噪声信息通过插值算法引入被恢复后的灰度散斑图中，因此，随着噪声的增大，灰度插值的精度迅速降低。而相关系数插值方法中相关系数的计算过程是一个统计过程，会对系统噪声有一定的抑制作用，因此噪声对相关系数插值的结果影响不太大。由于在像素级别的搜索中采用的是全局搜索方法，得到了全部搜索范围内的相关系数，故采用相关系数插值方法相对比较方便。

运用 Matlab7.0 编写数字图像相关计算程序。相关函数采用公式(4.78)，即 Matlab 程序中的 corr2 函数。先采用全局搜索方法得到像素级的位移，再采用相关系数插值方法进行亚像素搜索，选取三次样条函数进行插值，搜索范围为以像素级搜索得到的结果为中心的 3Pixel×3Pixel 方框，搜索精度为 0.01Pixel。

4.5.2 实验方法

1. 实验装置

采用 FASTCAM SA 1.1 高速摄像系统对实验中试样的变形过程进行监测。为便于分析，高速摄影与示波器同步记录，采用子弹测速信号触发，如图 4.32 所示。光源采用 DCI-1000 型高效影视灯，其显色指数大于 91，色温为 5000～5500K。实验采用白光散斑方法，将 PBX 试样表面的自然纹理作为散斑，如图 4.33 所示。

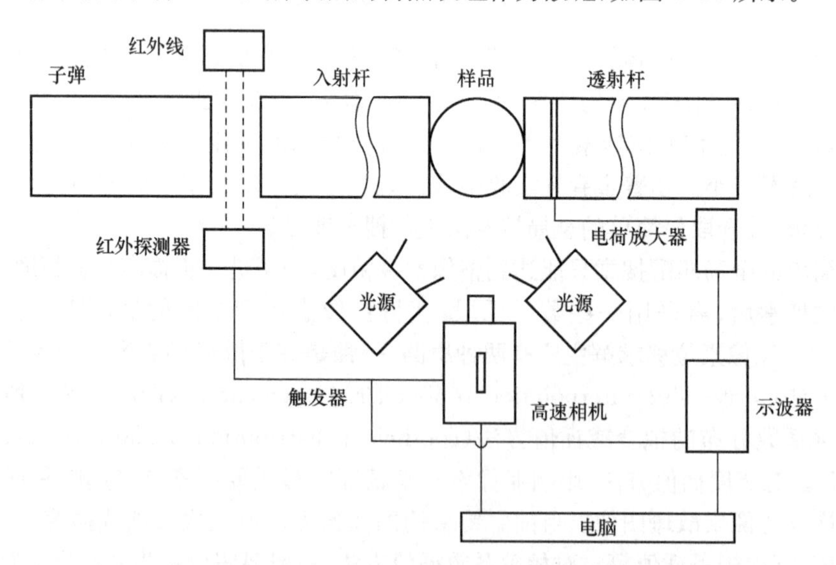

图 4.32 高速摄影同步触发的分离式霍普金森压杆加载系统

2. 模板选取

下面分析试样表面散斑的背景噪声。在试样表面随机选取两个 200Pixel×120Pixel 的分析区，设置模板尺寸为NPixel×NPixel(N 为奇数)，模板之间的间隔 Δx_s 和 Δy_s 均设为 5Pixel，分析两个分析区之间的相关系数。分析区是随机选取的，理论上它们之间的相关系数应该为 0，而表面散斑纹理的自然特征总有相似之处，所以计算得到的相关系数不为 0，这个相关系数就是背景噪声。模板尺寸的选取对背景噪声也有影响，因为模板尺寸越大，对模板的描述就越精确，任意两模板的相关系数就越小，背景噪声就越小。本书选取的相关函数的 W_{50} 值为 5.59Pixel，为了确保能够搜到主高峰，模板边长必须大于 6Pixel。

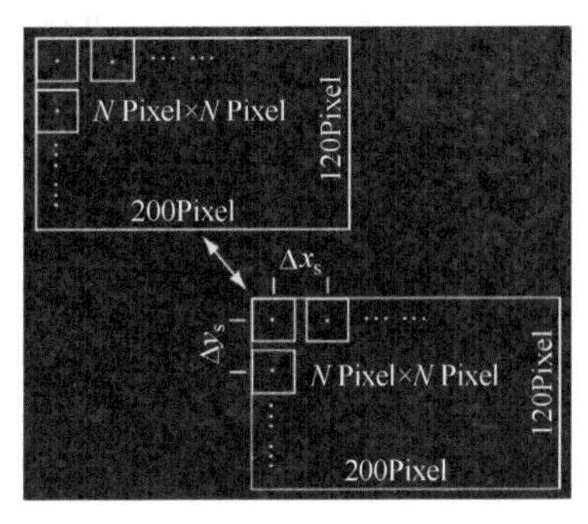

图 4.33　试样表面散斑示意图

模板为 17Pixel×17Pixel 时的背景噪声分布如图 4.34 所示，从图中可以看出，噪声是随机分布的。进一步对背景噪声进行统计分析，得到如图 4.35 所示的噪声分布概率密度函数图，可见系统噪声符合正态分布。需要说明的是，系统噪声没有负值，这里将分布函数关于 y 轴作对称，以方便拟合。设定噪声的期望值为 0，拟合得到不同模板尺寸时的系统噪声均方差 σ_C。而根据“3σ 规则”，噪声在 $[-3\sigma_C, 3\sigma_C]$ 的概率为 0.997。定义 $C_{0.997}=3\sigma_C$，作为评定模板尺寸是否符合要求的参数，其物理意义在于，在这种模板尺寸条件下背景噪声小于 $C_{0.997}$ 的概率为 0.997。在进行数字图像相关计算时，要求其背景噪声小于次高峰 C_{sec} 的值，否则容易出现误判。

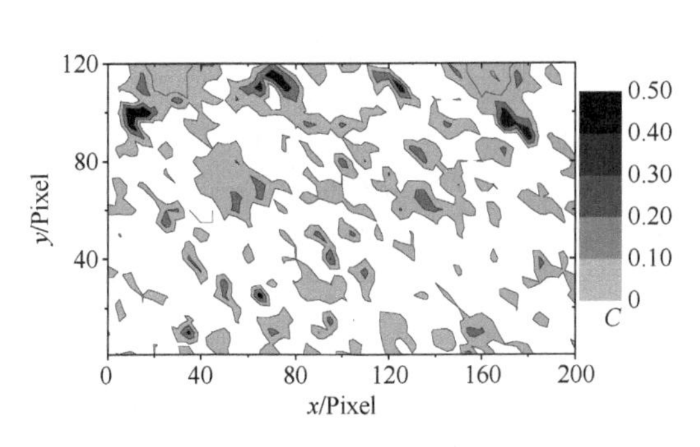

图 4.34　模板为 17Pixel×17Pixel 时的背景噪声

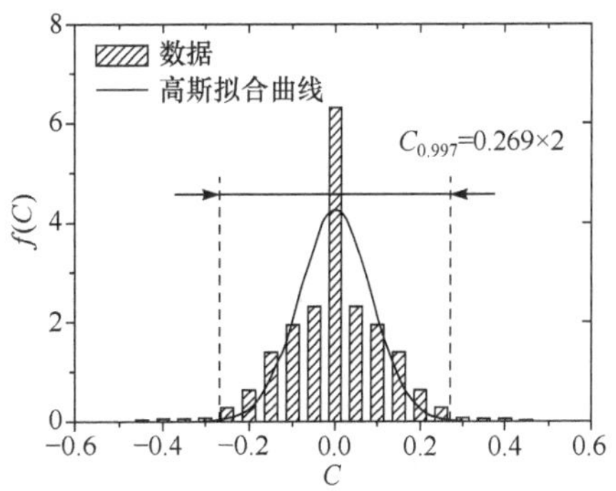

图 4.35　系统噪声符合正态分布

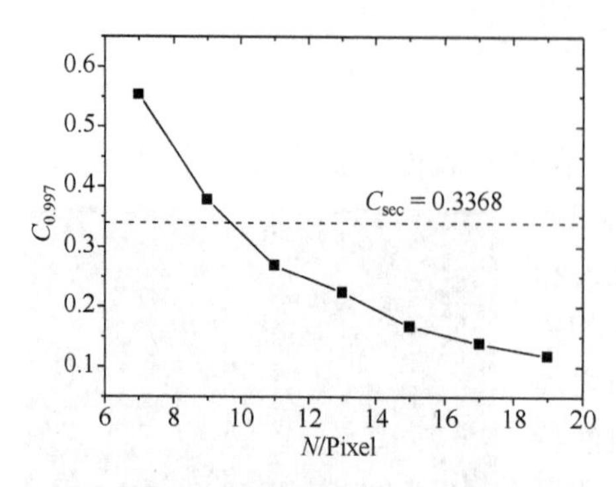

图 4.36　不同模板尺寸时的背景噪声

图 4.36 为不同模板尺寸条件下背景噪声的 $C_{0.997}$ 值，图中虚线为相关函数(4.78)的 C_{sec} 值。从图中可以看出，背景噪声随着模板尺寸的增加而不断减小。模板尺寸为 10Pixel×10Pixel 时，背景噪声的 $C_{0.997}$ 值就开始小于 C_{sec} 值。模板尺寸太大，将导致计算量大量增加，并且对表面应变的描述就越粗糙。因此，需要在保证精度的前提下尽量减小模板尺寸。最终选取模板尺寸为 11Pixel×11Pixel，其相关系数背景噪声的 $C_{0.997}$ 值为 0.269。

3. 误差分析

根据二维数字散斑相关的原理要求，被测表面必须为一个平面，且摄像机的光轴必须与测量表面垂直。对于前者，实验中的试样均为压制成型，模具的端面的表面粗糙度为 1.6，平面度为 0.01，能达到要求。设相机的光轴与试样表面法线的夹角为 θ，则由此带来的测量误差为

$$\sigma_u = u(1-\cos\theta) \tag{4.79}$$

式中，u 是测量得到的位移值。在实际实验中，可以控制摄像机光轴与被测表面法线的夹角小于 5°，这样若某点位移为 5Pixel，则由光轴倾斜引起的误差为 0.019Pixel。

以上仅仅是理论分析得到的精度值，实际实验中由于待测表面的散斑质量、光源光强波动、电磁干扰等环境噪声和高速相机本身噪声的影响，测量系统的随机误差会进一步增加。随机选取两幅加载前的图像进行相关分析，将其中一幅图像移动 1Pixel 的位移，而由于测量系统中随机误差的存在，计算得到的位移并不是 1Pixel，而是一个以 1Pixel 为期望的正态分布，如图 4.37 所示，图中，$f(u)$为位移的概率密度函数。由此得到置信度为 0.95 的位移为(1.00±0.05)Pixel，故建立的数字图像相关系统的位移测量误差为 0.05Pixel。

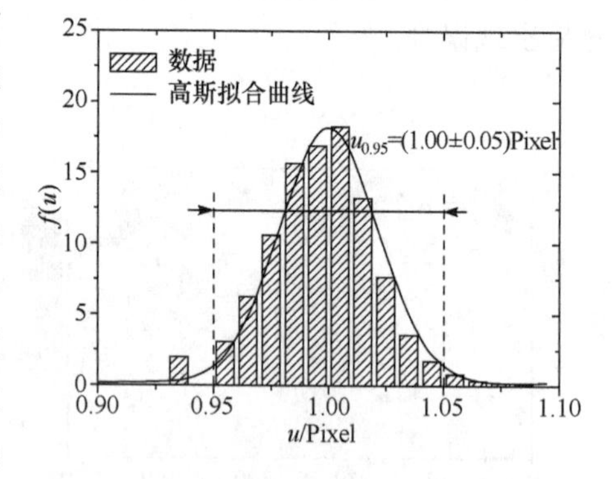

图 4.37　数字图像相关系统位移测量误差

数字图像相关技术得到的是以 Pixel(像素点)为单位的图像位移结果，需要换算成以 mm 为单位的实际宏观位移结果。由于实验中采用的试样均是外形规则

的几何体，可以用试样的外形几何尺寸标定图像位移结果与实际位移结果之间的关系。以巴西试样为例，若试样的实际直径为 D_0，采用 Matlab 程序的 Edge 语句进行边缘检测，得到图像中试样的直径为 D_{DIC}，则换算系数 k_{DIC} 为

$$k_{DIC}=\frac{D_0}{D_{DIC}} \tag{4.80}$$

标准差记为 σ，则系统不确定度的传播关系为

$$\sigma_{k_{DIC}}/k_{DIC}\approx\sqrt{(\sigma_s/D_0)^2+(\sigma_{DIC}/D_{DIC})^2} \tag{4.81}$$

式中，σ_s 为直径测量误差，即游标卡尺的精度；σ_{DIC} 为数字图像相关系统的位移测量误差；$\sigma_{k_{DIC}}$ 为 k_{DIC} 的误差。若数字图像相关计算得到试样表面某点的位移为 u_{DIC}，则该点的实际位移为

$$u_s=k_{DIC}u_{DIC} \tag{4.82}$$

相应的位移测量误差 σ_{u_s} 为

$$\sigma_{u_s}/u_s\approx\sqrt{(\sigma_{k_{DIC}}/k_{DIC})^2+(\sigma_{DIC}/u_{DIC})^2} \tag{4.83}$$

若在某次典型实验中，圆盘试样的直径为 $D_s=(20.02\pm0.02)$mm，经过边缘检测计算得到试样直径为 $D_{DIC}=(334\pm1)$Pixel，换算系数 $k_{DIC}=(0.0599\pm0.0002)$mm/Pixel。实验中，数字图像相关计算得到试样上某点的位移为(2.66 ± 0.05)Pixel，于是该点的实际位移为(0.159 ± 0.003)mm。

由上述数字散斑相关方法得到的数据是位移场，应变场的计算要通过对位移场的数值微分得到。但是，由于数字图像相关技术位移测量中误差的存在，对位移场的直接数值微分是不可取的。数值微分会将位移场的小误差放大，导致应变测量的巨大误差。采用与位移误差分析相同的办法得到应变的背景噪声如图 4.38

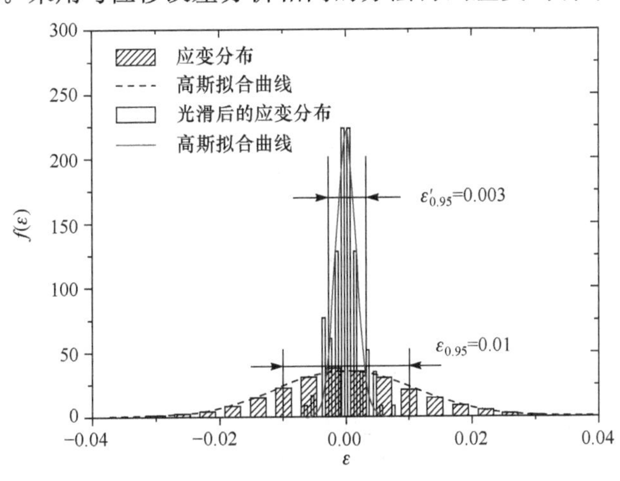

图 4.38　数字图像相关系统应变测量误差

所示,图中,$f(\varepsilon)$为应变的概率密度函数。由于实验存在客观的误差,最终测得应变背景噪声如图 4.38中阴影分布,其置信度为 0.95 的精度只有 0.01,显然达不到应变测量的要求。采用 Wiener 滤波对位移场进行平滑[50],平滑后的应变背景噪声大大降低,这样再求解应变场,得到其置信度为 0.95 的应变精度达到 0.003,如图 4.38 所示。

4.5.3　典型实验结果

图 4.39 给出了霍普金森杆加载的平台巴西圆盘实验典型结果。高速摄影幅频为 36000fps,分辨率为 384Pixel×368Pixel。在加载 112μs 后试样中的 y 向位移分布如图 4.39(b)所示,沿试样中轴线裂纹附近出现比较均匀的等位移,上下的位移达到 0.04mm。对应的 y 向应变曲线如图 4.39(c)所示,试样中间出现了应变集中区域,拉伸应变达到 0.015。

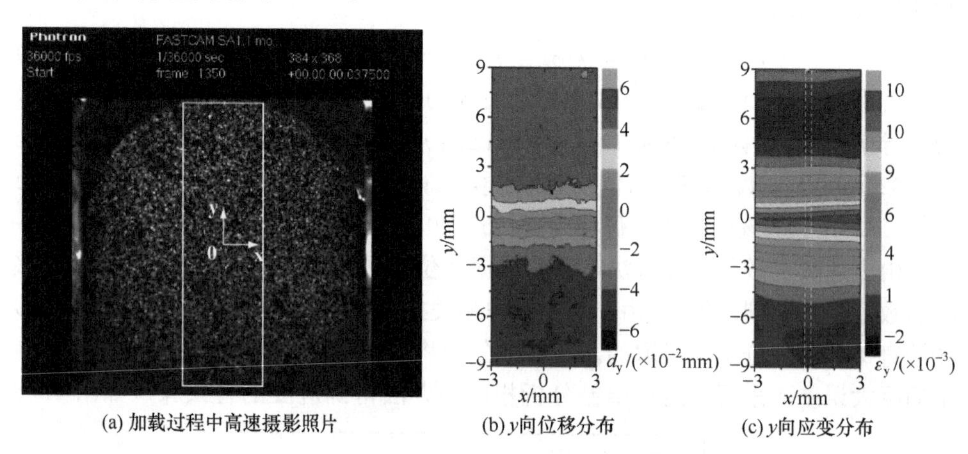

(a) 加载过程中高速摄影照片　(b) y向位移分布　(c) y向应变分布

图 4.39　霍普金森杆加载的平台巴西圆盘实验结果

需要说明的是,数字图像相关技术能够很好地描述不同时刻试样表面的应变场,但是受高速相机帧频的限制,数据点有限。

4.6　温度测量技术

4.6.1　热电偶测温

热电偶是温度测量中应用最广泛的元器件[51],主要特点是测量范围宽,性能比较稳定,同时结构简单,动态响应好,便于自动控制和集中控制。图 4.40 为热电偶的构成,将两种不同的导体

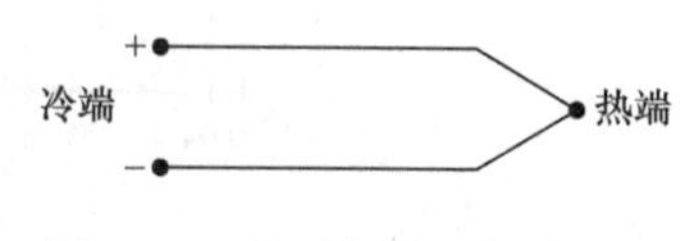

图 4.40　热电偶测温基本原理

或半导体连接成闭合回路，当两个接点处的温度不同时，回路中将产生热电势，这种现象称为热电效应，又称为塞贝克效应。闭合回路中产生的热电势由两种电势组成：温差电势和接触电势。温差电势是指同一导体的两端因温度不同而产生的电势。不同的导体具有不同的电子密度，它们产生的电势也不相同。而接触电势是指两种不同的导体接触时，因为电子密度不同而产生一定的电子扩散，当电子扩散达到平衡后所形成的电势。接触电势的大小取决于两种不同导体的材料性质以及其接触点的温度。热电偶在使用前需要进行温度校验工作，得到温度校正曲线，作为实际测量时的误差修正依据。

热电偶的结构有两种类型：普通型和铠装型。普通型热电偶一般由热电极、绝缘管、保护套管和接线盒等部分组成；而铠装型热电偶则是将热电偶丝、绝缘材料和金属保护套管三者组合装配后，经过进一步封装而构成一个整体。

当测温点到仪表的距离较远时，为了节省热电偶材料，通常采用补偿导线把热电偶的冷端（自由端）延伸到温度比较稳定的环境下，如冰水混合物内或者温度稳定的室内。不同的热电偶需要不同的补偿导线，其主要作用就是与热电偶连接，使热电偶的参比端远离电源，从而使参比端温度稳定。补偿导线又分为补偿型和延长型两种。延长导线的化学成分与被补偿的热电偶相同，一般采用与热电偶具有相同电子密度的导线。补偿导线的材质大多采用铜镍合金。

热电偶的自由端温度变化会给实验结果带来较大的影响，若将自由端放置在室内空气中，需要修正冷端温度 $T_0 \neq 0℃$ 对测温结果的影响。

4.6.2 热电阻测温

1. 基本原理

热电阻是利用导体或半导体的电阻随温度变化的特性，通过测量其电阻值，并根据电阻值与温度的函数关系达到测量温度的目的。

金属热电阻的电阻值和温度一般可以用下列近似关系式表示：

$$R(T)=R(T_0)[1+\alpha(T-T_0)] \tag{4.84}$$

式中，$R(T)$ 为温度 T 时的电阻值；$R(T_0)$ 为温度 T_0（通常 $T_0=0℃$）时对应的电阻值；α 为温度系数。较常见的热电阻是铂、铜、镍热电阻。由于铜热电阻价格低，精度低，且极易氧化；镍热电阻精度更低；铜热电阻和镍热电阻的测温范围均较小；而霍普金森杆实验的温度范围较大，因此霍普金森杆实验一般采用铂热电阻，如PT100的测温范围为－200～＋850℃。

2. 热电阻的信号连接方式

热电阻是把温度变化转换为电阻值变化的元件，通常需要把电阻信号通过引线传递到计算机控制装置或者其他仪表上。热电阻的引线对测量结果有较大的影响。目前热电阻的引线主要有三种方式。

1）二线制

在热电阻的两端各连接一根导线来引出电阻信号的方式叫二线制，如图 4.41(a)所示，图中，R 表示热电阻。这种引线方法很简单，但由于连接导线必然存在引线电阻 R_x，R_x 大小与导线的材质和长度等因素有关，并且部分导线会随热电阻一同放置于所测温度环境中，温度变化会导致导线电阻的变化，而这部分变化量是未知的，因此这种引线方式只适用于测量精度较低的场合。

2）三线制

在热电阻的根部的一端连接一根引线，另一端连接两根引线的方式称为三线制，如图 4.41(b)所示，图中，R_0 为电阻值等于 $R(T_0)$ 的桥臂电阻。这种方式通常与电桥配套使用，可以较好地消除引线电阻的影响。这是因为测量热电阻的电路一般是不平衡电桥，热电阻作为电桥的一个桥臂电阻，其连接导线（从热电阻到测试仪表）也成为桥臂电阻的一部分，这一部分电阻是未知的且随环境温度变化，造成测量误差。采用三线制，将导线一根接到电桥的电源端，其余两根分别接到热电阻所在的桥臂及与其相邻的桥臂上，这样就消除了导线线路电阻随温度变化带来的测量误差。

3）四线制

在热电阻的根部两端各连接两根导线的方式称为四线制，如图 4.41(c)所示。图中，两根引线为热电阻提供恒定电流 I，把 R 转换成电压信号 U，再通过另两根引线把 U 引至二次仪表。这种引线方式可完全消除引线的电阻影响，常用于高精度的温度检测。

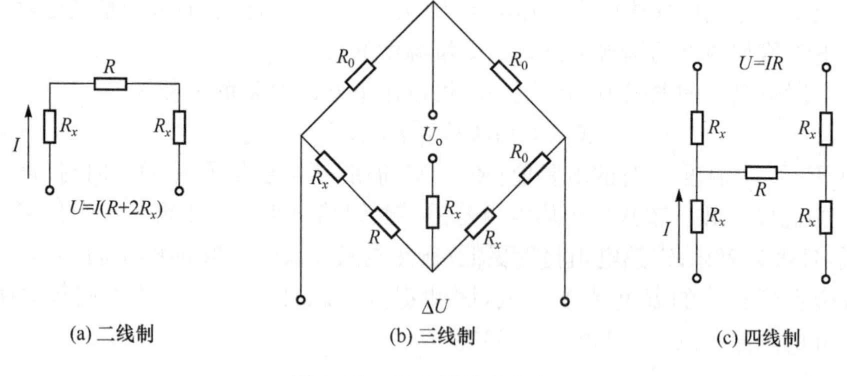

图 4.41　热电阻引线方式

4.6.3　红外测温[52]

上述热电偶和热电阻测温方法均为接触式测温，使用时需要将传感器预埋到被测环境中。但有些情况下预埋方式无法实现，或不方便实现，这就需要采用非接触式测温方式来对物体的温度进行测量。最常用的非接触式测温是利用物质的热辐射特性与温度之间的关系来实现的。任何物体在常规环境下都会产生分子和原子无规则运动，并不停地辐射出热红外能量。分子和原子的运动愈强，辐射的能量愈大，反之辐射的能量愈小。红外辐射温度计就是接收物体自身发出的不可见红外辐射能量，然后由测温仪计算出被测物体的温度。由于不与被测物体接触，红外辐射测温仪有许多优点：首先，在测量中不会由于测温元件的引入而影响被测温度场的分布，因此测量精度高；其次，由于非接触，测量元件不必达到与被测介质同样的温度，因此其测量范围宽，一般情况下可测量负几十摄氏度到三千多摄氏度；最后，因为它是利用红外光辐射特件，所以可以实现快速测量及高灵敏度的微小温度变化测量。霍普金森杆中试样表面温度红外测试最早由 Duffy 和 Marchand 于 1987 年提出[53]，开始主要用于测量扭杆试样绝热剪切时试样的表面温度，后来也用于拉伸及压缩过程中试样表面温度的监测。

1. 基本原理

温度超过 0K 的物体均会产生热辐射，辐射测温就是利用这个原理来测量物体的温度。辐射测温装置包括成像系统和光敏传感器两个部分。成像系统将物体表面的辐射汇聚到光敏传感器上，由光敏传感器探测辐射能量的变化。物体辐射能量在频域上符合普朗克分布，探测器的光谱范围为 $\lambda_1 \sim \lambda_2$，故传感器的输出信号为

$$\text{Signal} = ET\Omega RA_{\text{d}} \int_{\lambda_1}^{\lambda_2} L_\lambda \, \text{d}\lambda \tag{4.85}$$

式中，E 为物体表面的发射率；T 为成像系统的穿透率，E 和 T 均为无量纲量；Ω 为立体角；R 为传感器的灵敏度系数(单位 V/W)；A_{d} 为探测器面积；L_λ 为当前温度下给定波长的普朗克发光度。

虽然理论上通过式(4.85)，即根据传感器输出电压可求出试样温度，但还有一些不确定因素。特别是不知道物体表面的发射率，并且发射率随着表面的变形而发生变化；即使知道成像系统的穿透率，实验环境中的漫反射也会带来一定的干扰。基于这些原因，需要根据实际测量的情况，将试样放在原位进行系统标定。这种原位标定可以将各种随机误差均考虑进去，从而减小实测结果的误差。

2. 红外光敏传感器

1) 单点传感器

单点传感器是指在传感器上只有一个测温点(面),只可以获得单个点的温度值,或某一个面上的平均温度值。常用的单点传感器有碲化镉(HgCdTe)光敏传感器等。碲化镉光敏传感器[54]的敏感波长为2～2.5μm,响应时间约为1μs,温度响应范围为20～500℃,尺寸有0.1mm×0.1mm,1mm×1mm等规格。光敏传感器输出的信号经过前置放大接到示波器上。低频、高频和热噪声三类噪声都会影响到光敏传感器的工作。前两者可以通过带通滤波消除噪声,而第三种噪声与系统运行的环境温度相关。降低环境温度会减小热噪声,提高光敏传感器的灵敏度。所以在实验时需对传感器进行冷却,通过半导体制冷的方式可以将传感器冷却到200K,若是使用液氮可冷却到77K。这样可以有效地减小热噪声,在实验环境温度为25℃时仍有较高的信噪比,故单点测量的主要优点是在低温段仍有较高的精度,可以用于研究均匀变形,且变形过程中温升很小的材料,如聚合物材料。

2) 阵列式传感器

阵列式传感器在一个传感器上集成了多个探测点,能够检测到试样表面某个区域内的温度分布,典型的如阵列式碲化铟(InSb)传感器[55]。碲化铟光敏传感器的敏感波长为0.5～5.5μm,传感器阵列由12个传感器单元组成,每个单元长0.53mm、宽1.80mm,传感器的单元间隔为0.16mm,传感器单元总长8.03mm,实验时通过液氮冷却到77K。Trojanowski等[52]的研究中采用了一个有12个光敏单元的辐射测温系统。如图4.42所示,12个单元排成一线,每个光敏单元大小均为50μm×50μm,单元之间间隔13μm,通过半导体制冷的方式冷却到200K。该系统只能测试70℃以上的温度,在此温度以下信噪比很低。Rittel和Wang[56]采用液氮制冷的MCT阵列Fermionics PV 12-45-8红外探头,响应时间达到15ns。

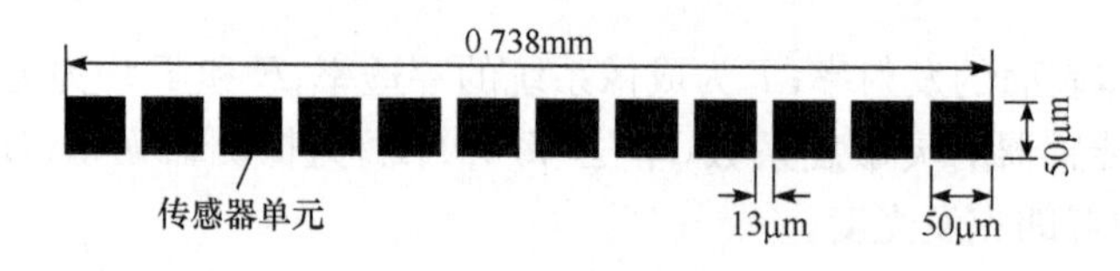

图4.42 阵列式传感器[52]

3. 光路系统

辐射测温中,理想的成像系统希望能够将试样上指定区域的辐射能量100%地汇聚到光敏传感器上,没有失真。然而事实上,只有部分辐射能量能够汇聚到光敏传感器上,而且失真不可避免。光路一般用镀金凹面镜组合构成,镀金是为了增

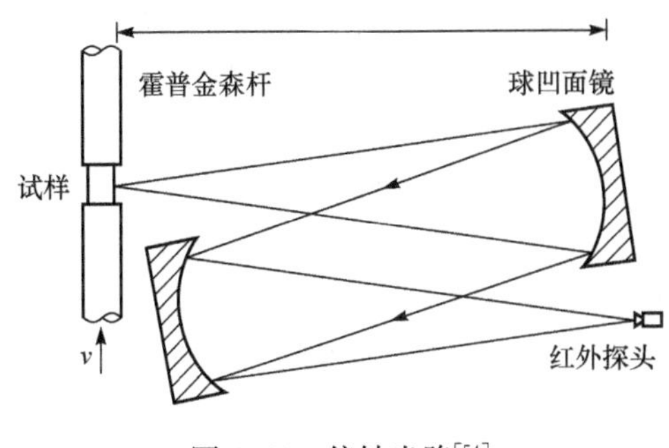

图 4.43　偏轴光路[54]

加凹面镜的反射率。文献[54]采用偏轴光路系统，如图 4.43 所示，通过两个凹面镜将试样表面发射的红外线汇聚到探头上。该系统能够收集 0.5%的辐射能量，并且由于偏光系统本身的原因，光路有明显的失真：单点偏移达到 ±150μm。偏光系统的衍射也相当大，对于波长为 5μm 的红外线，从中心到第一个衍射条纹大约 38μm。而阵列式传感器的单个光敏单元宽仅为 50μm，相近光敏单元间隔 12.5μm，衍射条纹会影响相邻光敏单元的信号，该成像系统显然不能用于阵列式传感器。

后来 Duffy 对光路进行改进，引入了同轴 Cassegrain 光路系统[55]，如图 4.44 所示。1998 年，Harding 的研究小组提出了改进的 Cassegrain 光路，如图 4.45 所示[52]。他们先用一个凹面镜将试样表面发散出的红外线变成平行光，再通过另一个凹面镜汇聚到探头上，这个方法提高了光路的汇聚性能，减小了信号的失真。为降

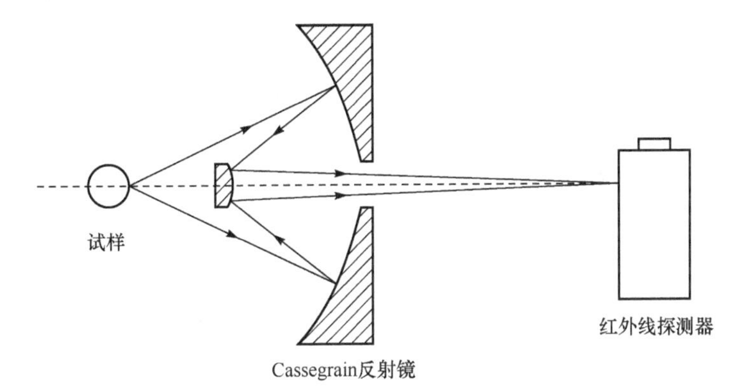

图 4.44　同轴 Cassegrain 光路系统[55]

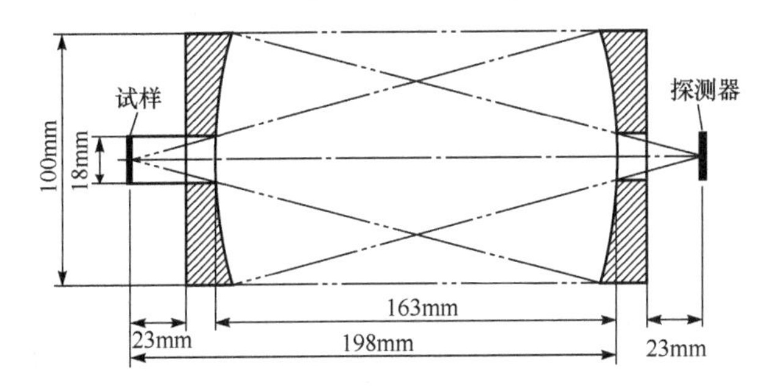

图 4.45　改进 Cassegrain 光路[52]

低成本,还可采用球面镜代替抛物面镜,但会引起几何光路轻微失真。为减小这种失真,可以在每个反射镜中心放一个修正透镜。修正透镜采用氯化钾(KCl)为基体,表面镀硒化锌(ZnSe)的增透膜,增加 3.5～14μm 光谱频段的透射率。相对于偏光系统,该成像系统对辐射能量的收集率增加到原来的 8 倍,减小了光路的失真,单点偏移减小到±12μm,并且这些参数对波长敏感度很小。另外,采用数字光圈系统可以减小衍射效应。对于波长为 5μm 的辐射红外线,从中心到第一个衍射条纹大约 13μm。而阵列式传感器中的传感器间距离为 13μm,衍射条纹不会对相邻传感器的信号产生影响,故该光路系统可以用于阵列式传感器。另外,Rittel 和 Wang[56] 采用双 Schwartzchild 光路也建立了类似的温度测量系统,如图 4.46 所示。

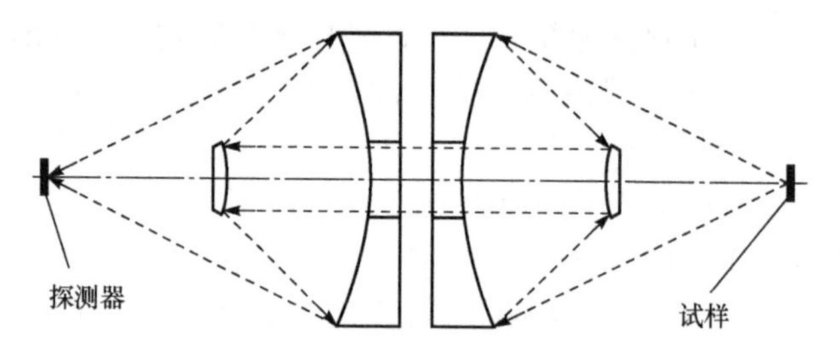

图 4.46 双 Schwartzchild 光路[56]

光路系统的校准是一个重要的环节,包含初步校准和精密校准两步。一般通过激光器对光学系统进行初步校准。先将激光器临时安装在光路系统的探测器位置,用来确定焦点在系统源平面上的位置,即样品的位置。然后,将激光器安装在实际实验中试样的测温点位置,来确定另一个焦平面,即探测器的位置。初步确定好探测器和样品的位置后,进行精密校准。将一个假的测试试样像真实试样一样安装在分离式霍普金森压杆的加载杆上,利用它对系统进行进一步的精密校准。试样上钻有一个直径为 0.5mm 的通孔,并且从后面用一个小灯泡进行照明。将一个带有投影幕的框架安装在光学系统的后面,使其垂直于光轴并位于探测平面上。通过试样的圆形光斑将呈现在投影屏上,精确调整系统的位置对这一光斑进行聚焦。最后,将投影屏换成探测器,调整探测器的三维位置,对校准进行优化,最终使探测器的输出信号达到最大。

4. 系统标定

1) 热电转换规律

因为难以精确测定试样表面辐射发射率,需要在实验之前对整个测温系统进行原位标定。将试样加热到 250℃,然后令其缓慢冷却。将两个热电偶贴在试样上,监测试样温度的下降过程。每隔 10℃记录下试样的温度和探测器探测得到的输出信号。

图 4.47 所示是单点测温和 12 单元列阵测温的标定平均曲线[52]。典型平均曲线是每种情况下 4 次校准结果中最小值的集合，它反映了探测器探测信号和试样温度之间的关系。单点测温信号的不确定度为 8%，12 单元列阵探测器的不确定度为 10%。不确定度不仅包含试样表面发射率的影响，还包括了试样几何特征、光功率和放大器增益的影响。对于阵列式传感器，理论上各单元之间不应有互相干扰，但实际上这种影响却不可避免。Zehnder 和 Rosakis[57] 发现，当只对一个敏感单元进行照射时，在临近的单元上也会产生明显的信号，这些信号最大的可以达到被照射单元输出信号最大值的 7%。所以相同情况下，阵列式传感器比单点传感器的误差相对较大。

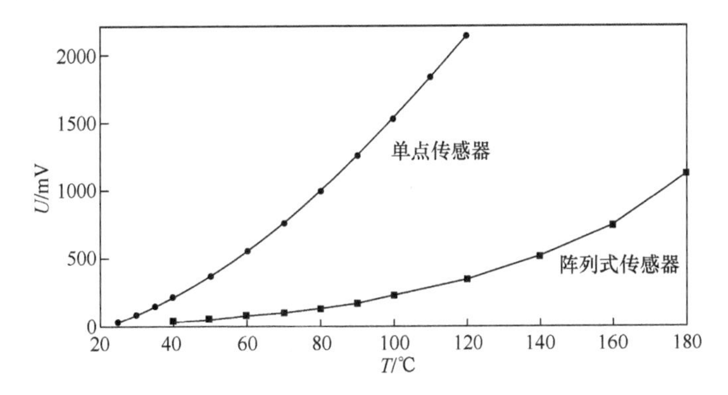

图 4.47　单点测温和 12 单元列阵测温标定曲线(表面处理后的金属试样)[52]

红外传感器的校准受到试样表面发射率的影响，因此受到其表面是否抛光或抛光程度好坏的影响。聚合物试样的表面比较粗糙，金属表面比较光亮，后者具有较好的抛光效果，但发射率会小一些。在试样表面涂一层薄烟灰层可以提高其发射率。如图 4.48(a)所示，此时高聚物和金属试样的校准曲线比较相似。图 4.48(b)是没有涂抹烟灰层的校准曲线。从图中可以看到，粗糙的高聚物试样表面的发射率比金属试样光亮表面的发射率明显高。虽然烟灰涂层会对试样的辐射发射率产生影响，但只要选用合适的标定曲线，涂抹有烟灰涂层和未涂烟灰涂层的试样所得的实验结果是一致的。

另外，在实验过程中，试样的表面条件和发射率会受到弹性形变的影响。因此，需要对试样进行第二次标定，或者在实验结束后立刻对断裂试样损坏部分进行标定。二次校准的结果应该与初始标定的结果相一致。如果发现结果不一致甚至相差较大的话，就需要对初始的标定结果进行修正，建立一个测试过程中连续变化的函数。因此，在可能的条件下，在测试前后对所有试样均进行原位标定。

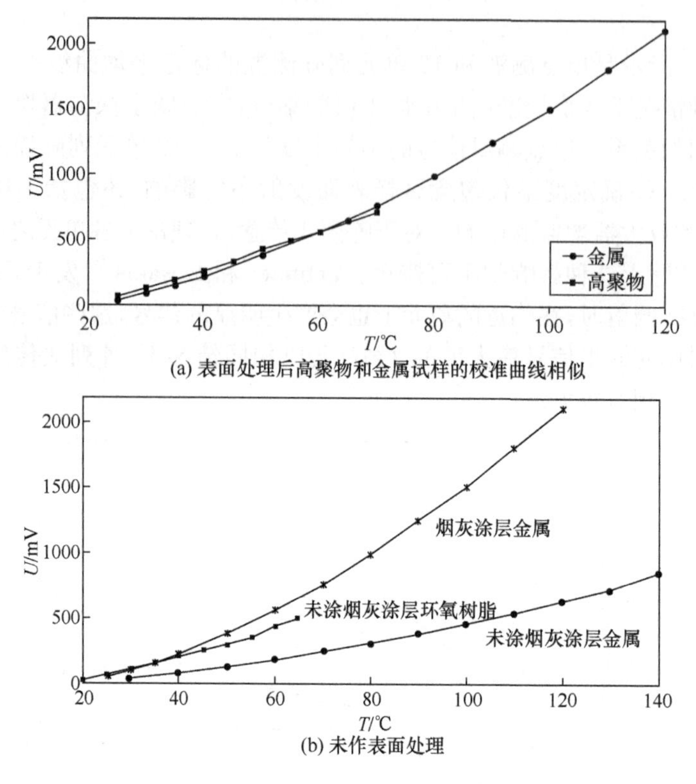

(a) 表面处理后高聚物和金属试样的校准曲线相似

(b) 未作表面处理

图 4.48　单点测温系统标定[52]

2）上升时间

红外探头的温度上升时间可以通过测定脉冲红外激光或者脉冲发光二极管的上升时间来确定，因为这两种光源的频率都可以达到 GHz 范围，而红外探头的上升时间只有微秒量级。

Craig 等[54]采用如下方法标定红外探头的响应时间。将一个有 5 片扇页的调制盘放在红外光源和探测系统之间，调制盘以角速度 ω 高速旋转，如图 4.49(a)所示，探测系统则会输出如图 4.49(b)所示的信号。通过测量信号的周期 T 得到调制盘的转速 ω，而红外光源在调制盘上光斑的直径 d 和光斑距离调制盘轴心的距离 r_b 已知，就可以计算出这种情况下的理论上升时间：

$$t_{\text{actual}}=\frac{d}{\omega r_{\text{b}}} \tag{4.86}$$

而实际测得的上升时间 t_{apparent} 可以从信号中读出，通过比较理论上升时间和实测上升时间即可得到由于传感器导致的上升延时。Craig 等[54]采用该方法得到碲化镉光敏传感器的上升延时为 2μs。

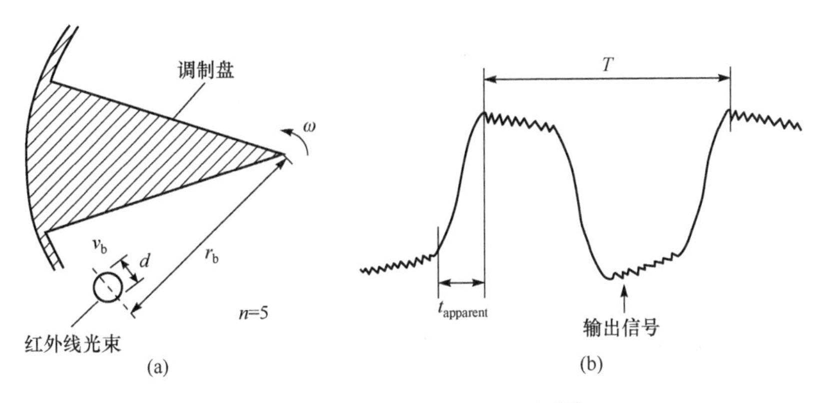

图 4.49　探头响应时间的标定[54]

5. 典型结果

Rittel 和 Wang[56] 采用红外测温系统研究了 AM50 和 Ti6Al4V 试样在动态压剪加载过程中的绝热剪切现象。实验采用分离式霍普金森压杆作为加载装置，试样为带斜 45°刻槽的压剪试样，如图 4.50 所示。在长为 l_0、直径为 d 的试样上铣一个宽为 w 的斜 45°的槽，铣完后试样剩余的厚度为 t。当沿着试样轴线方向加载时，在试样中形成压剪加载。测温系统采用液氮制冷的阵列式传感器和图 4.46 所示的双 Schwartzchild 光路，其中编号为 2、3、5 的传感器观测到了绝热剪切带的产生。图 4.51 给出了 AM50 试样动态加载过程中的温度变化曲线[56]。

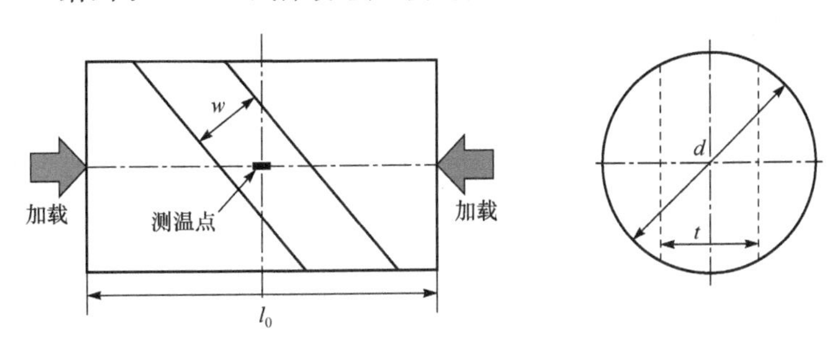

图 4.50　带斜刻槽的压剪试样[56]

试样受载过程中塑性变形导致的温升为

$$\Delta T=\frac{\beta W_{\mathrm{p}}}{\rho_{\mathrm{s}} C_p} \tag{4.87}$$

式中，W_{p} 为塑性功；ρ_{s} 为试样密度；C_p 为试样的比定压热容；β 为能量转换率。当取 $\beta=1$ 时，计算得到理论最大温升，如图 4.51 中虚线所示。

将整个过程分为三个区域，1 区从加载开始到试样应力达到峰值点为止，此阶

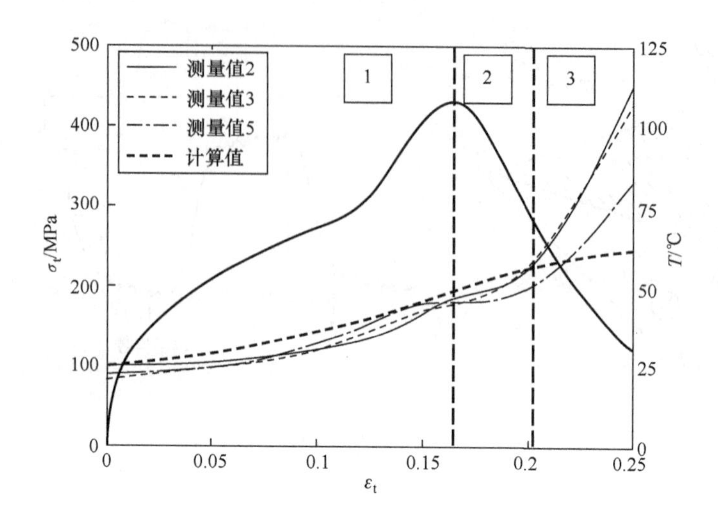

图 4.51　AM50 试样加载过程中的温度变化曲线[56]

段试样处于均匀变形阶段，随着试样应变的增加温度缓慢增加。实际温升总是小于式(4.87)计算得到的理论最大温升，说明该过程中有部分能量贮存在试样的微结构中[58]，并且能量均匀地分布在试样中，没有出现局部温升。2 区为从应力峰值点到理论温升与实测温升的交叉点，在这个过程中，应力下降，实测温升仍然小于理论温升，应变软化不一定是温度升高的体现，这也说明试样的微观结构出现了变化，比如出现了动态再结晶现象(dynamic recrystallization，DRX)，因为动态再结晶同样也会导致试样的应变软化。由此说明在某种程度上均匀变形的假设仍然成立，即试样温升并不是严格均匀的，但也没有完全局部化。实测温度大于塑性加热理论最大温升后的区域为 3 区。这个过程中，贮存在微观结构中的能量释放出来，在局部形成了绝热剪切带，此时应力-应变曲线不能反映试样的真实情况，因此塑性功加热升温理论也不再适用。

4.7 小　结

本章介绍了霍普金森杆实验中涉及的应力、位移(应变)、温度等物理量的测试方法，其中部分测试方法介绍了误差分析的过程。通过这些测试技术与第 3 章介绍的加载技术组合，可以发掘更多的实验技术，对材料在动态加载条件下的力学响应进行更深入细致的分析，揭示更多的物理现象。

参考文献

[1] 张福学，王丽坤．现代压电学(中册)[M]．北京：科学出版社，2002.

[2] 经和贞，刘承均．人造石英晶体技术[M]. 北京：科学出版社，1992.

[3] 王化详，张淑英．传感器原理及应用[M]. 天津：天津大学出版社，1988.

[4] Ferguson W G, Hauser J E, Dorn J E. Dislocation damping in Zinc single crystals [J]. British Journal of Applied Physics, 1967, 18: 411—417.

[5] 李远，秦自楷，周志刚．压电与铁材料的测量[M]. 北京：科学出版社，1984.

[6] 李科杰．新编传感器手册[M]. 北京：国防工业出版社，2002.

[7] 张福学，王丽坤．现代压电学(上册)[M]. 北京：科学出版社，2002.

[8] Weis R S, Gaylord T K. Lithium niobate: Summary of physical properties and crystal structure [J]. Applied Physics A: Solids and Surfaces, 1985, 4: 191—203.

[9] Warner A W, Once M, Coquin G A. Determination of elastic and piezoelectric constants for crys-tals in class (3m) [J]. The Journal of the Acoustical Society of America, 1968, 42: 1223—1231.

[10] 卢芳云，陈丕琪．材料压剪加载的实验测试[J]. 国防科技大学学报，1995，17(4)：116—123.

[11] 孙康，张福学．压电学(上册)[M]. 北京：国防工业出版社，1984.

[12] 崔云霄．改进 Hopkinson 杆实现压剪复合加载[D]. 长沙：国防科学技术大学，2005.

[13] 赵鹏铎．分离式霍普金森压剪杆实验技术[D]. 长沙：国防科学技术大学，2007.

[14] Natural stone test methods. Determination of flexural strength under concentrated load [S]. British-Adopted European Standard. BS EN 12372. 1999.

[15] Wright P W, Lyon R J. Unknown title[C]. Proceedings of Conferenceon Properties of Materials High Rates of Strain, London, 1959.

[16] Griffith L J, Martin D J. Study of dynamic behavior of a carbon-fiber composite using split Hopkinson pressure bar [J]. Journal of Physics D-Applied Physics, 1974, 7(17): 2329—2344.

[17] 唐志平，胡时胜，王礼立．动态力学量的光电测试法[J]. 实验力学，1991，6(4)：401—406.

[18] Tang C N, Xu X H. A new method for measuring dynamic fracture-toughness of rock [J]. Engineering Fracture Mechanics, 1990, 35(4-5): 783—789.

[19] Ramesh K T, Kelkar N. Technique for the continuous measurement of projectile velocities in plate impact experiments [J]. Review of Scientific Instruments, 1995, 66(4): 3034—3036.

[20] Ramesh K T, Narasimhan S. Finite deformations and the dynamic measurement of radial strains in compression Kolsky bar experiments [J]. International Journal of Solids and Structures, 1996, 33(25): 3723—3738.

[21] Li Y, Ramesh K T. An optical technique for measurement of material properties in the tension Kolsky bar [J]. International Journal of Impact Engineering, 2007, 34(4): 784—798.

[22] Chen R, Xia K, Dai F, et al. Determination of dynamic fracture parameters using a semi-

circular bend technique in split Hopkinson pressure bar testing [J]. Engineering Fracture Mechanics, 2009, 76(9): 1268—1276.

[23] Owen D M, Zhuang S, Rosakis A J, et al. Experimental determination of dynamic crack initiation and propagation fracture toughness in thin aluminum sheets [J]. International Journal of Fracture, 1998, 90(1-2): 153—174.

[24] Weerasooriya T, Moy P, Casem D, et al. A four-point bend technique to determine dynamic fracture toughness of ceramics [J]. Journal of the American Ceramic Society, 2006, 89(3):990—995.

[25] Yamaguchi I. A laser-speckle strain gauge [J]. Journal of Physics E-Scientific Instruments, 1981, 14(1): 1270—1273.

[26] Peter W H, Ranson W F. Digital imaging technique in experimental stress analysis [J]. Optical Engineering, 1982, 21(3): 427—431.

[27] Bruck H A, McNeill S R, Sutton M A. Digital image correlation using Newton-Raphson method of partial differential correction [J]. Experimental Mechanics, 1989, 29 (3): 261—267.

[28] Sutton M A, Wolters W J, Peters W H, et al. Determination of displacements using an improved digital correlation method [J]. Image and Vision Computing, 1983, 1(3): 133—139.

[29] Sutton M A, McNeill S R, Jang J. The effects of subpixel image restoration on digital correlation error estimates [J]. Optical Engineering, 1988, 27(3): 173—185.

[30] Sutton M A, Yan J H, Tiwari V, et al. The effect of out-of-plane motion on 2D and 3D digital image correlation measurements [J]. Optics and Lasers in Engineering, 2008, 46(10): 746—757.

[31] http://www. correlatedsolutions. com[2012-2-1].

[32] Miao H, Ge F, Jiang Z. Wavelet transform based on digital speckle correlation method: principle and algorithm [C]. Third International Conference on Experimental Mechanics, Beijing, 2002: 402—405.

[33] 孟利波，金观昌，姚学锋．DSCM 中摄像机光轴与物面不垂直引起的误差分析[J]．清华大学学报(自然科学版)，2006，46(11)：1930—1936.

[34] 孟利波，马少鹏，金观昌．数字散斑相关测量中亚像素位移测量方法的比较[J]．实验力学，2003，18(3)：343—348.

[35] 金观昌，孟利波，陈俊达，等. 数字散斑相关技术进展及应用[J]．实验力学，2006，21(6)：689—702.

[36] 马少鹏，金观昌，赵永红．数字散斑相关方法亚像素求解的一种混合方法[J]．光学技术，2005，31(6)：871—877.

[37] 芮嘉白，金观昌，徐秉业．一种新的数字散斑相关方法及其应用[J]．力学学报，1994，26(5)：599—607.

[38] 周剑，杨玉孝，赵明涛，等．层析三维数字化测量原理及层析图像边缘精度分析与标定[J]. 西安交通大学学报，1999，33(7)：84—88.

[39] 李喜德．数字散斑强度相关计量理论和应用[D]. 西安：西安交通大学，1992.

[40] 方钦志，李慧敏，王铁军．数字图像相关分析法增量位移场测试技术[J]. 应用力学学报，2007，24(4)：535—539.

[41] Ji H W, Qin Y, Lu H. Initial estimates in digital image correlation method by a new displacement mode [J]. Journal of Experimental Mathematics, 2001, 46(1): 49—52.

[42] 王怀文，亢一澜，谢和平．数字散斑相关方法与应用研究进展[J]. 力学进展，2005，35(2)：195—202.

[43] Sharpe W N. Digital image correlation for shape and deformation measurements [M]// Sutton M A. Springer Handbook of Experimental Solid Mechanics. Berlin: Springer, 2008: 565.

[44] 金观昌．计算机辅助光学测量[M]. 北京：清华大学出版社，2007.

[45] Zhao W, Jin G. An experimental study on measurement of Poisson's ratio with digital correlation method [J]. Journal of Applied Polymer Science, 1996, 60(8): 1083—1088.

[46] 简龙辉，马少鹏，张军．基于小波多级分解的数字散斑相关搜索方法[J]. 清华大学学报(自然科学版)，2003，43(5)：680—683.

[47] Ma S, Jin G. Digital speckle correlation method improved by genetic algorithm [J]. Acta Mechanica Solida Sinica, 2003, 16(4): 366—370.

[48] Schreier W H, Braasch R J, Stutton A M. Systematic errors in digital image correlation caused by intensity interpolation [J]. Optical Engineering, 2000, 39(11): 2915—2921.

[49] 潘兵，谢惠民，续伯钦，等．数字图像相关中的亚像素位移定位算法进展[J]. 力学进展，2005，35(3)：345—352.

[50] Gonzalez R C, Woods R E, Eddins S L. Digital Image Processing Using MATLAB [M]. 阮秋琦，等译，北京：电子工业出版社，2004.

[51] 游伯坤，阚家钜，江兆章．温度测量与仪表[M]. 北京：科学技术文献出版社，1990.

[52] Trojanowski A, Macdougall D, Harding J. An improved technique for the experimental measurement of specimen surface temperature during Hopkinson-bar tests [J]. Measurement Science and Technology, 1998, 9(1): 12—19.

[53] Duffy J, Marchand A. Photographic observations and temperature measurements of evolving adiabatic shear bands [J]. Journal of Metals, 1987, 39(10): A51—A52.

[54] Craig S J, Gaskell D R, Rockett P, et al. An experimental technique for measuring temperature rise during impact [J]. Journal De Physique Iv, 1994, 4(C8): 41—46.

[55] Marchand A, Duffy J. An experimental study of the formation process of adiabatic shear bands in a structural-steel [J]. Journal of the Mechanics and Physics of Solids, 1988, 36(3): 251—282.

[56] Rittel D, Wang Z G. Thermo-mechanical aspects of adiabatic shear failure of AM50 and

Ti6Al4V alloys [J]. Mechanics of Materials, 2008, 40(8): 629—635.
[57] Zehnder A T, Rosakis A J. On the temperature distribution at the vicinity of dynamically propagating cracks in 4340 steel [J]. Journal of the Mechanics and Physics of Solids, 1991, 39(3): 385—415.
[58] Rittel D, Wang Z G, Merzer M. Adiabatic shear failure and dynamic stored energy of cold work [J]. Physical Review Letters, 2006, 96:075502.

第5章　霍普金森杆拉伸加载技术

自20世纪60年代Harding等[1]利用霍普金森杆技术进行材料的动态拉伸性能测试以来，经过长期发展，目前基于霍普金森杆实现动态拉伸加载的实验技术可以分为两类：一类是直接对试样进行拉伸加载，包括直接拉伸[1,2]、反射式拉伸[3]和层裂实验[4]等；另一类是改变试样构形，将施加在试样上的压缩加载转换为对试样中某一部位的拉伸加载，如帽形试样[5]、巴西试样[6,7]和三点弯试样等。本书对使用比较多、研究相对广泛的直接拉伸、反射式拉伸和巴西圆盘类试验进行介绍。

5.1　霍普金森杆直接拉伸加载实验

5.1.1　实验原理

Harding等[1]最早开展了分离式霍普金森拉杆(split hopkinson tensile bar，SHTB)实验：将实验杆放置在一个圆形套管内，并在杆端增加了一个法兰，子弹撞击套管，套管中的压缩脉冲通过法兰作用于实验杆上，压缩波在自由面反射形成拉伸波传入实验杆内，实现拉伸加载。Albertini和Montagnani[2]设计了两种拉伸加载的方法。一种是采用爆炸加载，同样在入射杆端增加一个法兰和一个固定质量块1，入射杆穿过其中。法兰和质量块1之间放置炸药，爆炸作用推动法兰向实验杆自由端运动，而透射杆固定在质量块2上，这样就在杆中形成了拉伸加载，如图5.1(a)所示。另一种方法是靠预紧力在杆中形成拉伸加载。先通过螺纹给入射杆储能部分施加拉伸预应力，然后由液压装置压断脆断机构后，夹钳突然释放入射杆，在杆中形成拉伸加载，如图5.1(b)所示。Goldsmith等[8]用平行于入射杆的子弹反向撞击入射杆端头的法兰，在入射杆中形成拉伸加载，如图5.1(c)所示。夏源明等设计了独具特色的旋转圆盘式拉伸加载方法[9,10]，采用高速旋转的圆盘释放击锤来撞击入射杆端头的法兰，在入射杆中形成拉伸加载，如图5.1(d)所示。入射波整形器通过连接套管用螺纹连接在法兰和入射杆之间，如图5.1(d)中小图所示。Ogawa[11]采用套在实验杆上的撞击管代替子弹撞击法兰形成拉伸加载，这种设计后来被广泛采用[12~15]，成为现在常见的分离式霍普金森拉杆[16]，如图5.2所示。

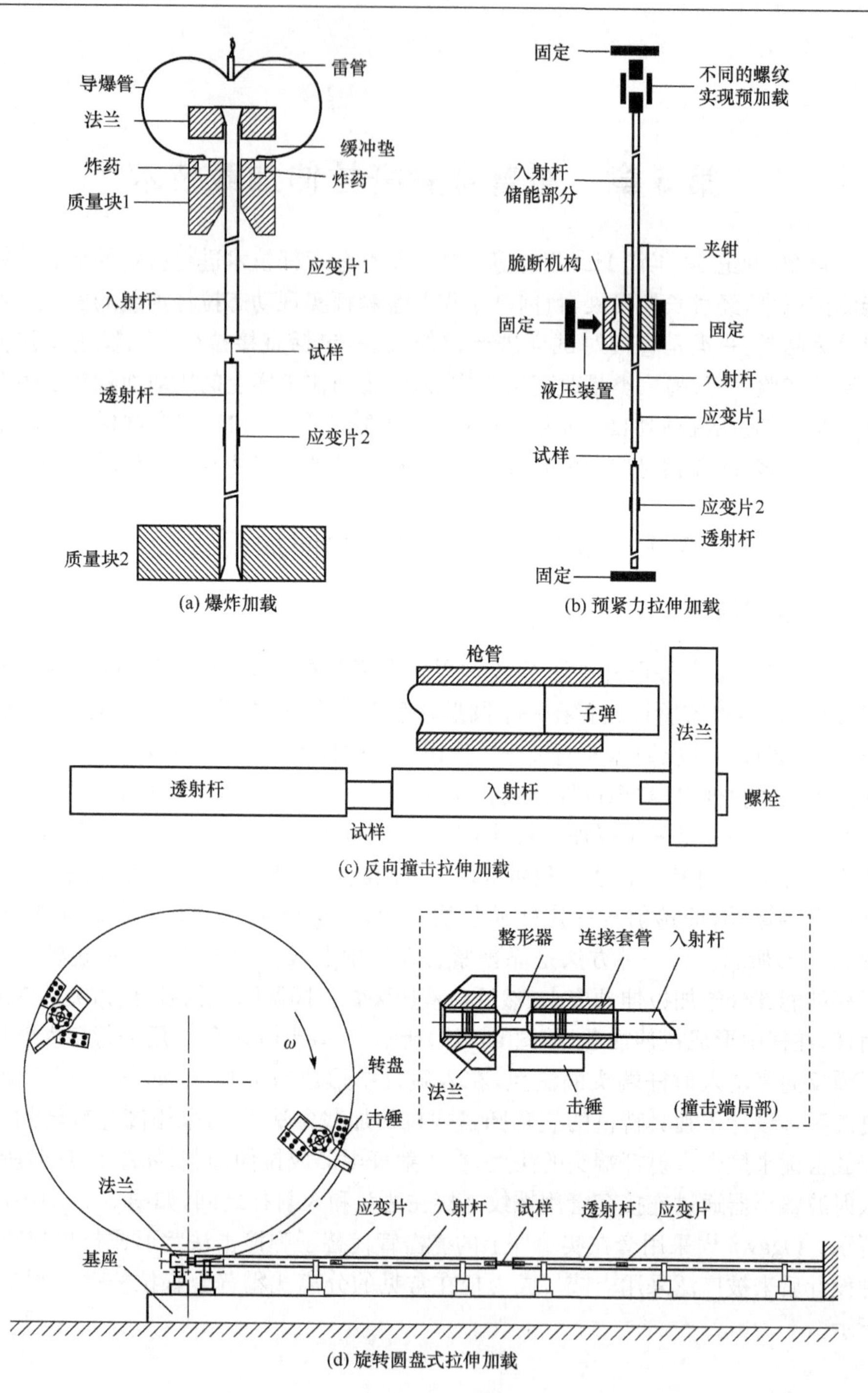

图 5.1　直接拉伸的几种设计[2,8~10]

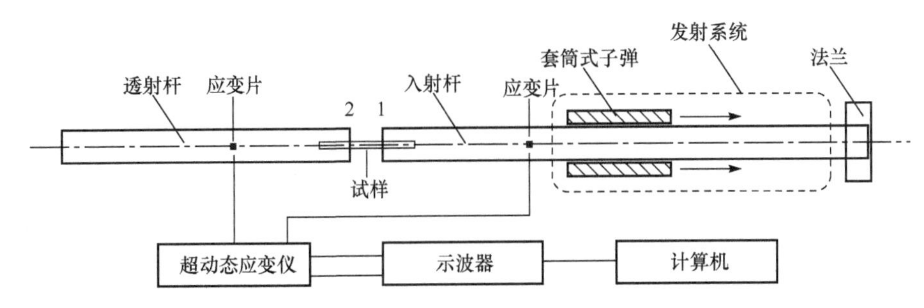

图 5.2　分离式霍普金森拉杆实验装置及测量原理示意图

分离式霍普金森拉杆装置利用发射系统控制高压气体推动套筒式子弹向右运动，撞击入射杆端头的法兰，在入射杆中形成向左传播的拉伸加载波。贴于入射杆表面的应变片记录入射信号 ε_i 和反射信号 ε_r，贴于透射杆上的应变片记录透射信号 ε_t。应变信号经超动态应变仪放大，由示波器存储和记录，最后由接口传入计算机进行处理。

装置的实验原理与霍普金森压杆技术的实验原理相同，都是基于杆中一维应力波假设和试样中应力、应变沿轴向均匀假设，并根据一维应力波理论导出试样中的应力-应变关系，详情见第 2 章，这里就不再赘述。

此外，直接拉伸加载的霍普金森拉杆还可以应用于动态断裂韧性测试[17]以及界面动态剪切强度测试[18]等拓展实验。

5.1.2　韧性材料的直接拉伸

在压缩加载实验中，试样与实验杆之间只需压紧并保持界面润滑即可，而在拉伸加载中，由于试样与实验杆界面要承受拉应力，需要使用有一定抗拉强度的连接方式。目前常见的试样与加载杆的连接方式有胶黏连接和螺纹连接，试样形状及其连接方式的不同会对实验结果产生不同影响。

胶黏连接方式中典型试样为片状，呈哑铃形，与试样连接的入射杆和透射杆端经线切割加工成槽，使用环氧胶将试样与加载杆黏结。试样形状及尺寸如图 5.3 所示。采用这种连接方式的优点是：连接界面少，减小了界面对实验信号，特别是反射信号的影响；连接紧密，信号干净稳定。缺点是：黏胶固化时间长；实验后不好拆卸、清洗。

螺纹连接方式中试样多为圆柱状，两端攻有外螺纹，与试样连接的入射杆和透射杆端攻相应的内螺纹，实验时将试样拧到杆上实现连接。圆柱状试样尺寸如图 5.4所示。这种方案的优点是：装卸方便；试样截面为圆形，对称性好。缺点是：安装时不可避免会有空程差，影响反射波前端部分，造成应变测量误差；螺纹配合容易出现间隙，造成信号抖动。

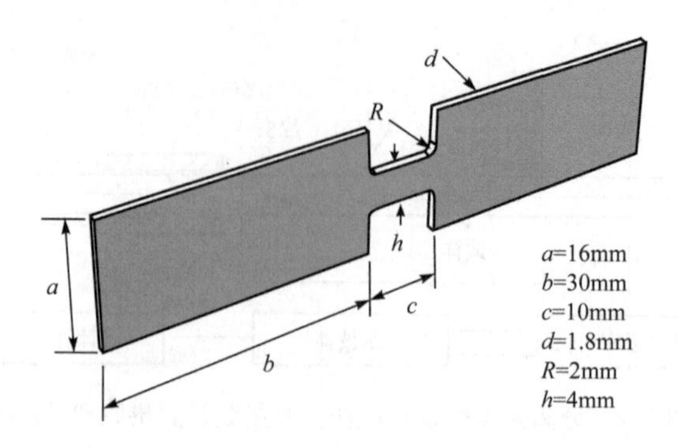

图 5.3　片状试样形状及尺寸示意图

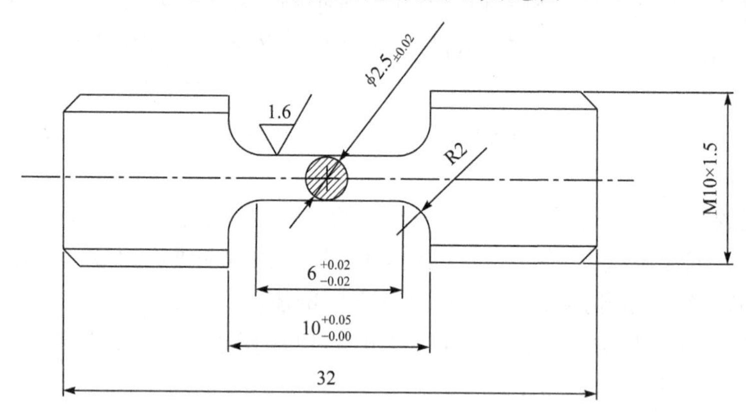

图 5.4　圆柱状试样尺寸示意图(单位:mm)

为了比较两种连接方式的优劣,选取某合金钢材料分别进行两种连接方式、应变率为 $2000s^{-1}$左右的重复实验。

试样与加载杆采用胶黏连接得到的原始实验波形和加载过程试样两端的应力平衡如图 5.5 所示。数据处理后得到的真实应力-应变曲线如图 5.6 所示。

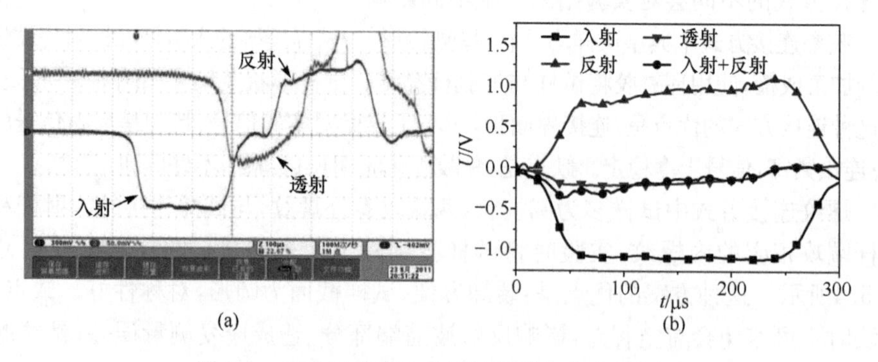

图 5.5　胶黏连接实验的原始波形和应力平衡图

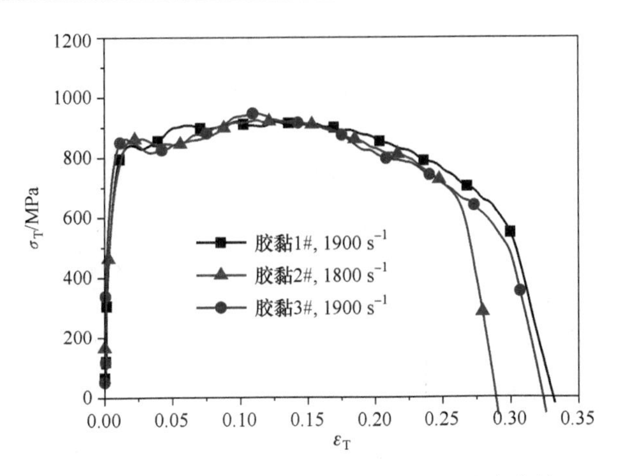

图 5.6　胶黏连接实验得到的真实应力-应变曲线

试样与加载杆采用螺纹连接得到的原始波形和加载过程试样两端的应力平衡如图 5.7 所示。数据处理后得到的真实应力-应变曲线如图 5.8 所示。

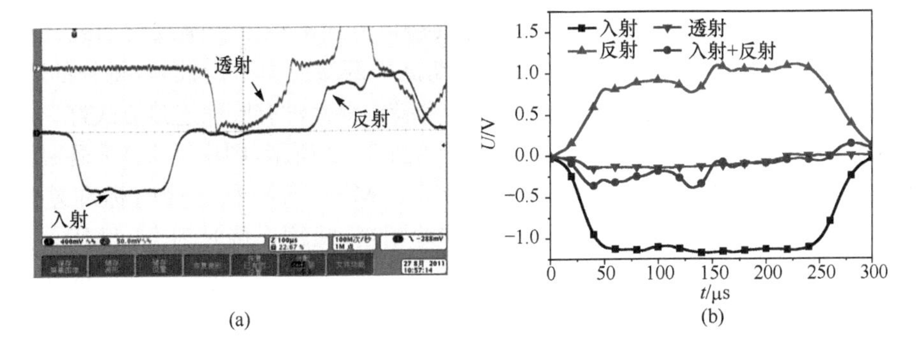

图 5.7　螺纹连接实验的原始波形和应力平衡图

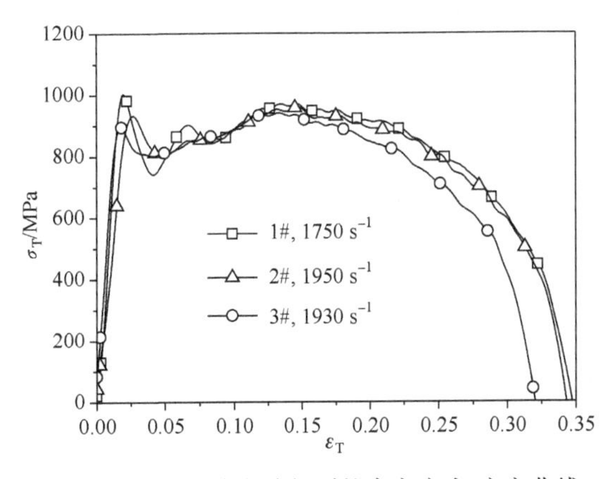

图 5.8　螺纹连接实验得到的真实应力-应变曲线

两种连接方式实验回收试样分别如图 5.9 和图 5.10 所示，由图可知，断裂位置都在试样的中间处，实验有效。图 5.11 为两种连接方式真实应力-应变曲线比较。

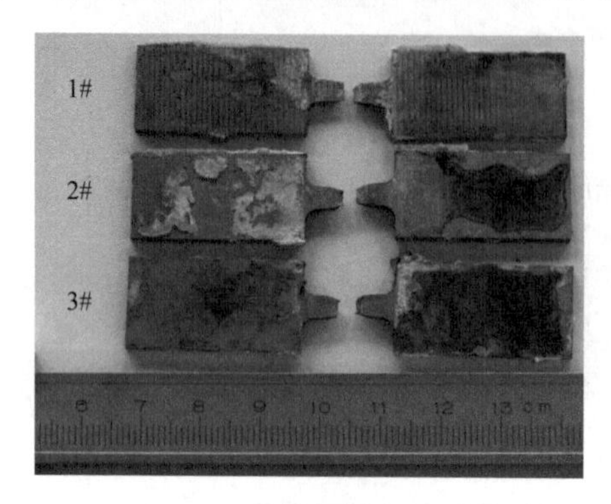

图 5.9　回收的胶黏试样

图 5.10　回收的螺纹试样

由以上结果可以看出，胶黏连接方式实验得到的应力平衡图中透射信号与入射信号加反射信号重合较好，说明加载过程中试样两端实现了较好的应力平衡，且得到的应力-应变曲线重复性较好。而螺纹连接方式加载由于螺纹与加载杆连接界面较复杂，应力平衡图中反映出加载前期试样两端应力平衡较差，得到的应力-应变曲线在屈服点附近不稳定，振荡较大，实验重复性没有胶黏连接方式好。将两种连接方式的屈服点进行统计分析的结果如图 5.12 所示，图中 $f(\sigma_b)$是概率密度函数。螺纹连接时的上屈服点标准差为 54.3MPa，而胶黏连接时标准差只有 33.4MPa。两种连接方式的下屈服点标准差相当，螺纹连接时为 23.8MPa，胶黏连接时为 23.4MPa。这可能是因为在试样受力变形的初期，螺纹连接时的初始空程差以及试样和实验杆之间螺纹面接触不理想，造成了初始屈服点信号的波动；而当到达下屈服点时，螺纹连接空程差消除，并且试样和实验杆之间螺纹面的接触已经过了较大拉伸应力条件下的啮合，接触情况变好，数据离散性降低。

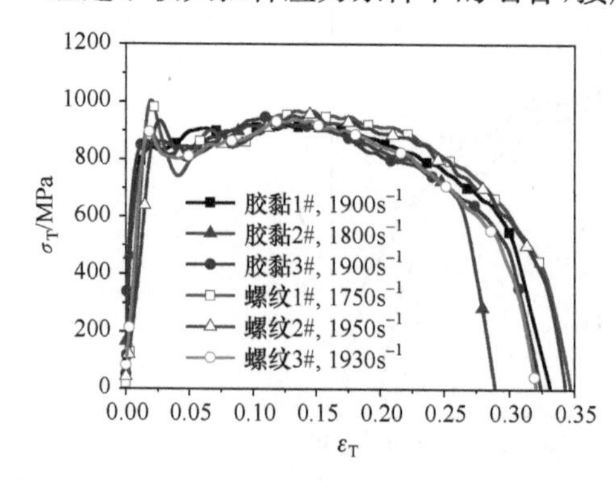

图 5.11　两种加载方式的应力-应变曲线比较

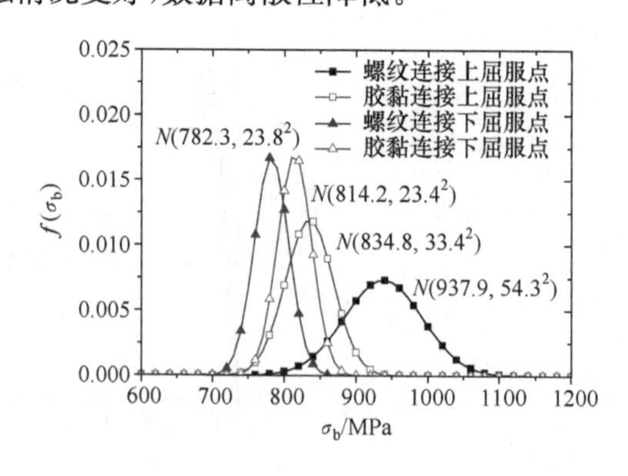

图 5.12　两种加载方式的屈服点比较

综合考虑，虽然采用胶黏连接方式实验周期长，工作量大，但实验过程稳定，因此为达到较好的实验效果，建议在可能的情况下尽量采用胶黏的连接方式进行霍普金森杆拉伸实验。

5.1.3　脆性材料的直接拉伸

对于岩石、混凝土、炸药等脆性/准脆性材料，直接拉伸只能采取端面胶黏的方法将试样与实验杆连接。本节采用自研的压拉通用霍普金森杆装置对某 PBX 炸药试样进行了单轴拉伸实验。直接拉伸采用狗骨头形试样，如图 5.13 所示。传统的狗骨头试样中，受载部分直径远小于拉伸连接部分直径，两部分的过渡段尺寸变化较大，这样对于脆性材料容易由于局部应力集中，造成试样在根部断裂。本书参考 Goldsmith 等[8]的方法，改进了原有的试样设计，得到如图 5.14 所示的实验试样构形。这种试样受载部分直径与连接部分直径相差较小，过渡段有倒角，使应力集中较小，实现试样从中部断裂。原始试样及实验回收试样如图 5.15 所示，可见这种设计对于强度较低的材料比较合适。但要注意的是，这种情况下试样的等效长度需要进行折合修正以得到断裂处的实际应变。实验中试样直接粘贴在实验杆上，拉伸应变通过激光光通量位移计测得，拉伸应力通过粘嵌在透射杆中的石英晶体测得。

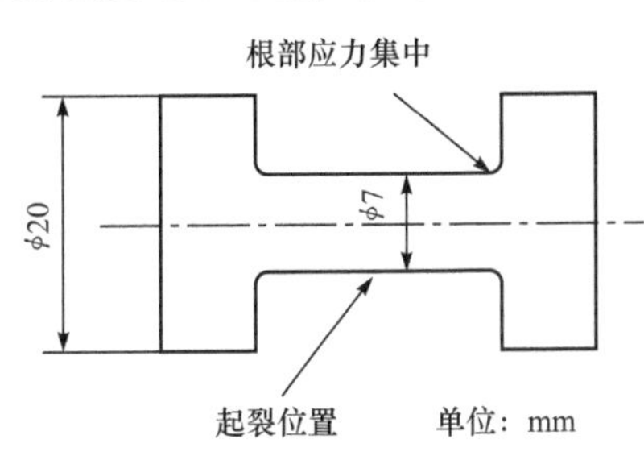

图 5.13　传统直接拉伸试样

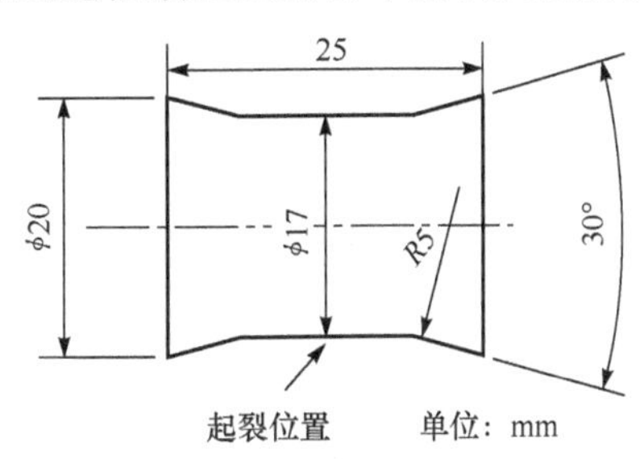

图 5.14　改进的直接拉伸试样

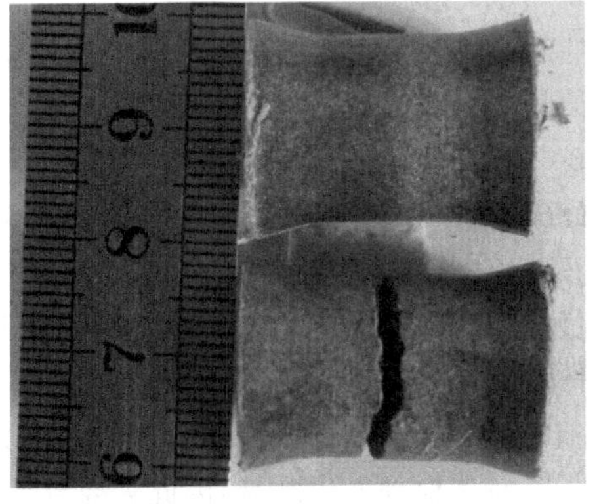

图 5.15　改进的直接拉伸试样照片

采用图 5.13 所示的拉伸试样时，应变集中在中间直径较小的加载段，两端直径较大的连接段直径约为加载段直径的 3 倍，对应的应变就只有加载段应变的 1/9，可以忽略。采用图 5.14 所示的拉伸试样时，加载段直径为 17mm，连接段直径为 20mm，连接段应变是加载段应变的 0.7 倍，不可以忽略。采用 ANSYS 数值模拟软件详细分析试样中的应变分布，对测试的应变结果进行数值修正。由于试样的对称性，取 1/4 模型进行分析，应变分布如图 5.16 所示。提取试样沿加载轴向的中间位置处拉伸应变的径向分布，如图 5.17 所示，R 为试样加载段的直径。对应变沿直径取平均，平均后的应变为 1.64%，对应的用传统作图方法算出的应变为 1.6%，试样中的实际应变与测量理论值的相对差为 2.5%，所以最后试样的应变应该为

$$\varepsilon = 1.025\,\frac{\Delta l}{l_0} \tag{5.1}$$

式中，l_0 为试样初始长度，在图 5.14 中 $l_0 = 25\text{mm}$；Δl 为激光光通量位移计测量得到的试样长度变化量。

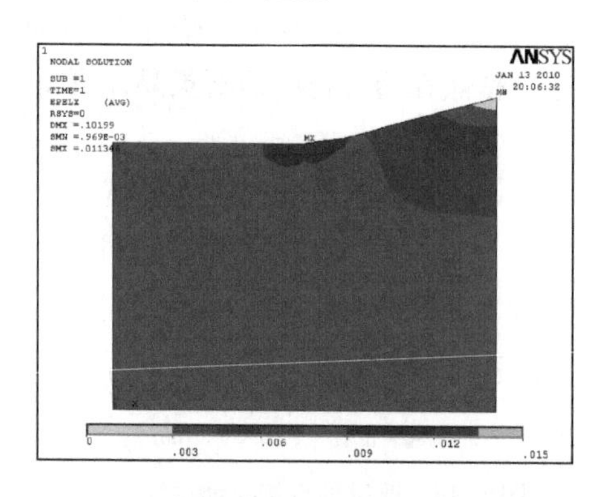

图 5.16　直接拉伸试样中的应变分布图

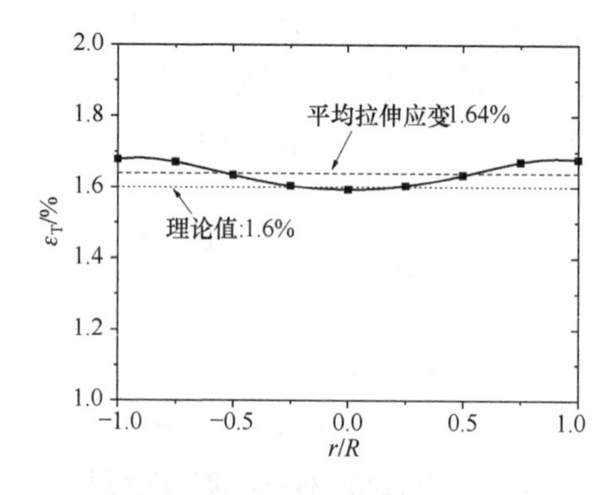

图 5.17　直接拉伸试样中应变的径向分布

图 5.18 为实验原始曲线，其中 Ch1 为入射杆中的应变片信号，Ch2 为透射杆中应变片信号，Ch3 为石英晶体测得的应力信号，Ch4 为激光光通量位移计测得的试样位移信号。从图 5.18 中可以看出，由于炸药试样的拉伸强度很小，透射杆的应变片信号完全无法分辨，而石英晶体应力信号的信噪比较好。图 5.19 为 1.7g/cm^3 密度炸药试样不同加载应变率下的应力-应变曲线。从图 5.19 中可以看出，该 PBX 炸药试样的拉伸响应也表现出明显的应变率效应，其拉伸强度随着加载应变率的增加而提高。对比这种材料的压缩实验结果可知，其拉伸强度约为相同应变率下压缩强度的 1/3。由于试样较脆，加载应变率难以提高，且加载应变率较大时，难以保证试样在中心处起裂，容易从根部发生断裂，因此需要寻求其他的实验方法。

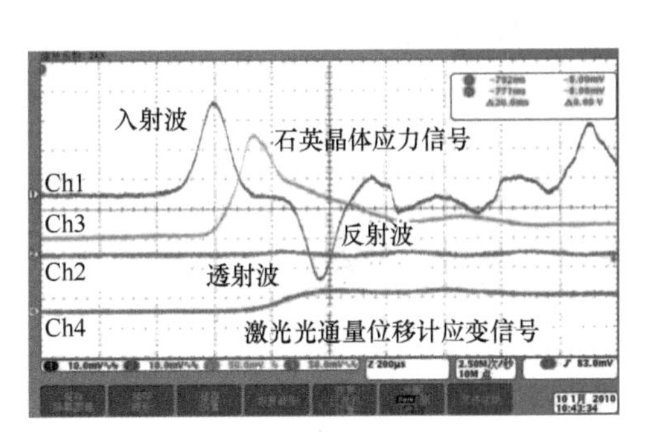

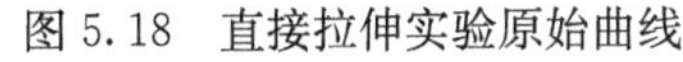
图 5.18　直接拉伸实验原始曲线

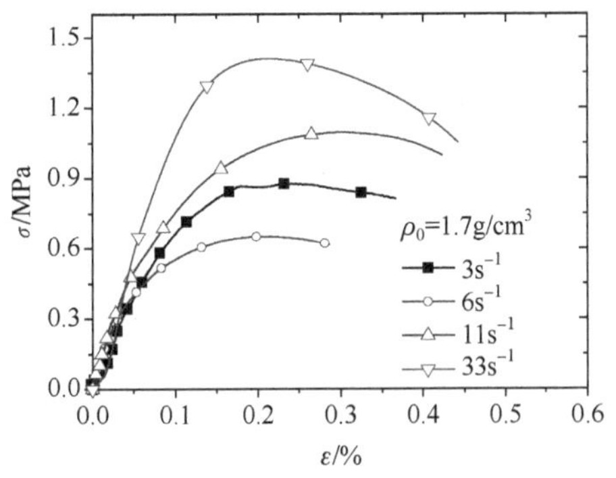

图 5.19　不同应变率下的直接拉伸结果

5.2　反射式霍普金森拉杆技术

5.2.1　实验原理

反射式霍普金森拉杆是在压杆基础上通过改变试样与加载杆的连接方式实现的。Nicholas 建立了反射式拉伸实验[3]，如图 5.20 所示，拉伸试样外围加上与实验杆直径相同的承压环，开始压缩波通过试样时，主要由承压环承力，压缩波从透射杆端面反射形成拉伸波后反回来对试样进行拉伸加载，故称为“反射式拉伸”。

典型实验装置如图 5.21 所示。

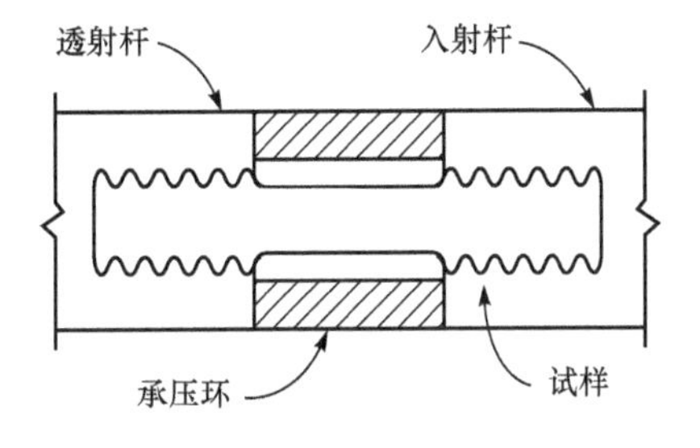

图 5.20　反射式拉伸试样安装图[3]

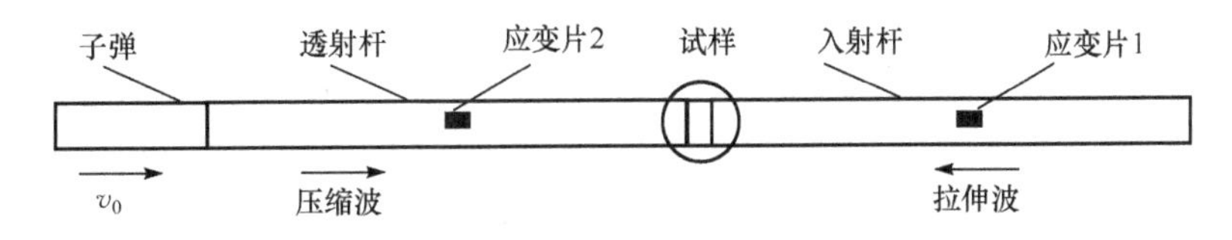

图 5.21　反射式霍普金森拉杆装置示意图

图 5.22 中实线是反射式霍普金森拉杆实验装置中波传播示意图。实验中子弹以一定速度沿轴向撞击透射杆，引起压缩应力波在杆中传播。当压力脉冲到达试样与压杆界面时，基本上以无耗散的方式通过承压环和试样共同组成的横截面。设计承压环的横截面积比试样横截面积大 10 倍以上，因此它将承受压缩脉冲的主要部分，使试样几乎不受压或只发生弹性变形。压缩脉冲透过试样继续前行，到达

入射杆自由端时以拉伸波的形式，而后进行反向传播。当拉伸波到达试样处时，一部分透过试样形成透射信号 ε_t，另一部分被反射形成反射信号 ε_r。由于承压环没有以任何形式固定在压杆上，它只能承受压应力，不能承受拉伸应力，因此拉伸脉冲全部作用在试样上。

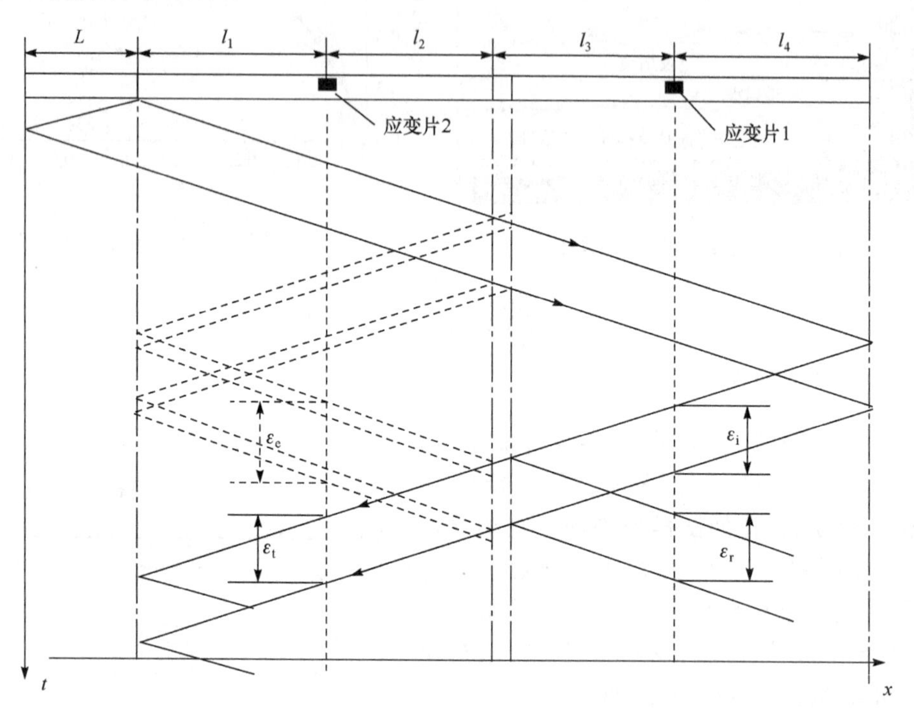

图 5.22 反射式霍普金森拉杆中波传播示意图

5.2.2 反射式拉伸实验数据处理

反射式霍普金森拉杆与压杆有相同的实验原理，完全可以用类似分离式霍普金森压杆实验的数据处理方法，得到材料动态拉伸应力-应变曲线。但由于反射式霍普金森拉杆技术在试件连接处存在多个界面，很容易产生干扰信号，而且有些干扰信号还不容易分辨，使测到的应力-应变曲线不能完全真实地反映材料的拉伸特性。因而，一些研究人员[19,20]对这种拉伸技术进行了改进，并取得了一定的效果。本书主要从实验数据处理方面着手，通过将干扰信号与有效信号进行分离，得到能真实反映材料冲击拉伸特性的应力-应变曲线。

1. 干扰信号的来源

下面从波传播原理来分析拉伸实验过程中可能出现的干扰问题。在实验过程中，由于承压环与加载杆的连接很难保证理想接触，这样子弹撞击产生的压缩波在通过承压环和试样时就会出现界面效应，通常会在界面处形成干扰信号 ε_e，即图 5.22中虚线所示部分。若将该干扰信号叠加到正常信号上，则造成实验结果的误差。

以一次反射式霍普金森拉杆实验为例，所采用的入射杆和透射杆长度均为 1800mm，材料为 LY12 铝，直径为 20mm，密度为 2.78g/cm^3，杨氏模量为 71GPa。使用如此长度的加载杆是为了使入射波与反射波能更好地分离，以利于后续的数据处理。从图 5.23 所示的原始波形图中可以看出，入射信号与反射信号的分离效果与预期一致。

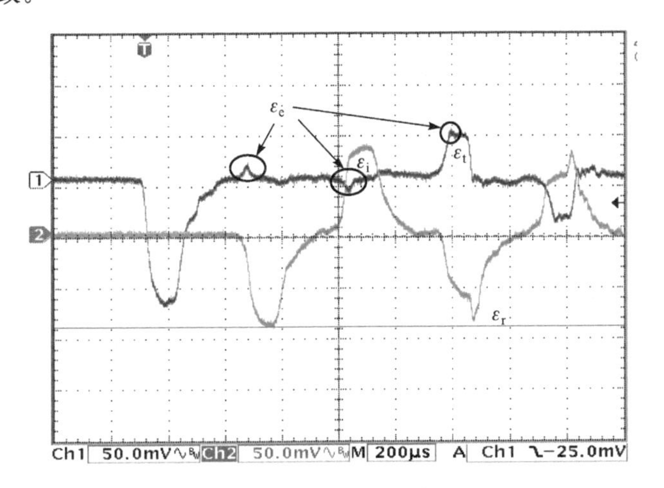

图 5.23　动态拉伸实验信号图

但是这样同时也带来另外一个问题。由于两个加载杆长度相同，界面反射形成的干扰信号在透射杆中经过两次反射后与透射波重合在一起，使测到的透射信号 ε_t不能真实反映材料所受到的应力，而是包含干扰信号 ε_e的合成信号。分析图 5.23中采集到的信号，在透射信号前有幅值较小的拉伸信号和压缩信号，就是干扰信号 ε_e。而从透射信号 ε_t中可以发现其前半部要明显高于后半部分，这正是由于干扰信号叠加上去的结果。因此需要对采集到的透射信号进行干扰分离才能得到真实的透射信号。

为了更好地分析干扰信号产生的原因，利用 LS-DYNA3D 动力分析有限元程序对实验过程进行了数值模拟。

数值模拟所采用的计算模型如图 5.24 所示，为了与实际实验结果进行对比，模型中各部分所采用的尺寸与具体实验完全一致，加载波采用图 5.23 所示的加载信号，计算结果取对应于实验中应变片处单元的应力时程曲线。加载杆和承压环采用的材料模型为弹性模型，试样采用弹塑性材料模型，材料模型的具体参数如表 5.1所示。

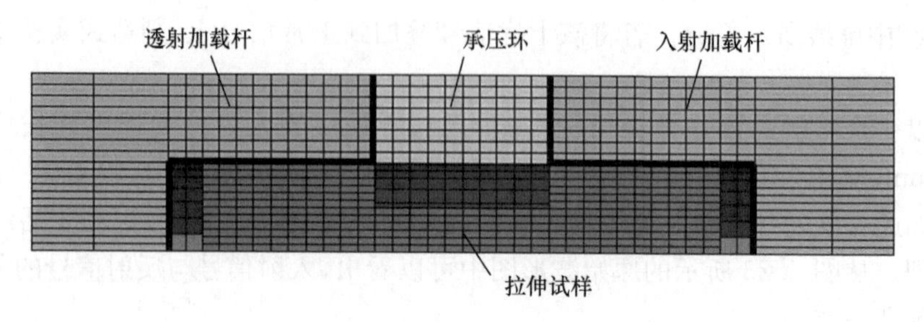

图 5.24 反射式霍普金森拉杆计算模型

表 5.1 材料模型参数

材料	ρ_0 /(g/cm³)	G /GPa	E /GPa	E_h /MPa	σ_y /MPa	C /(m/s)	S_1	γ_0
加载杆与承压环	2.78	26.5	71.0			5096		
试样	2.80	26.5	71.0	1310	365	5096	2.03	1.97

对两种情况进行了数值模拟：(a)承压环与加载杆为理想接触的情况；(b)承压环与加载杆之间有部分空隙，计算中给出的空隙宽度为 0.02mm。应变片处单元的应力时程曲线如图 5.25 所示。比较两种不同接触情况下的应力时程曲线可以看出，在理想接触情况下，干扰信号非常小，对实验结果不会产生明显的影响；而在有空隙的情况，干扰信号明显增大，使透射信号前端抬高，对实验结果有了显著影响。这与实验中得到的结果完全一致，进一步说明了干扰信号产生的主要原因是承压环与加载杆之间接触不够紧密所致。

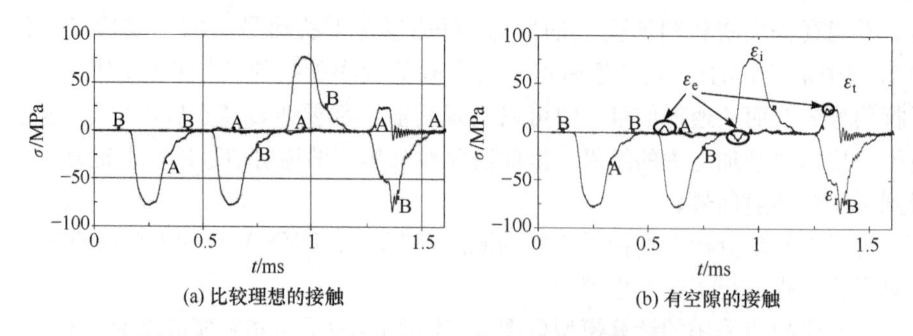

图 5.25 两种不同接触情况下应变片处的应力时程曲线

2. 数据处理修正

为了避免干扰信号影响实验结果，有两种途径可以实现干扰信号与真实信号的分离。一种途径是通过改变入射杆和透射杆的长度，即将透射杆的长度加长，使干扰信号在透射信号之后到达应变片 2(图 5.22)，实现干扰信号与真实信号的分离。利用杆中的波速和加载波宽可以计算出所需要的透射杆相对于入射杆的长度差 ΔL。在理想方波加载情况下，加载脉冲持续时间 τ 为

$$\tau=\frac{2L}{c_0} \tag{5.2}$$

根据图 5.22 的波形分析，为了实现干扰信号和真实信号的分离，要求错开这个时间差 τ，即要求透射杆与入射杆长度的差 ΔL 满足下列公式：

$$\Delta L=\frac{c_0\tau}{2} \tag{5.3}$$

在动态拉伸实验中，采用的子弹长度 L 为 300mm，杆中弹性波速 c_0 为 5096m/s，经计算得出加载脉冲时间持续时间 τ 为 118μs。但是，在实验过程中为了防止加载信号出现高频振荡和保证常应变率加载，通常要使用波形整形器，这使得加载脉冲持续时间会拉长，从图 5.23 的实验信号中可以看出，脉冲持续时间在 200μs 左右。所以要保证干扰信号与透射信号分离，就要使透射信号与干扰信号到达时间相差至少 200μs。可以计算出 ΔL 为 500mm，即入射杆长度保持不变，透射杆长度要达到 2300mm 以上。由于加工工艺的限制，加工如此长度的杆比较困难且成本较高，故第一种解决途径受到限制。

另一途径是通过数据处理程序对透射信号进行修正，得出真实信号。

修正程序采取的基本步骤如下(其中 l_1、l_2、l_3、l_4 如图 5.22 所示)：

(1) 计算杆中波速。利用程序分别判断透射杆和入射杆的第一个压缩信号起跳点，并计算出其时间差为 Δt，由此可以计算出杆中波速 c_0。其计算公式为

$$c_0=\frac{l_2+l_3}{\Delta t} \tag{5.4}$$

(2) 采集干扰信号。以通道 1 中压缩信号的起跳点为基准，利用波速确定干扰信号 ε_e 的起始点 $t_1=2(l_1+l_2)/c_0$，采集信号宽度为 200μs。

(3) 采集透射信号。确定透射信号 ε_t 的起始点 $t_2=2(l_2+l_3+l_4)/c_0$，采集信号宽度为 200μs。

(4) 透射信号修正。将采集的透射信号 ε_t 与干扰信号 ε_e 相加，得到修正后的透射信号 ε_t'，即

$$\varepsilon_t' = \varepsilon_t + \varepsilon_e \tag{5.5}$$

(5) 数据处理。利用修正透射信号 ε_t'进行数据处理,以得到更准确的应力-应变曲线。

图 5.26 是某铝合金的动态拉伸应力-应变曲线,实线表示利用修正数据处理得到的曲线,虚线是没有进行过修正得到的曲线。在没有进行修正的应力-应变曲线中,该合金的屈服应力为 437MPa,而修正后的屈服应力为 363MPa,相差 20%。同时,修正后的曲线表明该合金是应变硬化,而没有修正的曲线则表明是应变软化,前者合乎该材料的力学特性。

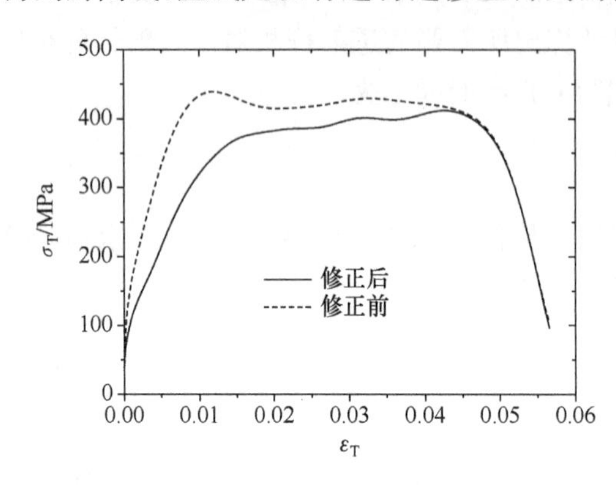

图 5.26 修正前后的应力-应变曲线对比

图 5.26 还表明,干扰信号造成的影响主要在加载的初始阶段,这与图 5.23 中原始信号分析结果是一致的;也说明另外一个问题,即随着承压环与加载杆的紧密配合,干扰信号会减小。在实验中进行精细设计可以将误差降到最小。

5.3 平台巴西实验实现拉伸加载

5.3.1 巴西实验技术

巴西(Brazilian)实验,也称劈裂实验,是 1959 年 Berenbaum 和 Brodie[21]发明的一种间接测量岩石、混凝土等脆性材料拉伸强度的方法。该实验操作简单,易加工试样。实验原理如图 5.27 所示。传统巴西实验的试样采用圆片形式,[称为巴西圆盘(Brazilian disc,BD)试样]沿圆片直径施加压力,将造成圆片中心垂直于压力方向的拉伸作用。对半径为 R、厚度为 B 的试样进行点加载 P 时,试样中心处的拉伸应力为

$$\sigma_{yy} = \frac{P}{\pi RB} \tag{5.6}$$

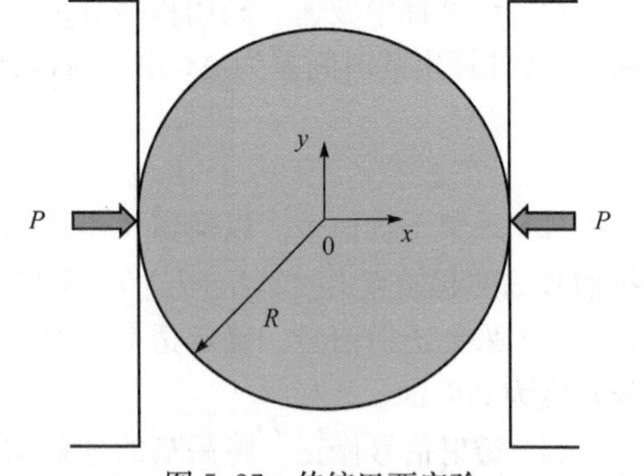

图 5.27 传统巴西实验

在巴西实验中试样的应力、应变是不均匀的,如图 5.28 所示。巴西实验通过对试样沿径向施加平衡、对称的压力,使试

样中心产生拉伸断裂，试样中间有一块相对均匀的拉伸应力区。图 5.28 所示为巴西试样中的应力及应变分布，图中 x 表示水平方向，即 P 的加载方向，y 表示竖直方向，即拉伸应力方向。图中，应力、应变分别采用试样中心处的应力 σ_t 和应变 ε_t 进行了归一化。通过实验记录可得到断裂发生时的临界压力，试样中的拉伸应力由式(5.6)计算，对应断裂临界应力的拉伸应力即为材料强度。

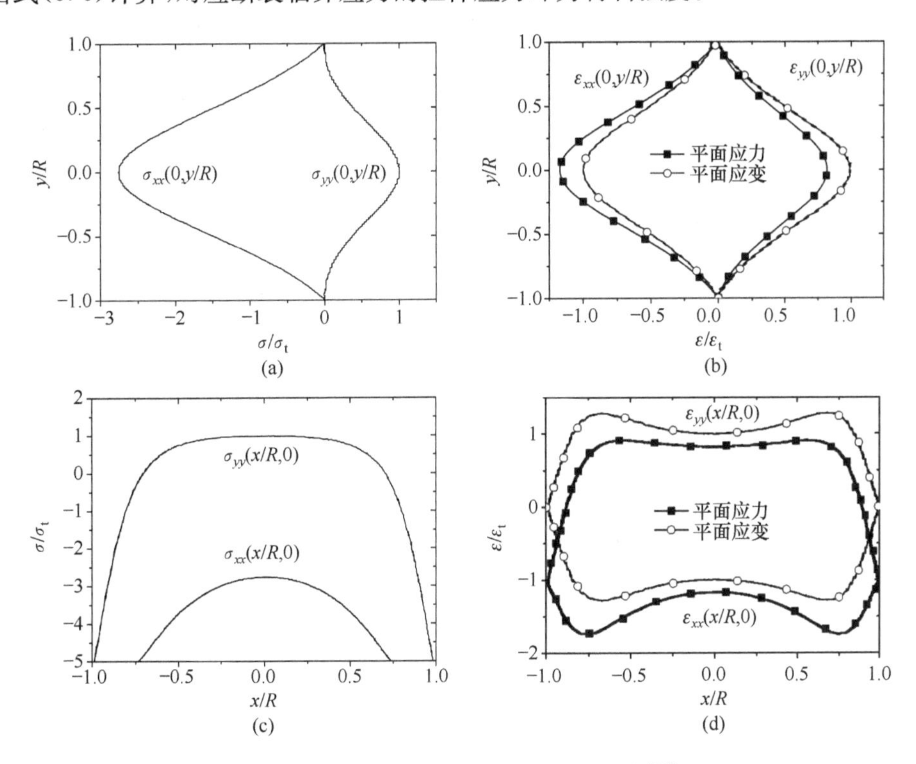

图 5.28　巴西试样中的应力及应变分布[22]

巴西实验的理论假设是：加载力的方向沿试样截面径向，满足对称、平衡的要求，断裂最先发生在试样中心，因为那里的拉应力最大。理论上讲，巴西实验拉伸强度测量的有效性只对线弹性材料成立。Palmer 等[22]指出，当试样为线黏弹性材料时，式(5.6)仍然有效。所以在对 PBX 炸药试样的巴西实验中，用式(5.6)计算试样的强度也是合理的。

由于巴西实验存在不足：加载集中在一条线上，压力过于集中；同时，杆的弹性模量往往比试样的大，因此，在杆与试样的接触面上，杆的变形比试样的小，变形的不同导致图 5.29 所示的向内的切向摩擦力 f，从而增大了接触面的压力，使加载处首先产生速度 v，形成局部破坏，导致实验失效。

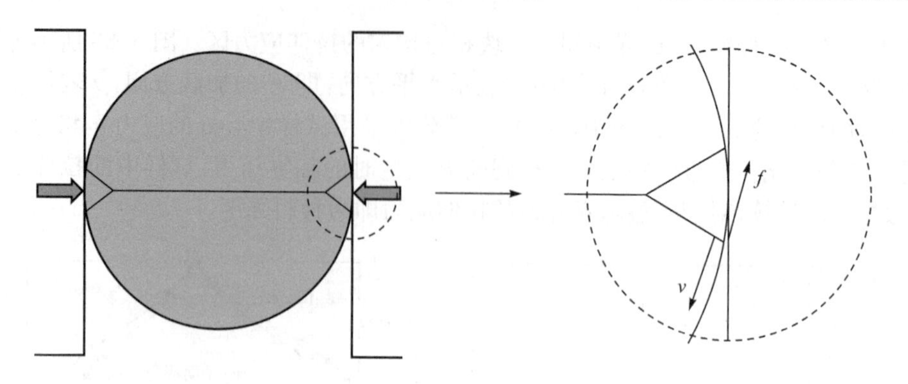

图 5.29　局部破坏产生示意图

5.3.2　平台巴西实验技术

巴西实验过程中要求试样的裂纹首先由中心产生，并且沿径向方向扩展。实际上由于采用径向集中加载，加载点处压力过于集中，试样常常在加载位置首先发生破坏，最终导致实验失效。改进的方法有改进加载方式的圆弧加载法[23]和改进试样构形的平台巴西圆盘(flattened Brazilian disc，FBD)试样法[6]。Awaji 和 Sato[24]提出了圆弧加载的巴西实验，如图 5.30 所示，并指出当存在长度为 $2b$ 的有限接触区域时，试样中心拉伸应力为

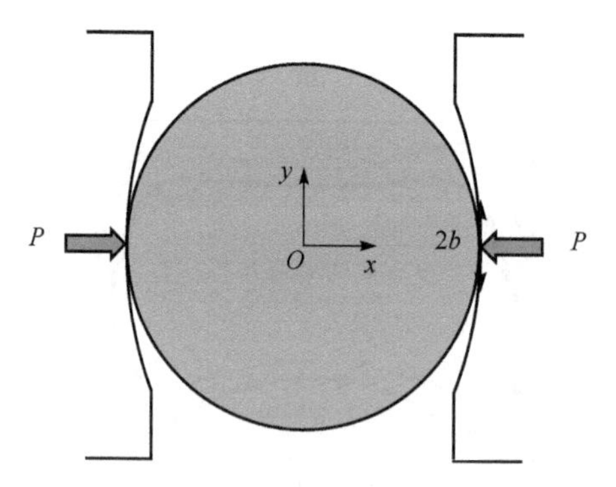

图 5.30　圆弧形端面加载的巴西实验

$$\sigma_{yy}=\left[1-\left(\frac{b}{R}\right)^2\right]\frac{P}{\pi RB} \tag{5.7}$$

式(5.7)的适用范围是 $b/R\leqslant 0.27$。

圆弧加载增加了试样和杆端的接触面，可以避免应力集中，但试样大小不同，试样的曲率往往也不尽相同，这就使实验夹具不能通用于不同直径的试样；另外，在两个圆弧的接触过程中实际接触面积难以得到。

2004 年，四川大学王启智等对试样构形进行了改进[6]，将加载区由曲面变成了平面，如图 5.31 所示。只要保证试样两个平面的平整度和平面之间的平行度足够高(不低于 0.05mm)，就可以满足加载力平衡和对称性的要求，从而保证断裂从试样中心开始。由于是平面加载，加载区也不易发生严重的应力集中而导致局部破坏。同时指出，加载区所对应的中心角必须不小于 20°，才能保证断裂从试样中心开始；另外，中心角也不能太大，中心角太大，试样断裂则不容易发生，最好不超过 30°。FBD 实验得到的拉伸强度由下式求出：

$$\sigma_{\mathrm{FBD}}=\frac{P_{\max}}{\pi BR}Y(\theta) \tag{5.8}$$

式中，$P_{\max}$为断裂发生时加载力的临界值，也是实验记录的最大值；R 和 B 分别为试样的半径和厚度；Y 为形状系数，是与 θ 密切相关的函数。当 $2\theta=0°$时，$Y=1$，对应最初的巴西实验的结论。当 2θ 的值确定之后，Y 值可以由有限元分析确定。

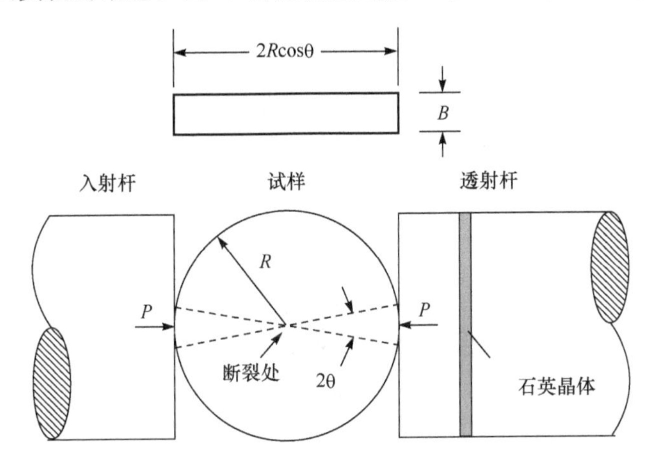

图 5.31　分离式霍普金森杆加载的 FBD 拉伸示意图

这里采用 ANSYS 数值模拟软件的准静态分析程序对试样的受力状态进行分析。由于试样是对称结构，只需建立 1/4 圆柱结构的模型。平面应变假设下，采用平面八节点单元 PLANE82 划分网格。模型右侧及下侧为对称边界，左侧施加压力 P，如图 5.32 所示。计算得到试样中加载直径上的拉应力分布如图 5.33 所示。

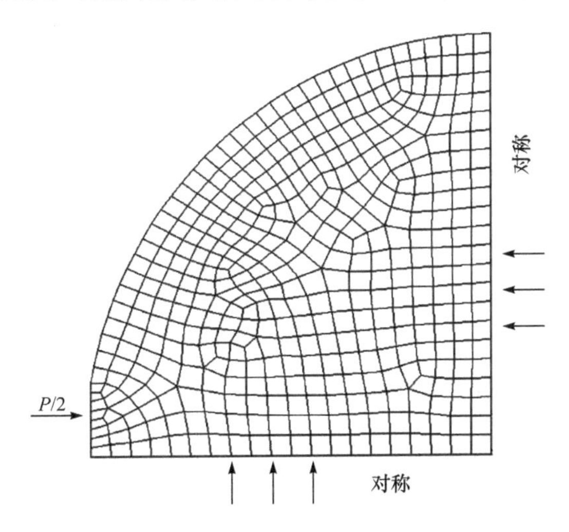

图 5.32　FBD 拉伸过程数值模拟网格图

从图中可以看出，圆心处受到的拉伸应力最大，沿着加载轴线由右向左递减，且试样中心的拉伸应力稳定区域(图 5.33)较大。对不同构形的 FBD 实验进行了模拟，得到了不同构形(不同 θ 值)下 Y 值的变化曲线，如图 5.34 所示，拟合得到如下公式：

$$Y(\theta)=1-5.87\times10^{-4}\theta-3.12\times10^{-4}\theta^2 \tag{5.9}$$

若试样尺寸为 Φ20mm×12mm，取图 5.31 中平台角度 2θ 为 20°，则 $Y=0.964$。

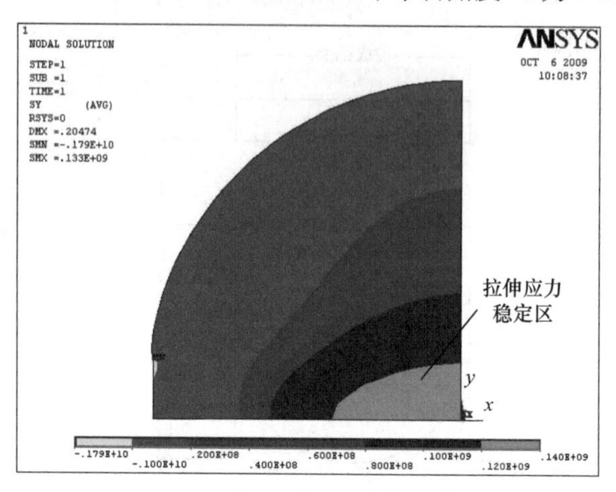

图 5.33 FBD 加载下试样应力分布图

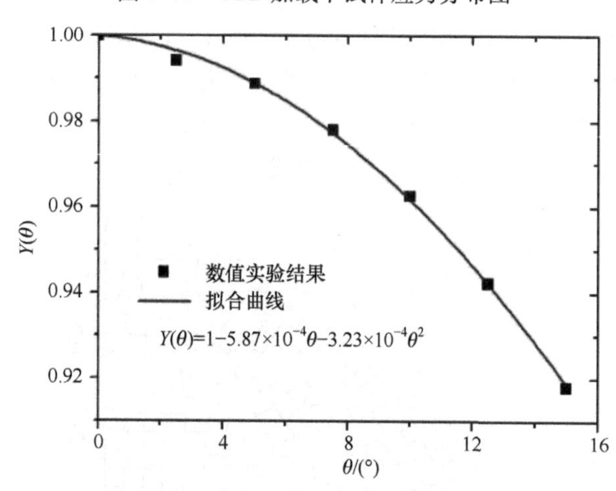

图 5.34 系数 Y 随平台角度 θ 的变化

5.3.3 加载过程中 FBD 试样表面的应变分布

采用巴西实验对一种 PBX 炸药试样进行了研究，并利用同步高速摄影相机对 PBX 炸药试样 FBD 实验进行了观测，高速摄影幅频为 36000fps，分辨率为 384×368。图 5.35 为实验过程中高速摄影获得的试样裂纹产生过程。五张照片分别对应加载的五个特征时段：(a)加载前，(b)加载初期，(c)加载中期，(d)裂纹出现以及(e)裂纹张开。

采用数字散斑相关技术(DIC)，对这组高速摄影图片进行数字图像相关分析(图 5.35 中线框为参考区域)，得到了试样 y 方向的位移场(图 5.36)，将其微分得到了 y 方向的应变场(图 5.37)。

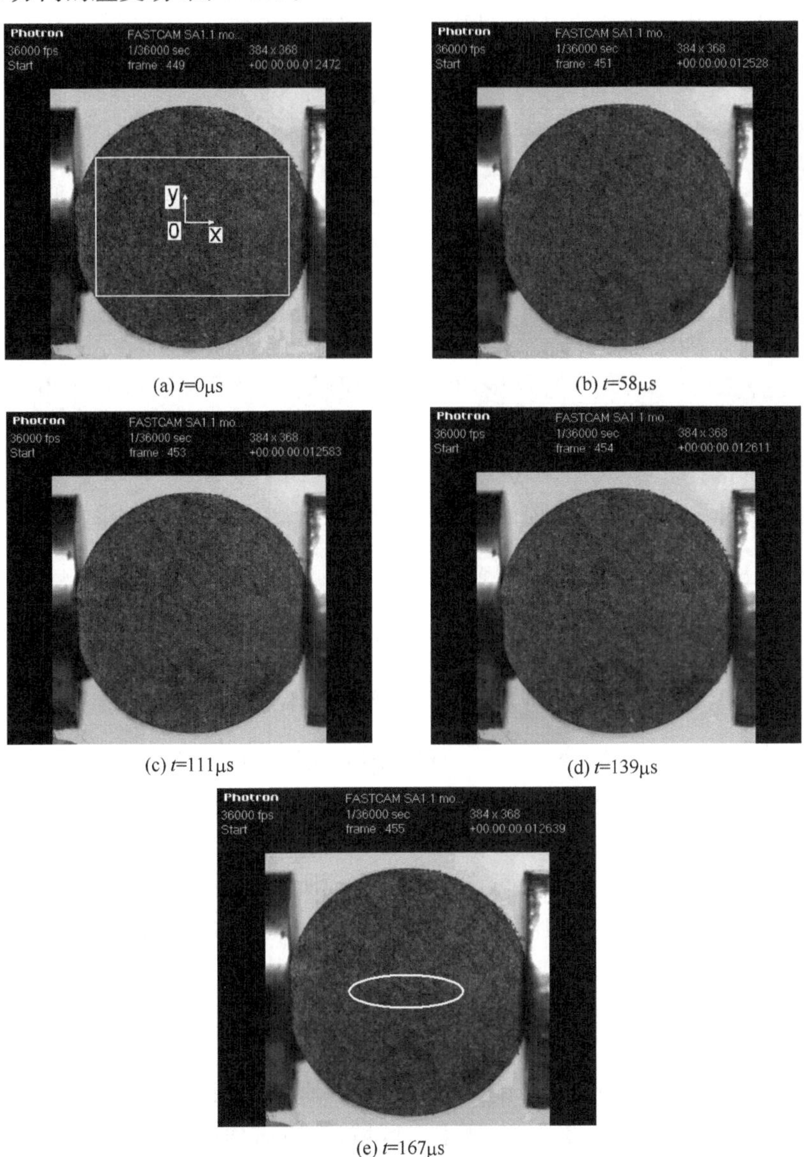

(a) t=0μs

(b) t=58μs

(c) t=111μs

(d) t=139μs

(e) t=167μs

图 5.35　PBX 炸药 FBD 试样拉伸过程高速摄影照片

图 5.36(a)表明，在加载初期，试样表面并未形成整体的运动趋势，局部位移也都在微米量级。随着加载压力增加，试样表面开始出现 y 方向的拉伸运动[图 5.36(b)]，沿试样直径平面附近出现比较均匀的等位移，上下的位移达到 0.02mm。图 5.36(c)中，这种上下对称的位移分布更加明显，两侧的大部分区域分别向上向下移动，最大达到 0.1mm，此时试样中心区域已经开始起裂。图 5.36(d)中，由于裂纹的出现，试样上下位移进一步加大。

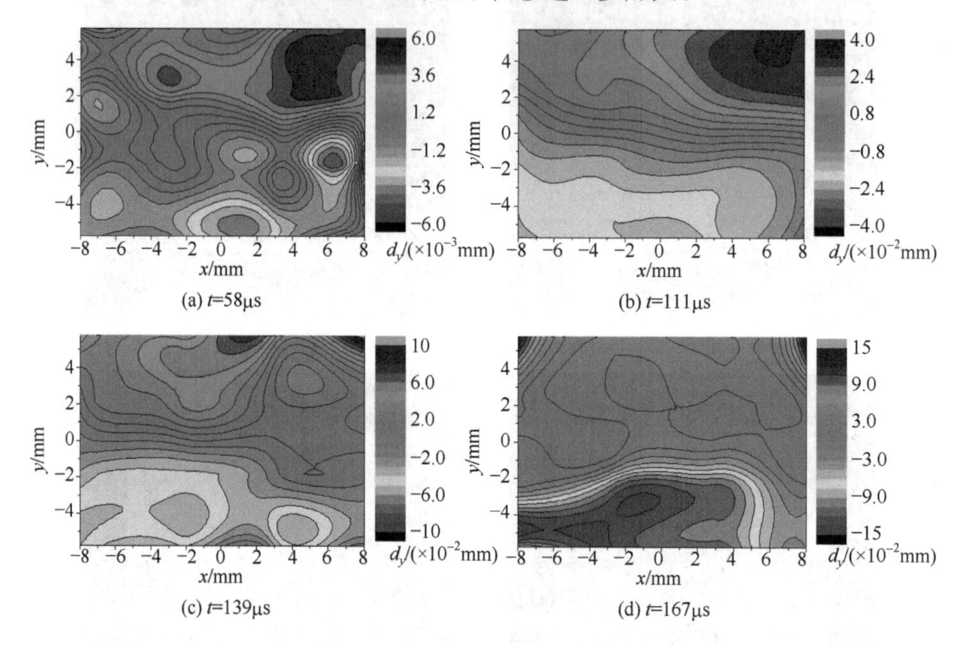

图 5.36　PBX 炸药 FBD 试样拉伸过程 y 方向位移场

图 5.37 为与图 5.36 各子图一一对应的应变场。在初始阶段，应变较小，出现一些局部应变较大的区域，并且拉伸和压缩区域分布不规律[图 5.37(a)]。图 5.37(b)中，在 111μs 时刻随着加载的进一步增加，试样中间出现了应变集中区域。139μs 时，应变集中更为明显，如图 5.37(c)所示。到 167μs 时，试样表面出现了可见的裂纹，在应变场的相应位置也出现了较大的拉伸应变集中区域，如图 5.37(d)所示。

另外，将测得的压力信号带入式(5.8)可以得到试样中心的拉伸应力历史，同时将图 5.37 测得的试样中心点应变提取出来，两者对应，可以得到试样中心处的应力-应变曲线。由于损伤的影响以及材料的非均匀性，中心点的应变有一定的不确定性，因此选取中心处 20×20 像素点区域(对应试样中心 1.2mm×1.2mm 范围)的平均应变，计算得到试样的应变及应力历史如图 5.38 所示。从图中可以得

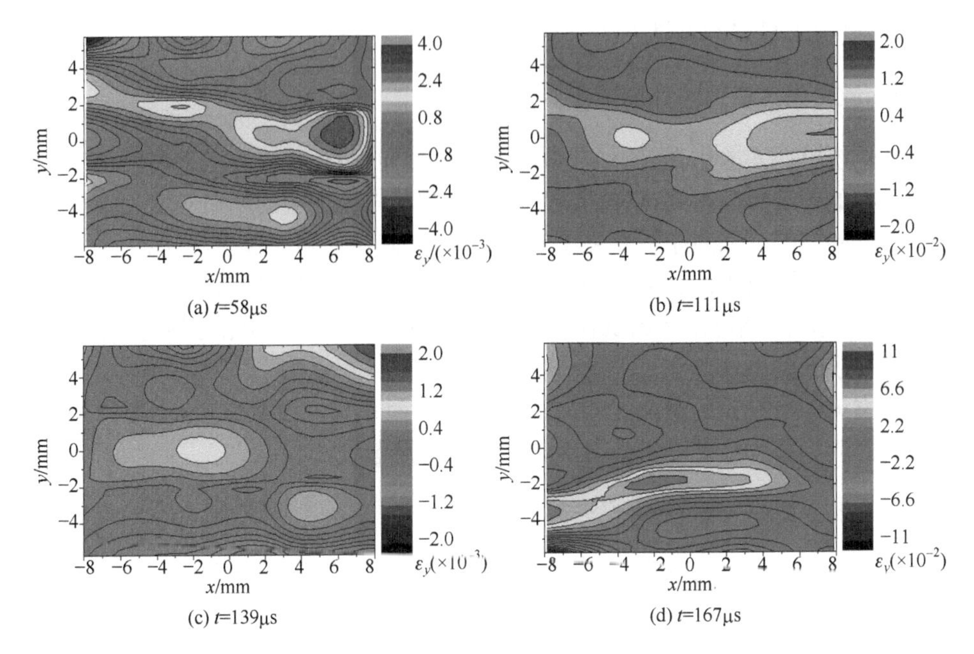

(a) t=58μs (b) t=111μs

(c) t=139μs (d) t=167μs

图 5.37 PBX 炸药 FBD 试样拉伸过程 y 方向应变场

到试样应力达到峰值点时，试样破坏所对应的应变约为 0.8%。需要指出的是，图 5.38中 167μs 时刻"应变"为 2.5%，并非试样中心处材料的真实应变，因为此时试样中心已经开裂。将应力、应变历史相对应，得到试样中心处的应力-应变曲线如图 5.39 所示。由于高速摄影帧频的限制，难以得到比较完整的曲线，只能得到几个关键点的参数。

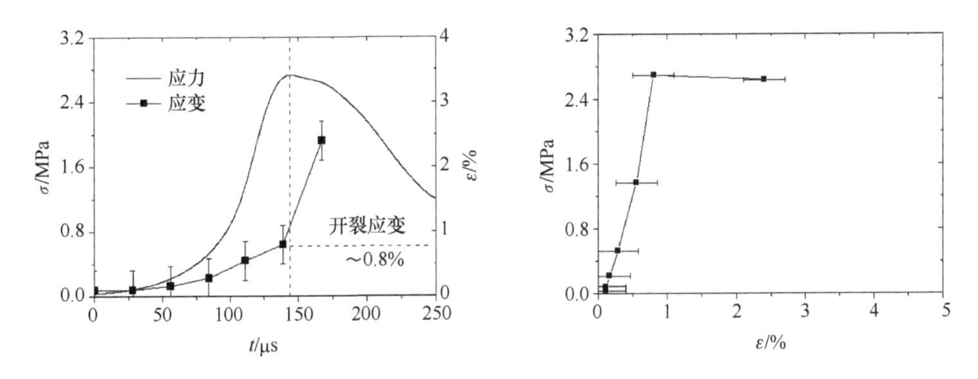

图 5.38 FBD 试样中心处的应力及应变历史

图 5.39 FBD 试样中心处的应力-应变曲线

综上所述，数字散斑相关技术能够很好地描述不同时刻试样表面的应变场，但是受高速相机的帧频限制，要得到试样某一位置处完整的应力-应变曲线，数据点太少,需要寻求更好的测量方法。

5.3.4 激光光通量位移计测试应变

在传统巴西实验中,实验加载方向与拉伸方向垂直,所以无法采用类似于霍普金森压杆的传统方法得到试样的应变。一般在试样表面中间粘贴应变片直接监测试样该处的应变。而对于一些强度较小的材料,其拉伸强度较小,可能小于应变片和胶的强度,若在试样表面粘贴应变片,势必会增加试样的强度,影响实验结果。采用 DIC 技术虽然可以得到试样应变的关键数据点,但是不能得到完整曲线,因此需要寻求新的办法监测试样的应变历程。

本书第 4 章提到的激光光通量位移计是一种非接触测量方法,不失为监测试样受载过程中拉伸应变的有效方法,如图 5.40 所示。

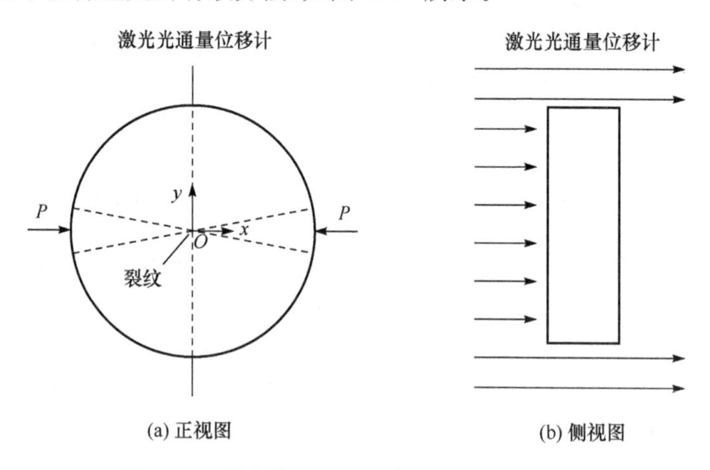

图 5.40 激光光通量位移计测试 BD 试样应变

采用图 5.40 的方式布设激光光通量位移计,只能得到试样沿 y 方向的平均应变,无法得到 BD 试样中心处的应变。两者之间是否存在某种联系呢?直观的想法是,对于构形一定的试样,不管其弹性模量是多少,也不管加载的力是多少,只要试样的中心拉伸加载区域还处在弹性范围之内,甚至即使试样加载端的某些部位屈服或者破坏了,只要拉伸区域还处在弹性范围内,其内部的应变分布应该是相同的。由此,可假设试样沿 y 方向的平均应变为 $\bar{\varepsilon}_{BD}$,起裂点的应变为 ε_{BD},定义比例系数 k_{BD} 为

$$k_{BD}=\frac{\varepsilon_{BD}}{\bar{\varepsilon}_{BD}} \tag{5.10}$$

如果试样内部的应变分布是相同的,那么 k_{FBD} 应该为常数。对于 FBD 试样,也可类似定义 k_{FBD}。

根据弹性力学的理论解,巴西圆盘试样中直线 $x=0$ 上 y 处的拉伸应变为[25]

$$\varepsilon_y(y)=\frac{P}{\pi BR}\left(\frac{y^2-R^2}{y^2+R^2}\right)^2 \tag{5.11}$$

由此计算得到 BD 试样的比例系数 k_{BD} 为

$$k_{\mathrm{BD}}=\frac{\varepsilon_y(0)R}{\int_0^R \varepsilon_y(y)\mathrm{d}y}=\frac{2}{4-\pi}=2.33 \tag{5.12}$$

而对于 FBD 试样,由于平台的存在,没有试样中应力分布的理论解,采用 ANSYS 数值模拟技术进行验证。对实验选定的 $2\theta=20°$ 的 FBD 试样构形,设定不同弹性模量,不同加载力,不同泊松比,考察比例系数 k_{FBD} 是否为定值或者偏差有多少。

图 5.41 为不同加载力下试样中拉伸应变分布图,其中横轴 y 为距离中心点的位置,纵轴为对应位置的拉伸应变。从图 5.41 中可以看出,试样中的拉伸应变在中心($y=0$)处最大,沿着 y 方向不断减小,到试样侧面($y=R$)时下降为 0,拉伸应力随着加载的减小而减小,但是分布形式相似。计算得到的 k_{FBD} 平均值为 2.13,误差在 0.5%以内。类似地,可以发现在确定的试样构形下,试样弹性模量不同时 k_{FBD} 值不变。图 5.42 为不同泊松比的情况,试样材料泊松比变化时 k_{FBD} 值会有所变化,但是对于给定材料泊松比,k_{FBD} 值是确定的,可以事先标定。

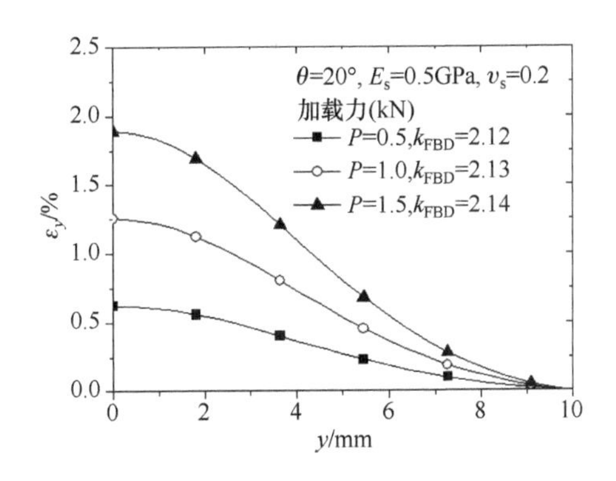

图 5.41　不同加载下 FBD 试样拉伸应变分布

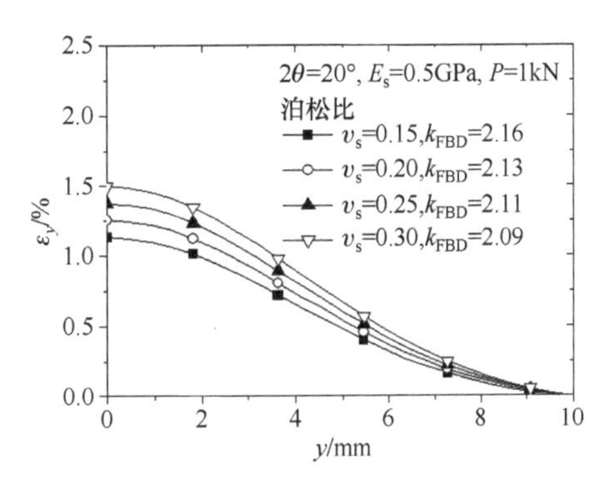

图 5.42　不同泊松比 FBD 试样拉伸应变分布

由于 PBX 并非理想的线弹性材料,其内部高聚物黏结相的存在使试样具有一定的黏性特征,同时还需要考虑试样加载端发生破坏的情况对 k_{FBD} 值有无影响。定义试样的材料为分段线性模型,如图 5.43 中小图空心点曲线所示。得到的 FBD 试样应变分布如图 5.44 所示,图中加载端已经发生了明显的破坏。取 y 轴方向的拉伸应度分布如图 5.43 中空心点曲线所示,得到 k_{FBD} 值为 2.27。而当材料取为线弹性材料模型,材料曲线为图 5.43 中小图实线时,得到的 y 轴方向拉伸应变分布如图 5.43 中实线所示，这时 k_{FBD} 值为 2.12。可见由于材料的非理想脆性带来的误差为 7%，同时从图中还可以看出材料偏离线弹性越远，前面讨论的应变分布相同的假设误差也越大。

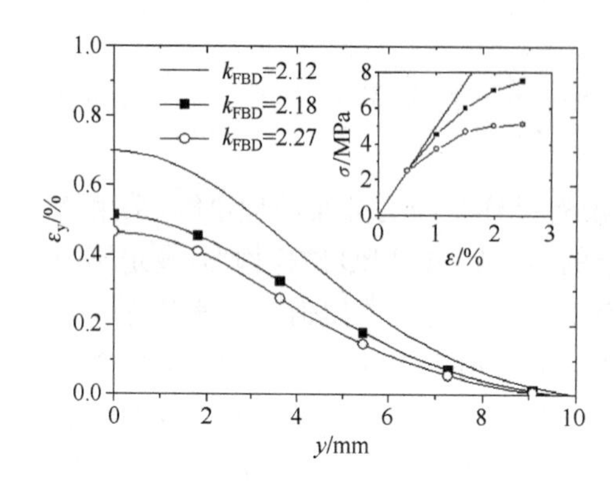

图 5.43　非理想脆性材料条件下的 k_{FBD}

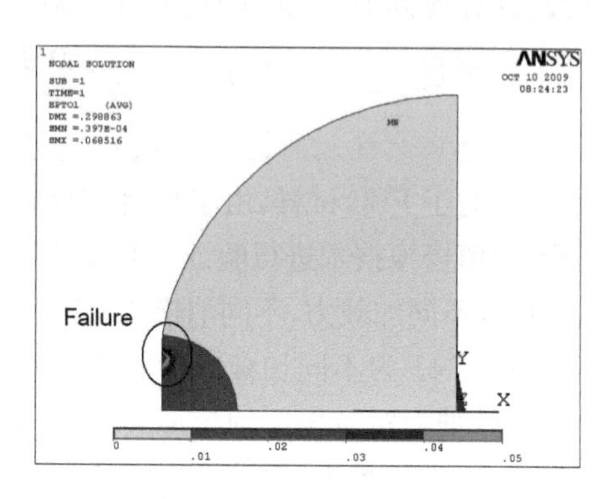

图 5.44　加载端发生破坏

另外，由于在实验过程中试样一定有一个沿着加载方向的位移 $s(t)$，因此在实验过程中利用激光光通量位移计测得的 y 向膨胀与实际试样的 y 向膨胀会有一定的误差，如图 5.45 所示。试样运动导致的光通量测量误差 $\delta(t)$ 可以表示为

$$\delta(t)=\frac{\sqrt{R'^2+s^2(t)}-R'}{\sqrt{R'^2+s^2(t)}}R'=\frac{s^2(t)R'}{\sqrt{R'^2+s^2(t)}\left[\sqrt{R'^2+s^2(t)}+R'\right]}$$
$$\approx\frac{s^2(t)}{2R'} \tag{5.13}$$

式中，R' 是试样膨胀后的曲率半径；$s(t)$ 为试样中线沿实验杆方向的位移。通过试样中心沿实验杆轴向的运动速度可求解试样横截面中线沿实验杆方向的位移 $s(t)$。根据分离式霍普金森杆的基本原理，两个界面的运动速度分别为

$$v_1(\tau)=c_0[\varepsilon_i(\tau)-\varepsilon_r(\tau)] \tag{5.14}$$

$$v_2(\tau)=c_0\varepsilon_t(\tau) \tag{5.15}$$

式中，c_0 为实验杆中的弹性波波速；$\varepsilon_i(\tau)$、$\varepsilon_r(\tau)$ 和 $\varepsilon_t(\tau)$ 分别为入射、反射和透射应变。在这里，由于试样与实验杆阻抗相差较大，透射信号远远小于入射和反射信号，而入射与反射信号数值相当，符号相反。于是，试样沿着实验杆轴向的运动位移可近似为

$$s(t)=\int_0^t\frac{v_1(\tau)+v_2(\tau)}{2}\mathrm{d}\tau\approx c_0\int_0^t\varepsilon_i(\tau)\mathrm{d}\tau \tag{5.16}$$

假设实验中激光光通量位移计测得的电压变化值为 $\Delta U(t)$，则试样实际的平均应变$\bar{\varepsilon}_{\mathrm{FBD}}(t)$为

$$\bar{\varepsilon}_{\mathrm{FBD}}(t)=\frac{k\Delta U(t)+2\delta(t)}{2R}\approx\frac{k\Delta U(t)}{2R}+\frac{s^2(t)}{2RR'} \tag{5.17}$$

其中，k 为激光光通量位移计的标定参数。式(5.17)中第二项是由于试样沿着实验杆轴向运动导致的修正项，取 $R'=R$，可见式中第二项为二阶小量。实验中 $k\Delta U$ 的典型值为 0.5mm，s 的典型值为 0.3mm，而试样半径为 10mm，得出第二项约为第一项的 2%。

最终得到试样中心处的拉伸应变为

$$\varepsilon_{\mathrm{FBD}}(t)\approx k_{\mathrm{FBD}}\frac{k\Delta U(t)}{2R} \tag{5.18}$$

应变率可以根据应变历史曲线中加载段的线性拟合得到。

为了验证该方法的准确性，采用与前述数字图像相关技术测量应变所得曲线图 5.39 的相同实验条件，测量得到试样的应力-应变曲线如图 5.46 所示，从图中可以看出两者比较吻合。实验表明采用激光光通量位移计测试巴西实验中拉伸应变的方法是可行的。

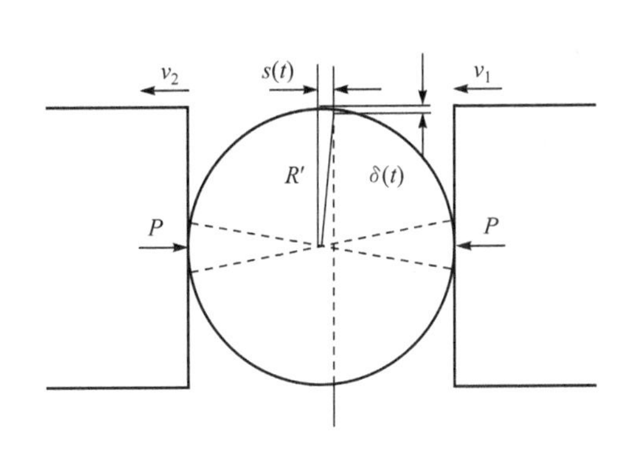

图 5.45　试样平移修正示意图

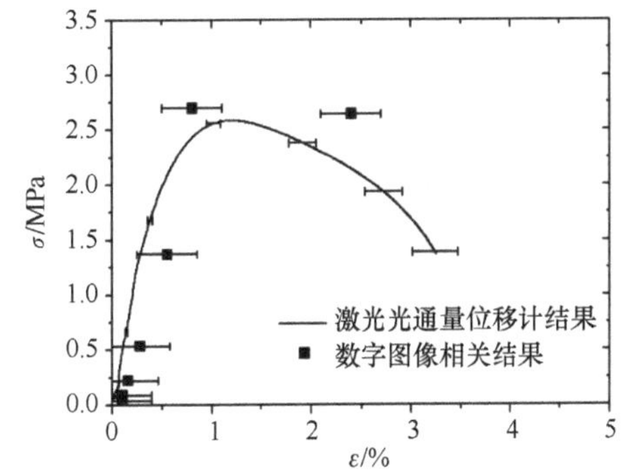

图 5.46　激光光通量位移计应变测试验证

5.3.5　应力-应变曲线

针对一种 PBX 炸药不同压装密度的试样，研究了不同加载条件下的拉伸强度变化。图 5.47 为典型的动态巴西实验记录，Ch2 记录入射杆中的应变片信号，Ch3 记录石英晶体所测得的应力信号，Ch4 记录激光光通量位移计的信号。图 5.47(a)为试样并未完全开裂情况下的曲线，卸载之后横向膨胀几乎停止。从图中可以看出，加载峰值点时刻对应的试样横向应变还在缓慢增加，直到试样卸载结束。这是因为中心起裂时，试样的两端仍然完好，对裂纹的扩展起到了一定的约

束作用。图 5.47(b)为加载应变率较高时的原始曲线,这时试样完全开裂,且剩余动能较多,一直向两端飞散,在实验曲线上表现为试样的横向膨胀一直存在,直到超出激光光通量位移计量程。

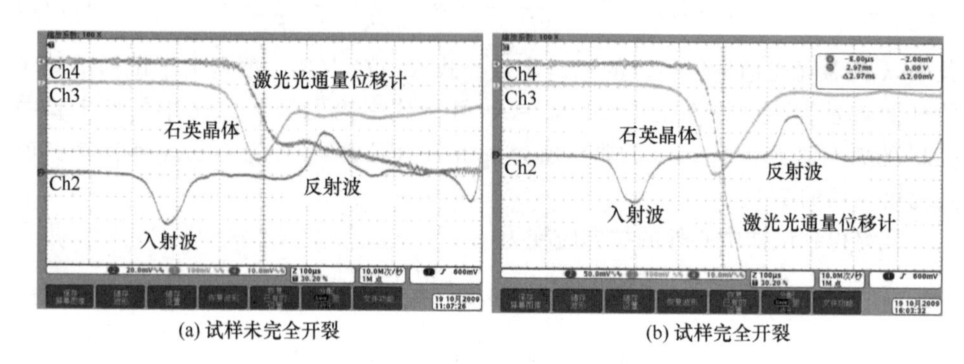

(a) 试样未完全开裂　　(b) 试样完全开裂

图 5.47　FBD 实验典型信号

通过式(5.8)和式(5.18)分别计算得到试样的拉伸应力、应变历史,将两者对应即得到试样的拉伸应力-应变曲线。图 5.48(a)为密度 1.7g/cm³ 的 PBX 炸药试样在不同应变率下所测到的拉伸应力-应变曲线。由图 5.48(a)可以看出,随着加载应变率的增大,PBX 炸药试样的 FBD 拉伸强度也随之增大,表明该 PBX 炸药试样的抗拉性能有一定的应变率效应。图 5.48(b)所示为不同密度的 PBX 炸药试样的 FBD 拉伸应力-应变曲线。通过对比三种不同密度下 PBX 炸药试样的曲线可以看出,在同一加载应变率下,初始压装密度对材料的拉伸强度影响很大,试样的密度越大,FBD 拉伸强度越高。

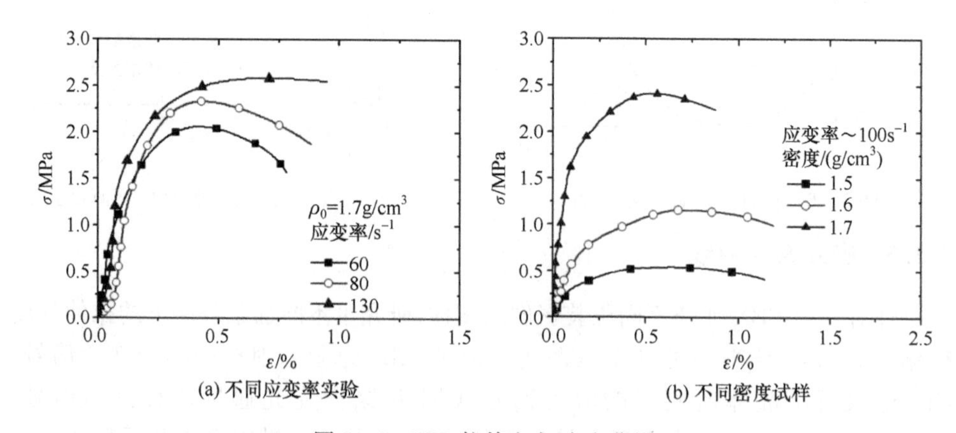

(a) 不同应变率实验　　(b) 不同密度试样

图 5.48　FBD 拉伸应力-应变曲线

5.4　半圆盘三点弯实验实现拉伸加载

5.4.1　半圆盘三点弯实验技术

半圆盘三点弯(SCB)实验试样与 FBD 实验试样采用相同的加载平台和测试方法。分离式霍普金森杆加载下的动态 SCB 拉伸实验如图 5.49 所示，将传统霍普金森杆的透射杆上增加两个圆柱形支撑，两支撑柱之间的跨距为 S。将半径为 R、厚度为 B 的半圆形试样安装在入射杆和透射杆之间，入射杆和试样的圆弧面接触，透射杆上的两个支撑柱与试样的直径面接触。实验过程中要求保证试样两端的力平衡，入射杆端头对试样的加载力为 P，透射杆端头两个支撑柱对试样的加载力各为 $P/2$，于是对试样构成了三点弯加载，并且圆心位置为最大拉应力集中位置，即起裂点。另外，由于断裂后试样会绕入射杆与试样的接触点转动，将透射杆支柱中心铣一个圆柱凹面，以防止转动过程中破裂试样与透射杆接触，影响回收试样的分析。

根据平面应变假设，加载力与试样起裂点的拉伸应力之间的关系为

$$\sigma_{\mathrm{SCB}}=\frac{P_{\max}}{\pi BR}Y\left(\frac{S}{2R}\right) \tag{5.19}$$

式中，B 为试样厚度；R 为试样半径；$P_{\max}$是断裂发生时加载力的临界值，也是实验记录的最大值；$Y(S/(2R))$为构形相关的参数，通过数值模拟可以得到。

采用数值模拟对 SCB 试样的受力状态进行分析，建立有限元网格如图 5.50 所示，考虑到对称性，建立 1/2 模型，试样左右两边各加 $P/2$ 的力，下端面设置为对称面。设定试样的中心为坐标原点，计算得试样中拉应力分布如图 5.51 所示。从图中可以看出，圆心处受到的拉伸应力最大，沿着加载轴线方向由右向左递减。

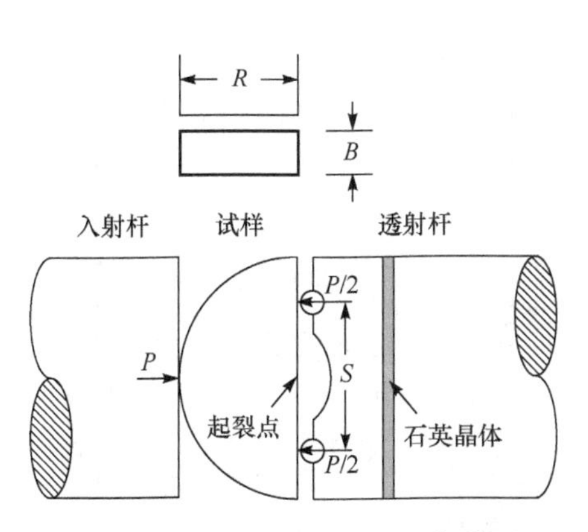

图 5.49　分离式霍普金森杆加载下 SCB 拉伸实验示意图

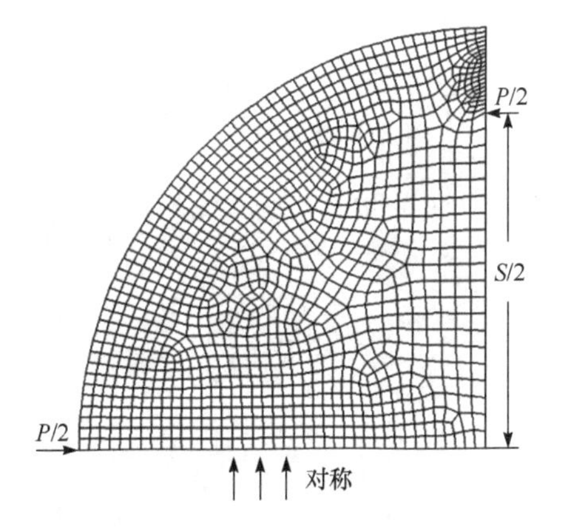

图 5.50　SCB 拉伸过程数值模拟网格图

对不同构形的 SCB 实验进行模拟,得到了不同构形[不同 $S/(2R)$]下 Y 值的变化曲线,如图 5.52 所示。根据数值实验可以拟合得到如下公式:

$$Y=2.22+2.87\left(\frac{S}{2R}\right)+4.54\left(\frac{S}{2R}\right)^2 \tag{5.20}$$

若 $R=10\text{mm}$,$B=8\text{mm}$,$S=16\text{mm}$,$S/(2R)=0.8$,则 $Y=7.42$。

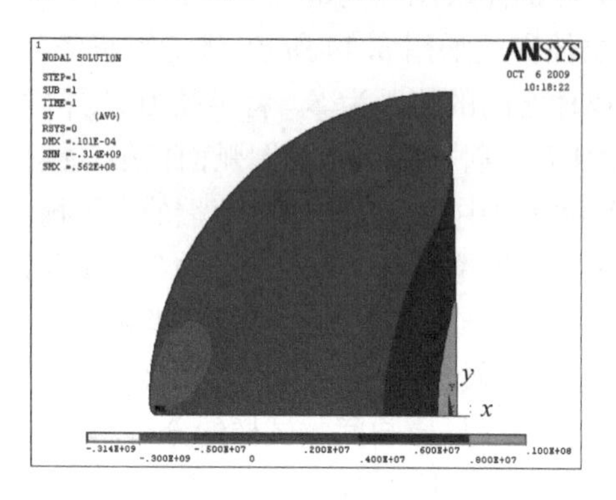

图 5.51　SCB 加载下试样应力分布图

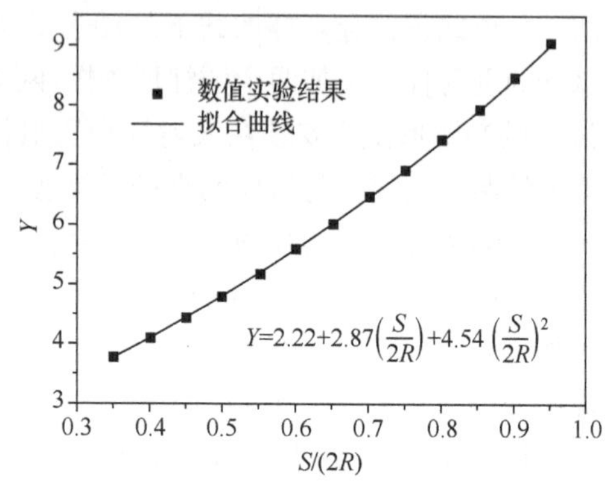

图 5.52　Y 随无量纲几何参数 $S/(2R)$ 的变化

5.4.2　SCB 拉伸试样表面的应变分布

利用同步高速摄影相机对 PBX 炸药试样半圆盘三点弯实验进行了观测,高速摄影幅频为 40000fps,分辨率为 256Pixel×416Pixel。图 5.53 为实验过程中高速摄影记录获得的试样裂纹产生过程,分为四个特征时段:加载前、细观损伤累积、裂纹出现和裂纹张开。采用数字散斑相关技术,对这组高速摄影图片进行数字图像相关分析(图 5.53 中线框为参考区域),得到了试样 y 方向的位移场(图 5.54),将其微分得到 y 方向的应变场(图 5.55)。

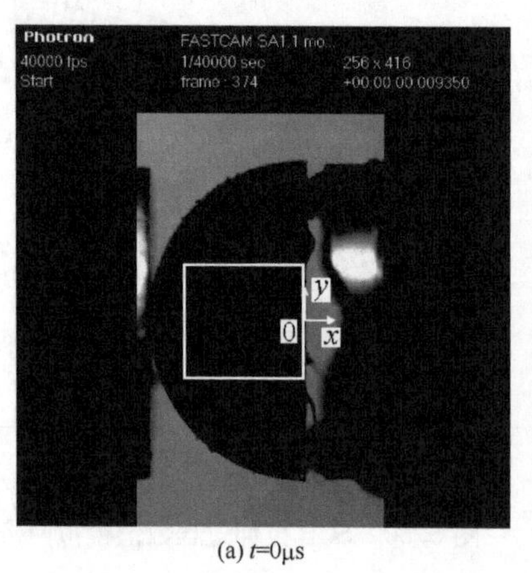

(a) t=0μs

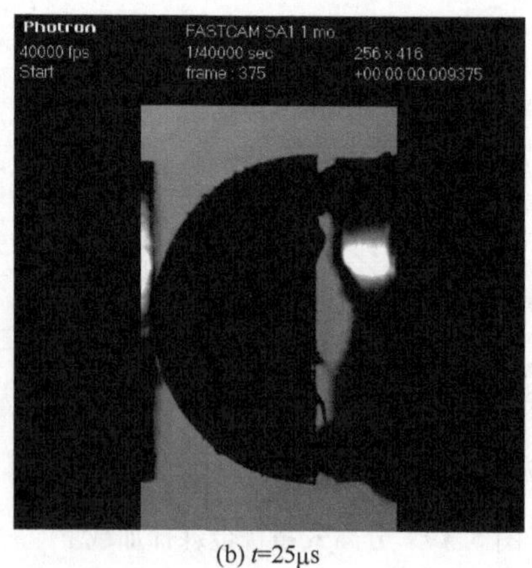

(b) t=25μs

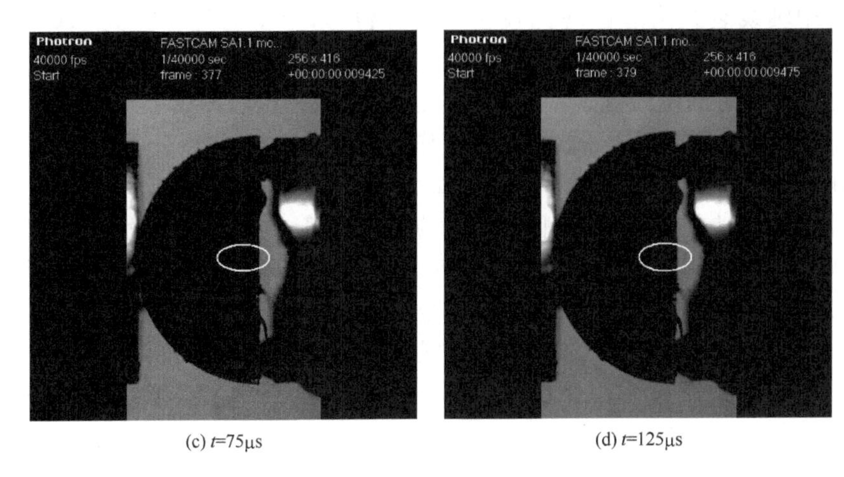

(c) t=75μs　　　(d) t=125μs

图 5.53　PBX 炸药 SCB 试样拉伸过程高速摄影照片

图 5.54(a)表明，在加载初期，试样表面并未形成整体的运动趋势，局部位移也都在微米量级。随着加载压力增加，试样表面开始出现 y 方向的运动(图 5.54(b))，

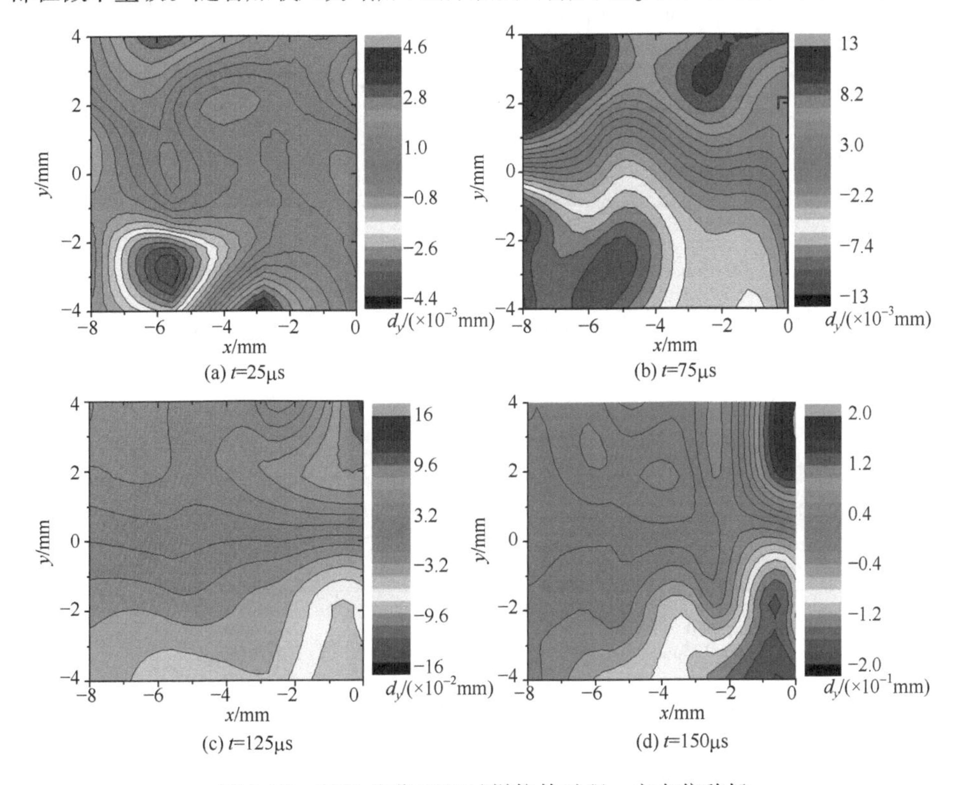

(a) t=25μs　　　(b) t=75μs

(c) t=125μs　　　(d) t=150μs

图 5.54　PBX 炸药 SCB 试样拉伸过程 y 方向位移场

沿试样中轴线裂纹附近出现比较密集的等位移，上下的位移达到 0.0134mm。图 5.54(c)中，这种上下对称的位移分布更加明显，最大位移达到 0.126mm。此时试样右侧的 y 方向位移明显大于其余部分，表明试样已经开始起裂。图 5.54(d)中，裂纹张开明显，并且由于张开的弯矩作用，分析区域的应变云图右侧的上下部位均出现了竖直条纹，即右端 y 向位移最大，向左逐渐减小。

图 5.55 为与图 5.54 各子图一一对应的应变场。在初始阶段，应变较小，并且拉伸和压缩区域分布不规律[图 5.55(a)]。75μs 时刻，如图 5.55(b)所示，整体应变值增加，并且靠近加载端有部分应变集中，但最大应变不超过 4.0×10^{-3}。125μs 时刻，试样开始断裂，试样右端面中心处的应变较大，如图 5.55(c)所示。到 150μs 时刻，试样中的裂纹扩展到 $x=-7$mm 附近，相应的 $x=-7$mm 的右侧开始卸载，应变较小，而 $x=-7$mm 的左侧为裂纹尖端位置，出现了较大的拉伸应变集中。

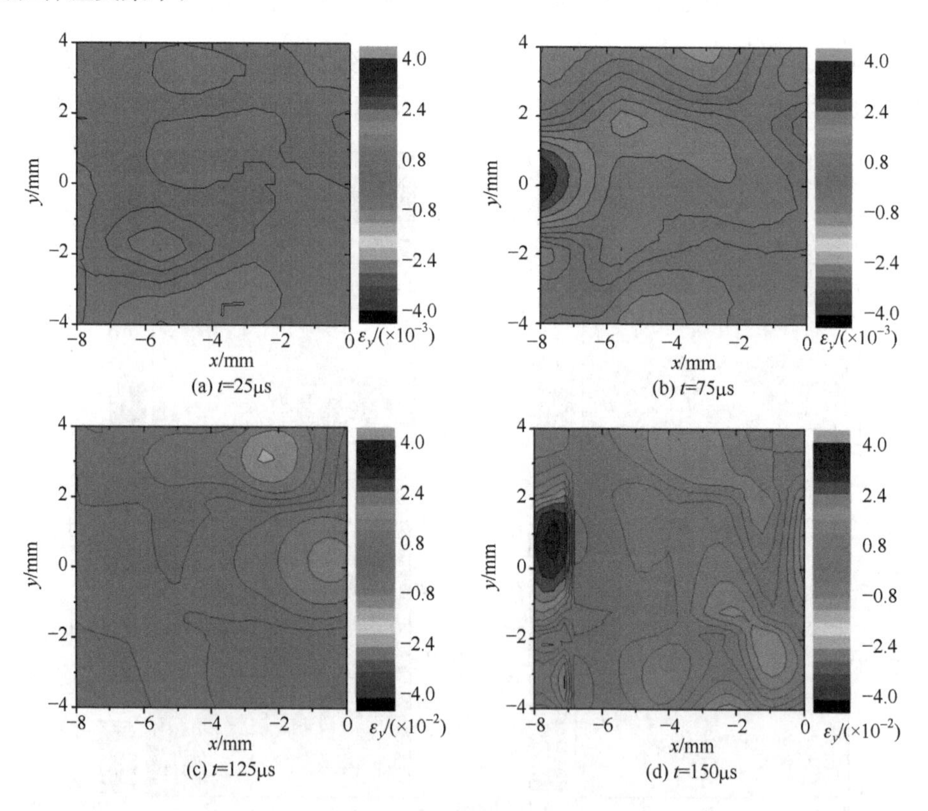

图 5.55　PBX 炸药 SCB 试样拉伸过程 y 方向应变场

5.4.3　应力历史曲线

SCB实验目前还没有好的应变测试方法，一般只给出应力历史，并采用应力率(加载率)来描述加载速率的不同。图5.56为由SCB实验测得的密度为$1.7g/cm^3$的PBX炸药试样在不同加载应力率下的拉伸应力历史。可以看出，加载率越高，PBX炸药试样的拉伸强度越大。

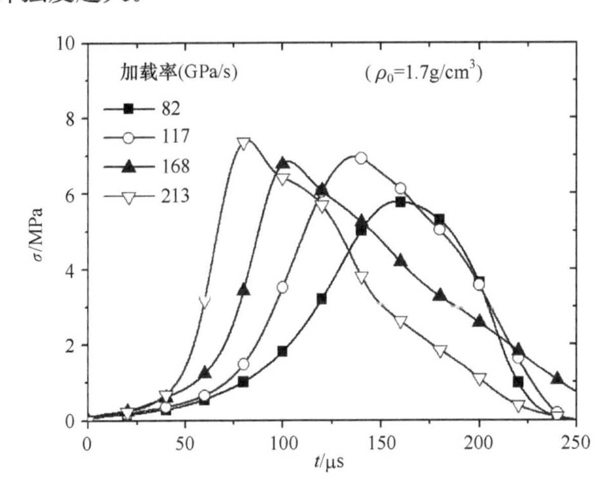

图5.56　不同加载率下的SCB拉伸应力历史

图5.57是PBX试样在不同密度下的加载率-SCB强度曲线。在三种密度下，材料均表现出明显的加载率效应，拉伸强度均随着加载率的提高而增加。而且随着密度的增加，试样的拉伸强度均有提高，密度为$1.5g/cm^3$试样的SCB拉伸强度与$1.6g/cm^3$试样的相差不大，密度为$1.7g/cm^3$试样的SCB拉伸强度显著较大，这是因为高密度SCB试样实验同时实现了较高的加载率，最高达到了220GPa/s。

SCB实验是在加载应力率框架下讨论问题，为了与前面惯用的应变率条件下讨论问题相对比，下面做一个近似转换。考虑到试样在断裂前基本处于弹性状态，采用如下公式将SCB拉伸中的加载应力率近似转换为应变率：

$$\dot{\varepsilon}=\frac{\dot{\sigma}}{E_s} \tag{5.21}$$

式中，E_s为试样的拉伸弹性模量。于是，图5.57的加载率-SCB强度曲线转换为图5.58所示的应变率-SCB强度曲线，便于将FBD和直接拉伸实验的结果作比较。

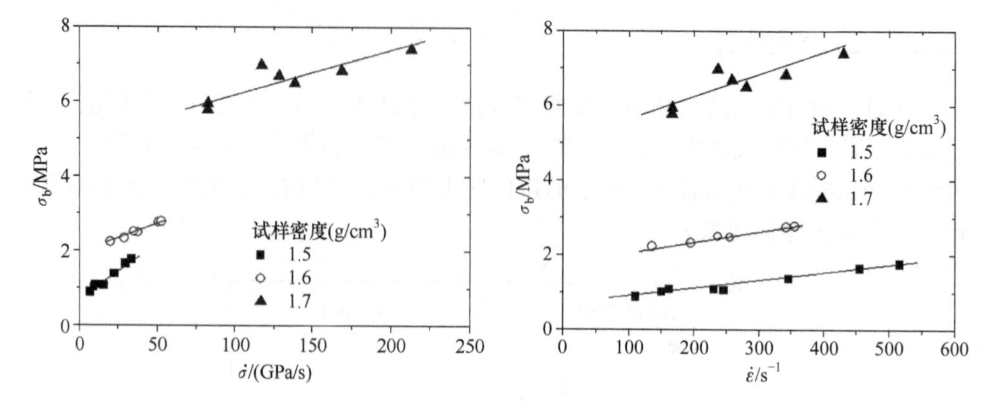

图 5.57 不同密度下的加载率-SCB强度曲线　图 5.58 不同密度下的应变率-SCB强度曲线

5.5 小　结

本章介绍了利用霍普金森杆实现拉伸加载的几种实验技术。在直接拉伸的霍普金森杆中，胶黏连接方式的可靠性要高于螺纹连接的方式；在反射式霍普金森拉杆实验中，杆件与承压环之间的缝隙带来的干扰信号可以通过数据处理的方式加以修正。对于岩石、混凝土等脆性材料，巴西圆盘类间接拉伸实验是常用的方法。

参 考 文 献

[1] Harding J, Wood E D, Campbell J D. Tensile testing of material at impact rates of strain [J]. Journal of Mechanical Engineering Science, 1960, 2(1): 88—96.

[2] Albertini C, Montagnani M. Testing techniques based on the split Hopkinson bar [C]. Conference on the Mechanical Properties at High Rates of Strain, Oxford, 1974: 22—32.

[3] Nicholas T. Tensile testing of materials at high rates of strain [J]. Experimental Mechanics, 1981, 21(5): 177—185.

[4] Schuler H, Mayrhofer C, Thoma K. Spall experiments for the measurement of the tensile strength and fracture energy of concrete at high strain rates [J]. International Journal of Impact Engineering, 2006, 32(10): 1635—1650.

[5] Lindholm U S, Yeakley L M. High strain rate testing: Tension and compression [J]. Experimental Mechanics, 1968, 8(1): 1—9.

[6] Wang Q Z, Jia X M, Kou S Q, et al. The flattened Brazilian disc specimen used for testing elastic modulus, tensile strength and fracture toughness of brittle rocks: Analytical and numerical results [J]. International Journal of Rock Mechanics and Mining Sciences, 2004, 41(2): 245—253.

[7] Scheunemann P. The influence of failure criteria on strength prediction of ceramic compo-

nents [J]. Journal of the European Ceramic Society, 2004, 24(8): 2181—2186.

[8] Goldsmith W, Sackman J L, Ewert C. Static and dynamic fracture strength of Barre granite [J]. International Journal of Rock Mechanics and Mining Sciences, 1976, 13(11): 303—309.

[9] Huang W, Zan X, Nie X, et al. Experimental study on the dynamic tensile behavior of a poly-crystal pure titanium at elevated temperatures [J]. Materials Science and Engineering A-Structural Materials Properties Microstructure and Processing, 2007, 443(1-2): 33—41.

[10] Chen X H, Wang Y, Gong M, et al. Dynamic behavior of SUS304 stainless steel at elevated temperatures [J]. Journal of Materials Science, 2004, 39(15): 4869—4875.

[11] Ogawa K. Impact-tension compression test by using a Split-Hopkinson bar [J]. Experimental Mechanics, 1984, 24(2): 81—86.

[12] Chen W, Lu F, Cheng M. Tension and compression tests of two polymers under quasistatic and dynamic loading [J]. Polymer Testing, 2002, 21(2): 113—121.

[13] Li M, Wang R, Han M-B. A Kolsky bar: Tension, tension-tension [J]. Experimental Mechanics, 1993, 33(1): 7—14.

[14] Nie X, Song B, Ge Y, et al. Dynamic tensile testing of soft materials [J]. Experimental Mechanics, 2009, 49(4): 451—458.

[15] Ross C A, Thompson P Y, Tedesco J W. Split-Hopkinson pressure bar tests on concrete and mortar in tension and compression [J]. ACI Materials Journal, 1989, 86(5): 475—481.

[16] Nemat-Nasser S, Isaacs J B, Starrett J E. Hopkinson techniques for dynamic recovery experiments [J]. Proceedings: Mathematical and Physical Sciences, 1991, 435(1894): 371—391.

[17] Owen D M, Zhuang S, Rosakis A J, et al. Experimental determination of dynamic crack initiation and propagation fracture toughness in thin aluminum sheets [J]. International Journal of Fracture, 1998, 90(1-2): 153—174.

[18] Chen X, Li Y L. An experimental technique on the dynamic strength of adhesively bonded single lap joints [J]. Journal of Adhesion Science and Technology, 2010, 24(2): 291—304.

[19] 宋顺成，田时雨．Hopkinson 冲击拉杆的改进和应用[J]．爆炸与冲击，1992，12(1)：62—67.

[20] 胡时胜，邓德涛，任小彬．材料冲击拉伸实验的若干问题探讨[J]．实验力学，1998，13(1)：9—14.

[21] Berenbaum R, Brodie I. Measurement of the tensile strength of brittle materials [J]. British Journal of Applied Physics, 1959, 10(6): 281—286.

[22] Palmer S J P, Field J E, Huntley J M. Deformation, strengths and strains of failure of polymer bonded explosives [J]. Proceedings: Mathematical Physical and Engineering Sciences, 1993, A440(1909): 399—419.

[23] Mellor M，Hawkes I. Measurement of tensile strength by diametral compression of discs and annuli [J]. Engineering Geology，1971，5(3)：173—225.

[24] Awaji H，Sato S. Diametral compressive testing method [J]. Journal of Engineering Materials and Technology-Transactions of the ASME，1979，101(2)：139—147.

[25] 喻勇，陈平．岩石巴西圆盘试验中的空间拉应力分布[J]. 岩土力学，2005，26(12)：1913—1916.

第6章　分离式霍普金森压剪杆

材料受载变形乃至破坏通常是处于任意应力状态下，即同时受到纵向和横向的载荷作用，伴随着拉、压和剪切应力的复合加载。例如，在武器系统的应用中，导弹战斗部装药在存贮、运输及作战中受到的力学作用已不是单纯的理想压缩、拉伸，经常是复合的压缩-剪切动载。材料在这种复合加载下的本构响应常常不同于理想加载下的情况，例如，某些复合材料能够承受很强的压缩加载，但是却不能抵抗较低的剪切力的作用；固体炸药在压剪同时作用下产生摩擦效应，会造成起爆性能的敏化，导致弹药的意外爆炸，直接关系到武器系统的安全性。而且，剪应力对材料的损伤破坏更加直接，这一点从现有的强度准则理论就可以理解。

因此，发展动态压剪加载实验技术，研究在这种情况下的材料本构，对正确和全面认识材料性质，指导材料的科学使用和设计，具有重要的现实意义和学术价值。为此，近些年来国内外力学工作者不断探索和发展新的压-剪复合加载实验技术，以使实验加载条件更加接近于实际加载情况。然而，高应变率动载条件下材料应变率效应与波传播效应的耦合，压缩加载与剪切加载的耦合共同构成了问题的理论难点和实验难点。正是在这种需求和背景下，作者提出来了分离式霍普金森压剪杆(Split Hopkinson Pressure Shear Bar，SHPSB)实验技术。分离式霍普金森压剪杆实验技术是对分离式霍普金森压杆实验技术的重要拓展，本章将给出该实验技术的基本思想、力学原理、测试方法及其有效性分析，并对试样构型进行探索设计等。

6.1　实验装置

分离式霍普金森压剪杆实验技术通过对传统霍普金森压杆装置作如下变化得到。将入射杆的后端面由原来的平面改为两个与轴线成45°角的楔形面，两个透射杆分别从两楔形面引申出。试样仍置于入射杆和透射杆之间，试样端面与相应的入射杆端面和透射杆固连。当压缩应力波传播到入射杆的斜截面时，在斜面上分解出沿着试样轴向的纵向速度分量和垂直于试样轴向的横向速度分量。于是利用斜面的几何效应，将横向和纵向速度加载到试样上，实现了对试样的压剪加载。

图6.1为霍普金森压剪杆实验平台实物照片，图中中间支撑平台主要用于安放原分离式霍普金森压杆设备压杆装置，压剪杆装置的入射杆也安装在该平台上，

侧面伸出平台用于安装压剪杆装置的透射杆，两组平台处于同一水平面上，且压剪杆的支撑方式与压杆相同。图 6.2 为霍普金森压剪杆实验加载部位的近观图。

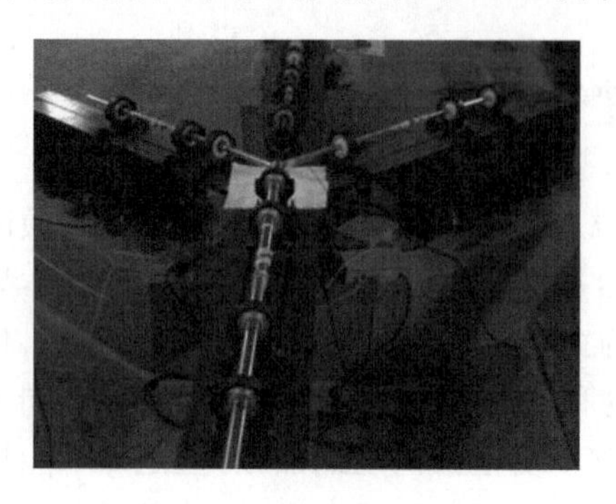

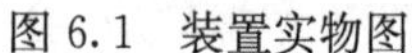

图 6.1　装置实物图

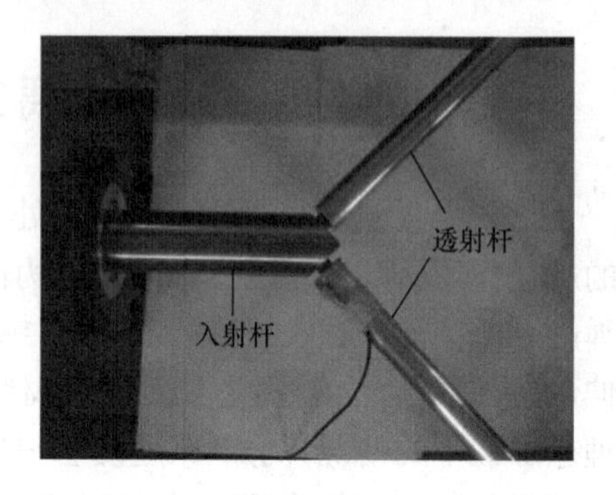

图 6.2　装置加载部位近观图

实验装置中入射杆的材料为 LY12-T6 铝合金，直径为 37mm，杆长 1800mm。透射杆的材料同入射杆，直径为 20mm，杆长 1200mm。压剪杆实验装置及测试系统示意图见图 6.3。测试系统包括杆表面压缩应变测试部分、透射杆端头的剪切应变测试部分、试样的剪切应力测试部分。

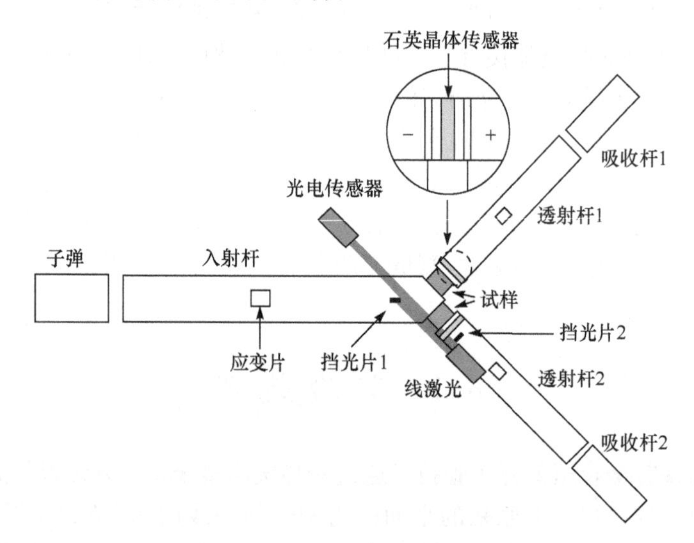

图 6.3　分离式霍普金森压剪杆装置加载与测试示意图

6.2　试样受载分析

当撞击杆以一定速度撞击入射杆后，在入射杆中产生一个压缩波。忽略入射杆的横向惯性效应，入射杆中应力状态为一维应力。入射杆中质点的速度方向沿着杆轴方向。当压缩波传至入射杆-试样界面时，使试样具有沿透射杆轴向的轴向速度和垂直于透射杆轴向的横向速度，因此实现了对试样的动态压-剪复合加载。由于阻抗失配，入射杆-试样界面上将出现应力波的反射和透射。两个透射杆采用了对称结构，两个试样对入射杆的反作用力的合力方向是入射杆杆轴方向，故入射杆中传播的反射波为一维纵波，杆中不存在弯曲波扰动。透射杆内存在轴向与横向扰动，因此透射杆中传播着一维纵波与弯曲波。试样端面速度示意图如图6.4所示。由于对称性，图6.4仅给出了一侧试样的情况。

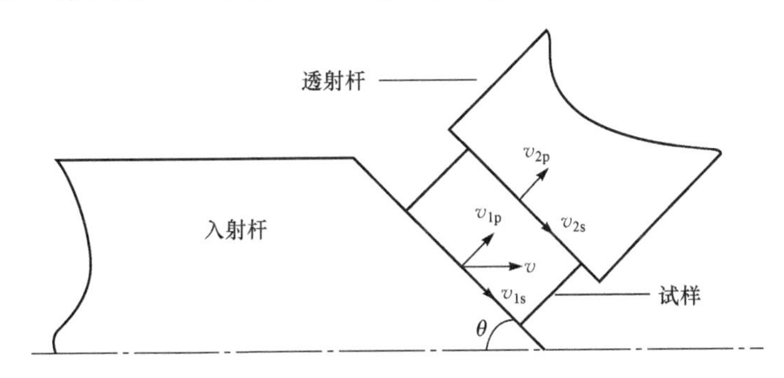

图6.4　试样端面速度示意图

下面推导试样的应力和应变的关系式。

由于试样的特征尺寸远小于子弹长度，应力波在试样内部来回反射，使试样达到压力和剪力平衡，于是压缩应力为

$$\sigma(t)=\frac{F(t)}{A_s}=\frac{\sigma_t A_t}{A_s} \tag{6.1}$$

式中，F为作用在试样两端面的平均压力；σ_t为透射杆中的轴向压缩应力；A_s是试样横截面积；A_t为透射杆横截面积。而剪切应力为

$$\tau(t)=\frac{V(t)}{A_s}=\frac{\tau_t A_t}{A_s} \tag{6.2}$$

式中，V为作用于试样两端面的平均剪力；τ_t为透射杆端面的剪切应力。

在受载过程中，试样的两个端面具有不同的轴向速度，则试样的压缩应变率可以表示为

$$\dot{\varepsilon}=\frac{v_{1p}-v_{2p}}{l_0} \tag{6.3}$$

式中，v_{1p}、v_{2p}分别为试样前端面与后端面轴向的质点速度；l_0为试样的厚度。

同理，若试样的两个端面分别具有横向速度v_{1s}、v_{2s}，则

$$\dot{\gamma}=\frac{v_{1s}-v_{2s}}{l_0} \tag{6.4}$$

于是试样的压缩应变与剪切应变分别为

$$\varepsilon(t)=\int_0^t \frac{v_{1p}-v_{2p}}{l_0}\mathrm{d}t \tag{6.5}$$

$$\gamma(t)=\int_0^t \frac{v_{1s}-v_{2s}}{l_0}\mathrm{d}t \tag{6.6}$$

联立式(6.1)、式(6.5)及式(6.2)、式(6.6)，消去中间参量时间 t，即可获得试样的压缩应力-应变曲线和剪切应力-应变曲线。

6.3 实验装置的应力分析

利用 LS-DYNA 对分离式霍普金森压剪杆实验过程进行数值模拟，可以直观地研究实验杆中的应力波传播。所用模型单元为拉格朗日实体单元。图 6.5 为计算模型示意图。计算模拟中，试样和实验杆采用固连接触，模型参数见表 6.1。

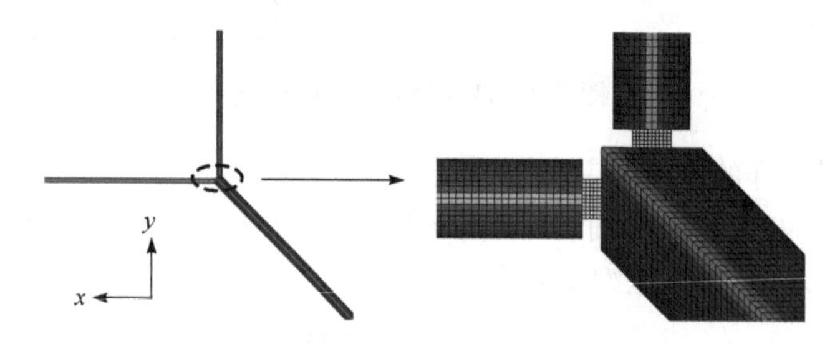

图 6.5 计算模型示意图及局部放大图

表 6.1 分离式霍普金森压剪杆的模型参数

	材料模型类型	尺寸/mm	密度/(g/cm³)	杨氏模量/GPa	泊松比	屈服应力/GPa	硬化模量/GPa
试样	随动硬化	10×10×5	1.4	30	0.33	0.20	0.60
入射杆	线弹性	Φ37×1800	2.8	71	0.33	—	—
透射杆	线弹性	Φ20×1200	2.8	71	0.33	—	—

6.3.1 入射杆应力状态

在计算模型中入射杆轴向既不是沿坐标系的 x 轴方向，也不是沿坐标系的 y 方向，而是在 x-y 平面中与坐标轴成 45°，如图 6.5 所示。

为分析方便，设坐标系(1,2,3)为以入射杆轴向为 1 向的直角系，坐标系(x, y, z)为以透射杆轴向为 x 向的直角系，即设原坐标轴为 123-Cartesian，变换后为 xyz-Cartesian(模拟中使用的坐标系)，两坐标系之间的变换矩阵为

$$\mathbf{A}=(a_{ij})=\begin{bmatrix}\cos\theta & -\sin\theta & 0\\ \sin\theta & \cos\theta & 0\\ 0 & 0 & 0\end{bmatrix} \tag{6.7}$$

霍普金森压剪杆实验技术中 $\theta=45°$。新坐标系下二阶张量 $\boldsymbol{K}'$ 的表达式为 $\boldsymbol{K}'=\boldsymbol{AKA}^{\mathrm{T}}$，而入射杆内的原有应力张量为

$$\begin{bmatrix}\sigma_{11} & \sigma_{12} & \sigma_{13}\\ \sigma_{21} & \sigma_{22} & \sigma_{23}\\ \sigma_{31} & \sigma_{32} & \sigma_{33}\end{bmatrix}=\begin{bmatrix}\sigma_{11} & 0 & 0\\ 0 & 0 & 0\\ 0 & 0 & 0\end{bmatrix} \tag{6.8}$$

于是在新坐标系下入射杆中应力张量为

$$\begin{bmatrix}\sigma_{xx} & \sigma_{xy} & \sigma_{xz}\\ \sigma_{yx} & \sigma_{yy} & \sigma_{yz}\\ \sigma_{zx} & \sigma_{xy} & \sigma_{zz}\end{bmatrix}=\mathbf{A}\begin{bmatrix}\sigma_{11} & 0 & 0\\ 0 & 0 & 0\\ 0 & 0 & 0\end{bmatrix}\mathbf{A}^{\mathrm{T}}=\frac{1}{2}\begin{bmatrix}\sigma_{11} & \sigma_{11} & 0\\ \sigma_{11} & \sigma_{11} & 0\\ 0 & 0 & 0\end{bmatrix} \tag{6.9}$$

图 6.6、图 6.7 和图 6.8 分别是入射杆同一横截面内任选取的三个单元的 σ_{xx}、σ_{yy} 和 σ_{xy} 应力分量时程曲线。模拟中端面加载应力为 $\sigma_{11}=-100$MPa 的梯形波。由图可看出，入射波的 x 向正应力 $\sigma_{xx}=-50$MPa，$\sigma_{yy}=-50$MPa，$\sigma_{xy}=-50$MPa，完全满足式(6.9)。

反射波在斜面附近很复杂，由于入射波、反射波叠加以及特殊几何形面等因素，使得无法分辨其中的意义。但是，入射杆中的反射波为一维平面应力波(平面性表现在入射杆横截面内单元应力状态一致)，其应力状态也符合式(6.8)、式(6.9)。由图 6.6～图 6.8 可知，在坐标系(x, y, z)下，反射波应力状态约为

$$\begin{bmatrix}30 & 30 & 0\\ 30 & 30 & 0\\ 0 & 0 & 0\end{bmatrix}$$

其单位为 MPa。而在坐标系(1,2,3)下，经 $\boldsymbol{K}=\boldsymbol{A}^{-1}\boldsymbol{K}'(\boldsymbol{A}^{\mathrm{T}})^{-1}$，变换后可以得到坐标系(1,2,3)下反射波应力状态为

$$\begin{bmatrix}60 & 0 & 0\\ 0 & 0 & 0\\ 0 & 0 & 0\end{bmatrix}$$

于是得到在算例的杆中反射波幅值约为 60MPa。

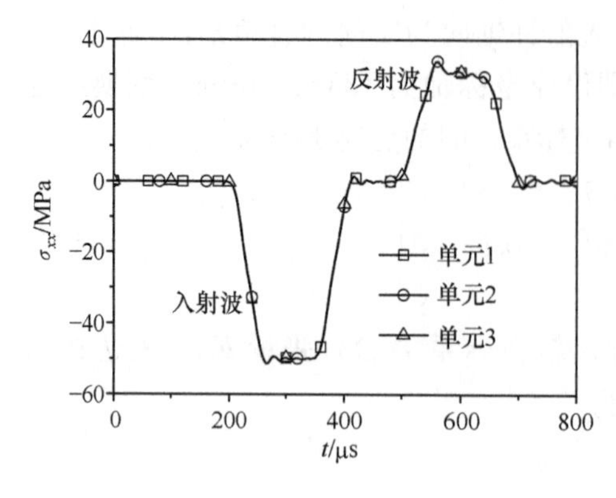

图 6.6 入射杆上同一截面内单元的 σ_{xx}

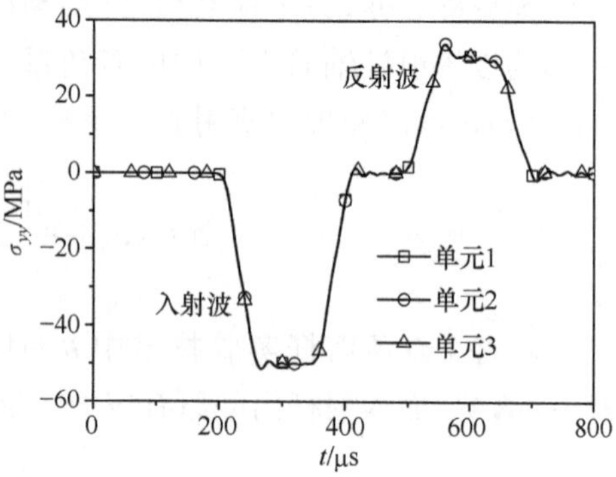

图 6.7 入射杆上同一截面内单元的 σ_{yy}

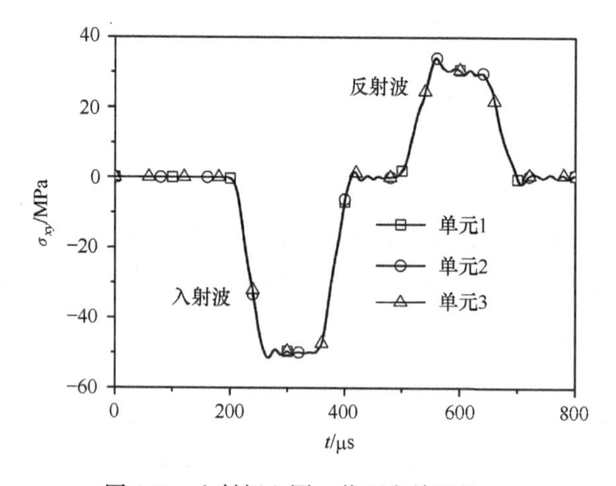

图 6.8 入射杆上同一截面内单元的 σ_{xy}

数值模拟结果表明，入射杆中反射波为平面纵波，不存在弯曲波扰动，这是由于两个透射杆采用了对称结构，两个试样对入射杆的反作用力的合力方向就是入射杆杆轴方向。因此，采用双透射杆对称结构简化了分离式霍普金森压剪杆杆中应力波的分析。

由于入射杆端头复杂的几何边界，应力波在端头区域会出现三维效应。Ballmann 等[1]对应力波在边界为弧形的板中情况进行过分析。Niethammer 等[2]也分析了圆弧边界对板内应力波传播的影响。分析结果表明，圆弧边界的存在使得纵波出现聚焦现象。

图 6.9 给出了入射杆上下对称面的 von Mises 等效应力云图以及合速度云图。由图 6.9 可以看出在杆端等效应力分布不均匀，而远离入射杆端区域应力分布较为均匀。楔形角是 90°，通过射线法可以判断杆端将不会出现应力波汇聚现

象，如图 6.9 所示。需要指出的是，在入射杆斜截面上应力分布也是不均匀的，无法通过入射波和反射波推导出入射杆杆端的应力状态。

入射杆斜截面的速度分布非常均匀，见图 6.10，斜截面上沿透射杆轴向速度和横向速度大小相等。通过入射杆内的入射波、反射波可以计算出斜截面上轴向速度和横向速度的大小。

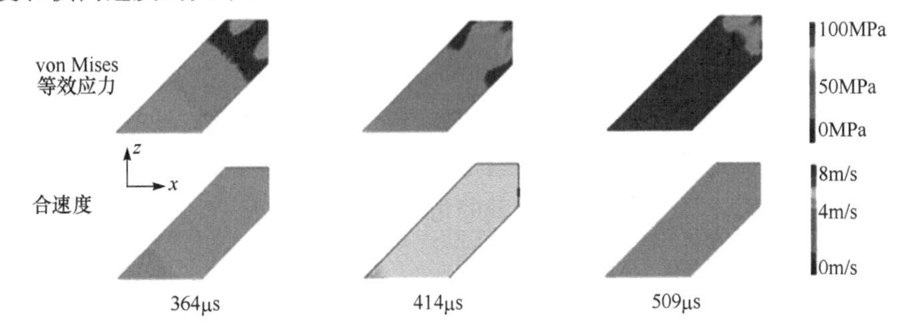

图 6.9　等效应力及合速度云图

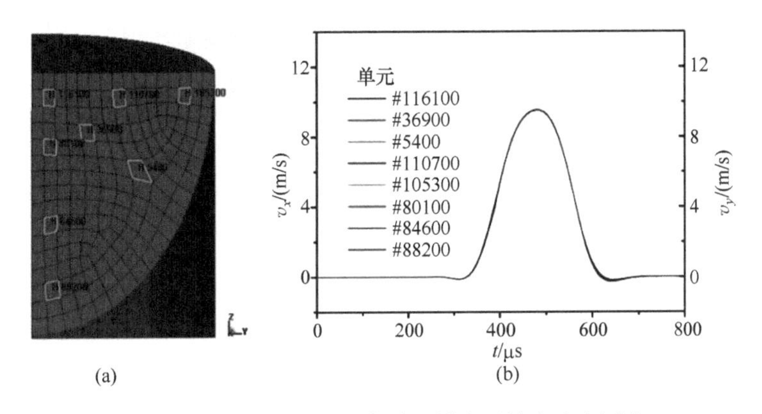

图 6.10　入射杆斜截面各单元横向及轴向速度历史

6.3.2　试样应力状态

计算中试样采用方形截面构型，通过模拟发现，试样中各个单元的应力分量是不相同的，表明霍普金森压剪杆实验技术对试样加载是一种非均匀加载。但是，可以换一种思路考虑这个问题，即考察试样同一横截面内各个单元加载应力的平均值。

图 6.11 是所研究试样的受载示意图。由图可知，x 方向是试样受压方向，y 方向是试样受剪方向。图 6.11 中的 F-1、F-2、F-3 是选定的横截面，分别距离试样前端面 1mm、2mm 和 3mm。图 6.12～图 6.17 给出了试样在选定的三个截面

处的 6 个应力分量时程曲线，其中 σ_{xx} 为试样轴向平均压缩应力；τ_{xy} 是试样的平均剪切应力；y 和 z 方向平均正应力是试样中两个横向平均正应力；zx 和 yz 方向平均剪应力是应力张量中另外两个剪切分量的平均值。图中应力单位为 MPa。

由图 6.12 和图 6.13 可以看出，试样中的平均轴向压缩应力与平均剪切应力沿试样轴向分布是均匀的。由图 6.14 和图 6.15 可以看出，两个非轴向平均正应力(y 和 z 方向)基本相等，试样两端面非轴向应力平均值大，试样中间截面非轴向应力平均值小，这是由于试样两端面同实验杆固连，从而造成对试样的横向约束。由图 6.16 和图 6.17 发现，两个非实验加载方向的平均剪切应力相对于其他分量很小，完全可以忽略。这样从平均受载的角度看，试样处于三项压缩和一项剪切作用的应力状态。

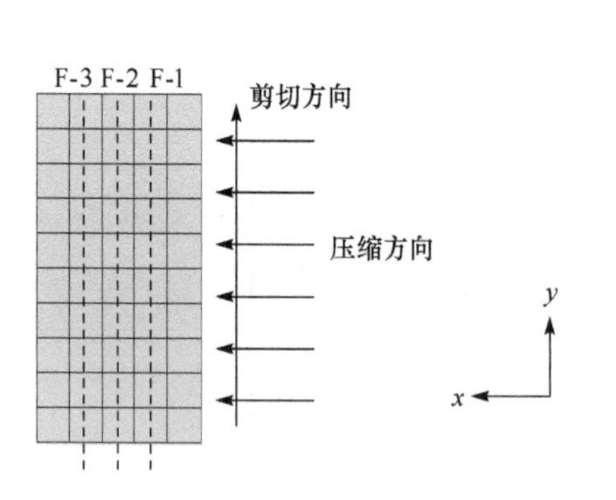

图 6.11　试样受载示意图

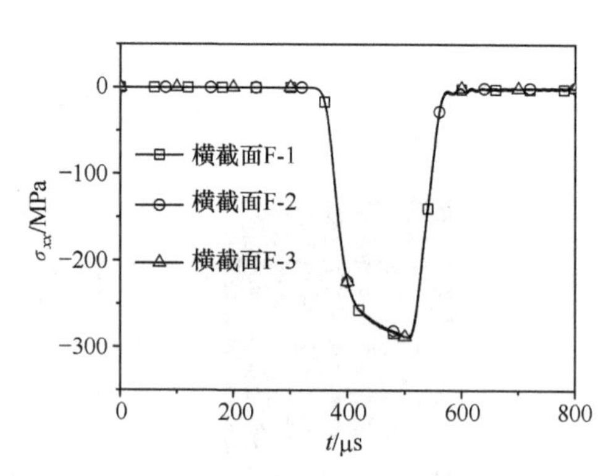

图 6.12　试样 x 方向平均正应力

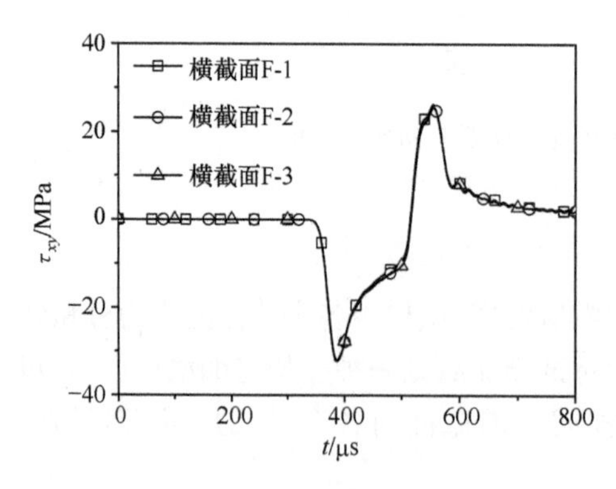

图 6.13　试样 xy 方向平均剪应力

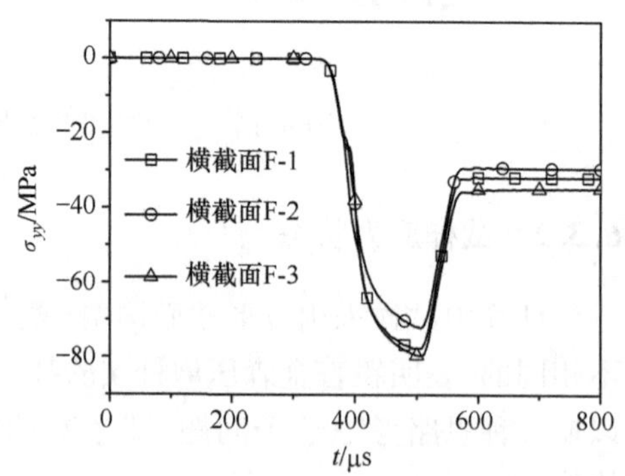

图 6.14　试样 y 方向平均正应力

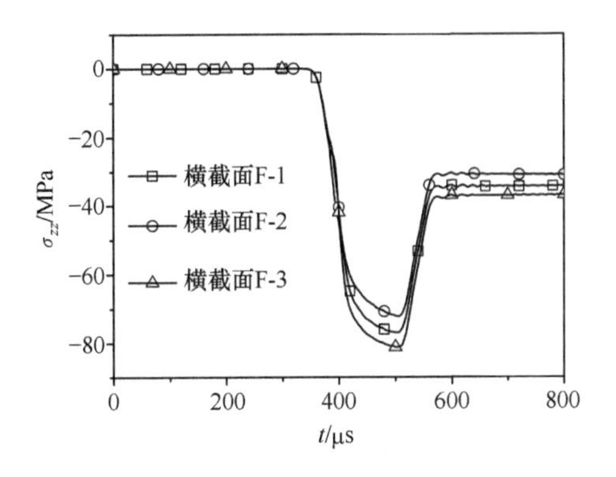

图 6.15　试样 z 方向平均正应力

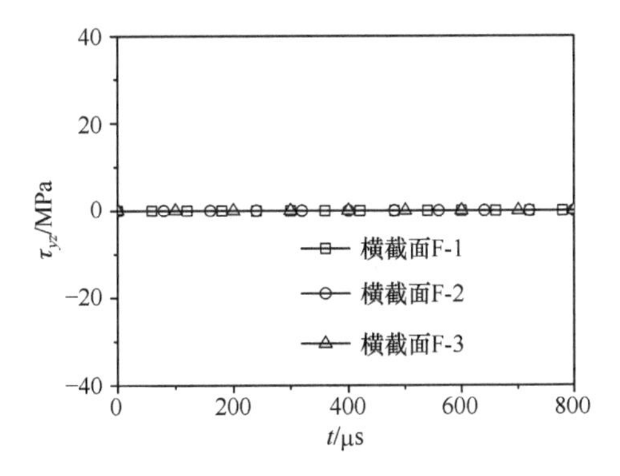

图 6.16　试样 yz 方向平均剪应力

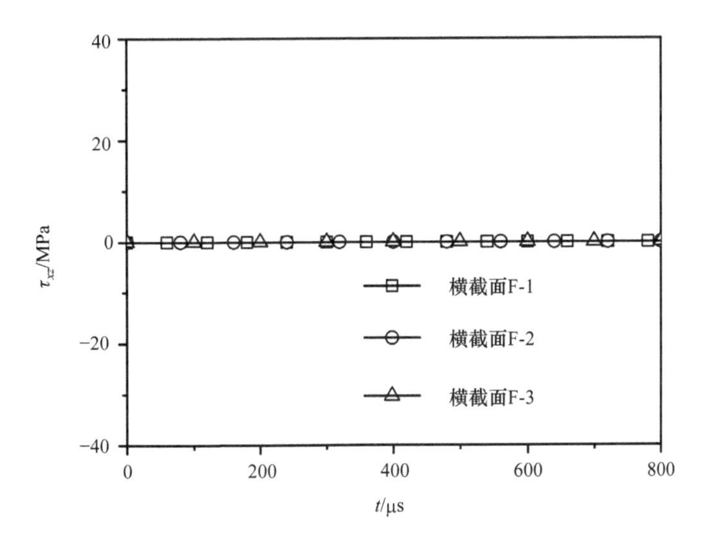

图 6.17　试样 zx 方向平均剪应力

图 6.18 是试样与透射杆中的压力历史曲线，其中，试样的压力是通过 F-2 截面内平均压缩应力所求得；透射杆中的压力值通过透射杆上距离试样 6cm 处横截面上平均压缩应力计算得到。图 6.19 是试样与透射杆中的剪力历史曲线，试样中剪力的计算方法同图 6.18，透射杆中的剪力利用距试样 0.92mm 处透射杆截面单元的平均剪切应力计算得到。由图 6.18 和图 6.19 可以看出，试样和透射杆中的压力、剪力的历史曲线一致。因此，在实验过程中，试样与透射杆实现了压力、剪力平衡。

以上列出的试样的应力状态仅是针对本节给出的方形试样构型。不同构型的试样的应力状态会有区别。

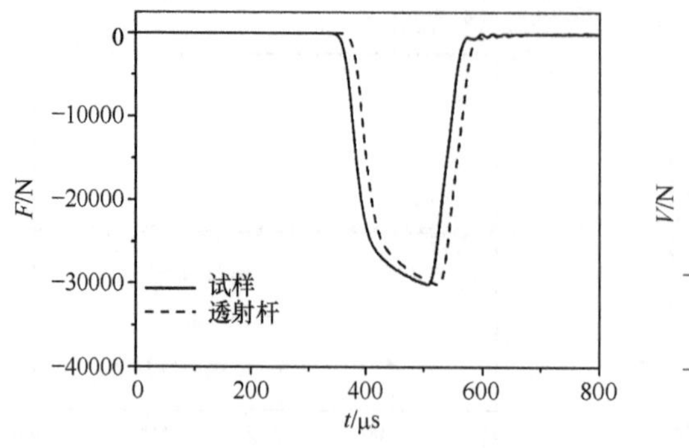

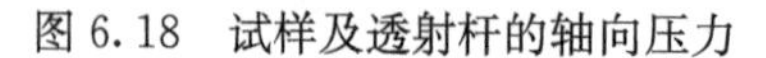
图 6.18　试样及透射杆的轴向压力

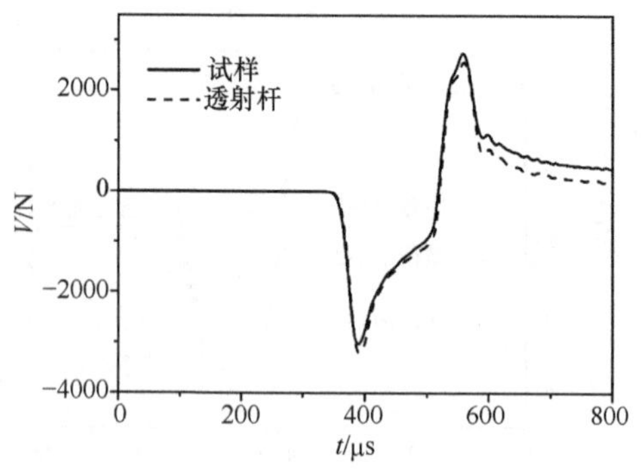

图 6.19　试样及透射杆端的剪力

6.3.3　透射杆应力状态

在透射杆中传播两种类型的应力波——纵波与弯曲波。由于有两个透射杆，且试样是完全对称的，故只选取轴向为 x 轴方向的透射杆作为研究对象。

在所研究的透射杆上，分析不同位置处单元轴向压缩应力时程曲线和剪切应力时程曲线。同一位置处选取在透射杆表面上关于透射杆轴上下对称的两个单元。不同位置处所选单元位于平行于杆轴的直线上。图 6.20～图 6.23 是在不同位置处两个所选单元的轴向压缩应力时程曲线与 xy 方向(实验加载剪切方向)剪切应力时程曲线。由图 6.20～图 6.23 可以看出，所选单元的轴向压缩应力历史曲线在 100mm 处仅加载波前部的小部分重合(图中椭圆区域)，随着传播距离的增大，两条曲线的重合部分越来越多，并且不同位置曲线的重合部分是一致的；而 xy 方向的剪切应力则上下振荡，伴随一定程度的衰减。这是由于透射杆内的弯曲波与纵波均引起轴向压缩应力的变化，随着传播距离的增大，两种扰动逐渐分离，图中压缩应力重合部分是纵波引起的变化，而非重合部分是两种波共同叠加的效果；xy 方向的剪切应力的变化仅由弯曲波激发，由应力波理论可知弯曲波是弥散波，很难用简单的解析式表示剪切应力随传播距离的变化规律。对图 6.20～图 6.23 中的曲线分别进行平均，得到不同位置两个对称单元的平均轴向压缩应力与剪切应力曲线，如图 6.24 所示。图中 25mm 处曲线是指透射杆上距离试样 25mm 的横截面内所有单元的平均应力值。由图 6.24 可以看出，关于杆轴对称的两个单元的平均轴向压缩应力曲线与杆截面内所有单元的平均值一致，且不随传播距离变化，而平均剪切应力则振荡衰减。

图 6.25 是透射杆上分别距离试样 0.92mm、2.78mm、4.63mm、6.50mm、8.38mm、10.26mm 处的截面内单元的平均剪切应力曲线。由图 6.25 可以看出，在 10mm(0.5 倍杆径)的范围内，平均剪切应力的波形基本一致，其变化主要集中在峰值部分，而大部分加载阶段变化很小。

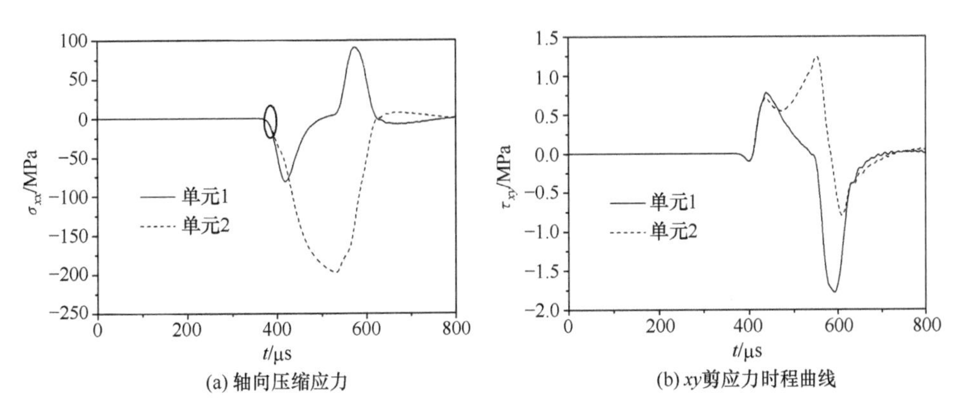

(a) 轴向压缩应力　　(b) xy剪应力时程曲线

图 6.20　距试样 100mm 处所选单元的轴向压缩应力和 xy 剪应力时程曲线

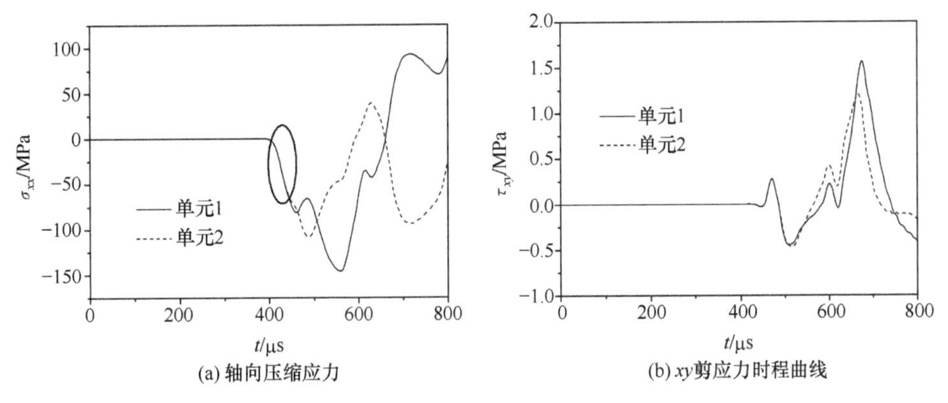

(a) 轴向压缩应力　　(b) xy剪应力时程曲线

图 6.21　距试样 250mm 处所选单元的轴向压缩应力和 xy 剪应力时程曲线

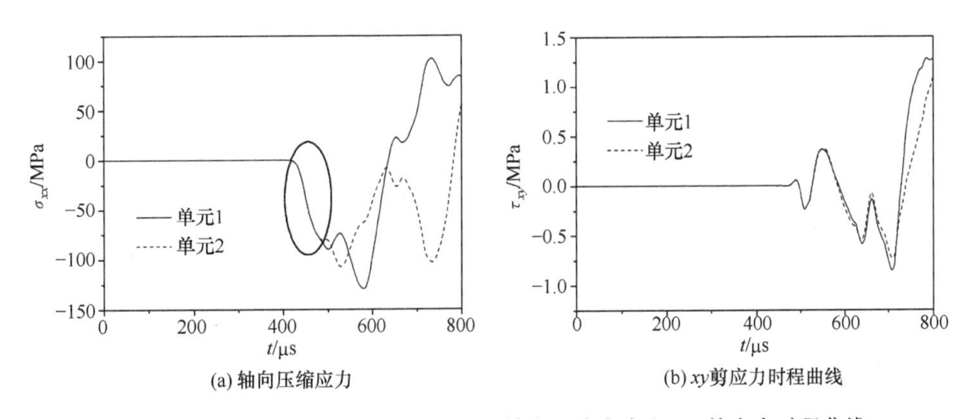

(a) 轴向压缩应力　　(b) xy剪应力时程曲线

图 6.22　距试样 350mm 处所选单元的轴向压缩应力和 xy 剪应力时程曲线

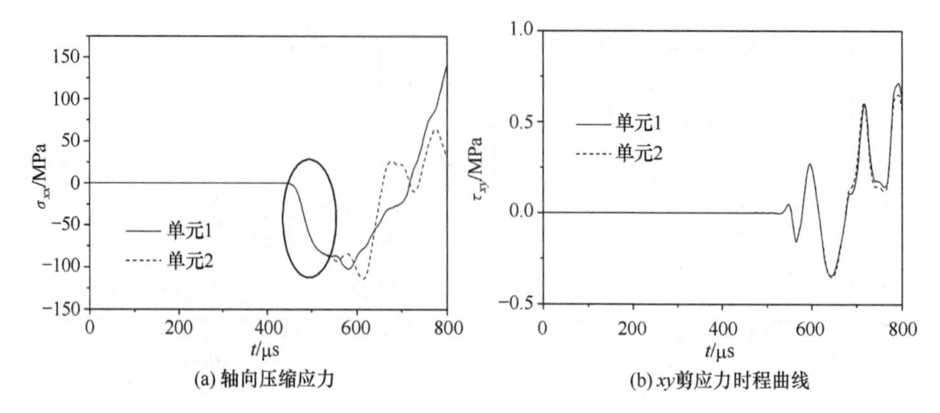

图 6.23 距试样 500mm 处所选单元的轴向压缩应力和 xy 剪应力时程曲线

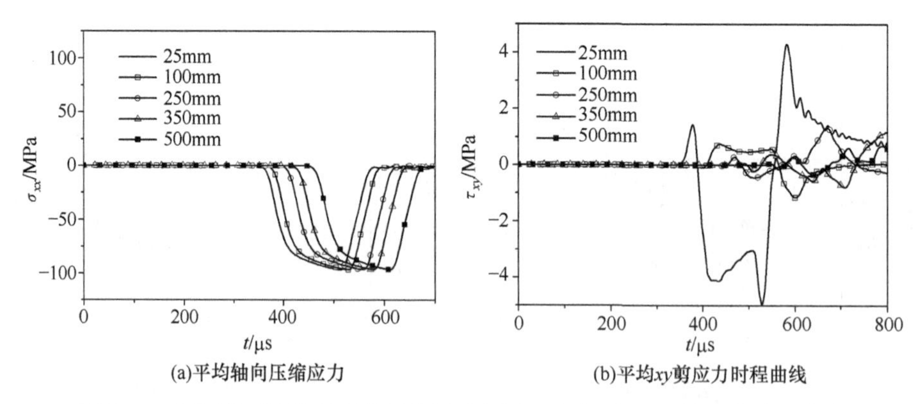

图 6.24 不同位置所选单元的平均轴向压缩应力和平均 xy 剪应力时程曲线

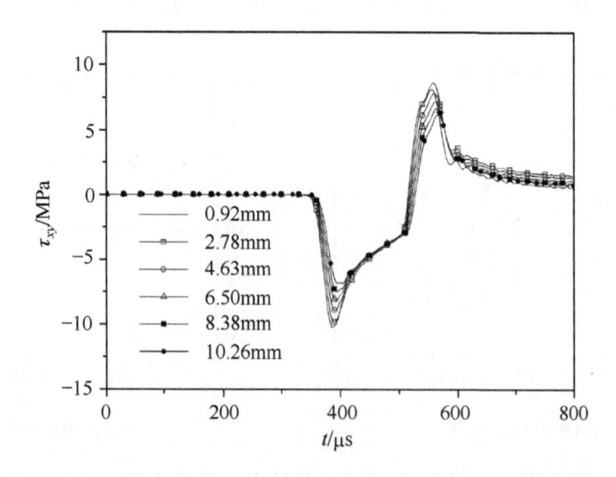

图 6.25 透射杆上距试样不同位置处截面的平均剪切应力

上述情况说明：

(1) 弹性杆中的压缩应力波和弯曲应力波是解耦传播的；

(2) 弹性杆中的压缩应力波不随传播距离变化而变化；

(3) 弹性杆中的弯曲应力波随传播距离的增加衰减严重，但在距离杆端 0.5 倍杆径范围内波形变化不大。

6.3.4　小结

从上面的分析可知，由于压缩和剪切的解耦传播，可以分别测试试样的压缩、剪切应力应变信号来获得试样相应的压缩、剪切应力应变曲线。由于压缩波在传播中不衰减，故入射杆和透射杆中的压缩应力应变可以利用常规的霍普金森压杆测试方法，即采用电阻式应变片获取入射杆和透射杆中的应变，推得试样端面的速度，进而获得试样的压缩应力应变信号。而霍普金森压剪杆实验技术测试的难点就在于试样所受的剪切应力和剪切应变测试，以及试样所受两个横向正应力的测试。

6.4　压缩应力测试

6.4.1　压缩应力测试方法

霍普金森压剪杆实验测试技术中的压缩应力测试利用透射杆的电阻应变片进行间接测量，方法如第 2 章所述。入射杆、两透射杆中部表面分别贴有一组应变片。每组应变片在杆上关于杆轴对称粘贴，分别连接到动态应变测试仪。动态应变测试仪按照惠斯通电桥的电路结构设计，电桥输出电压经放大输出到数字示波器上。由电桥原理知道，处于平衡状态的电桥，当任意桥臂电阻发生变化时，桥路输出电压值可由下式求出：

$$\Delta U=\frac{U_0\times\Delta R}{2(2R+\Delta R)} \tag{6.10}$$

当 $\Delta R\ll R$ 时，式(6.10)可以近似为

$$\Delta U=\frac{U_0}{4}\times\frac{\Delta R}{R} \tag{6.11}$$

由式(6.11)可知，输出电压的变化与任意桥臂电阻的变化呈线性关系。进一步，当对称臂的电阻同时变化时，输出电压的变化是这两臂电压变化的线性叠加。利用这一特性，实验中采用半桥接法，将一组应变片接到电桥的对称臂上进行测量，这样既提高了信号幅值，又消除了杆中弯曲波的干扰。

根据第 2 章提到的对称臂电桥应变计算公式(2.57)即可计算得到应变片输出

的应变值。而由应变片基本测量原理可知，应变片给出的信号对应了杆中压缩应变的平均值。设透射杆所测应变为ε_t、试样横截面积为A_s、透射杆横截面积为A_t，则试样中的压缩应力为

$$\sigma=\frac{A_t E\varepsilon_t}{A_s} \tag{6.12}$$

式中，E为透射杆的弹性模量。

6.4.2　压缩应力测试方法的有效性分析

试样的压缩应力计算公式(6.12)是否正确取决于是否满足以下两个条件：

(1) 试样中轴向压力达到平衡；

(2) 透射杆中部应变片所测轴向压力等于透射杆与试样界面处的轴向压力。

如果以上两个条件成立，则透射杆上的应变片所测轴向压力等于试样受到的压力。因此，压缩应力测试方法的有效性分析转化为对以上两个条件的合理性验证。霍普金森压剪杆实验中所采用的子弹长度远大于试样的厚度，对于金属材料的试样，应力波在试样中来回反射数次后就可以实现压力平衡。对于脆性材料，适当地运用波形整形器，降低加载波的上升斜率，试样仍然可以在破坏前达到受力平衡。所以条件(1)是满足的。

由6.3节的数值模拟结果可以看出，两个关于杆轴对称的单元的压力平均值等于透射杆的平均压力，也等于试样的平均压力，即条件(2)满足。

下面通过实验对条件(2)进行有效性验证。

通过实验直接验证第二个条件，即透射杆中部应变片所测轴向压力等于透射杆与试样界面的轴向压力，较为困难。而由数值模拟结果可知：透射杆-试样界面的轴向压力等于透射杆前端关于杆轴对称的任意两点的平均轴向压力。所以，选择验证在透射杆前端关于杆轴对称的任意两点的平均轴向压力是否等于由透射杆中部应变片信号计算得到的轴向压力。

在距离透射杆杆端100mm处，关于杆轴对称的任意位置贴两个电阻应变片1、2，分别测试此两点的轴向应力，图6.26给出了两点各自的轴向应力历史，而其中实曲线是两点的轴向应力的平均值。利用透射杆中部(距离杆端600mm)的电阻应变片组3，采用本节提出的实验方法测试透射杆中的平均轴向应力。沿时间轴平移透射杆中部应变片组3所测的数据，再与应变片1、2的平均值对比，如图6.27所示。图6.27表明，两条曲线重合。因此，从实验上证明了透射杆前端关于杆轴对称的任意两点的平均轴向压力等于透射杆中部应变片组所测的轴向压力。

实验结果证明了透射杆中部应变片所测轴向压力等于透射杆与试样界面的轴向压力，同时也就证明了式(6.12)合理，即霍普金森压剪杆的压缩应力测试技术是

有效的。

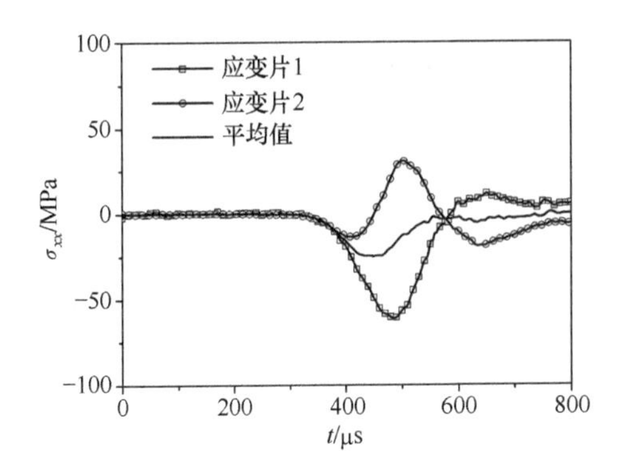

图 6.26　应变片 1、2 所测轴向应力及平均值

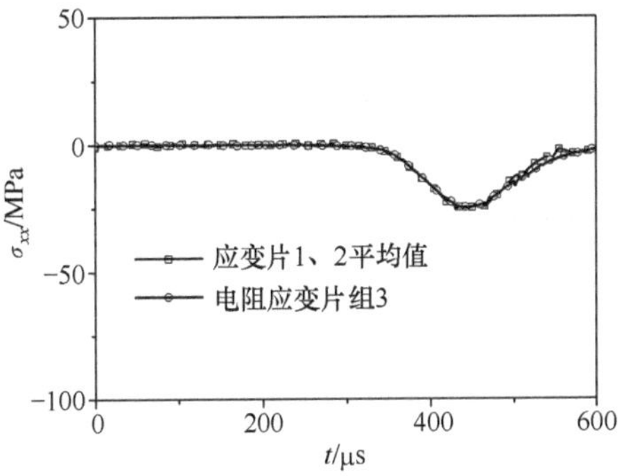

图 6.27　轴向压缩应力历史曲线

6.4.3　压缩应力测试的误差分析

压缩应力是通过电阻应变片测试获得的，测试的基本前提是试样与实验杆达到压力平衡。原则上，霍普金森压剪杆实验技术同霍普金森压杆一致，均忽略了试样中的波传播效应，而在加载初始阶段，试样与实验杆是没有达到应力平衡的，故可以分析试样两个界面的压力不平衡造成的误差。为了简化分析，仅讨论试样发生弹性变形的情况。

在透射杆中传播的纵波和弯曲波近似解耦传播。由于透射杆采用了对称结构，在入射杆中仅传播纵波，弯曲扰动相互抵消。如果试样仅发生弹性变形，与在透射杆中的情况相似，试样中的纵波和弯曲波也是解耦传播的，弯曲波造成的平均轴向压缩应力为零。因此，将纵波引起的扰动单独考虑，并忽略试样的横截面积的变化，同时假设入射杆的一个斜截面处反射的应力波对另一个斜截面处的透射波传播不造成影响(这是因为两个试样的轴向相互垂直，即一个斜截面处的纵波反射波的传播方向与另一个斜截面处的纵波透射波传播方向垂直)，于是在试样界面上的反射、透射主要是由于广义波阻抗不匹配造成的。考察试样两个界面的应力平衡情况，如图 6.28 所示。当弹性纵波在入射杆-试样界面发生第一次透射时，引起的应力扰动为

$$\Delta\sigma_1=\sigma_1-0=T_{\text{i-s}}\sigma_{\text{i}} \tag{6.13}$$

式中，入射杆-试样的透射系数 $T_{\text{i-s}}$ 为

$$T_{\text{i-s}}=\frac{2}{1+n_{\text{i-s}}} \tag{6.14}$$

其中

$$n_{\text{i-s}}=\frac{(\rho c_0 A)_{\text{i}}}{(\rho c_0 A)_{\text{s}}} \tag{6.15}$$

式中，c_0为杆中弹性波速度。在试样-透射杆界面上，再次发生波的透射、反射，传回试样的反射波引起的应力变化为

$$\Delta\sigma_2=\sigma_2-\sigma_1=F_{\text{s-t}}\Delta\sigma_1 \tag{6.16}$$

式中，试样-透射杆的反射系数 $F_{\text{s-t}}$为

$$F_{\text{s-t}}=\frac{1-n_{\text{s-t}}}{1+n_{\text{s-t}}} \tag{6.17}$$

其中

$$n_{\text{s-t}}=\frac{(\rho c_0 A)_{\text{s}}}{(\rho c_0 A)_{\text{t}}} \tag{6.18}$$

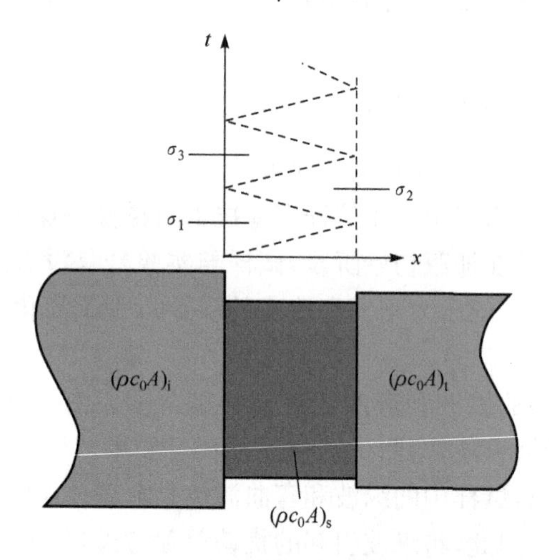

图 6.28　试样轴向应力状态变化示意图

试样中的反射波回传到入射杆-试样界面时再次反射，在试样中的应力扰动为

$$\Delta\sigma_3=\sigma_3-\sigma_2=F_{\text{s-i}}\Delta\sigma_2=F_{\text{s-i}}F_{\text{s-t}}\Delta\sigma_1 \tag{6.19}$$

应力波在试样中经过第 k 次反射后，引起的应力扰动为

$$\Delta\sigma_k=\sigma_k-\sigma_{k-1}=\begin{cases}F_{\text{s-i}}^{\frac{k}{2}-1}F_{\text{s-t}}^{\frac{k}{2}}\Delta\sigma_1, & k\text{ 为偶数}\\ F_{\text{s-i}}^{\frac{k-1}{2}}F_{\text{s-t}}^{\frac{k-1}{2}}\Delta\sigma_1, & k\text{ 为奇数}\end{cases} \tag{6.20}$$

而经过第 k 次反射后，试样中的应力状态为

$$\sigma_k=\sum_{i=1}^{k}\Delta\sigma_k=\begin{cases}(1+F_{\text{s-t}}+F_{\text{s-i}}F_{\text{s-t}}+F_{\text{s-i}}F_{\text{s-t}}^2+\cdots+F_{\text{s-i}}^{\frac{k}{2}-1}F_{\text{s-t}}^{\frac{k}{2}})\Delta\sigma_1, & k\text{ 为偶数}\\ (1+F_{\text{s-t}}+F_{\text{s-i}}F_{\text{s-t}}+F_{\text{s-i}}F_{\text{s-t}}^2+\cdots+F_{\text{s-i}}^{\frac{k-1}{2}}F_{\text{s-t}}^{\frac{k-1}{2}})\Delta\sigma_1, & k\text{ 为奇数}\end{cases} \tag{6.21}$$

对于给定的广义波阻抗$(\rho c_0 A)_{\mathrm{i}}$、$(\rho c_0 A)_{\mathrm{s}}$、$(\rho c_0 A)_{\mathrm{t}}$，利用式(6.21)可以计算出试样-透射杆界面的应力和试样-入射杆界面的应力状态。借鉴王礼立[3]、Ravichandran和 Subhash[4]的工作，定义试样两个界面的非平衡系数：

$$e_k=\frac{\Delta\sigma_k}{\sigma_k} \tag{6.22}$$

假设经过 k(k 为奇数)次反射后，有

$$e_k=\frac{\Delta\sigma_k}{\sigma_k}=\frac{F_{\text{s-i}}^{\frac{k-1}{2}}F_{\text{s-t}}^{\frac{k-1}{2}}}{1+F_{\text{s-t}}+F_{\text{s-i}}F_{\text{s-t}}+F_{\text{s-i}}F_{\text{s-t}}^2+\cdots+F_{\text{s-i}}^{\frac{k-1}{2}}F_{\text{s-t}}^{\frac{k-1}{2}}} \tag{6.23}$$

对于横截面积为 10mm×10mm，密度为 1.7g/cm^3，弹性模量为 1GPa、10GPa、35GPa 的试样来说(实验杆参数见表 6.1)，需要反射 11、9、6 次，使得 $e_k<5\%$(认为非平衡系数小于 5%时，试样两端近似力平衡)，如图 6.29 所示，图中 k 为被反射的次数，E_{b}和 E_{s}分别表示杆和试样的弹性模量。而对于密度、弹性模量均与实验杆相同的试样来说，造成广义波阻抗失配的原因是入射杆斜截面、试样和透射杆横截面积不相同，试样横截面积与非平衡系数的关系如图 6.30 所示。

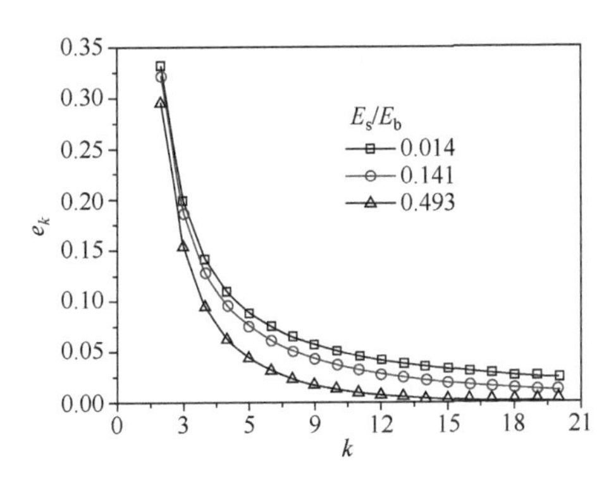

图 6.29　改变试样弹性模量时，e_k的变化规律

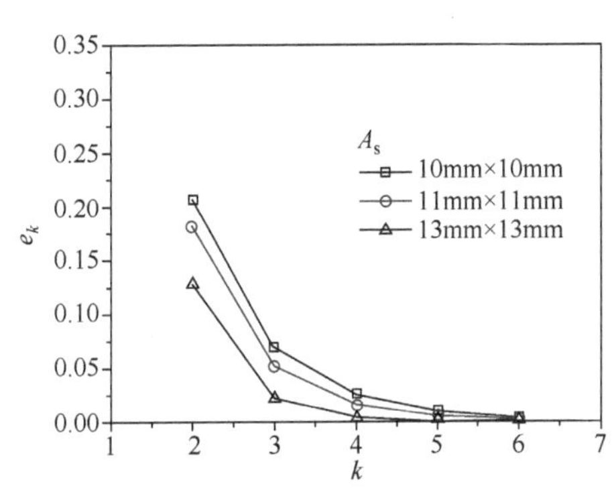

图 6.30　改变试样横截面积时，e_k的变化规律

以上分析中应力波的波形简化为方波，其他波形也可以采用类似的方法进行分析，只是数学处理上更加复杂。由分析可知，对于给定的试样材料，装置与试样的广义波阻抗越匹配，初始时刻压力不平衡的误差就越小，而对于给定的霍普金森压剪杆实验装置，试样的横截面积越大，即越接近透射杆截面，初始时刻压力不平衡引入的误差就越小。

6.5　压缩应变测试

6.5.1　压缩应变测试方法

试样在承载过程中，两个界面 1、2 不仅具有横向速度，而且具有轴向速度，如

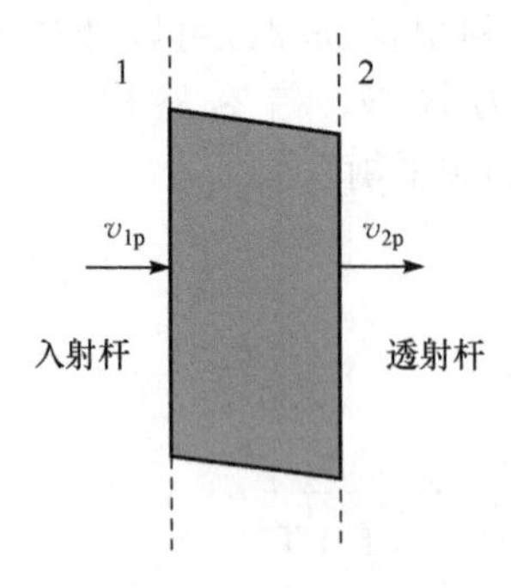

图 6.31　试样变形示意图

图 6.31 所示。

由 6.2 节分析可知,试样的压缩应变可以表述为

$$\dot{\varepsilon}=\frac{v_{1p}-v_{2p}}{l_0}$$

式中,v_{1p}、v_{2p}分别为试样前表面(界面 1)与后表面(界面 2)质点速度;l_0为试样的厚度。v_{1p}与入射杆质点的轴向速度 v 具有以下关系:

$$v_{1p}=v\cos\theta \tag{6.24}$$

其中,θ 是入射杆杆轴与入射杆斜面法向的夹角,分离式霍普金森压剪杆中 $\theta=45°$。入射杆上质点的轴向速度 v 与入射应变和反射应变具有如下关系:

$$v=c_0(\varepsilon_i-\varepsilon_r) \tag{6.25}$$

其中,ε_i、ε_r、c_0分别是入射杆应变片记录的入射应变信号、反射应变信号和杆中的纵波波速。透射杆端面的轴向速度为

$$v_{2p}=c_0\varepsilon_t \tag{6.26}$$

由式(6.24)~式(6.26)可以得到试样的压缩应变率为

$$\dot{\varepsilon}=\frac{c_0}{l_0}\left[\frac{\sqrt{2}}{2}(\varepsilon_i-\varepsilon_r)-\varepsilon_t\right] \tag{6.27}$$

则压缩应变为

$$\varepsilon=\int_0^t\frac{c_0}{l_0}\left[\frac{\sqrt{2}}{2}(\varepsilon_i-\varepsilon_r)-\varepsilon_t\right]\mathrm{d}t \tag{6.28}$$

6.5.2　压缩应变测试方法的有效性分析

压缩应变测试也是借助入射杆和透射杆上的电阻应变片,通过实验杆上的应变计算获得试样的压缩应变。压缩应变计算的核心公式是式(6.24)~式(6.26)。因此,对压缩应变测试技术验证转换为对上面三个公式成立与否的证明。本节首先利用数值模拟的结果说明此问题。

图 6.32 是数值模拟中试样前表面单元的真实轴向压缩速度 v_{1p} 和利用式(6.24)、式(6.25)计算所得轴向压缩速度。由图 6.32 可知,在入射杆杆轴与楔形面的夹角 θ 分别为 45°与 60°两种情况下,两条曲线吻合,表明试样前表面的轴向压缩速度完全可由入射杆表面的应变片所测的入射应变和反射应变算得,证明式(6.24)、式(6.25)是合理普适的。图 6.33 是透射杆端单元平均压缩应力 σ_t 和利用透射杆端单元速度通过一维应力波计算所得的压缩应力时程曲线。由图 6.33可知两条曲线完全吻合,这表明透射杆中压缩波符合一维应力波公式,所

以试样的压缩应变计算方法也是合理的。因此通过式(6.24)～式(6.28)计算的压缩应变和压缩应变率是合理可信的。

其实，在 6.3 节中分析指出：由于两个透射杆采用了对称结构，两个试样对入射杆的反作用力的合力方向是入射杆杆轴方向，因此入射杆中反射波为平面纵波，不存在弯曲波扰动，入射杆斜截面的法向速度等于轴向速度在斜面法向的投影；在弯曲波和纵波共同传播的阶段，弯曲波对纵波没有产生实质性的影响，两者的效果可进行简单叠加；透射杆的平均轴向应力是纵波的扰动的结果，符合一维应力波理论，故在透射杆-试样界面的轴向速度等于透射压缩应变与杆中纵波波速的乘积。

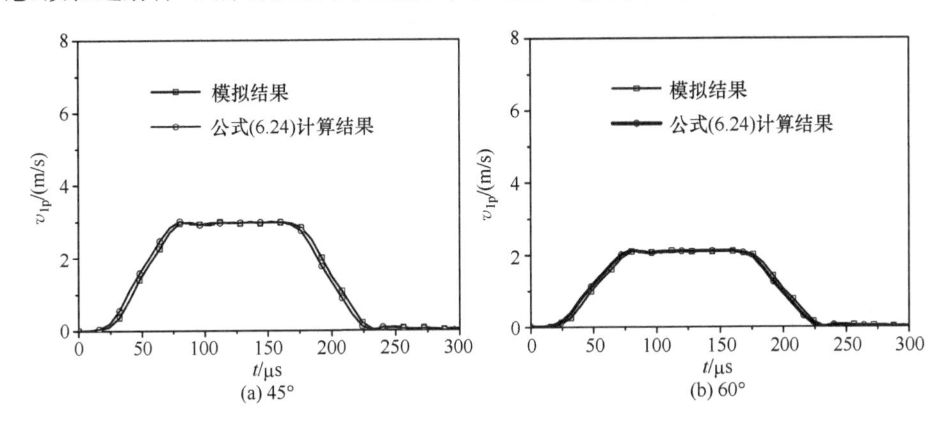

图 6.32　θ 为 45°和 60°时的 v_{1p} 模拟结果和利用式(6.24)计算的速度曲线

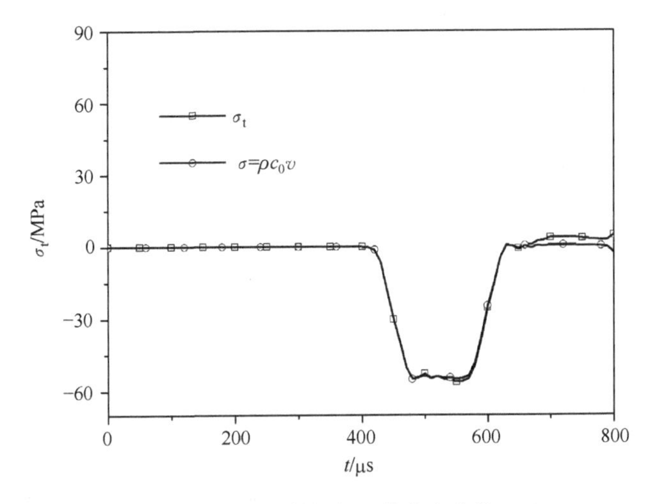

图 6.33　透射杆的压缩应力曲线

下面设计实验对压缩应变测试方法进行验证。

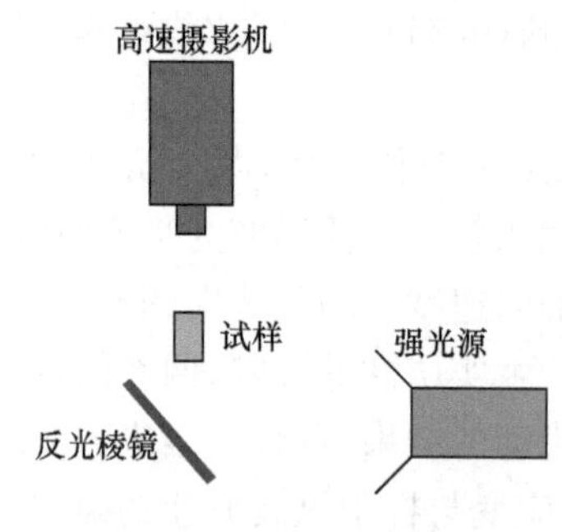

图 6.34　实验装置示意图

验证实验的主要思想是：首先利用高速摄影机对实验进行拍摄，记录试样的变形过程，其次对试样变形的数字图像进行处理，获得试样的应变历史曲线，装置示意图如图 6.34 所示。

在试样底部安置光学反光棱镜，且反光面与高速摄影机、试样成 45°夹角。高速摄影机方向对准试样、入射杆端、透射杆端，强光源对准反光棱镜。于是，在高速摄影机所成的像中，试样、入射杆、透射杆是黑色，而反光棱镜的像是白底，入射杆斜面-试样-透射杆端面的轮廓可以清晰分辨。这样设计的优点在于，当光源的光强一定的情况下，可以大幅提高每秒的拍摄帧数，而不用担心所拍物体轮廓不清晰。

在实际拍摄中，高速摄影系统采用 12bitsCMOS 传感器，拍摄速率是 60000 帧/每秒。由于选定拍摄速率后，图像的像素是一定的，为了提高被摄物体的清晰度，对相关区域进行局部放大，如在验证实验中，只拍摄入射杆端面-透射杆端面的部分区域。而此局部区域像素点数相对于拍摄全景图像中的此区域像素点数要高很多，这样便于后续对图像进行处理，提高处理精度。

在数字图像上，假设初始时刻入射杆端的斜面与透射杆端的距离是 l_0，而经过 t_1 时刻后，两者的距离变为 l_1，则压缩应变可以表示为

$$\varepsilon=\frac{l_0-l_1}{l_0} \tag{6.29}$$

在实际图像处理过程中，首先提取入射杆端面与透射杆端面的图像，如图 6.35 所示；其次，利用 Matlab 软件的图像处理功能对两个端面进行线性拟合（入射杆：$y=ax+b_1$，透射杆：$y=ax+b_2$）；最后在图像坐标系下，计算入射杆端面与透射杆端面的距离，如图 6.36 所示，由简单推导可知：

$$l=(b_1-b_2)\cos(\pi-\arctan a) \tag{6.30}$$

由此通过计算不同时刻的距离，再利用式(6.29)计算出试样在不同时刻的压缩应变。选择密度为 1.7g/cm^{3}的某含铝 PBX 试样进行验证实验，试样尺寸是 10mm × 10mm × 5mm。图 6.37 给出了式(6.28)计算的压缩应变和验证实验采用的数字图像处理方法所测得的压缩应变历史曲线。

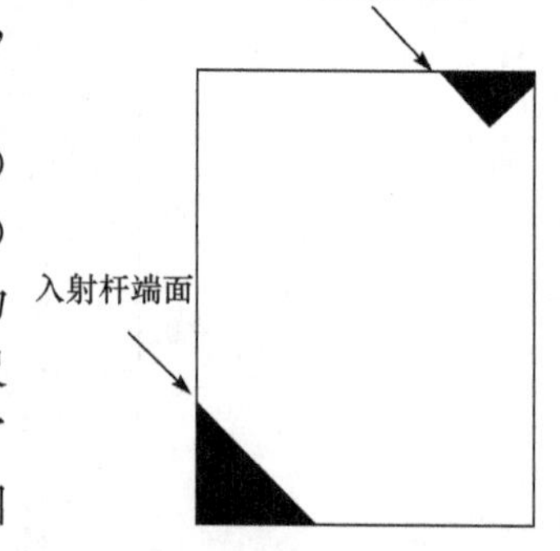

图 6.35　实验照片的局部放大图

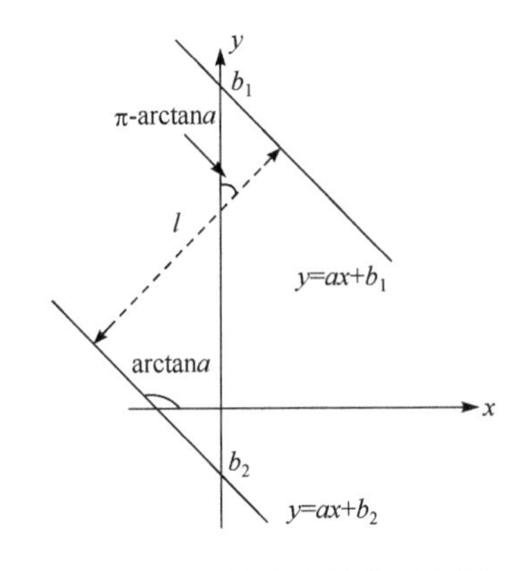

图 6.36　压缩应变计算示意图

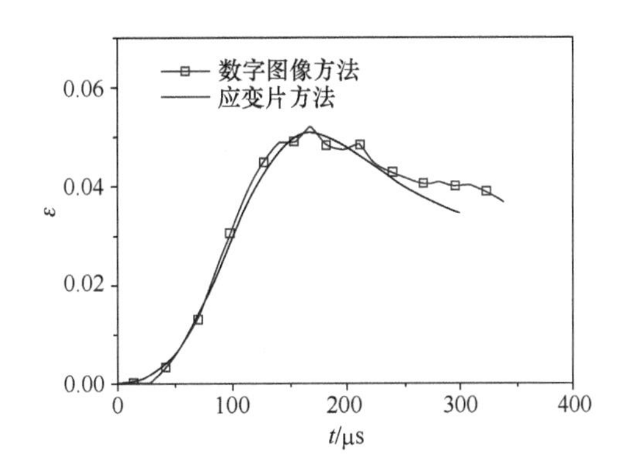

图 6.37　实验对比结果

由图 6.37 可以看出，两条压缩应变历史曲线在上升阶段以及下降开始阶段吻合得比较好，吻合部分正是对应着试样受压缩，应变增大，以及加载波卸载产生的回弹，使应变减小的过程。在尾部两条曲线吻合较差，主要是由于试样出现了破坏，试样的变形与入射杆端面-透射杆端面的距离变化不再一致。从这个细微处也可以说明，在基于霍普金森压剪杆实验计算应力-应变曲线时，回弹的后半部分数据往往是不可信的。

由上述验证实验结果表明压缩应变测试技术是有效的。

6.5.3　压缩应变测试的误差分析

在压剪杆实验技术中，压缩应变是通过入射杆、透射杆上的应变片记录的应变信号计算得到的，计算方法为式(6.28)，是一种“三波法”计算公式[5]。在实验操作中，首先会进行无试样的“空杆”实验，由于入射杆与透射杆界面广义波阻抗不匹配，因此既有透射波，又有反射波，由此可以分别确定三个波的起跳点。而在进行实验时，由于装配试样过程中也可能存在入射杆端中心点在斜截面投影的位置与“空杆”实验中的位置不一致，使得“空杆”实验所测得的入射波起跳点-透射波起跳点间距发生变化，从而在数据处理结果中引入了误差。此误差源也可认为是透射杆-试样界面与入射杆-试样界面的压缩速度时间不同步引起的，可用如下数学关系式表示：

$$\dot{\varepsilon}=\frac{v_{1p}(t)-v_{2p}(t+\Delta t)}{l_0} \tag{6.31}$$

将 $v_{2p}(t+\Delta t)$在 t 时刻进行泰勒展开，并保留一阶项：

$$\dot{\varepsilon}=\frac{v_{1p}(t)-v_{2p}(t)-v'_{2p}(t)\Delta t-O(\Delta t^2)}{l_0} \tag{6.32}$$

对式(6.32)进行变换,并忽略高阶项,有

$$\dot{\varepsilon}=\frac{v_{1p}(t)-v_{2p}(t)}{l_0}-\frac{v_{2p}'(t)\Delta t}{l_0} \tag{6.33}$$

式(6.33)的前一项即为真实的应变率项,用 $\dot{\varepsilon}_T$ 表示而后一项是由于时间不同步造成的误差项。对式(6.33)进行积分,得到压缩应变:

$$\varepsilon=\varepsilon_{\mathrm{T}}-\int_0^{t_0}\frac{v_{2p}'(t)\Delta t}{l_0}\mathrm{d}t=\varepsilon_{\mathrm{T}}-\frac{\Delta t}{l_0}[v_{2p}(t_0)-v_{2p}(0)] \tag{6.34}$$

为了分析方便,在这里仅考虑加载情况,不考虑应力波卸载情况,所以 $v_{2p}(t_0)$ 对应于加载终了时刻的透射杆-试样界面的速度值,$v_{2p}(0)$对应于加载初始时刻的速度值,且 $v_{2p}(0)=0$,则应变的误差项为

$$\varepsilon_{\mathrm{error}}=\frac{\Delta t}{l_0}v_{2p}(t_0) \tag{6.35}$$

可以通过实际实验数据对压缩应变误差进行估算。在实际中,由于广义波阻抗失配,透射信号相对于入射信号较小,同时为了保护剪切应力计,加载波强度不能过高,综合这两个因素,在实际实验中,$v_{2p}(t_0)<10\mathrm{m/s}$。假设由于入射杆应变片-透射杆应变片距离偏离 2mm,试样厚度取 5mm,则应变的误差 $\varepsilon_{\mathrm{error}}<0.8‰$。对不同材料,这一结果具有不同的意义,对于易变形的延性材料,其特征力学量(如屈服点等)对应的应变值较大,此误差可以忽略;而对于脆性材料,由于破坏应变值较小,这一误差对结果有一定的影响。

实质上,对于霍普金森杆一类的实验技术,试样应变的计算过程都伴有上述分析中所涉及的误差,而这一误差的引入具有明显的主观性。所以降低此误差对结果的影响,需要通过实验者认真细致地进行实验操作,以及细心严谨地完成数据处理来实现。

6.6　剪切应力测试

6.6.1　剪切应力测试方法

剪切应力测试方法利用了压电晶体的压电效应。本节选用铌酸锂晶体作为剪应力计。但是由于铌酸锂剪应力计所测的信号中包含了横向正应力,用实验无法将其分离出来,估算由此造成的相对误差约为 10%[6]。因此,对剪应力计进行了改进,其基本思想是:选择压电系数矩阵简单的晶体,计算出某特殊切型,使非剪切项对应的压电系数为零,从而将横向正应力的响应从剪应力计所测信号中剔除。

改进后的剪应力计材料选用石英晶体,相对于铌酸锂晶体,石英晶体的压电系数低了一个量级,但作为剪应力计它具有两个突出的优点:石英晶体的波阻抗和铝

合金的波阻抗匹配，压电系数矩阵相对简单。制作剪应力计利用的是 Y 切石英晶体的正压电效应，最终选定旋转 Y 切型 17.705°石英晶体作为剪应力计，同时保证剪切压电系数大的一项所对应方向与实验剪切加载方向一致。关于剪应力计设计的详细情况参见本书第 4 章。

在压剪杆实验技术中，晶体剪应力计的尺寸是 Φ20mm×0.25mm。在实验操作中，利用导电胶将晶体片一侧贴于透射杆端，并在透射杆上标记晶体 x 轴方向（即剪切方向），固化后再将铝垫片贴于晶体另外一侧，如图 6.38 所示。铝垫片的直径与晶体片、透射杆直径相同，厚度小于 3mm，实验中一般采用 2mm。

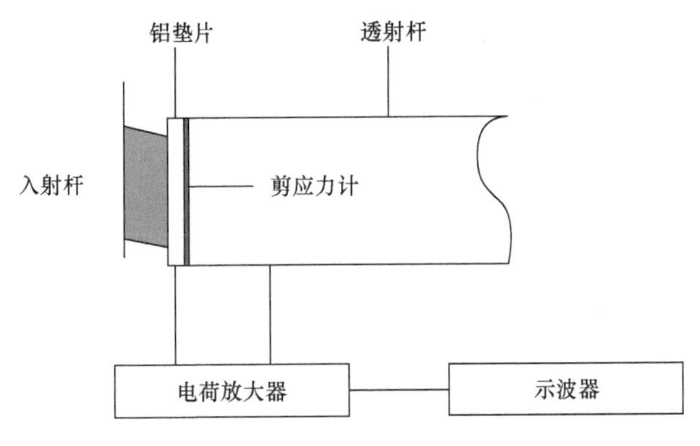

图 6.38　剪应力测试方法示意图

假设透射杆嵌入的剪应力计所测剪切应力是 τ_t，由式(6.2)可得试样中的平均剪切应力

$$\tau=\frac{A_t\tau_t}{A_s}$$

式中，A_s为试样的横截面积；A_t为透射杆横截面积。

6.6.2　剪切应力测试方法的有效性分析

剪切应力测试技术的核心思想是：根据试样与透射杆剪力平衡的原则，利用靠近试样-透射杆界面的剪应力计所测得的剪应力反推试样的剪切应力。因此对剪切应力测试方法的有效性研究可以细化为对以下两点的验证：

(1) 试样-透射杆是否剪力平衡；

(2) 剪应力计所在位置的剪力能否代表试样-透射杆界面的剪力。

在 6.3 节中分析指出：试样两界面实现了剪力平衡。其实，实验中加载脉宽远大于应力波在试样来回反射一次的特征时间，所以在主要加载阶段试样和透射杆始终是保持剪力平衡的。

下面利用数值模拟和实验从两个方面对透射杆中剪切应力衰减规律进行研究。

弯曲波在细长杆中传播，动力学控制方程包括动量守恒定理和动量矩守恒方程，力学量主要包括剪应力与弯矩。随着传播距离的增大，杆中的剪应力是不断振荡畸变的。因此，需要研究透射杆中剪力的衰减规律。

由 6.3 节的数值模拟结果可知：在距离试样 0.5 倍杆径(10mm)的范围内，透射杆中的剪切应力波形基本一致，而当距离大于 25mm 时，剪切应力的波形已经完全不同于试样中的波形了，因此剪切应力计距离试样不应大于 10mm。图 6.39 是透射杆中距试样 0.92mm、2.78mm、4.63mm、6.50mm、8.38mm、10.26mm 位置处的剪切应力相对于前一位置处相应数值的比值(即 τ(2.78mm)/τ(0.92mm)、τ(4.63mm)/τ(2.78mm)等，其他值依次类推)随距离的变化规律，0.92mm 位置处(单元与试样几乎接触)的剪力认为与试样一致，所以在图 6.39 中 0.92mm 处 $(\tau_i/\tau_{i+1})_{0.92}$ 为 1。由图 6.39 可以看出，在间隔约 1.9mm 的情况下，初始阶段的峰值应力相对衰减较缓，随着距离增大衰减幅值也增大并基本保持稳定。

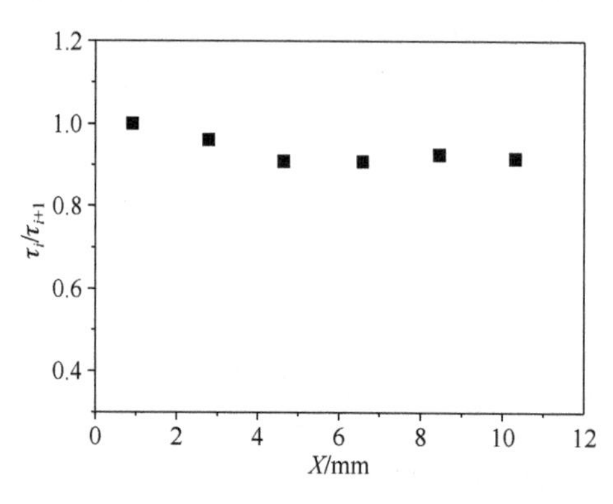

图 6.39 剪切应力峰值相对于前一位置值的衰减规律

图 6.40 给出了距离试样 0.92mm、2.78mm、4.63mm、6.50mm、8.38mm、10.26mm 位置处的剪切应力值 τ 相对于 0.92mm 位置的剪切应力 $\tau_{0.92}$ 的衰减图。由图 6.40 可以看出，剪切应力的峰值随着距离的增大明显衰减，对这个数值模拟结果进行三阶多项式拟合，令 $Y=\tau/\tau_{0.92}$，得到

$$Y=1.017-0.0102X-0.00583X^2+0.000347X^3 \tag{6.36}$$

式中，X 为量计相对于杆端的距离，测量实验中剪应力计距离试样 2mm，将 $X=$ 2mm 代入式(6.36)得到 $Y=0.976$。这表明剪应力计所在位置的剪切应力衰减了约 $0.024\tau_{0.92}$。可见，在实际实验数据处理中，忽略剪切应力计所在位置的剪切应力值与透射杆-试样界面的剪切应力的区别，近似认为两者相等，所引入的误差是非常小的，由此可说明剪切应力测试技术是有效的。

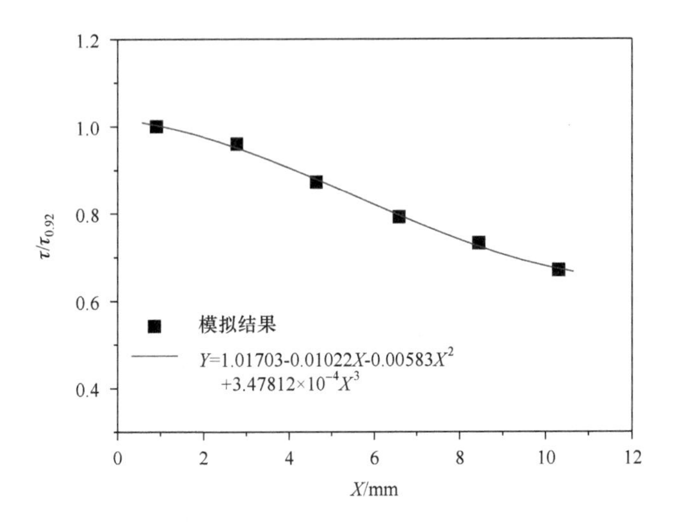

图 6.40　剪切应力峰值相对初始值的衰减规律

下面设计实验对透射杆中剪切应力衰减规律进行研究。

验证实验的主要思想是，在透射杆不同位置嵌入剪切应力计测试剪切应力的衰减值。在透射杆上嵌入两个剪切应力计，把与两个剪切应力计接触的公共铝垫块与电荷放大器的地线连接，如图 6.41 所示。

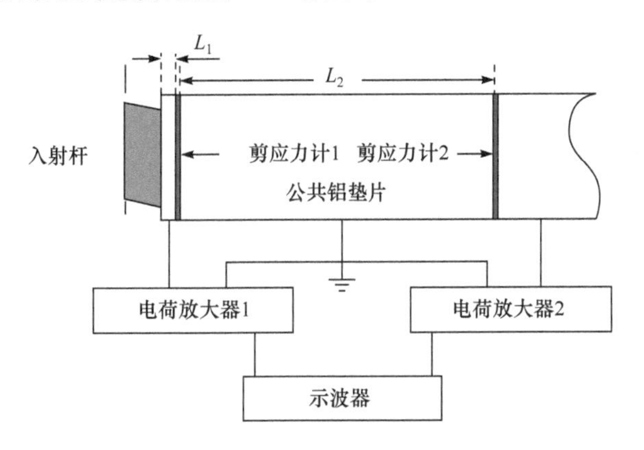

图 6.41　验证实验示意图

图 6.41 中，L_1、L_2 分别是第一个铝垫片和公共铝垫片的厚度。进行了两组实验，第一组实验中 L_1、L_2 分别是 2mm、1mm；第二组实验中 L_1、L_2 分别是 3mm、4mm。图 6.42、图 6.43 分别是第一组与第二组典型实验结果的原始波形，图中，Ch1 与剪应力计 1 连接，Ch2 与剪应力计 2 连接。

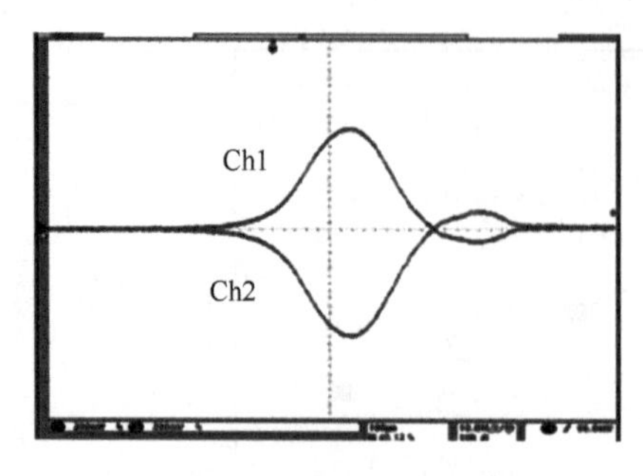

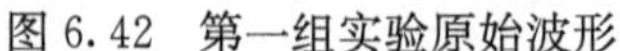
图 6.42　第一组实验原始波形

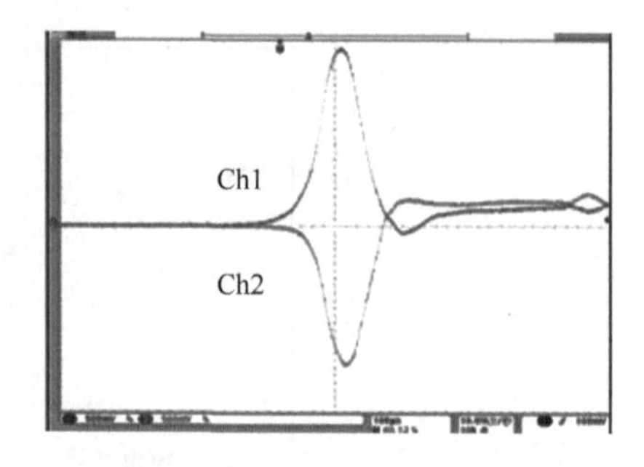

图 6.43　第二组实验原始波形

由图 6.42、图 6.43 可以看出，在第一组实验条件下，剪应力计 1、2 所测波形呈上下对称，波形的起跳点基本相同；而在第二组实验条件下，由于公共铝垫片的厚度增大，剪应力计 2 所测得的波形起跳点滞后于剪应力计 1 所测波形的起跳点，Ch2 的波形幅值的绝对值小于 Ch1 的幅值。由图 6.42、图 6.43 得到实验曲线峰值的相对比值为

$$\frac{\tau_{\mathrm{Ch2}}}{\tau_{\mathrm{Ch1}}}=\begin{cases}0.938, & \text{第一组实验}\\ 0.784, & \text{第二组实验}\end{cases} \tag{6.37}$$

为了将数值模拟的结果与实验结果进行比较，利用拟合公式(6.36)计算剪应力计 1、2 所在位置的 Y 值。在第一组实验中，$L_1=2\mathrm{mm}$，$L_2=1\mathrm{mm}$，同时考虑剪切应力计的厚度(0.25mm)有 $X_1=2\mathrm{mm}$，$X_2=3.25\mathrm{mm}$；在第二组实验中，有 $X_1=3\mathrm{mm}$，$X_2=7.25\mathrm{mm}$。代入式(6.36)，得到了数值模拟计算的相应结果是

$$\frac{\tau_{\mathrm{Ch2}}}{\tau_{\mathrm{Ch1}}}=\frac{Y_2}{Y_1}=\begin{cases}0.956, & \text{第一组实验}\\ 0.815, & \text{第二组实验}\end{cases} \tag{6.38}$$

由图 6.42、图 6.42 计算结果的对比可知，数值模拟的结果均高于实验结果。图 6.44 给出了数值模拟与实验结果的比较图。由图 6.44 可以看出，在两组实验中，数值模拟结果与实验结果的偏移量非常接近，这说明数值模拟的定性结果是正确的。而实验与数值模拟结果的偏移量可以认为是数值模拟过程的系统误差，假定此系统误差是线性的，则可将数值模拟结果修正为

$$Y_{X=2}=0.976-\frac{(0.956-0.938)+(0.815-0.784)}{2}=0.952 \tag{6.39}$$

式(6.39)表明，剪应力计所在位置 $X=2$ 处的剪应力相对于试样透射杆界面衰减 0.048τ，误差在 5%左右。因此，剪应力计所在位置所测的剪力能代表试样-透射杆界面的剪力，剪切应力测试方法有效。

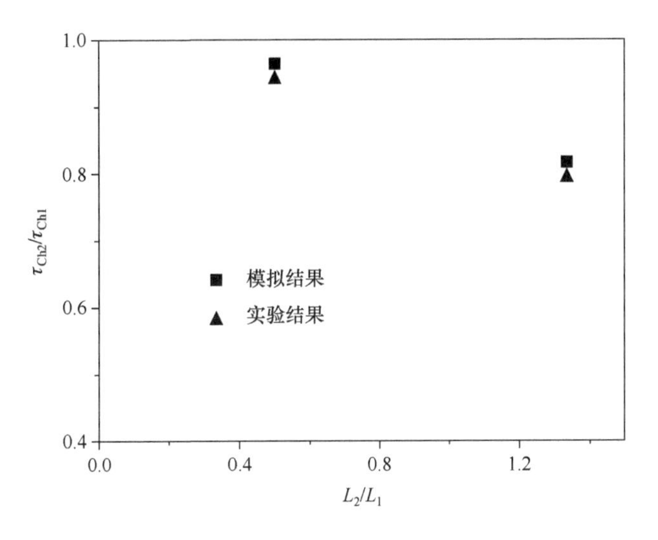

图 6.44　数值模拟与实验结果比较

6.6.3　剪切应力测试的误差分析

在压剪杆实验技术中,剪切应力的测试原理主要是利用晶体剪切应力计的压电效应。其计算公式为

$$\tau=\frac{\Delta US}{d'_{26}MA_s} \tag{6.40}$$

式中,M 为电荷放大器的放大倍数;S 为电荷放大器设置的灵敏度系数;ΔU 为输出电压信号;A_s 为试样承剪面积;d'_{26} 为动态压电系数。其主要误差来源可以归结为:

(1) 由于剪切应力计距试样有一定距离,由此引起的系统误差;

(2) 动态压电系数 d'_{26} 的标定结果具有一定的分散性,由此引入的随机误差;

(3) 电荷放大器的系统噪声误差,由 ΔU 引入。

而剪切应力测量属于间接测量问题,需要对以上三个误差分别进行计算,进而对系统误差进行修正,同时利用误差传播理论合成计算函数的极限误差。首先分别计算三个独立的误差。

对于由剪切应力计与试样界面不重合而引起的系统测量误差,已经由数值模拟以及实验修正给出[式(6.39)],系统误差为 0.048τ。

第二类误差是压电系数标定结果的随机误差。在误差理论中,这类随机误差近似满足标准正态分布,可以用数据的标准差来表述数据的分散性,其标准差可以由贝塞尔公式表示:

$$s=\sqrt{\frac{1}{n-1}\sum_{i=1}^{n}(x_i-\bar{x})^2} \tag{6.41}$$

式中，n 为数据个数；x_i 为第 i 个数据；$\bar{x}$ 为数据的算术平均值。

由图 4.15 给出的动态标定结果可以计算出第二类误差的标准差

$$s_2=0.078\times10^{-12}(\mathrm{C/N})$$

第三类误差是电荷放大器的噪声随机误差。参考生产厂家技术说明书可知，该型号的电荷放大器的最大噪声为 5mV，可以按照均匀分布考虑。由均匀分布标准差计算方法可知，该标准差为

$$s_3=\frac{5}{\sqrt{3}}(\mathrm{mV})$$

下面对剪切应力测试的随机极限误差进行合成，设各单项的随机极限误差为

$$\delta_i=k_i s_i,\quad i=2,3 \tag{6.42}$$

式中，s_i 为各单项随机误差的标准差；k_i 为各单项随机误差的置信系数。

假设第二类和第三类随机误差是相对独立的，且取各单项随机误差的置信系数相同，均等于合成极限误差的置信系数 k，则极限误差为

$$\delta=k\sqrt{(a_2 s_2)^2+(a_3 s_3)^2} \tag{6.43}$$

式中，a_i 为各单项随机误差的传播系数。

在本次极限误差合成计算中，由式(6.40)知，

$$a_2=-\frac{\Delta US}{(d'_{26})^2 MA_s} \tag{6.44}$$

$$a_3=\frac{S}{d'_{26}MA_s} \tag{6.45}$$

而合成置信系数 k 可以选择为 2，此时对于正态分布，置信概率为 0.95。将 k 值以及式(6.44)、式(6.45)代入式(6.43)中，得

$$\delta=2\sqrt{\left[\frac{\Delta US}{(d'_{26})^2 MA_s}s_2\right]^2+\left(\frac{S}{d'_{26}MA_s}s_3\right)^2} \tag{6.46}$$

例如，某次实验中，试样的横截面积为 10mm×10mm，电荷放大器的放大倍数 $M=1\mathrm{mV/unit}$，电荷放大器的灵敏度系数 $S=5\mathrm{pC/unit}$，实验中电压 $\Delta U=500\mathrm{mV}$，$d'_{26}=4.123\mathrm{pC/N}$，则极限误差 $\delta=0.24\mathrm{MPa}$。

剪切应力计算结果为：$\tau=6.06\mathrm{MPa}$。同时考虑对系统误差进行修正，则剪切应力 $\tau=\dfrac{6.060}{1-0.048}=6.366\mathrm{MPa}$，最终测试结果可以表述为：$\tau=(6.366\pm0.240)\mathrm{MPa}$。

6.7　剪切应变测试

6.7.1　剪切应变测试方法

试样在承载过程中，两个界面 1、2 具有横向速度 v_{1s}、v_{2s}，如图 6.45 所示。

由 6.2 节分析知，试样的剪切应变率可以表示为

$$\dot{\gamma}=\frac{v_{1s}-v_{2s}}{l_0}$$

因此测试试样的剪切应变只需测量试样-实验杆界面上的横向速度。入射杆界面上的横向速度等于入射杆中轴向速度在试样横向方向的投影，而入射杆杆轴方向与试样轴向和横向的夹角均为 45°，所以试样-入射杆界面的横向速度等于其轴向速度，即

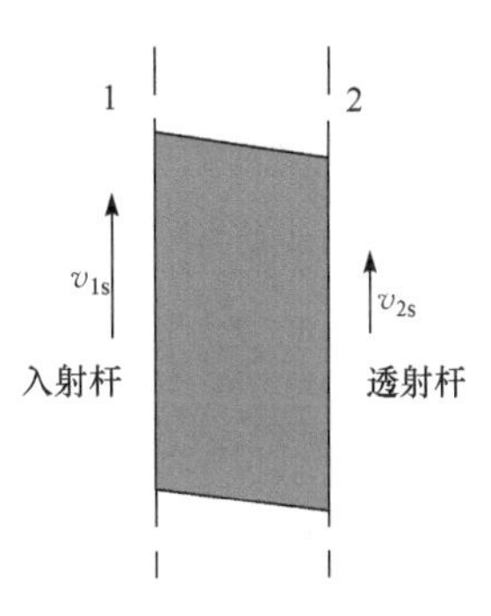

图 6.45　试样剪切变形示意图

$$v_{1s}=v_{1p}=v\cos 45^{\circ}=c_0(\varepsilon_i-\varepsilon_r)\cos 45^{\circ}=\frac{\sqrt{2}}{2}c_0(\varepsilon_i-\varepsilon_r) \tag{6.47}$$

式中，ε_i、ε_r 和 c_0 分别是入射杆应变片记录的入射波应变信号、反射波应变信号和杆中的纵波波速。

v_{2s} 涉及透射杆中的弯曲波，与纵波无关。直接测量 v_{2s} 是困难的，因此需要建立透射杆中的剪切应力（实验测量的唯一与弯曲波相关的力学参数）与试样-透射杆界面速度 v_{2s} 的关系式。然而，通过理论分析的方法很难准确获得速度关于剪力的函数 $v_s(V)$，即便通过简化建立的速度公式 $v_s(V, V', V'')$ 也与剪力的高阶导数有关。这给实验数据处理带来巨大的误差，因此需要在实验中直接测量剪切应变。

获得剪切应变时程曲线的方法大致可以分为两种：第一种方法是先测量试样两端的横向速度差，进而计算得到剪切应变率，再对时间积分得到剪切应变；第二种方法是测量得到试样两端的横向位移差，直接计算试样的剪切应变。由于测量透射杆端的横向速度存在困难，故无法得到试样两端的横向速度差，不能利用第一种方法计算剪切应变。因此这里采用第二种方法计算试样的剪切应变。

作者设计和搭建了一套光学测试装置，利用光通量方法对试样两端的横向位移差进行测量。

光学测试装置主要包括半导体准直激光器、光学狭缝、光学挡板以及光电接收器，实验装置示意图如图 6.46 所示。

准直激光器产生均匀的平行激光，其光斑为圆形，经过光学狭缝，光斑变为带

状。由于光学挡板 1 和光学挡板 2 的遮挡，投影在接收器上的光斑成矩形。光学挡板 1 和光学挡板 2 通过铝箍，分别与入射杆和透射杆连接，如图 6.47 所示。光学挡板由背板和刀片组成，两者由环氧胶黏结。由于试样两界面的切向相对位移较小，实验对挡板遮光棱边的光洁度要求很高，故实验中采用刀片的刀刃作为遮光的棱边，这样能够达到较好的光洁度。

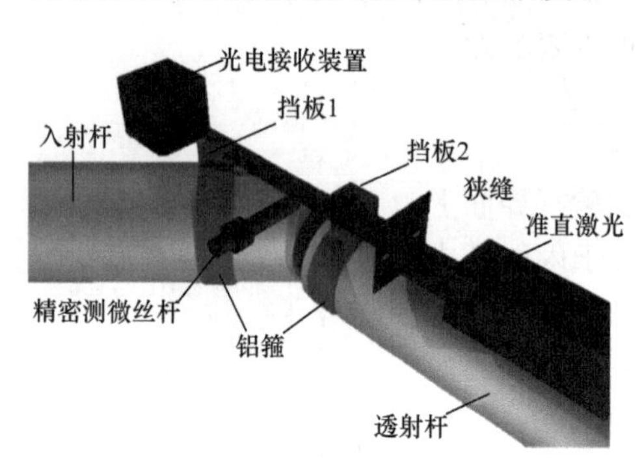

图 6.46　实验装置示意图

图 6.47　铝箍实物图

光电接收装置主要包括透镜和光敏元件。透镜将射来的光束汇聚到位于其焦点位置的光敏元件，光敏元件将光强变化信号转化为电压信号并放大输出。光敏元件响应的光波波长范围为 400～1100nm。光电接收装置有 8 个不同的信号放大挡位，从 1.51×10^3 V/A(带宽 1.5MHz)至 4.75×10^6 V/A(带宽 2kHz)不同的放大挡位对应不同的带宽，研究中采用 1.51×10^3 V/A 挡。

实验中，试样分别与入射杆、透射杆固连，因此试样界面的切向运动与实验杆界面的切向运动是一致的。而光学挡板 1 与入射杆固定连接，故入射杆界面的切向运动和挡板 1 的运动是一致的。同理，光学挡板 2 与透射杆界面的切向运动一致，如图 6.3 所示。当试样受载发生剪切变形时，光学挡板 1 与光学挡板 2 出现切向的相对运动，于是造成光通量的变化，而与光电接收器连接的示波器记录下由光通量变化造成的电压变化。

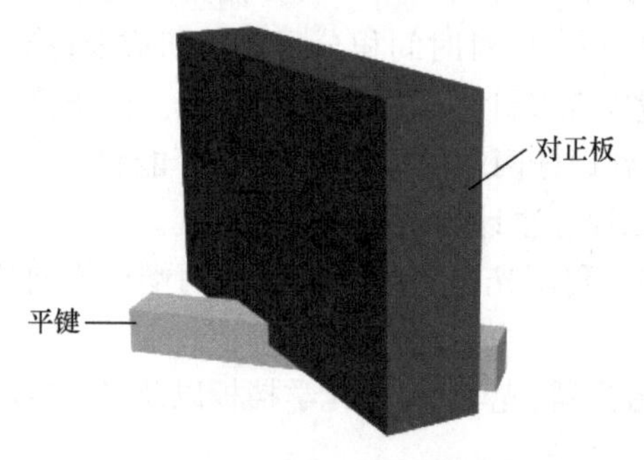

图 6.48　准直装置示意图

实验设计要求激光光束与透射杆平行，可用如图 6.48 所示的专用准直装置进行校准。准直装置由对正板和平键两部分组成。对正板通过高精度机械加工而成，表面光洁度达到 0.8。定位平键与对正板连接，并与对正板的法线方向成 45°。实验平台上有沿着入射杆杆轴方向的定位槽，定位槽与透射杆轴夹角为 45°。利用定位平键和定位槽，对正板可以在实验平台上自由平移并且保证其法线方向始终与透射杆轴向一致。调整激光器夹持装置使激光光束与对正板垂直，从而使激光光束与透射杆平行。

实验前需要对实验测试系统进行标定，采用的方法是利用精密测微丝杆在垂直于光路的方向(即透射杆杆轴方向)，遮挡激光光斑，同时记录丝杆运动的距离与电压的变化值。由此标定出相对于单位电压变化所对应的距离变化值，即电压-距离转换系数 m(mm/V)，由此系数与光电接收器测量的电压变化值 ΔU 相乘，就可以计算出试样两界面的相对位移 ΔS。假设试样的厚度为 l_0，则试样剪切应变为

$$\gamma=\frac{\Delta S}{l_0}=\frac{m\Delta U}{l_0} \tag{6.48}$$

剪切应变率可以由相对位移的导数即相对速度 Δv_s 表示：

$$\dot{\gamma}=\frac{\Delta v_s}{l_0} \tag{6.49}$$

6.7.2　剪切应变测试方法的有效性分析

剪切应变测试方法是否有效，关键是回答以下问题：

(1) 所选择的准直激光器的光斑在不同位置是否均匀；

(2) 激光接收器响应是否满足动态实验要求；

(3) 挡板与实验杆连接是否完全固连；

(4) 挡板遮光的刀刃光洁度是否满足需要。

第一个问题可以通过静态标定实验来验证。利用精密测微丝杆沿垂直于透射杆杆轴方向的不同位置进行静态标定，两次标定位置相距 4cm，结果如图 6.49 所示。由图 6.49 可以看出，不同位置标定结果吻合，且保持线性，这说明准直激光器的光斑在不同位置的光强是均匀的。

为了回答其余问题，设计如图 6.50 所示的验证实验。子弹撞击长实验杆，在实验杆端利用铝箍将光学挡板与杆连接，利用实验系统的准直激光器与光电接收器对实验杆端面的运动时程曲线进行记录。实验杆上应变片记录了入射与反射应变，利用一维应力波理论计算实验杆端面的位移时程曲线。图 6.51 给出了两种方法所测得的杆端的位移时程曲线，其中第二次上升是由于应力波自由面反射产生二次加载造成的位移。由图可知，利用光通量方法所测得的实验杆位移时程曲线与应变片所测结果吻合，表明条件(2)～(4)成立。以上分析表明，提出的剪切应变测试技术有效。

利用数字图像处理的方法进一步对剪切应变测试技术进行验证。

在压剪杆实验中，试样的棱边由于剪切加载而旋转，如图 6.52 所示。假设某

时刻旋转的角度为 θ，对于小变形情况剪切应变具有如下关系式：

$$\gamma(t)=\theta(t) \tag{6.50}$$

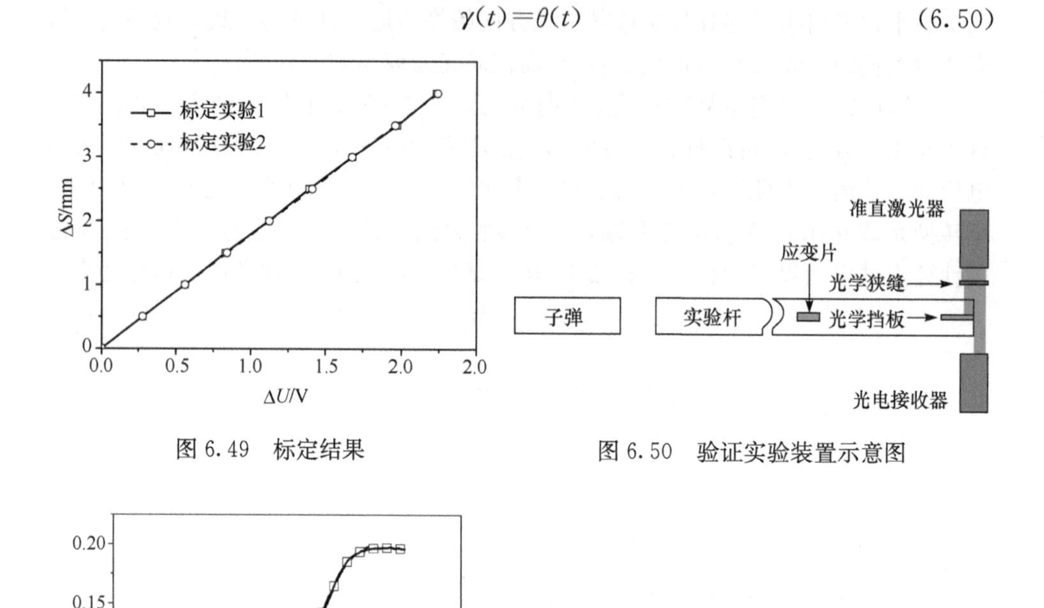

图 6.49　标定结果

图 6.50　验证实验装置示意图

图 6.51　杆端的位移时程曲线

图 6.52　试样剪切变形示意图

采用 6.5 节中的光路示意图 6.34，利用高速摄影机拍摄试样的某一棱边，利用 Matlab 软件的图像处理功能对此棱边进行线性拟合。在图像坐标系下，获得 θ 的变化历史曲线，最后通过式(6.50)计算试样的剪切应变历史。图 6.53 给出了分别用数字图像处理方法(高速摄影拍摄的速度是 67500 帧/秒)和激光光通量方法所测得的剪切应变时程曲线的比较。

由图 6.53 可知，在试样受载的主要阶段，两种方法所测得的剪切应变吻合，在接近峰值时，两者不再吻合。数字图像处理方法所测得的曲线缓慢上升并基本稳定，而采用光通量法所测得的曲线达到峰值后迅速下降。造成两者出现如此差别的主要原因是，试样破坏，与实验杆界面分离。在加载末段，试样和实验杆由于破坏造成了位移不同步，试样本身不再受载，故数字图像处理方法所测得的剪切应变曲线趋于稳定，而由于透射杆继续横向运动，造成光通量变大(受载过程中光通量变小)，于是光通量法所测剪切应变将会变小，对应图 6.53 中剪切应变曲线下降。两种方法所测曲线虽然在末段不吻合，但是此段已经不是实验关心的部分。这是因为试样的剪切应力时程曲线的峰值对应的时间要早于剪切应变时程曲线的峰值点对应的时间，即当剪切应变达到峰值时，试样早已经破坏。因此验证实验结果也表明本节提出的剪切应变测试技术是有效的。

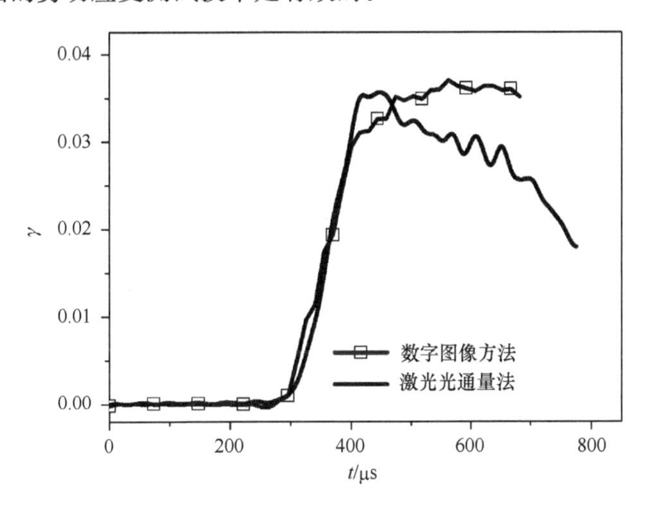

图 6.53　剪切应变历史曲线

6.7.3　剪切应变测试的误差分析

在压剪杆实验技术中，试样的剪切应变通过光通量法进行测量，其计算公式为式(6.48)。测试的主要误差来源可以归结为：

(1) 电压-距离转换系数 m 标定结果具有一定的分散性，由此引入的随机误差；

(2) 光电接收器的系统噪声误差。

处理方式同第 6.6.3 节，首先分别计算每个独立项的标准差，其次对其进行极限误差合成。对于第一类随机误差，近似满足标准正态分布，利用标定结果以及贝塞尔公式，可以计算出第一类误差的标准差为

$$s_1 = 0.00314(\mathrm{mm/V})$$

第二类误差是光电接收器的噪声随机误差，参考生产厂家技术说明书，可知该型号的光电接收器的最大噪声为 0.4mV，同样可以按照均匀分布考虑，由均匀分布的标准差计算方法可知，该标准差为

$$s_2 = \frac{0.4}{\sqrt{3}}(\mathrm{mV})$$

根据式(6.48)，在剪切应变的极限误差合成中有传播系数

$$a_1 = \frac{\Delta U}{l_0} \tag{6.51}$$

$$a_2 = \frac{m}{l_0} \tag{6.52}$$

代入式(6.43)中得

$$\delta = k\sqrt{\left(\frac{\Delta U_{s_1}}{l_0}\right)^2 + \left(\frac{m_{s_2}}{l_0}\right)^2} \tag{6.53}$$

例如，某次实验中，试样的厚度是 5mm，实验采集到的峰值电压是 $\Delta U=300\text{mV}$，取 $k=2$，即置信概率为 95%，则极限误差与计算结果分别为：$\delta=0.00038$，$\gamma=0.03353$。于是，剪切应变可以表示为：$\gamma=0.03353\pm0.00038$。

6.8　压剪加载实验试样的构型优化

从 6.3 节的分析可知，利用分离式霍普金森压剪杆对试样进行压-剪复合加载会在试样内部形成三维应力状态，不仅有轴向压缩应力、剪切应力，而且有非试样轴向的两个方向正应力。上述实验测试技术并未提供这两个方向正应力的测试方法。事实上，直接测量横向正应力是非常困难的。

设想的解决途径是，通过优化试样的几何构型来简化试样的应力状态，绕开横向正应力的测试难题。这样还可以进一步建立简化的本构模型，并对实验结果给出更清晰的分析和理解。通过多方探索，作者提出类平面应力试样构型。

6.8.1　类平面应力构型

类平面应力试样设计的基本思想是：试样的厚度方向与实验加载压缩方向、剪切方向均垂直，并且试样厚度尺寸明显小于其他两个特征方向尺寸。

于是试样的应力状态可以简化为类平面应力状态，即 $\sigma_{yy}=0$，$\tau_{yz}=0$ 以及 $\tau_{yx}=0$，如图 6.54 所示。对于试样中任意一点的应力状态可以表示为

$$\boldsymbol{\sigma} = \begin{bmatrix} \sigma_{xx} & 0 & \tau_{xz} \\ 0 & 0 & 0 \\ \tau_{xz} & 0 & \sigma_{zz} \end{bmatrix} \tag{6.54}$$

本小节通过 LS-DYNA 有限元软件对类平面应力构型试样的压剪杆实验进行数值模拟，确认类平面应力构型的应力状态。实验杆的材料模型采用线弹性模型，试样采用随动硬化弹塑性模型。为了简化分析，假设试样是应变率无关的。材料模型参数如表 6.2 所示，模型也采用了三种硬化模量，分别代表“高”、“中”、“低”应变硬化材料，以涵盖一定范围的材料类型。

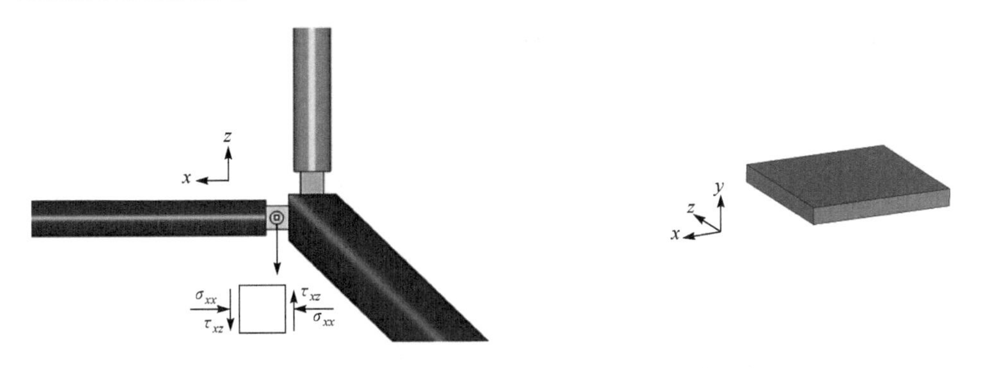

图 6.54　类平面应力试样受载示意图及其三维状态示意图

表 6.2　压剪杆(类平面应力试样构型)模拟的材料模型参数

	密度/(kg/m³)	杨氏模量/MPa	泊松比	屈服应力/MPa	硬化模量/MPa
实验杆	2800	72000	0.33	—	—
试样	1400	30000	0.33	200	100 600 3000

图 6.55 给出了试样应力张量各分量的历史曲线,可以看出相对于轴向应力与剪切应力,其他应力分量幅值均很小,因此,可进一步将式(6.54)简化为

$$\boldsymbol{\sigma} = \begin{bmatrix} \sigma_{xx} & 0 & \tau_{xz} \\ 0 & 0 & 0 \\ \tau_{xz} & 0 & 0 \end{bmatrix} \tag{6.55}$$

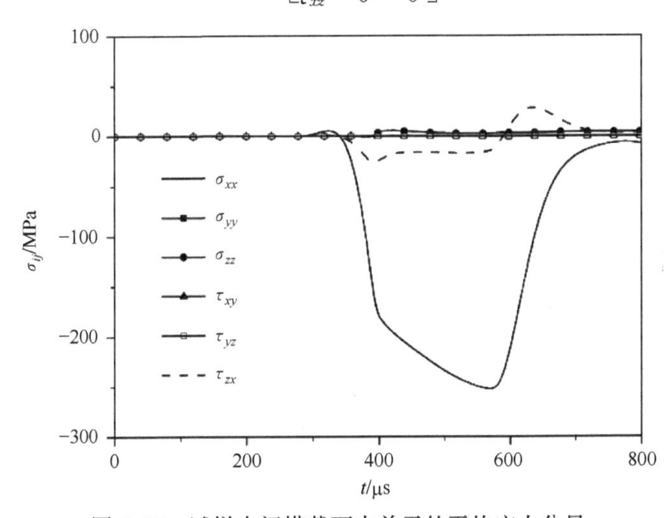

图 6.55　试样中间横截面内单元的平均应力分量

由弹性力学可知，对于各向同性线弹性体，胡克定律具有如下形式：

$$\varepsilon_{xx}=\frac{1}{E_s}[\sigma_{xx}-\upsilon_s(\sigma_{yy}+\sigma_{zz})] \tag{6.56}$$

$$\varepsilon_{yy}=\frac{1}{E_s}[\sigma_{yy}-\upsilon_s(\sigma_{zz}+\sigma_{xx})] \tag{6.57}$$

$$\varepsilon_{zz}=\frac{1}{E_s}[\sigma_{zz}-\upsilon_s(\sigma_{xx}+\sigma_{yy})] \tag{6.58}$$

$$\gamma_{xy}=\frac{1}{G_s}\tau_{xy} \tag{6.59}$$

$$\gamma_{yz}=\frac{1}{G_s}\tau_{yz} \tag{6.60}$$

$$\gamma_{zx}=\frac{1}{G_s}\tau_{zx} \tag{6.61}$$

则本情况下应变可以表示为

$$\boldsymbol{\varepsilon}=\begin{bmatrix}\varepsilon_{xx} & 0 & \gamma_{xz}\\ 0 & -\upsilon_s\varepsilon_{xx} & 0\\ \gamma_{xz} & 0 & -\upsilon_s\varepsilon_{xx}\end{bmatrix} \tag{6.62}$$

考虑双线性弹塑性材料模型，可认为试样进入塑性变形后式(6.62)仍然成立。由式(6.55)、式(6.62)可以看出，若给定泊松比 υ_s，则试样的应力与应变张量分量均可以由压剪杆实验测试得到。这样就避开了横向应力的测试需求，试样的材料响应与测试信息完全对应起来。

6.8.2 类平面应力构型合理性验证

按照现有强度理论，等效应力(应变)是将复杂应力状态与简单应力状态联系起来的本质参数。目前，复杂应力状态下的材料响应都是通过等效应力(应变)与单轴加载下的实验测试数据发生联系的。正因为有了这个理论依据，可以将单轴加载状态下得到的材料本构直接应用到复杂加载的环境之中，并对材料的应用和结构的响应得到丰富多彩的数值模拟预测结果。为了验证类平面应力构型试样对于应力简化的合理性，本节也以等效应力(应变)为参考，以应力-应变曲线为平台，通过对简化应力状态算得的等效应力(应变)与实际等效应力(应变)进行比较，得到问题的深入认识。

拟从两个角度进行验证：一个是数值模拟角度；另一个是实验角度。模拟验证具体过程为，给定材料本构，模拟材料类平面应力试样在压剪加载过程中的应力应变，提取前述试样中非零应力、应变分量，构成等效应力-应变曲线，与原给定材料本构曲线进行比较。

实验验证的方法是，将压剪加载实验测试得到的应力、应变分量构成等效应力-应变曲线，与用霍普金森压杆实验测得的材料应力-应变曲线进行比较。

1. 数值模拟验证

由塑性理论知，偏应力张量的第二不变量为

$$J_2=\frac{1}{6}[(\sigma_{xx}-\sigma_{yy})^2+(\sigma_{yy}-\sigma_{zz})^2+(\sigma_{zz}-\sigma_{xx})^2]+(\tau_{xy}^2+\tau_{yz}^2+\tau_{zx}^2) \tag{6.63}$$

则等效应力可以表示为

$$\begin{aligned}\sigma_{\text{eff}}&=\sqrt{3J_2}\\&=\frac{1}{\sqrt{2}}[(\sigma_{xx}-\sigma_{yy})^2+(\sigma_{yy}-\sigma_{zz})^2+(\sigma_{zz}-\sigma_{xx})^2+6(\tau_{xy}^2+\tau_{yz}^2+\tau_{zx}^2)]^{\frac{1}{2}}\end{aligned} \tag{6.64}$$

而偏应变张量的第二不变量为

$$I_2=\frac{1}{6}[(\varepsilon_{xx}-\varepsilon_{yy})^2+(\varepsilon_{yy}-\varepsilon_{zz})^2+(\varepsilon_{zz}-\varepsilon_{xx})^2]+\frac{1}{4}(\gamma_{xy}^2+\gamma_{yz}^2+\gamma_{zx}^2) \tag{6.65}$$

定义等效应变为

$$\begin{aligned}\varepsilon_{\text{eff}}&=2\sqrt{\frac{I_2}{3}}\\&=\frac{\sqrt{2}}{3}\left[(\varepsilon_{xx}-\varepsilon_{yy})^2+(\varepsilon_{yy}-\varepsilon_{zz})^2+(\varepsilon_{zz}-\varepsilon_{xx})^2+\frac{3}{2}(\gamma_{xy}^2+\gamma_{yz}^2+\gamma_{zx}^2)\right]^{\frac{1}{2}}\end{aligned} \tag{6.66}$$

将式(6.55)和式(6.62)分别代入式(6.64)、式(6.66)，则等效应力、应变简化为

$$\sigma_{\text{eff}}=\frac{1}{\sqrt{2}}[2\sigma_{xx}{}^2+6\tau_{zx}^2]^{\frac{1}{2}} \tag{6.67}$$

$$\varepsilon_{\text{eff}}=\frac{\sqrt{2}}{3}\left[2(1+\upsilon_s)^2\varepsilon_{xx}^2+\frac{3}{2}\gamma_{zx}^2\right]^{\frac{1}{2}} \tag{6.68}$$

由式(6.67)、式(6.68)可以看出，在给定了泊松比之后，试样的等效应力-应变曲线可以由压剪杆实验测试得到。

数值模拟同 6.8.1 节所述，在此将实验杆单元的应变及应力作为已知测试量，获得相应的数据。即在入射杆上选取两个关于杆轴对称的单元(类似于应变片)，从其平均应变历史曲线中提取入射波信号和反射波信号；在透射杆上选取两个关于杆轴对称的单元，从其平均应变信号中提取出透射纵波应变信号；选取在距离试样 2mm 截面内所有单元的平均剪切应力作为剪切应力计测试信号；选取入射杆

和透射杆上的挡片的横向位移差作为压剪杆剪切应变测试的原始信号。图 6.56～图 6.59 给出了硬化模量为 600MPa 情况下的各原始模拟曲线。

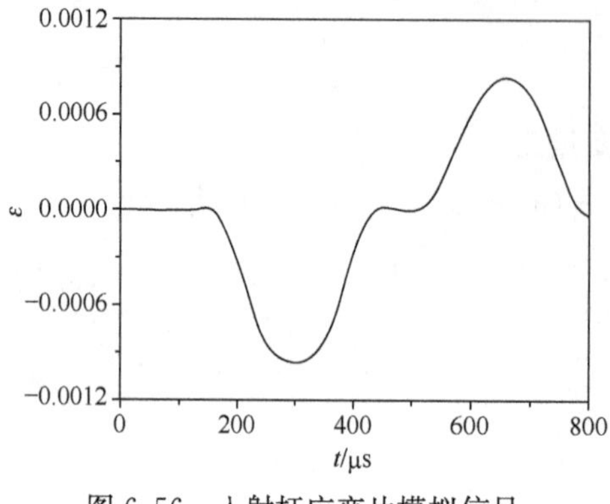

图 6.56　入射杆应变片模拟信号

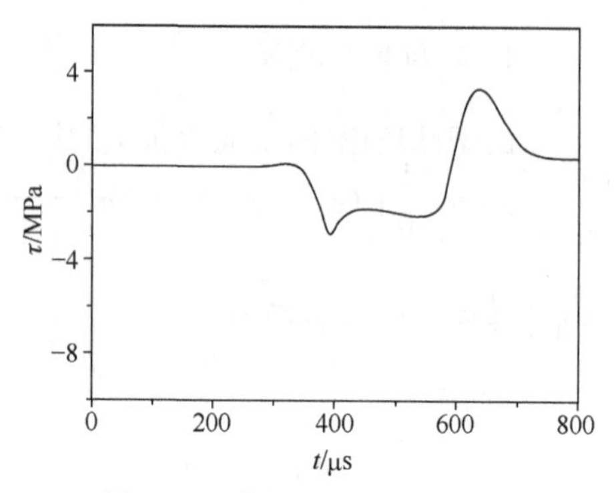

图 6.57　剪切应力计模拟信号

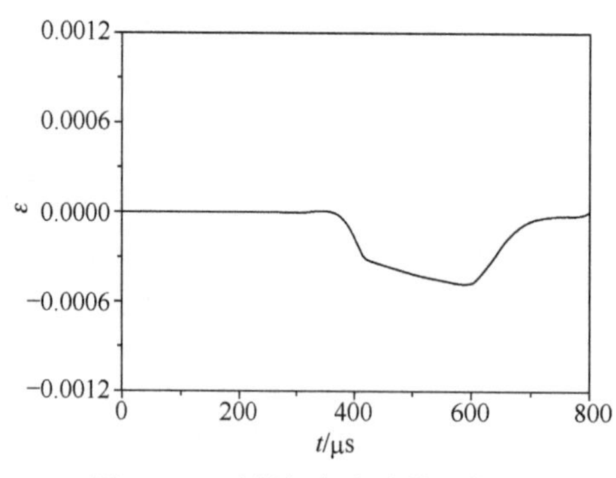

图 6.58　透射杆应变片模拟信号

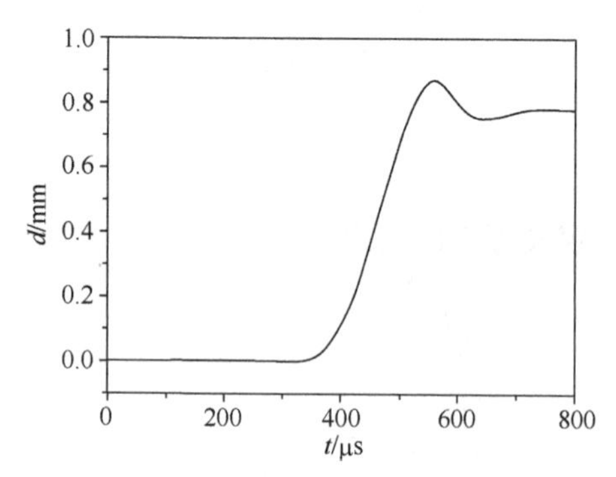

图 6.59　激光位移计模拟信号

在数据处理中，应变计算所用的试样长度始终是初始值，因此得到的是工程应力-应变曲线，为此采用式(6.69)、式(6.70)将等效工程应力-应变曲线转化为真实应力-应变曲线，以便与预先定义的试样材料应力-应变关系进行比较。

$$\varepsilon_T = -\ln(1-\varepsilon_{Eng}) \tag{6.69}$$

$$\sigma_T = (1-\varepsilon_{Eng})\sigma_{Eng} \tag{6.70}$$

图 6.60 给出了计算得到的等效应力-应变曲线与定义的试样材料本构关系曲线比较，其中虚线为由给定本构关系定义的应力-应变曲线，实线是取不同硬化模量的情况下计算得到的等效应力-应变曲线。由图 6.60 可以看出，类平面应力构型试样的等效应力-应变曲线与预设的本构模型的应力-应变曲线吻合，无论在弹性阶段还是塑性阶段均与输入的材料本构行为非常一致。数值模拟结果表明，采用类平面应力构型能够较好地预测试样的受载与变形，因此类平面应力构型试样对应力状态的简化是合理的。

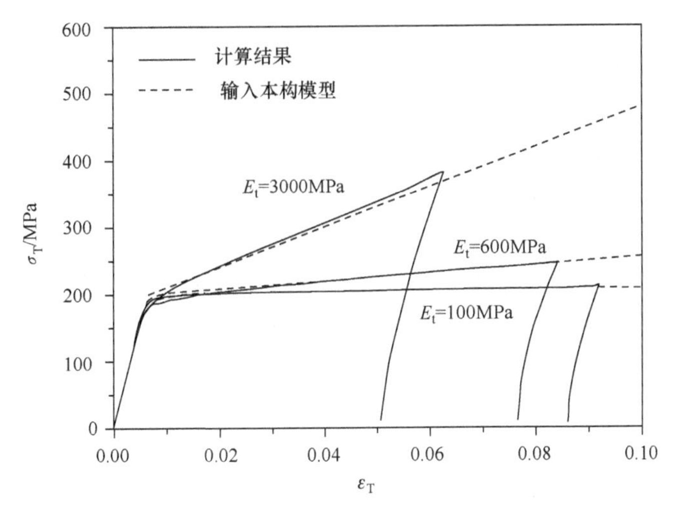

图 6.60　计算的等效应力-应变曲线与本构模型定义的应力-应变曲线比较

2. 实验验证

通过霍普金森压杆和霍普金森压剪杆分别对同一种材料进行动态实验，比较由两种实验技术分别得到的相同应变率下试样的单轴应力-应变曲线与等效应力-应变曲线，来进一步验证类平面应力简化构型的合理性。

由于压剪杆实验测试技术中，剪切应力计是通过导电胶与实验杆黏合的，因此限制了实验加载强度不能过高，否则将使剪切应力计破坏、脱落。选用金属铅作为试样材料。

试样制备分为两个步骤，首先将铅粒熔化成试样毛坯，其次利用模具将试样打磨成型。试样如图 6.61 所示，试样尺寸为13mm×13mm×3mm。

霍普金森压杆的试样尺寸为Φ10mm×5mm。实验中应用入射波整形技术，以保证试样处于常应变率加载状态。图 6.62 是霍普金森压杆实验典型的原始波形，

图 6.61　两种原始试样照片

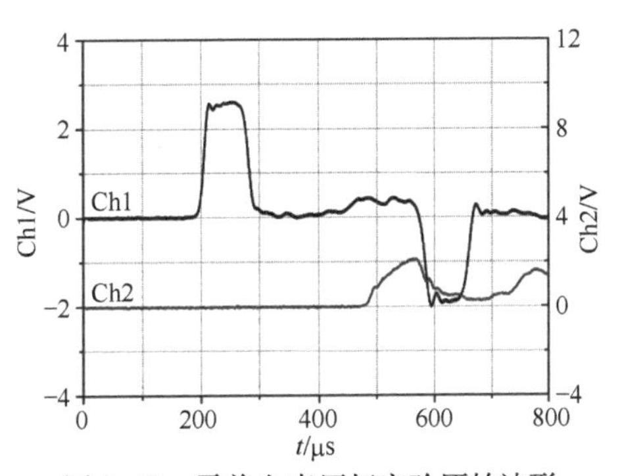

图 6.62　霍普金森压杆实验原始波形

其中 Ch1 记录入射波和反射波，Ch2 记录透射波。图中的波形反射波基本为一个平台，意味着试样变形过程近似为常应变率加载。

图 6.63 给出了霍普金森压剪杆实验原始波形，其中 Ch1 记录入射与反射波；Ch2 记录透射压缩信号；Ch3 记录剪切应力计信号；Ch4 记录激光位移计信号。图 6.64 给出了应变率为 $200s^{-1}$ 左右由霍普金森压剪杆实验得到的等效应力-应变曲线与霍普金森压杆得到的真实应力-应变曲线的比较。

由图 6.64 可以看出，两种实验技术得到的等效应力-应变曲线基本吻合，无论是屈服应力还是硬化模量，两种实验技术得到的结果基本一致。这表明分离式霍普金森压剪杆实验测试技术和试样构型简化模型是合理可信的。

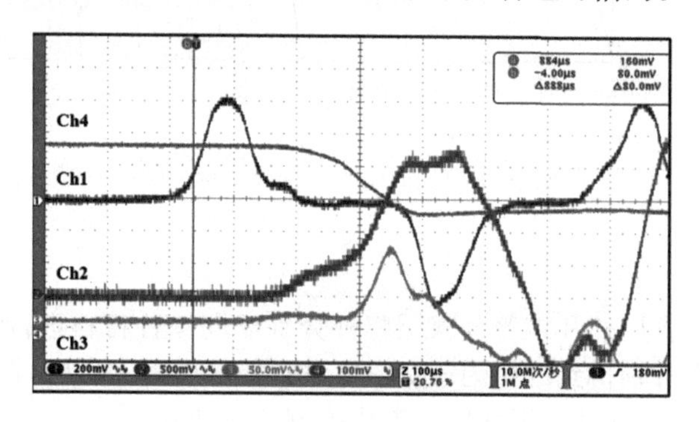

图 6.63　霍普金森压剪杆实验的原始波形

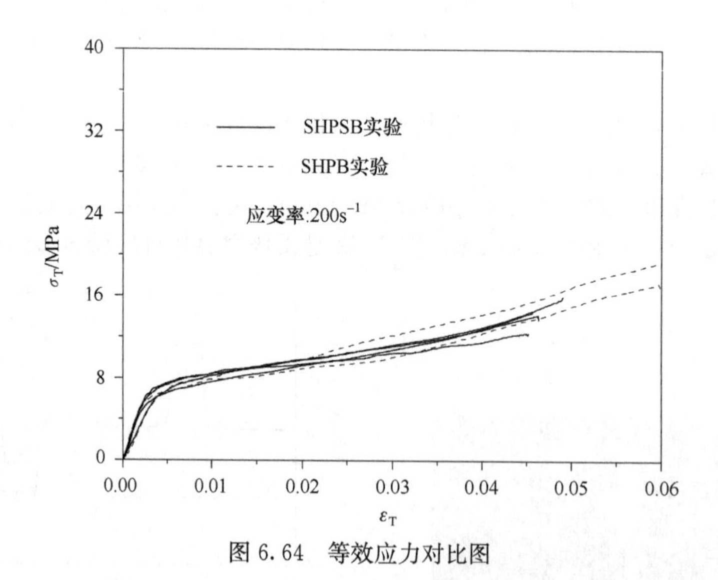

图 6.64　等效应力对比图

6.8.3　装置非对称性讨论

在霍普金森压剪杆实验中，难免由于试样对正操作、试样与实验杆黏结强度、材料性能的一致性等因素造成两侧试样响应的非对称。这样两侧试样的反射波可能不完全一致，而实际测试中并未加以区分。试样的非对称效应会如何影响实验结果，还需要进行讨论。

为了分析试样非对称效应对实验结果的影响，采用 6.8.1 节所述的数值模拟过程，改变模型中试样与实验杆接触的状况，将轴向为坐标系 z 轴方向一侧的试样与实验杆的接触改为自由面接触，而另一侧的接触仍是固连接触，形成非对称效应的一种极端情况。

图 6.65 给出了入射杆斜截面的沿试样轴向和横向速度曲线历史，同时通过入射杆中部的应变计算入射杆斜截面轴向和横向速度。从图 6.65 中可以看到，两者吻合得很好。事实上，在实验中，非对称效应对实验结果有效性的影响程度很小。由于实验装置和材料的特殊结构(试样与入射杆的横截面积、波阻抗均相差较大)，入射脉冲的大部分动能随反射波仍然进入入射杆中。与入射波、反射波相比，透射波幅值非常小。不同试样的响应可以由透射波分辨，而由非对称效应引起的反射波的改变值与反射波自身幅值相比是很小的。

图 6.66 给出了非对称和对称情况下，入射杆表面相同位置单元的轴向应力历史曲线，可以看出非对称效应对反射波影响非常小，可以忽略。图 6.67 给出了对称与非对称情况下的透射压缩波。由图 6.67 可以看出，试样的不同受载状态可以由透射波分辨，透射波波形表明不同的界面状况造成试样经历了不同的加载。

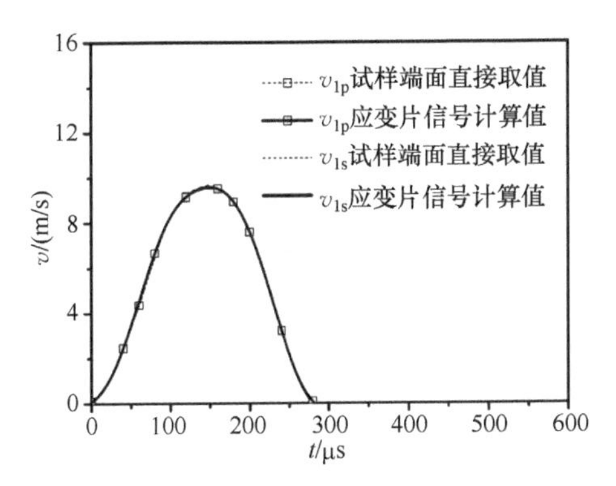

图 6.65　非对称情况下入射杆斜截面的轴向与横向速度曲线比较

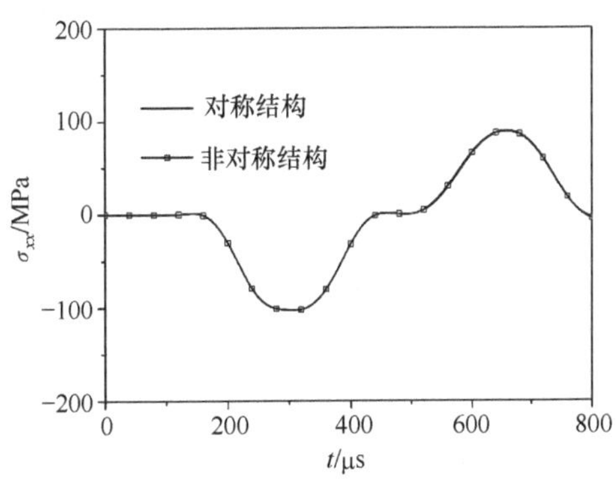

图 6.66　非对称和对称情况下的入射波与反射波曲线比较

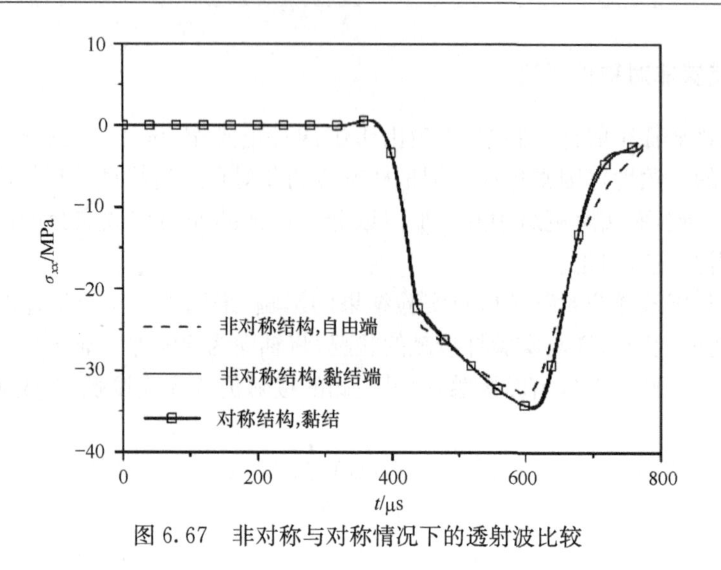

图 6.67 非对称与对称情况下的透射波比较

6.9 小 结

材料动态压-剪加载的研究不仅能够丰富材料的动态力学现象,拓展研究范围,而且对于认识材料动态响应的演化规律和机理有重要的意义。本章系统介绍了能够有效用于研究材料动态压-剪复合加载下力学行为的分离式霍普金森压剪杆实验技术,分析了实验原理,给出了测试技术,包括压缩应力测试技术、压缩应变测试技术、剪切应力测试技术、剪切应变测试技术,并对相关测试技术进行了有效性验证及误差分析。为了简化试样的应力状态,同时绕开非轴向的两个正应力测试难题,本章提出了优化的试样构型——类平面应力构型,得出结论:类平面应力构型的分析结果与数值模拟以及真实应力-应变曲线吻合较好,说明实验中采用类平面应力构型的试样是合理的。

参考文献

[1] Ballmann J, Raatschen H, Staat M. High stress intensities in focussing zones of waves [C]. Proceedings of Local Effects in the Analysis of Structures, Cachan, 1984.

[2] Niethammer R, Kim K S, Ballmann J. Numerical simulation of shock waves in linear-elastic plates with curvilinear boundaries and material interfaces[J]. International Journal of Impact Engineering, 1995, 16(5-6): 711—725.

[3] 王礼立. 应力波基础[M]. 北京: 国防工业出版社, 2005.

[4] Ravichandran G, Subhash G. Critical appraisal of limiting strain rates for compression testing of ceramics in a split Hopkinson pressure bar[J]. Journal of the American Ceramic Society, 1994, 77(1): 263—267.

[5] 宋力, 胡时胜. SHPB数据处理中的二波法与三波法[J]. 爆炸与冲击, 2005, 25(4): 368—373.

[6] 赵鹏铎. 分离式霍普金森压剪杆实验技术[D]. 长沙: 国防科学技术大学, 2007.

第7章 基于霍普金森杆的动态断裂实验

近年来,军舰、飞机、航天器、桥梁等在动态加载下的损伤评估和结构完整性安全研究日益受到关注。随着断裂动力学的发展,人们对于动载荷作用下控制裂纹起始扩展及传播机理的理解已取得了很大进展。断裂动力学一般研究两个方面的内容:一是在冲击载荷作用下,稳态裂纹的起裂问题;二是裂纹的快速扩展及止裂问题。表征材料断裂性能的参数有起裂韧度、传播韧度、止裂韧度和裂纹传播速度等。其中,起裂韧度是最常用,也是最重要的材料动态断裂参数。起裂韧度和传播韧度都是与加载率相关的量,这里加载率是指应力强度因子随时间的变化率。表7.1为不同加载手段可以达到的加载率的范围。

表7.1 不同加载手段可以达到的加载率范围

实验手段	加载率范围/(MPa・$m^{1/2}$/s)
静态实验机	$<10^4$
Charpy冲击和落重实验	10^5
霍普金森杆加载	$10^5\sim10^7$
气炮加载	$>10^8$

经过多年的发展,准静态加载下的断裂实验技术已经比较成熟,并且建立了一系列的国际标准,如金属材料平面应变起裂韧度测试标准ASTM E399(线弹性)、ASTM E813(弹塑性)、陶瓷材料在不同温度下起裂韧度测试标准ASTM C1421-01B。Charpy冲击实验也建立了相关标准,如针对金属材料的ASTM E24.03.03标准。而在$10^5\sim10^7$MPa・$m^{1/2}$/s加载率范围内,霍普金森杆加载的动态断裂实验尚未建立统一的实验标准。

霍普金森杆加载的动态断裂实验最早开始于20世纪70年代。采用压缩/拉伸应力波加载经过疲劳实验预制了裂纹的试样,运用一维应力波理论计算得到试样上的加载应力。如Tanaka等[1]首先采用双杆加载的动态弯曲实验,运用一维应力波理论计算得到加载于弯曲试样上的入射波和反射波。然而Tanaka只给出了加载力的历史,并未计算应力强度因子。Costin等[2]首先提出了直接拉伸裂纹实验方案,他们不仅用应力波理论计算受载历史,而且根据准静态的公式,由受载历史计算得到应力强度因子,将霍普金森杆技术拓展应用于动态起裂韧度的测试。Ruiz和Mines[3]曾对摆锤加载方式及霍普金森杆加载方式进行比较后指出,霍普金森杆加载方式可以克服摆锤加载方式的缺点，是一种较为理想的加载方式。Yokoyama 和 Kishida[4]利用这种方式对 7075 铝合金及钛合金进行了试验。Dutton 和 Mines[5]对整个霍普金森杆测试动态断裂性能的实验系统进行了比较完整的分析，并对系统中由非线性接触所产生的影响进行了研究。Jiang 和 Vecchio[6]详细综述了霍普金森杆加载的动态断裂实验。

本章重点讨论基于霍普金森杆加载的动态断裂实验方法，关于断裂力学的基础理论可参见相关断裂力学的专著。本章首先在 7.1 节和 7.2 小节介绍动态断裂实验共性的内容，应力强度因子和起裂时间的确定。7.3 节和 7.4 节对基于霍普金森杆的动态断裂实验不同加载方法及试样构型进行介绍，并给出部分实验结果。

7.1 应力强度因子的确定

动态起裂韧度是材料试样中裂纹开始扩展时的动态应力强度因子值[7]。要确定材料的起裂韧度，就是要确定在冲击加载下裂纹起裂时刻的动态应力强度因子值。应力强度因子的直接测量有较大的困难，而在快速的动态加载过程中，动态应力强度因子是一个时变的量，因此更加难以直接测量。本节介绍几种实验确定应力强度因子的方法。

7.1.1 应变片法

应变片法是将应变片粘贴在试样上裂纹尖端附近，如图 7.1 所示。基于裂纹尖端的应力应变分析，通过应变片信号可以计算得到试样裂尖的应力强度因子，进而求出起裂韧度。

图 7.1 给出了裂尖坐标示意图，其中 x-y 是裂尖坐标系，x'-y'是应变片坐标系。角度 θ_1 和 θ_2 只依赖于材料的泊松比：

$$\cos 2\theta_1 = -\frac{1-\upsilon}{1+\upsilon} \tag{7.1}$$

$$\tan\frac{\theta_1}{2} = -\cot 2\theta_2 \tag{7.2}$$

比如，对于泊松比 υ 为 1/3 的材料，$\theta_1=\theta_2=60°$，裂尖应力强度因子为

$$K_{\mathrm{I}} = E\sqrt{\frac{8}{3}\pi r}\varepsilon_{x'x'} \tag{7.3}$$

式中，E 为试样的弹性模量；$\varepsilon_{x'x'}$ 为测得的应变；r 为应变片与裂纹尖端的距离。若采用双应变片（$\theta_1^A=\theta_2^A=\theta_1^B=\theta_2^B=60°$），裂尖应力强度因子为

$$K_{\mathrm{I}} = E\sqrt{\frac{8}{3}\pi r_A r_B}\,\frac{\varepsilon_{x'x'}^A r_B - \varepsilon_{x'x'}^B r_A}{r_B^{3/2} - r_A^{3/2}} \tag{7.4}$$

其中，上标（下标）A 和 B 分别代表两个应变片的参数。

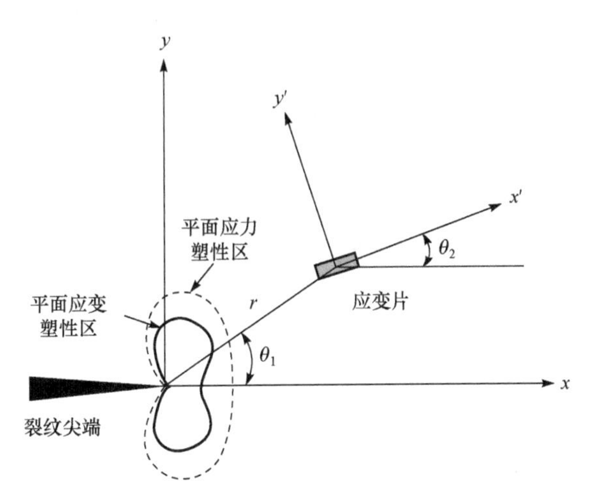

图 7.1 裂尖坐标系的建立

从式(7.3)和式(7.4)可以看出,应力强度因子只与应变片的位置和方向有关,而与试样的构型无关,可以用于任意试样构型的测试。当然,测试的精度受应变片粘贴的位置、角度的精度和应变片大小的影响。注意,这种方法中应变片必须与裂尖保持一定距离,贴在试样的弹性变形区,在弹性变形区应力场由唯一参数——应力强度因子控制。在弹性区内侧的裂纹尖端附近是塑性区,塑性区的大小随着加载的变化而变化,典型塑性区的位置如图 7.1 所示。对于理想弹塑性材料,塑性区尺寸为[8]

$$r_p = \begin{cases} \dfrac{1}{2\pi}\left(\dfrac{K_{\mathrm{IC}}}{\sigma_Y}\right)^2, & \text{平面应力} \\ \dfrac{1}{2\pi}\left((1-2\upsilon)\dfrac{K_{\mathrm{IC}}}{\sigma_Y}\right)^2, & \text{平面应变} \end{cases} \tag{7.5}$$

式中,K_{IC}为起裂韧度;σ_Y为 von Mises 屈服应力。经过应力松弛修正,后裂纹前方的塑性区尺寸的理论值将扩大一倍[9],并且,一般来讲实际的塑性区要略大于该理论值。另外,也可以通过在有限元数值分析中设置非线性材料模型来模拟试样表面的应力场。在实际操作中要注意避开塑性区粘贴应变片。在动态实验中,将式(7.5)中裂尖应力强度因子及等效屈服应力替换为动态加载下的值,即可估算塑性区的半径,其中 K_{IC}换成动态起裂韧度的预估值 K_{IC}^d。

前面的分析是建立在各向同性材料的基础之上的,Shukla 等将应变片法进行拓展,用于各向异性材料之间的界面[10]、各向同性材料之间的界面[11],以及各向同性材料与各向异性材料之间的界面[12,13]上的动态应力强度因子测量。

Rittel[14]将之拓展到Ⅱ型裂纹条件下应力强度因子的测量,应变片的粘贴位置如图 7.2 所示。

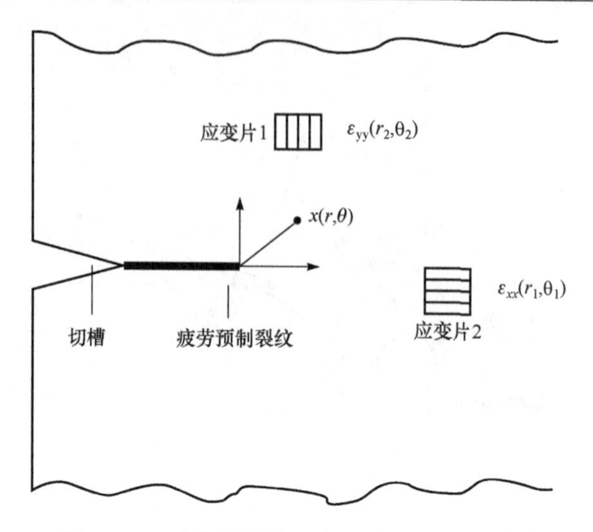

图 7.2　双应变片测量Ⅰ-Ⅱ型应力强度因子[14]

应变片得到的应变与裂尖应力强度因子的关系为[14]

$$\varepsilon_{xx}(t)=\frac{1}{E}\left\{\frac{K_{\mathrm{I}}(t)}{\sqrt{2\pi r_1}}\cos\frac{\theta_1}{2}\left[(1-\upsilon)-(1+\upsilon)\sin\frac{\theta_1}{2}\sin\frac{3\theta_1}{2}\right]\right.$$
$$\left.-\frac{K_{\mathrm{II}}(t)}{\sqrt{2\pi r_1}}\sin\frac{\theta_1}{2}\left[2+(1+\upsilon)\cos\frac{\theta_1}{2}\cos\frac{3\theta}{2}\right]\right\}$$
$$\varepsilon_{yy}(t)=\frac{1}{E}\left\{\frac{K_{\mathrm{I}}(t)}{\sqrt{2\pi r_2}}\cos\frac{\theta_2}{2}\left[(1-\upsilon)+(1+\upsilon)\sin\frac{\theta_2}{2}\sin\frac{3\theta_2}{2}\right]\right.$$
$$\left.+\frac{K_{\mathrm{II}}(t)}{\sqrt{2\pi r_2}}\sin\frac{\theta_2}{2}\left[2\upsilon+(1+\upsilon)\cos\frac{\theta_2}{2}\cos\frac{3\theta_2}{2}\right]\right\}\tag{7.6}$$

式中，$\varepsilon_{xx}(t)$和$\varepsilon_{yy}(t)$通过试样上的应变片测得；E和υ分别为试样的弹性模量和泊松比。此外，还可以通过实验-数值法，运用实验杆端的加载历史和有限元程序计算试样的应力强度因子历史。

由粘贴在试样上的应变片可直接得到试样尖端的信息，一般认为该方法得到的应力强度因子值比较准确，常用来标定其他方法。当然，应变片法也有不足之处，在高温等特殊环境中不适合用应变片；另外，对于强度和模量均比较小的材料，粘贴应变片后会改变材料的力学特性。

7.1.2　光学测试方法

1. 焦散法

对于一些透明材料，或者表面能够磨成镜面的材料，可以采用焦散测试法

(caustics method)测定动态应力强度因子。如图 7.3 所示，焦散测试法的基本原理是，试样裂尖的应力集中会导致裂纹尖端有一个微小的凹陷区，当平行光照射到试样表面时，其反射(或透射)光线在凹陷区会发生散射，当光线投影到距离试样表面 Z_0 处的像平面上时，在像平面上形成一个阴影区，称作焦散区(caustic)。图 7.3(b)、(c)分别给出了透射和反射焦散区形成的光路图。

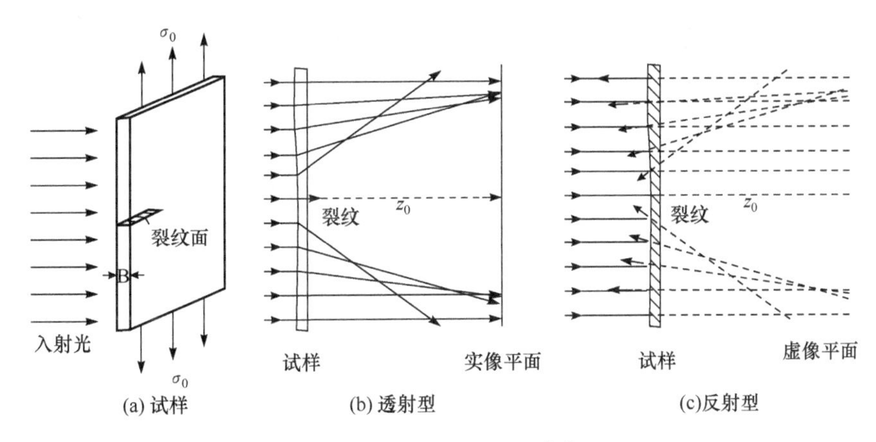

图 7.3　焦散法光路图[15]

典型的焦散区如图 7.4 所示。当材料为光学各向同性时，焦散区为一个近似的圆，取与裂纹垂直方向的直径记为焦散区直径 D；当材料为光学各向异性时，透射型焦散区有两个圆，取与裂纹垂直方向的直径，并分别记为焦散区的内直径 D_i 和外直径 D_o。

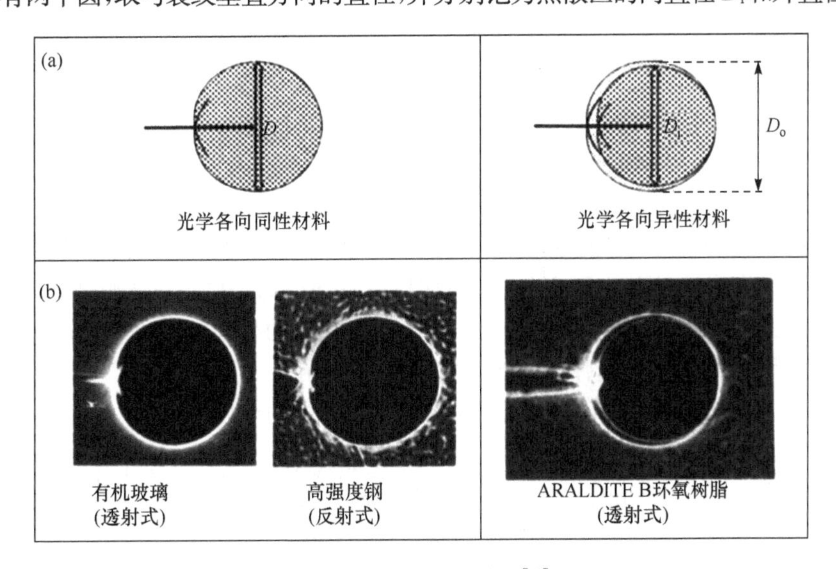

图 7.4　典型的焦散区[15]

用高速相机记录焦散区直径 D 的变化，而 D 与应力强度因子存在以下关系[15]：

$$K_{\mathrm{I}} = \frac{2\sqrt{2\pi}F(v)}{3cd_{\mathrm{eff}}z_0}\left(\frac{D}{f_{\mathrm{o,i}}}\right)^{5/2} \tag{7.7}$$

其中，f_{o}或 f_{i}为光学各向异性材料中外、内焦散区对应的数值参数；c 为光弹常数；d_{eff}为试样有效厚度；透射焦散法时 d_{eff}取试样厚度 d，反射焦散法时 d_{eff}取 $d/2$；z_0为试样与像平面的距离；$F(v)\leqslant 1$ 为不同裂纹速度时的修正系数；v 为裂纹速度。各参数取值如表 7.2 所示[15]。

表 7.2　焦散法常用参数[15]

材料		弹性参数		光学参数					
		E /GPa	υ	平面应力			平面应变		
				$c/(\mathrm{m^2/N})$	f_{o}	f_{i}	$c/(\mathrm{m^2/N})$	f_{o}	f_{i}
透射：($z_0<0$)									
光学各向异性材料	Araldite B	3.66*	0.392*	-0.970×10^{-10}	3.31	3.05	-0.580×10^{-10}	3.41	2.99
	CR-39	2.58	0.443	-1.200×10^{-10}	3.25	3.10	-0.560×10^{-10}	3.33	3.04
	Plate Glass	73.9	0.231	-0.027×10^{-10}	3.43	2.98	-0.017×10^{-10}	3.62	2.97
	Homalite 100	4.82*	0.310*	-0.920×10^{-10}	3.23	3.11	-0.767×10^{-10}	3.24	3.10
光学各向同性材料	PMMA	3.24	0.350	-1.080×10^{-10}	3.17		-0.750×10^{-10}	3.17	
反射：($z_0>0$)									
所有材料		E	υ	$2\upsilon/E$	3.17		—	—	

*为动态参数。

2. *光弹法*

另一种常用的光学测试方法为光弹法（photoelastic method）。Dally 等[16]使用光弹法测量动态应力强度因子，并研究了动态应力强度因子和裂纹传播速度之间的关系。光弹法的基本原理是，光弹材料在不同应力条件下透光性不同，用高速相机记录试样的表面云纹就能推出试样应力集中区的变化，从而计算得到试样的应力强度因子。典型的光弹条纹照片如图 7.5 所示。

对于Ⅰ型裂纹，由单条纹法求解裂尖应力强度因子的公式为[17]

$$K_{\mathrm{I}} = \frac{(Nf_{\sigma}/B)\sqrt{2\pi r_m}}{\sin\theta_m}\left[1+\frac{3\tan(3\theta_m/2)}{3\tan\theta_m}\right]\left[1+\left(\frac{2}{3\tan\theta_m}\right)^2\right]^{-1/2} \tag{7.8}$$

$$\sigma_{\alpha x} = -\frac{(Nf_{\sigma}/B)\cos\theta_m}{\cos(3\theta_m/2)\left[\cos^2\theta_m+(9/4)\sin^2\theta_m\right]^{1/2}} \tag{7.9}$$

式中，f_σ为光弹材料应力指数；N 为条纹的阶数；B 为试样厚度；$\sigma_{\alpha x}$ 为远场应力；θ_m 及 r_m 如图 7.6 所示，图中 τ_m 为条纹 m 对应的剪应力。公式(7.8)成立的条件是$73°<\theta_m<139°$。

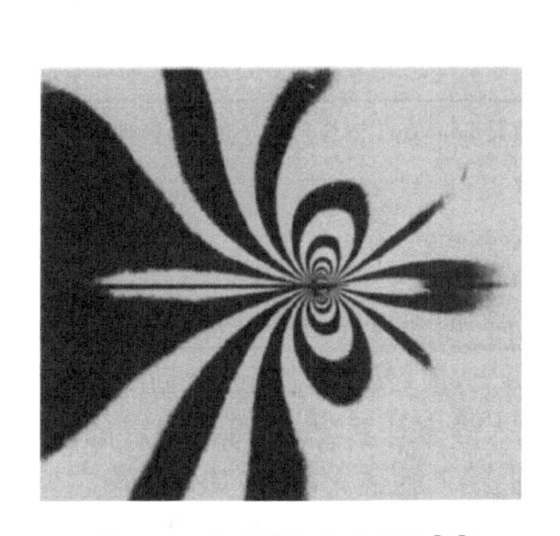

图 7.5　典型光弹条纹照片[17]

(Homalite 100：B=9.4mm，v_{crack}=380m/s)

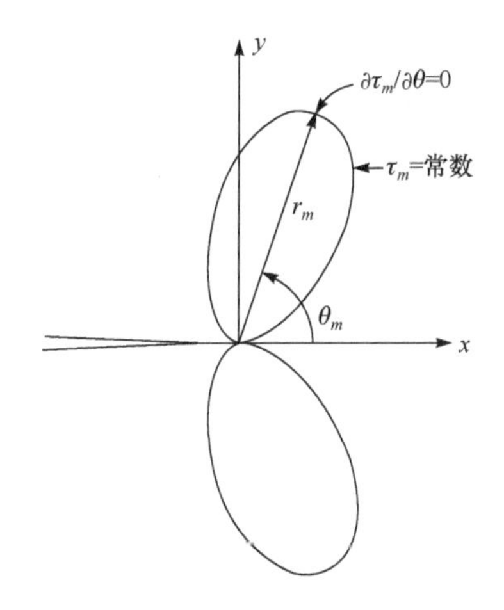

图 7.6　光弹条纹示意及裂尖坐标系

Bradley 和 Kobayashi[18]指出，采用单条纹法时，K_{I}值对 θ_m 值相当敏感，因此提出了双条纹的方法。双条纹方法的实验部分与单条纹方法没有区别，在数据处理时取图像中的任意两个等色条纹的信息进行分析，将应力强度因子写成差分形式：

$$K_{\mathrm{I}} = \frac{2\sqrt{2\pi}(N_2 - N_1)\sqrt{r_1 r_2}(f_\sigma/B)}{f_2\sqrt{r_1} - f_1\sqrt{r_2}} \tag{7.10}$$

式中，f_1、f_2分别通过下式代入两个条纹的相关参数算出：

$$f(\theta,r,a) = \left[\sin^2\theta + (2\sqrt{2r}/a)\sin\theta\sin\frac{3\theta}{2} + (2r/a)\right] \tag{7.11}$$

式中，a 为初始裂纹长度。常用光弹材料的光弹常数如表 7.3 所示。

表 7.3　常用光弹材料的光弹常数[19]

材料	弹性参数 E/GPa	υ	应力指数		
			弹性极限/MPa	f_σ/(N/mm/fringe)	成像指数/(1/mm)
聚碳酸酯塑料	2.6	0.28	3.5	8	325
环氧树脂	3.3	0.37	35	12	275
玻璃	70	0.25	60	324	216
Homalite 100	3.9	0.35	48	26	150

续表

材料	弹性参数		应力指数		
	E/GPa	υ	弹性极限/MPa	f_σ/(N/mm/fringe)	成像指数/(1/mm)
Homalite 911	1.7	0.4	21	17	100
树脂玻璃	2.8	0.38	—	140	20
聚氨酯塑料	0.003	0.46	0.14	0.2	15
凝胶	0.0003	0.5	—	0.1	3

注：成像指数越高越适合作为光弹材料，应力指数是589.3nm钠灯照射下的值，弹性参数是常温下的值。

7.1.3　分析法

分析法是首先确定试样承受的冲击载荷、加载点的位移以及起裂时间，再通过近似的计算方法，求得动态应力强度因子历史，最终确定动态起裂韧度。在早期很长一段时间，许多学者认为，将冲击载荷代入静态计算公式，可以确定试样内的应力强度因子，再确定外力 $P(t)$ 随时间变化曲线上的最大值，将其代入静态公式，就可以得到动态应力强度因子的最大值，即动态起裂韧度。这种错误的认识于20世纪90年代被大量的试验结果及计算结果所否定。实际上，载荷的最大值点并不一定是裂纹的起裂点，也不一定是动态应力强度因子的最大值点。最典型的结果为Yokoyama 和 Kishida[4]的试验结果。他们利用霍普金森杆技术加载铝合金及钛合金材料三点弯试样，并确定载荷与时间历程，将载荷历史代入准静态公式确定准静态应力强度因子，同时，又使用动态有限元方法求得试样内真实的动态应力强度因子值。结果表明，起裂并不发生在载荷的最大值点，准静态应力强度因子和试样内的动态应力强度因子的变化趋势完全不同，如图7.7所示。准静态计算的应力强度因子峰值点在24μs，而动态计算下其应力强度因子是不断增加的，实验监测的起裂时间为42μs，与之对应的静态应力强度因子值也大于动态值。

同时，他们的结果还表明，在所试验的载荷速率范围内，铝合金的动态起裂韧度与准静态起裂韧度近似相等，而钛合金材料的动态断裂韧度比准静态起裂韧度降低40%左右。对于大多数材料，在落重试验得到的中等加载率范围内，动态起裂韧度随着加载率的增加而显著降低[20]。而最近的实验结果[21~23]表明，随着加载率的进一步增加，在霍普金森杆实验的加载率范围内起裂韧度会随着加载率的增加而增加。

李玉龙[7]也曾对三点弯试样进行了动态分析，使试样承受三种不同的正弦脉冲载荷的作用。研究结果表明，准静态应力强度因子的变化与载荷的变化规律相同，呈周期变化，但动态应力强度因子却呈单调变化，两者达到最大值所需要的时间完全不同，后者由试样的固有特性控制。

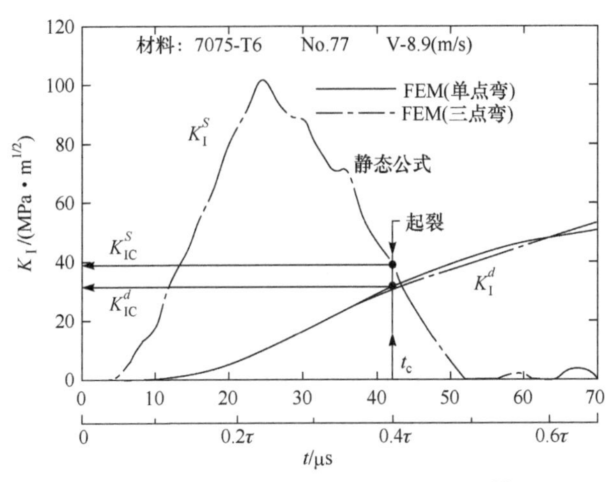

图 7.7　断裂试样的应力强度因子历史[4]

为了回避这个问题，在美国 ASTM 的推荐标准中规定，当起裂时间 $t>3\tau$（τ 为试样的特征振动周期）时，可以用准静态方法确定试样内的动态应力强度因子值。但是 Kalthoff[15] 的研究结果表明，在摆锤冲击加载三点弯试样时，载荷及准静态应力强度因子均发生振荡变化，但试样内的动态应力强度因子有一个稳定的增长过程。在较短的时间范围内，两者完全不同，随着时间的增加，差别有变小的趋势。但是，即便是在 $t>3\tau$ 时，两者的差别还是很明显的，如图 7.8 所示。所以，在不考虑应力平衡的前提下，用准静态方法确定动态起裂韧度的做法是不合适的。确定动态起裂韧度的分析法主要有三种：关键曲线法、近似公式法和实验-数值法。

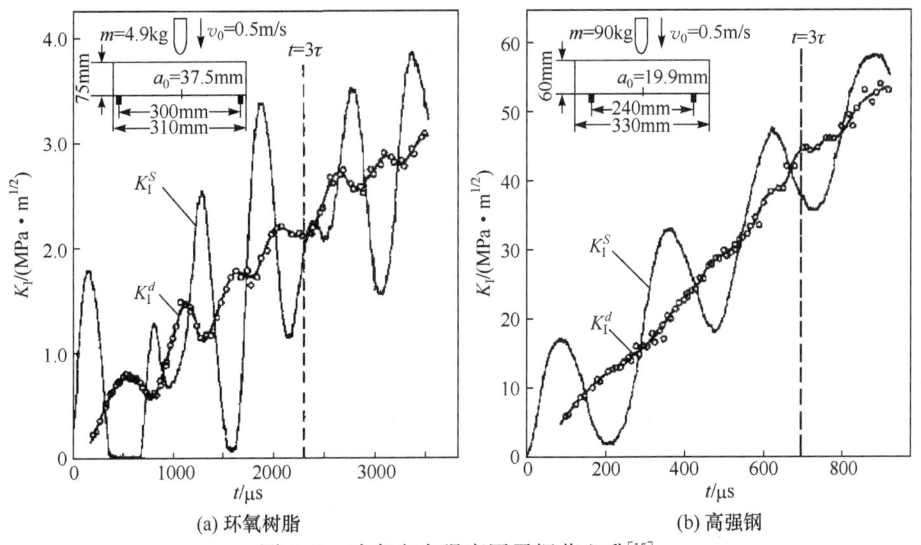

图 7.8　动态应力强度因子振荡上升[15]

1. 关键曲线法(响应曲线法)

Kalthoff 等[15]认为，当试验条件(试样的几何尺寸，锤头的质量，冲击速度，试验机的刚度等)和材料类型一定时，应力强度因子随时间的变化曲线 $K_{\mathrm{I}}(t)$ 是一定的，并可以由预先的试验确定，这样由加载曲线 $P(t)$ 就确定了一类材料的试样冲击过程的响应。在实际工作中，把这类材料中的任何一种试样在相同条件下加载，测量出起裂时间，在 $K_{\mathrm{I}}(t)$ 曲线上可直接确定起裂时的动态应力强度因子，即动态起裂韧度 K_{IC}，如图 7.9 所示。

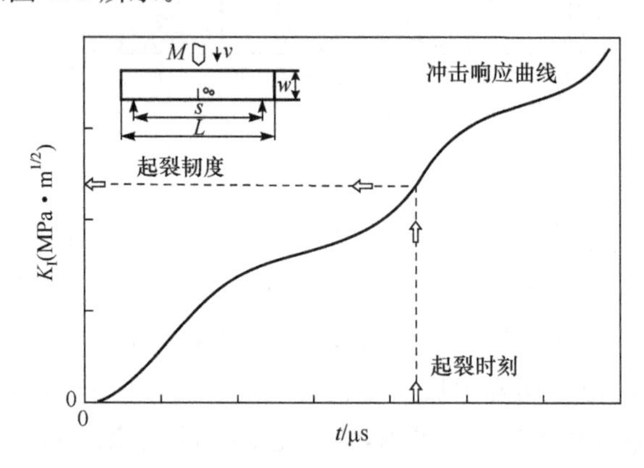

图 7.9 确定应力强度因子的关键曲线法

2. 近似公式法

为了使测试材料动态起裂韧度的工作简单易行，易于标准化，有很多学者致力于寻求三点弯试样动态应力强度因子的近似公式。下面介绍几个典型模型。

1) 弹簧质量模型[24]

将有预制裂纹的三点弯试样，简化为线弹簧模型，分别求出等效质量及等效刚度。通过试样的动态响应，可得到动态应力强度因子的近似表达式为

$$K_{\mathrm{I}}^{d}(t)=\frac{K_{\mathrm{IC}}^{\mathrm{S}}W_{1}}{P(t)}\int_{0}^{t}P(\tau)\sin\omega_{1}(t-\tau)\mathrm{d}\tau \tag{7.12}$$

式中，$K_{\mathrm{IC}}^{\mathrm{S}}$为准静态起裂韧度；$P(t)$为试样的载荷历程；$\omega_1$为试样的一阶频率，当载荷历史已知时，对上式积分或采用数值积分法，就可以确定任一时刻动态应力强度因子值。与动态有限元结果相比较，误差不超过 8%。

2) 用裂纹张开位移计算动态应力强度因子[25]

在准静态载荷作用下，静态应力强度因子和裂纹张开位移存在着线性关系，在冲击载荷作用下，这种线性关系仍然存在。利用这一特性，可以通过测定裂纹张开

位移，确定试样内的动态应力强度因子，对于准静态断裂韧度测试标准中推荐的试样尺寸和裂纹长度，满足 $B:W:S=1:2:8$，$a/W=1/2$ 的标准试样，有

$$K_{\mathrm{I}}^{d}(t)=\frac{0.297E'}{4W}\delta_{1}(t) \tag{7.13}$$

式中，W 为试样的宽度，S 为支撑跨距；$\delta_1(t)$ 为裂纹的张开位移。对于平面应力情况，$E'=E$；对于平面应变情况，$E'=E/(1-\upsilon^2)$。在三类七种不同载荷作用下，上式结果与动态有限元法的结果相比，误差不超过 7%。而光电技术的发展使得动态裂纹张开位移的测量完全可以实现。

3）用加载力计算动态应力强度因子

不同构型试样的应力强度因子求解方法如下：

$$K_{\mathrm{I}}(t)=\frac{P(t)}{B\sqrt{W}}Y(\beta) \tag{7.14}$$

式中，$\beta=a/W$；$Y(\beta)$ 为无量纲应力强度因子系数。对于不同试样构型，$Y(\beta)$ 的求解形式由表 7.4 给出。

表 7.4　不同构型试样的无量纲应力强度因子系数求解方法

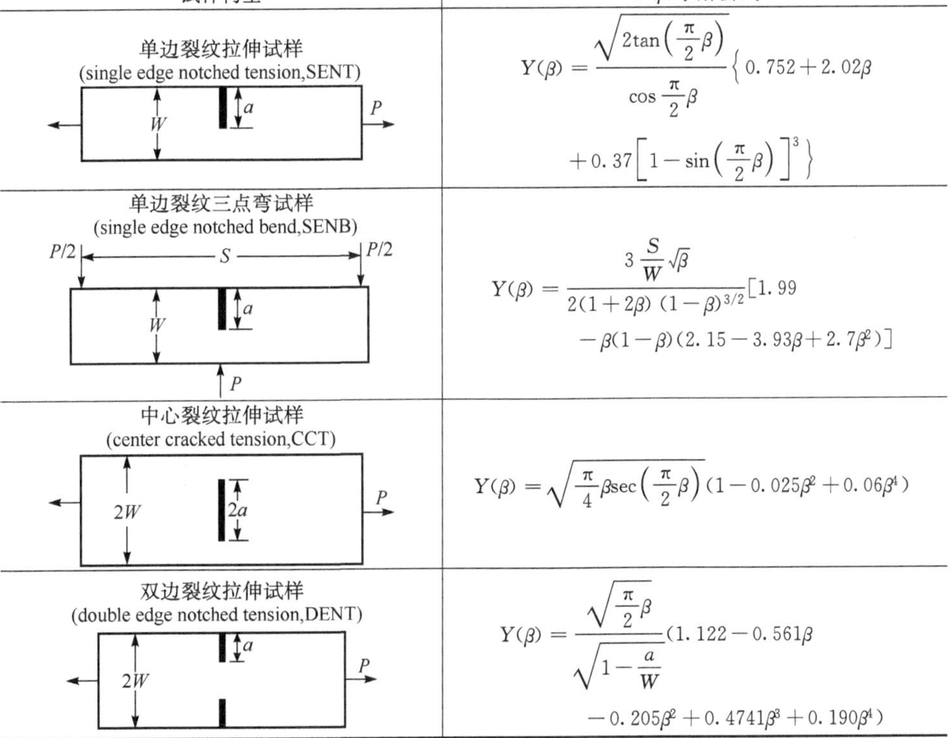

试样构型	$Y(\beta)$求解公式
单边裂纹拉伸试样 (single edge notched tension,SENT)	$Y(\beta)=\dfrac{\sqrt{2\tan\left(\frac{\pi}{2}\beta\right)}}{\cos\frac{\pi}{2}\beta}\left\{0.752+2.02\beta+0.37\left[1-\sin\left(\frac{\pi}{2}\beta\right)\right]^{3}\right\}$
单边裂纹三点弯试样 (single edge notched bend,SENB)	$Y(\beta)=\dfrac{3\frac{S}{W}\sqrt{\beta}}{2(1+2\beta)(1-\beta)^{3/2}}\left[1.99-\beta(1-\beta)(2.15-3.93\beta+2.7\beta^{2})\right]$
中心裂纹拉伸试样 (center cracked tension,CCT)	$Y(\beta)=\sqrt{\frac{\pi}{4}\beta\sec\left(\frac{\pi}{2}\beta\right)}(1-0.025\beta^{2}+0.06\beta^{4})$
双边裂纹拉伸试样 (double edge notched tension,DENT)	$Y(\beta)=\dfrac{\sqrt{\frac{\pi}{2}\beta}}{\sqrt{1-\frac{a}{W}}}(1.122-0.561\beta-0.205\beta^{2}+0.4741\beta^{3}+0.190\beta^{4})$

续表

试样构型	$Y(\beta)$求解公式
紧凑拉伸试样 (compact specimen) 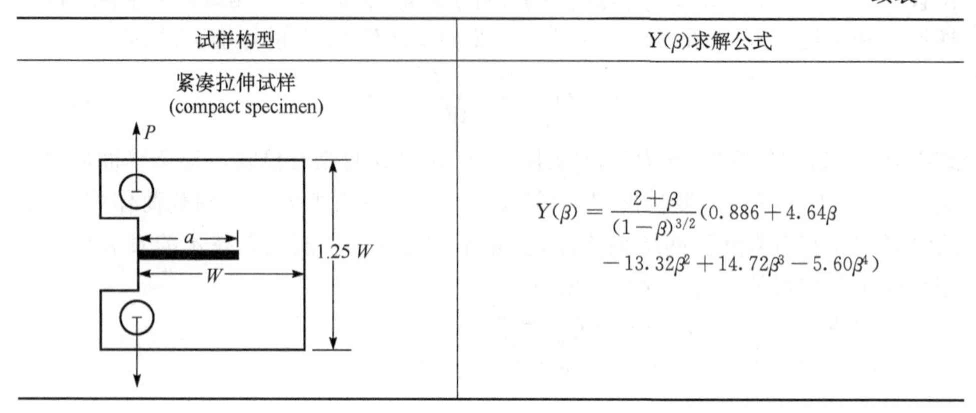 	$Y(\beta)=\dfrac{2+\beta}{(1-\beta)^{3/2}}(0.886+4.64\beta-13.32\beta^2+14.72\beta^3-5.60\beta^4)$

7.1.4　实验-数值法(动态有限元法)

实验-数值法是实验与数值计算相结合的方法。由实验方法可以确定容易测量的量,如载荷、位移等随时间的变化曲线及起裂时间;以这些量为输入,借助于有限元等数值计算方法,确定试样内的动态应力强度因子历史,再由起裂时间确定动态起裂韧度。Yokoyama 和 Kishida 成功地使用这种方法,对铝合金及钛合金材料的动态起裂韧度进行了测试[4]。随着有限元分析软件的普及,该方法得到了推广应用。

下面介绍实验-数值法确定半圆盘三点弯试样的无量纲裂尖应力强度因子系数的过程,对于其他试样构型与此类似。试样加载方式参见 7.3.5 节。由于试样的对称性,选取四分之一圆盘进行模拟。材料单元选取八节点的 PLAIN82 单元。为了更好地描述裂纹尖端 $r^{1/2}$ 处的应力状态的奇异性(r 为裂纹尖端半径),采用 1/4节点单元,又称奇异单元划分裂尖单元,如图 7.10 所示[26]。

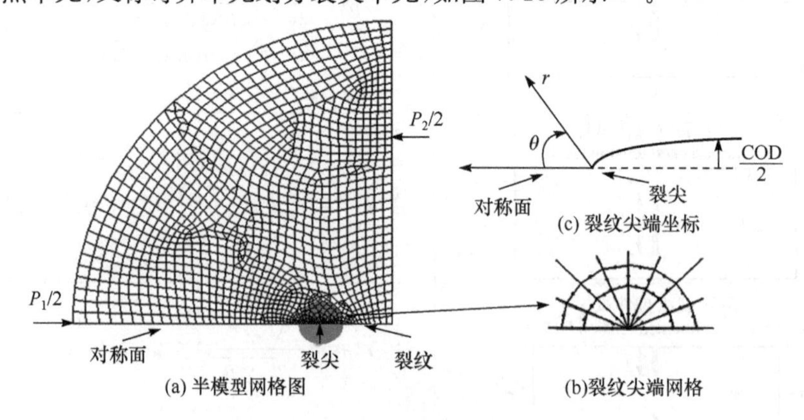

图 7.10　数值模拟中 NSCB 裂纹尖端

由于断裂过程中试样除起裂点外绝大部分均处于弹性状态，将加载力 P 设为边界条件，可以得到Ⅰ型断裂的裂尖应力强度因子 K_{I}，进而由下式可以标定出无量纲应力强度因子系数：

$$Y\left(\frac{a}{R}\right)=\frac{K_{\mathrm{I}}BR^{3/2}}{PS} \tag{7.15}$$

对于准静态加载下的稳定裂纹，裂尖张开位移(crack opening displacement，COD)与准静态应力强度因子 K_{I}^{S} 之间的关系为

$$\mathrm{COD}\big|_{r,\theta=\pi}=\frac{8(1-\upsilon^2)K_{\mathrm{I}}^{S}}{E}\sqrt{\frac{r}{2\pi}} \tag{7.16}$$

其中，υ 和 E 分别为试样的泊松比和弹性模量。对于图 7.10 所示的半裂纹模型有

$$K_{\mathrm{I}}^{S}=\frac{\mathrm{COD}\cdot E}{8(1-\upsilon^2)}\sqrt{\frac{2\pi}{r}} \tag{7.17}$$

将数值模拟得到的 COD 值代入上式求出 K_{I}^{S}，并认为 $K_{\mathrm{I}}=K_{\mathrm{I}}^{S}$，代入式(7.15)就可以得到由准静态标定的无量纲应力强度因子系数。

动态分析参照 Weisbrod 和 Rittel[27] 的方法，通过 ANSYS 中的 Newmark 时间积分法计算运动方程：

$$\boldsymbol{M}\ddot{\boldsymbol{u}}+\boldsymbol{K}\boldsymbol{u}=\boldsymbol{F} \tag{7.18}$$

式中，$\boldsymbol{M}$ 为质量矩阵；$\boldsymbol{K}$ 为刚度矩阵；$\ddot{\boldsymbol{u}}$ 为节点加速度矩阵。时间步长为 0.1μs。假设材料为弹性，有限元网格划分与图 7.10(a)一致。试样两端的加载力 P_i 由实验测得。对于动态加载下的稳定裂纹，裂尖附近的 COD 计算方法与准静态时计算方法相似[28]：

$$\mathrm{COD}(t)\big|_{r,\theta=\pi}=\frac{8(1-\upsilon^2)K_{\mathrm{I}}^{d}(t)}{E}\sqrt{\frac{r}{2\pi}} \tag{7.19}$$

同样，对于半裂纹模型有

$$K_{\mathrm{I}}^{d}(t)=\frac{\mathrm{COD}(t)E}{8(1-\upsilon^2)}\sqrt{\frac{2\pi}{r}} \tag{7.20}$$

将数值模拟得到的 COD 代入上式求出 K_{I}^{d}，并认为 $K_{\mathrm{I}}=K_{\mathrm{I}}^{d}$，代入式(7.15)就可以得到动态标定的无量纲应力强度因子系数。

7.2　起裂时间的确定

上一节介绍了应力强度因子的诸多确定方法，得到材料起裂韧度的下一个关键步骤是确定其起裂点。早期的研究一般认为起裂点即试样受载的峰值对应点，故应力强度因子曲线的峰值即对应起裂韧度[29]。只有脆性材料准静态加载的时

候该假设才能成立，而对于韧性材料，加载的峰值到达之前试样就开始起裂了。对于动态加载，惯性效应对实验结果影响较大，起裂时间与加载-位移曲线或加载-时间曲线的峰值均没有对应关系。研究表明，受材料性能与加载条件的影响，起裂时间可能位于峰值点到达之前或者峰值点到达之后，所以需要确定起裂时间，与起裂时间对应的应力强度因子值即为起裂韧度。监测起裂的方法包括电测和光测两大类，其中电测可以用应变片、单线断裂计或裂纹传播计法；光测可以用高速相机结合焦散或者光弹法。

7.2.1 应变片监测起裂时间

应变片法与用应变片测裂尖应力强度因子的方法类似。采用应变片监测起裂时间时，应变片粘贴的位置会影响起裂时间的测量精度。应变片必须避开裂尖的塑性区。塑性区半径 r_p 的计算方法见公式(7.5)。将应变片粘贴在试样上距离裂尖 2mm 处，动态加载下试样起裂时产生的卸载波传到应变片处，在应变片信号上会有一个明显的下跳，典型的应变片监测的断裂信号如图 7.11 所示。应变信号向下起跳的时刻减去卸载波从裂纹尖端传播到应变片的时间即得到起裂时刻。这是基于试样从表面起裂的假设计算的，然而裂纹的初始扩展往往是从试样中心位置开始的。Jiang 和 Vecchio[6] 指出，卸载波的传播路径应该是由试样预制裂纹裂尖的中心直接到应变片位置。所以卸载波平移的时间为

$$\Delta t = \frac{\sqrt{r^2 + (B/2)^2}}{c_0} \tag{7.21}$$

式中，r 为应变片到裂尖的距离；B 为试样的厚度；c_0 为卸载波的波速，一般取为弹性波波速。

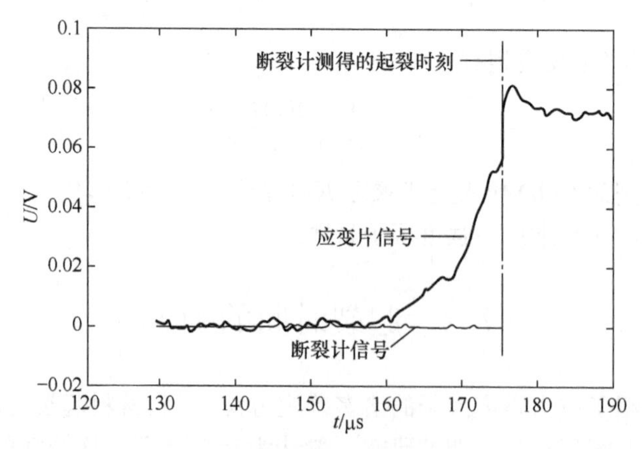

图 7.11 典型的应变片监测断裂信号[27]

另外，通过应变片法监测裂纹起裂的有效性还与加载模式相关。比如，在单点加载的Ⅱ型断裂实验中，裂纹起裂后试样的应力松弛不会导致应变信号的明显下跳[30]，因此确定起裂时间不像Ⅰ型断裂实验那么简单直接，需要把实验中测得的信号与模拟值进行比较才能做到[14,30]。

7.2.2　断裂计监测起裂时间

用断裂计监测起裂时间是在试样裂纹尖端粘贴单线断裂计，如图7.12所示，断裂计是导电纤维丝。一般通过光学显微镜确定断裂计与裂纹尖端的位置，通常将这个距离控制在0.1mm以内[27]。通过监测断裂计的断开时间来确定试样的起裂时间。

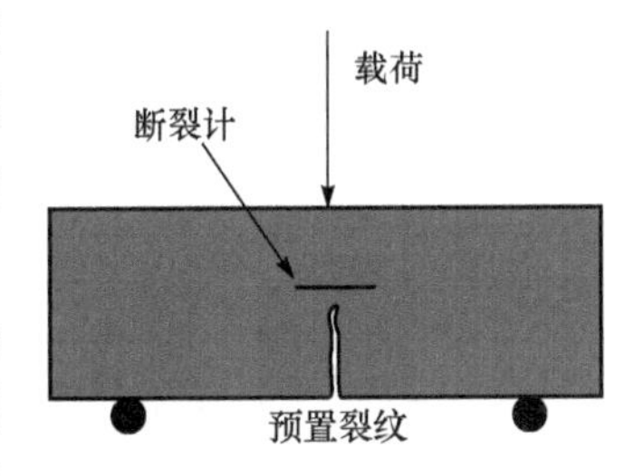

图7.12　单线断裂计示意图

为了验证单线断裂计的有效性，Rittel等[31]采用单线断裂计和高速摄影分别从试样的两边监测试样的起裂过程。分析表明，单线断裂计得到的起裂时间是32.3μs，而高速摄影得到的起裂时间为34.0μs。两者得到的实验结果相当。Weisbrod和Rittel[27]比较了应变片得到的起裂时间和单线断裂计得到的起裂时间，结果表明两者之间相差不超过3μs，如图7.11所示。

由一系列的单线断裂计组成的断裂计可以监测试样中裂纹传播的速度历史，测量原理如下：断裂计由一系列宽度不同的敏感丝栅并联而成，其结构如图7.13(a)所示。实验电路如图7.13(b)所示，断裂计的初始电阻R为1.3Ω(根据型号不同有所差异，一般在1～5Ω)，将断裂计与$R_2=50\Omega$的电阻并联，再串联一个保护电阻$R_1=20\Omega$。实验时使裂纹从敏感丝栅较宽的一侧开始扩展，随着裂纹扩展，敏感丝栅会随之发生断裂，断裂计的电阻就会变为$R+\Delta R$，从而产生电压的变

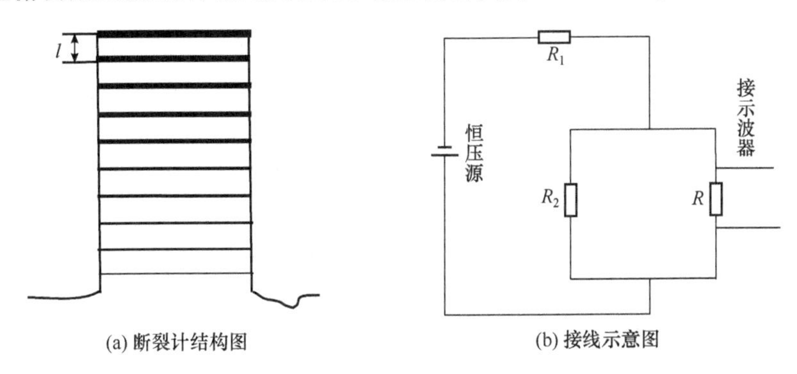

图7.13　断裂计结构图和接线示意图

化，典型结果如图 7.14(a)所示。通过监测电压变化的起跳点确定裂纹到达的时间，而敏感丝栅之间的距离是确定的，这样就可以拟合得到裂纹扩展的速度，如图 7.14(b)所示。

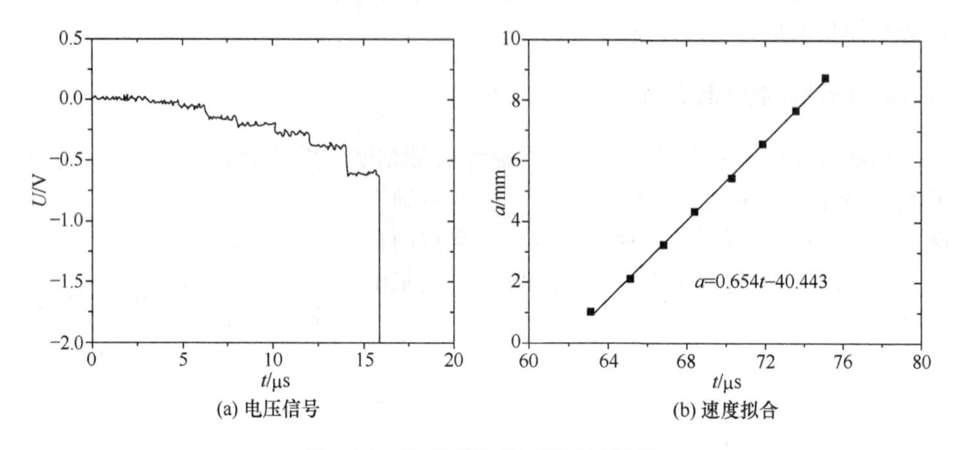

图 7.14　典型裂纹扩展测速计结果

7.2.3　高速摄影监测起裂时间

高速摄影与光弹或者焦散法相结合，能够监测试样起裂、传播和止裂的整个过程。Owen 等[32]采用高速摄影监测了霍普金森拉杆加载 2024-T3 铝合金的动态断裂实验中裂纹扩展情况，典型的照片如图 7.15(a)所示。通过对照片图像的处理可以得到裂纹扩展历史，如图 7.15(b)所示，明显可见裂纹扩展过程。在初始时刻仅能看到 3.76mm 初始裂纹，而疲劳裂纹观察不到，随着加载的进行，疲劳裂纹不断张开，直到 4.32mm，随后裂纹开始扩展，得到起裂时间为 $t_f=(20\pm1)\mu s$。根据第三段曲线(20μs 以后)拟合得到裂纹扩展初始阶段的速度仅为 17m/s。需要说明的是，实际裂纹起裂的时间总是早于照片上看到的裂纹起裂时间，有两个原因：首先裂纹是从试样的中间开始产生，然后再扩展到试样表面的；另外，理论上裂尖的尺寸是非常小的，而能够观测到的裂纹必然是扩展到一定程度的裂纹，即使采用了一定放大倍数的镜头，所观测的尺度仍然远大于裂尖的尺度。

高速摄影的缺点在于受到高速摄影帧频的限制，普通高速相机随着帧频的提高像素点急剧减小，能得到的信息有限。而帧频较高的超高速相机每次实验获取的照片帧数有限。另外，正如前面所述，裂纹尖端非常小，需要较大的放大倍数才能观察到裂纹尖端，而放大之后，变形过程中试样的离面位移也会影响相机的聚焦，从而降低图像质量。

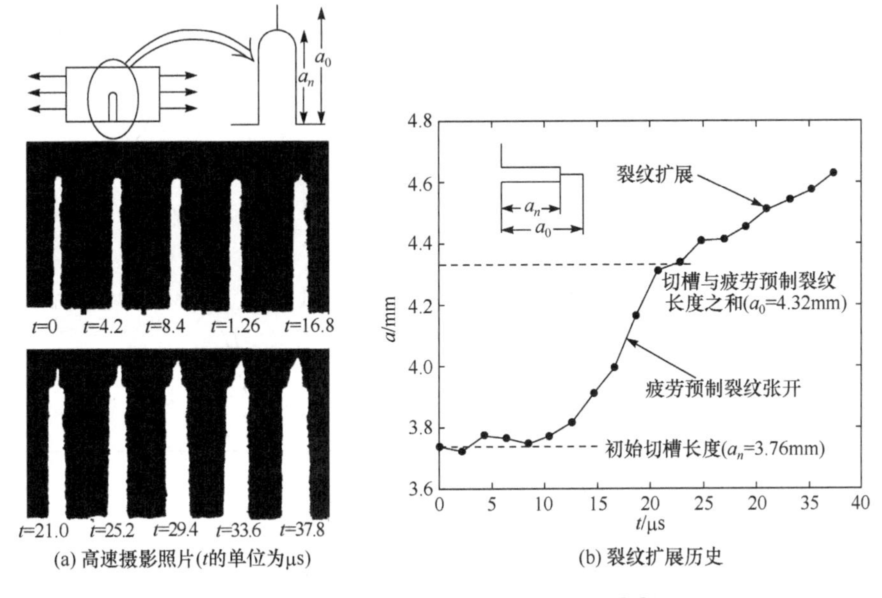

图 7.15　高速摄影监测裂纹扩展过程[32]

7.2.4　分析法确定起裂时间

对于弹性材料，根据标准 ASTME399-06，通过加载力-裂纹张开位移曲线确定最大加载点 P_Q 时，要首先对上升段进行线性拟合，得到上升段的斜率；然后取通过原点、斜率为原始斜率 95%的直线与加载力位移曲线的交点如图 7.16 中 P_5，当在 P_5 之前所有点的值均小于 P_5 时，P_Q 取为 P_5，如图 7.16 中Ⅰ类曲线所示；若在 P_5 之前有极大值点，P_Q 取为该极值点，如图 7.16 中Ⅱ类、Ⅲ类曲线所示。一般来讲，峰值点 P_{max} 与 P_Q 的比值应该小于 1.1，当 P_{max}/P_Q 大于 1.1 之后就认为材料的塑性起到了很大的作用，需要增加试样尺寸，以使试样中大部分区域处于弹性范围内；P_{max}/P_Q 小于 1.1 时，用 P_Q 计算得到的 K_{IC} 才为有效结果[33]。在动态实验中，Owen 等[32]用加载力-时间曲线代替加载力-裂纹张开位移曲线，采用类似的方法求起裂韧度。

在直接加载的霍普金森杆实验中，子弹和入射杆直接撞击导致入射波基本为一个方波，上升前沿陡峭，且有明显的高频振荡。Dai 等[22]对双杆加载的带预制裂纹半圆盘三点弯试样(notched semi-circular bending，NSCB)中的力平衡与起裂时间问题进行了分析(关于该试样构型的详细介绍见 7.3.5 节)。图 7.17 为不加整形器情况下试样两端的加载力历史，试样左侧的加载力取入射(In)和反射(Re)应力之和再乘以入射杆的截面积，右侧的加载力为透射(Tr)应力乘以透射杆的横截面积。图 7.17 表明，入射杆一侧的加载力振荡明显，并且试样两端的加载力差别

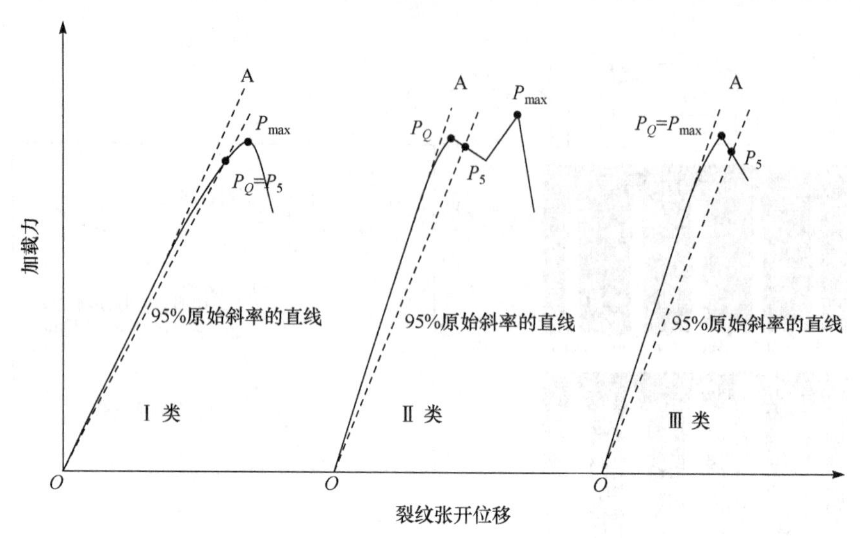

图 7.16 起裂韧度的确定[33]

明显。加载力的明显不平衡会导致实验过程中试样的惯性效应不可忽略。

图 7.18 为用上节所述准静态和动态分析方法得到的应力强度因子历史比较。准静态分析的加载力采用图 7.17 中透射杆-试样端面的加载力历史，动态分析分别采用试样两端的实际加载力历史作为计算边界条件。由图 7.18 可以看到，准静态和动态得到的应力强度因子历史差异较大，动态应力强度因子历史振荡明显，且与透射杆-试样端面的加载力振荡不一致。另外，从动态应力强度因子历史上升沿难以确定加载率。总之，在不加整形器的情况下，通过透射信号得到远场加载力反推的应力强度因子历史，不能真实反映试样裂尖的应力强度因子真实历史，故不能采用

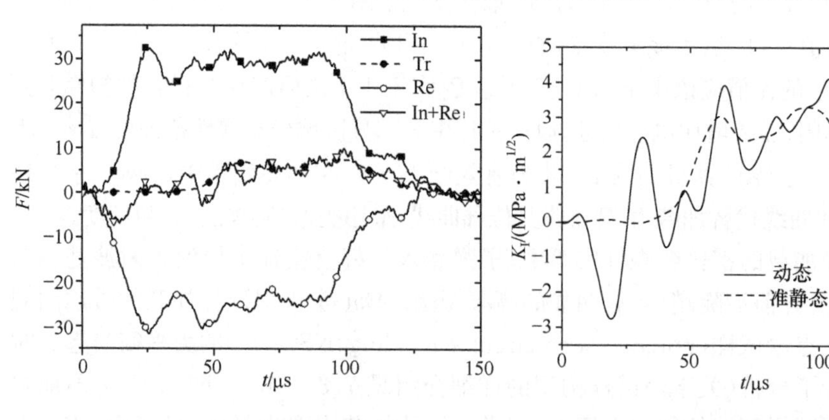

图 7.17 不加整形器时试样两端加载力历史[22]

图 7.18 不加整形器时动静态应力强度因子历史比较[22]

远场力结合准静态分析方法来求解材料的动态起裂韧度。

图 7.19 是在无整形器的情况下，由激光光通量位移计得到的 NSCB 试样的裂纹张开位移(crack surface opening displacement，CSOD)历史和粘贴在试样表面的应变片信号，同时将试样的加载力历史作为参照。从图中可以看出，加载力在 76μs 和 96μs 时分别有 A、B 两个极值点。有趣的是，在加载波到达试样 39μs 后试样的 CSOD 有一个变小的过程，也就是说试样是先闭合再张开的，不符合Ⅰ型断裂的条件。Böhme 和 Kalthoff[34] 也观察到类似现象。这是由于试样和透射杆之间的接触不稳定导致的，这也解释了为什么图中极值点 A 后会有一个明显的卸载段。卸载到 C 点结束，然后再加载达到第二个极值点 B。从 CSOD 曲线上也可以发现裂纹闭合的 D 点与加载的卸载点 C 点同步，说明这是试样结束卸载开始新的加载的转折点。

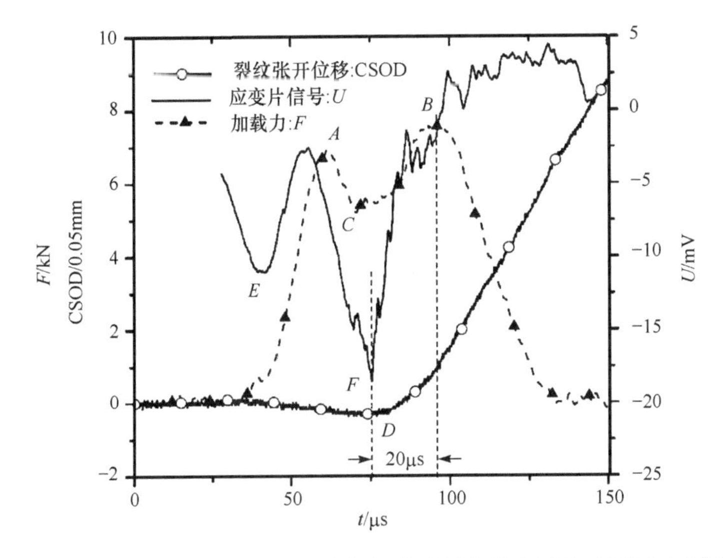

图 7.19　不加整形器时 NSCB 试样起裂时刻和最大受载时刻不对应[22]

粘贴在试样表面的应变片信号如图 7.19 中实线所示，应变片信号有两个向下的极值点 E 和 F，分别出现在 39μs 和 76μs。其中第二个极值点较低，且较尖，对应着试样在 76μs 起裂。而试样加载应力峰值 B 点出现在 96μs，比起裂时刻延迟了 20μs，表现出明显的惯性效应，即远场加载力与 NSCB 裂纹尖端的局部应力不同步。Böhme 和 Kalthoff[34] 在进行单点冲击断裂实验时也得到类似的结果。由此得到的结论仍然是，无整形器的情况下，准静态方法不能用于动态断裂韧度分析。

采用 C11000 铜作为整形器，对入射波进行整形。在子弹撞击速度相同的情况下，得到图 7.20 所示的加载波形。其中，入射波上升沿达到 150μs，波宽 300μs。

从图中可以看出,试样两端的加载力在加载峰值点到达之前相当吻合,试样两端达到了力平衡。

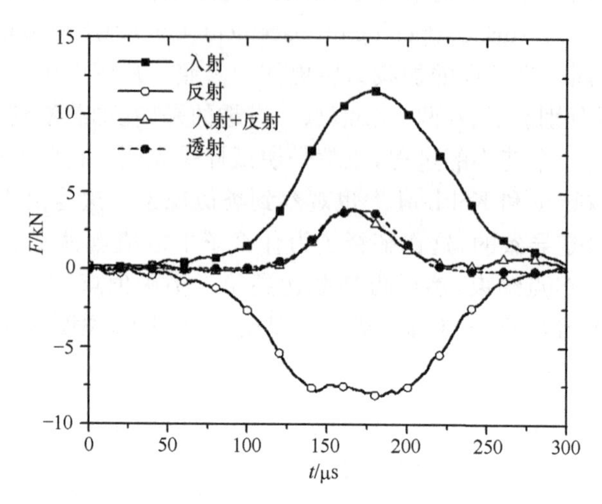

图 7.20 加整形器时的试样两端加载力历史[22]

实验达到了试样两端的力平衡,是否意味着整个试样中实现了动态力平衡呢?为此将动态和准静态计算得到的应力强度因子进行比较,结果如图 7.21 所示。从图中可以看出,在动态力平衡的条件下,准静态和动态计算得到的应力强度因子历史在起裂之前相当吻合,说明在此条件下,远场应力与裂纹尖端的应力场是相互对应的。

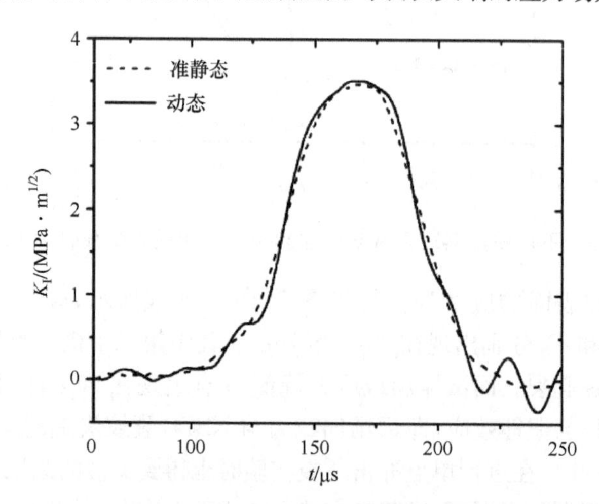

图 7.21 加整形器时动静态应力强度因子历史比较[22]

图 7.22 给出了有波形整形器时,由激光光通量位移计得到的 NSCB 试样的 CSOD 历史和粘贴在试样表面的应变片信号,同时将试样的加载力历史作为参照。

从图 7.22 中可以看出，CSOD 始终为正，并且加载力只有一个峰值点 A，峰值点出现在 164μs，没有出现裂纹开口先闭合再张开的情况。粘贴在试样表面的应变片信号如图 7.22 中实线所示，应变片信号只有一个向下的峰值点 B，出现在 160μs，这与加载力的峰值点有 4μs 的偏差。可能的解释是：裂纹产生时，卸载波以声速传播到达加载端面，裂尖与试样-透射杆端面的距离为 12mm，声速为 5000m/s，第一个卸载波需要 2.4μs 传播到达透射杆端面，卸载波到达后透射信号开始卸载。另外，在 160～164μs，透射信号几乎为一个平台，加载力变化很小，4μs 的误差对测量材料动态起裂韧度的影响可以忽略不计。因此，无论是从起裂时间还是从裂纹张开位移来看，试样两端力平衡条件下才能用准静态公式计算动态应力强度因子。

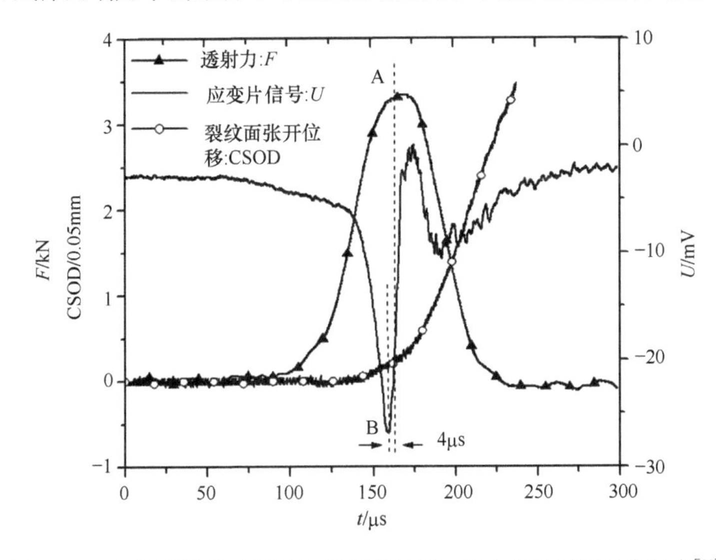

图 7.22　加整形器后 NSCB 试样起裂时刻和最大受载时刻对应起来[22]

7.3　基于压缩加载的动态断裂实验

7.3.1　单点弯实验

Homma 和 Kanto[35] 采用单杆加载的单点弯实验研究了材料微结构对动态断裂性能的影响。Weisbrod 和 Rittel[27] 采用单杆加载的单点弯实验研究了材料的动态断裂性能，其试样比 ASTM-E1820-08 标准试样(图 7.23)短，称为短梁(short beam)或者短夏比(short Charpy)试样，如图 7.24 所示。ASTM 标准试样要求梁的长度为 4.5W，图 7.24 中试样宽度 W 为 8mm，而梁长只有 23mm，小于试样要求的 36mm。实验前，试样采用疲劳试验机预制裂纹。

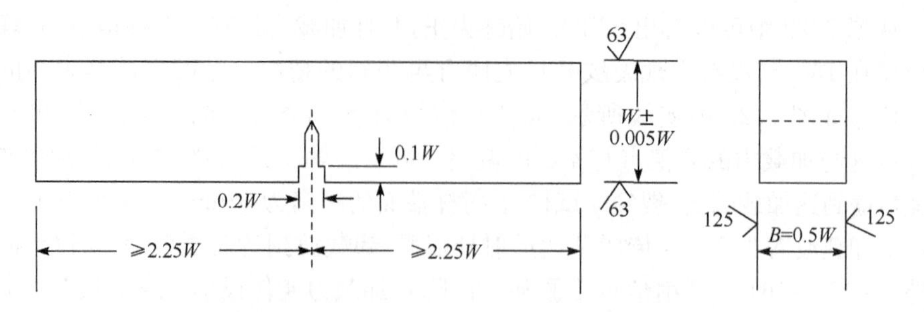

图 7.23　ASTM-E1820-08 标准试样[33]

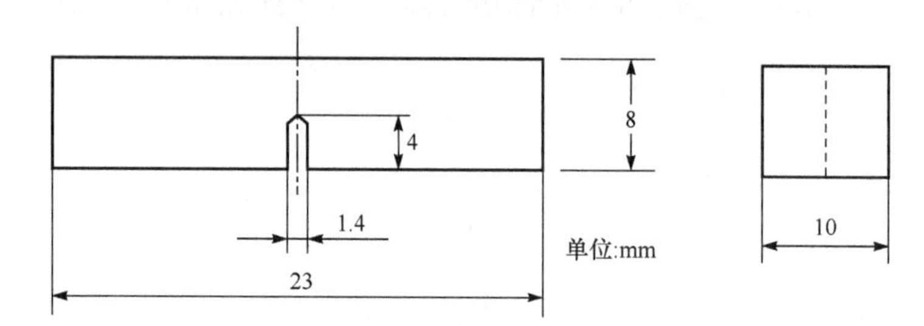

图 7.24　单点弯实验短梁试样[27]

实验中,采用子弹撞击入射杆实现加载,试样放置在入射杆端头,通过贴在入射杆上的应变片,得到加载端的加载力与位移历史,实验装置示意如图 7.25 所示。

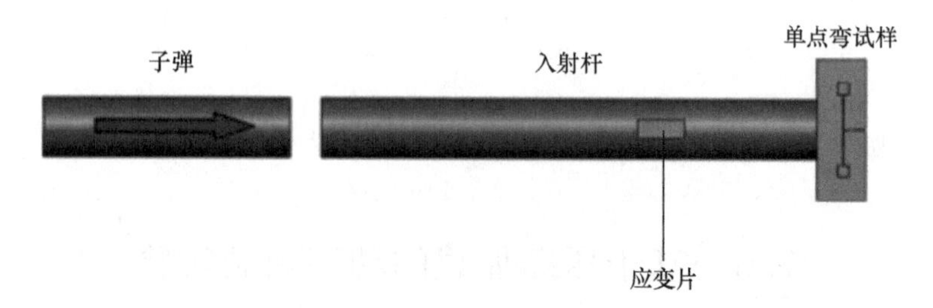

图 7.25　单杆加载单点弯试样测量材料的Ⅰ型动态起裂韧度[27]

此方法除了用于测量材料的Ⅰ型动态起裂韧度外,还可以用于测量Ⅱ型动态起裂韧度。实验示意如图 7.26 所示。不同的是试样的安装方法,通过对短梁试样的一端加载,使试样的预制裂纹处于受剪状态。

在单杆实验中试样加载端的力为

$$P(t) = E_0 A_0 (\varepsilon_i + \varepsilon_r) \tag{7.22}$$

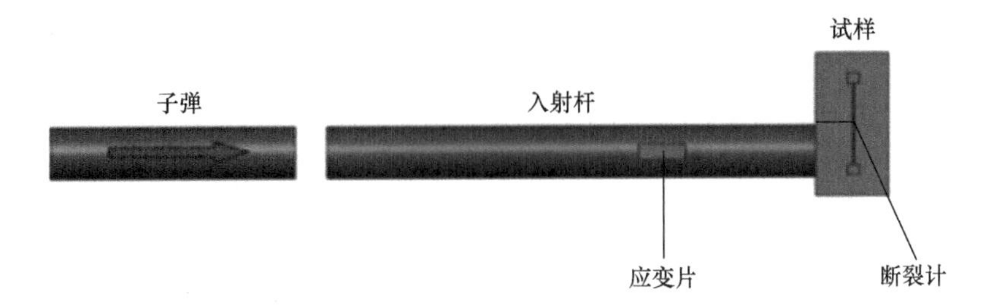

图 7.26　单杆单点弯测试Ⅱ型裂纹[14]

实验杆与试样接触面的位移为

$$\delta_s(t) = c_0 \int_0^t (\varepsilon_i - \varepsilon_r) \mathrm{d}t \tag{7.23}$$

式中，E_0、A_0、c_0分别为实验杆弹性模量、截面积和弹性波波速，ε_i、ε_r分别为实验杆上测得的应变。得到加载力和位移历史后，动态应力强度因子可以通过解析方法、有限元分析方法或者应变片测试结果得到。对于单杆单点弯实验，需要强调的是，实验过程中必须保证实验杆和试样始终处于接触状态，否则实验结果无效。

另外，Verma 等[36]对霍普金森杆加载的双悬臂梁(double cantilever beam, DCB)进行实验，研究 4340 钢/环氧树脂的层间起裂韧度。试样结构如图 7.27(a)所示，前后悬臂梁均为 2.8mm 厚、24mm 宽的 4340 钢板材，前悬臂梁较短，实验时固定起来，后悬臂梁较长，实验时与实验杆相连，如图 7.27(b)所示。悬臂梁之间用环氧树脂黏结，并预留一个 400mm 长的预制裂纹。加载力历史以及加载端的位移历史的测量方法与前述单点弯加载的方法相同，可通过式(7.22)和式(7.23)计算得到。裂纹传播速度通过粘贴在后悬臂梁表面的一系列应变片检测得到。通过实验-数值法计算得到界面起裂的 J 积分值。

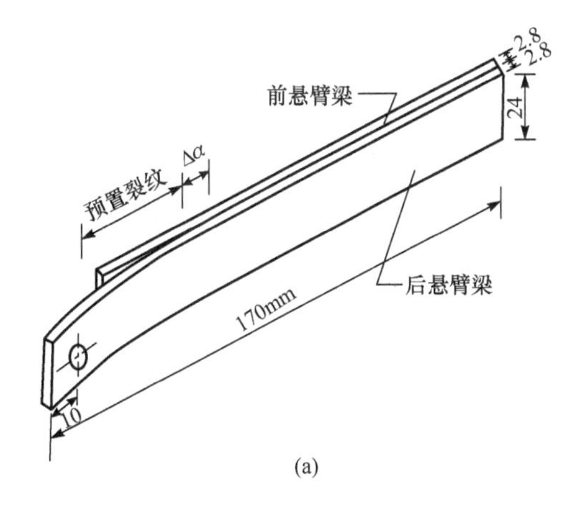

(a)

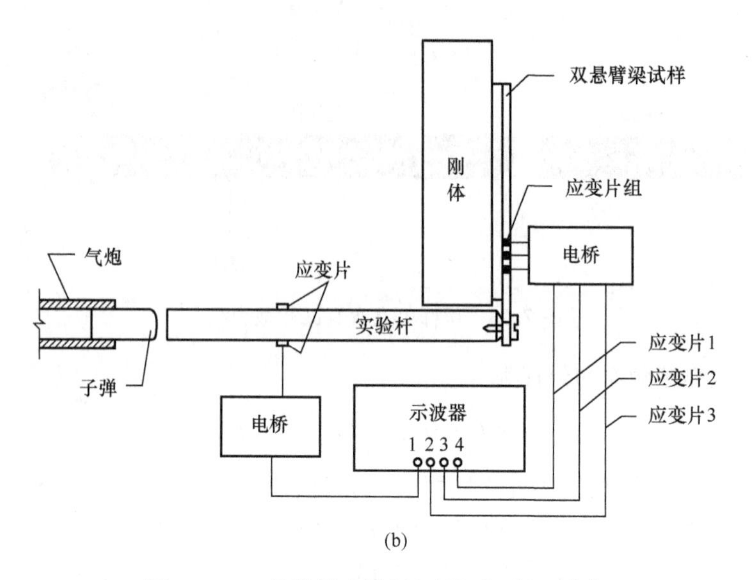

(b)

图 7.27　双悬臂梁试样研究层间起裂韧度[36]

另一类单点加载方法是直接用子弹撞击试样，如 Kalthoff[37]采用的实验装置如图 7.28 所示，实验前在试样上钻一排小孔，结合焦散法可监测试样的应力状态。子弹撞击试样后在试样内形成压缩应力，压缩波在自由面反射后形成拉伸波，拉伸造成试样起裂。强度因子采用焦散法获得，z_0^{tr} 和 z_0^{re} 分别为透射像平面和反射像平面与试样的距离。Bertram 和 Kalthoff[38]，Samudrala 和 Rosakis[39]也进行了类似研究，由于这类实验采用子弹直接撞击试样，已经不能算作基于霍普金森杆的动态断裂实验，这里不作详细介绍。

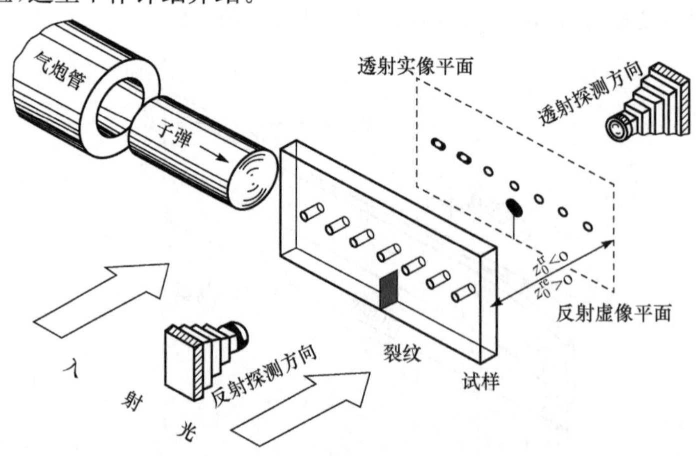

图 7.28　子弹直接撞击测量材料断裂性能[37]

7.3.2　三(四)点弯实验

1. 单杆三点弯实验

目前,三点弯试样构型已成为动态断裂实验研究中最常用的试样构型之一,相关学者围绕该构型进行了大量的理论建模[5]和数值模拟工作[40],测试了许多材料的动态起裂韧度,如钢[41~44]、PMMA[45]和复合材料[46~48]等。在三点弯实验的发展过程中,也有学者对加载技术进行了改进尝试。如 Évora 和 Shukla[47]使用莱克桑聚碳酸酯(polymer Lexan)做子弹和入射杆,以改善实验杆和复合材料试样之间的阻抗匹配。Martins 等[48]也用类似方法测试了低阻抗聚碳酸酯的断裂性能。需要指出的是,由于复合材料的黏弹性特征,应力波在复合材料杆中的弥散效应不可忽略,需要进行修正[49,50]。

图 7.29 为典型的单杆三点弯装置,试样的加载力历史和加载端位移历史可以通过式(7.22)和式(7.23)计算得到。Ruiz 和 Mines[3]较早开展这方面的研究,但他们用的子弹长达 1m,忽略了入射杆中波的来回反射。后来一般采用较短的子弹加载。

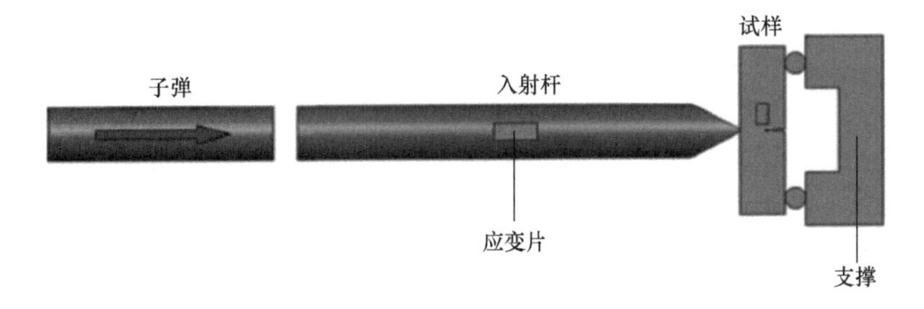

图 7.29　单杆三点弯装置[51]

李玉龙等[43]采用该方法进行过多种材料动态起裂韧度研究。图 7.30(a)为所测得的载荷和位移历史曲线,图 7.30(b)为通过实验-数值法计算得到的应力强度因子历史,其中虚线对应着起裂时间,起裂时间通过应变片法确定[图 7.30(b)中的下图]。Zhou 等[52]采用内聚力单元对单杆三点弯实验中的断裂过程进行了模拟,结果表明所建立的有限元模型能够对实验过程进行准确的模拟,包括试样的结构响应、裂纹的起裂时间和塑形区的大小在内的各项参数与实验结果吻合较好。

在单杆加载的三点弯实验中,通过入射波和反射波信号计算试样的加载历史和加载端的位移历史,式(7.22)中入射波与反射波异号,所以是两个数值相减。而当试样刚度较小时,加载试样上的应力较小,入射波和反射波幅值相当,两个大量

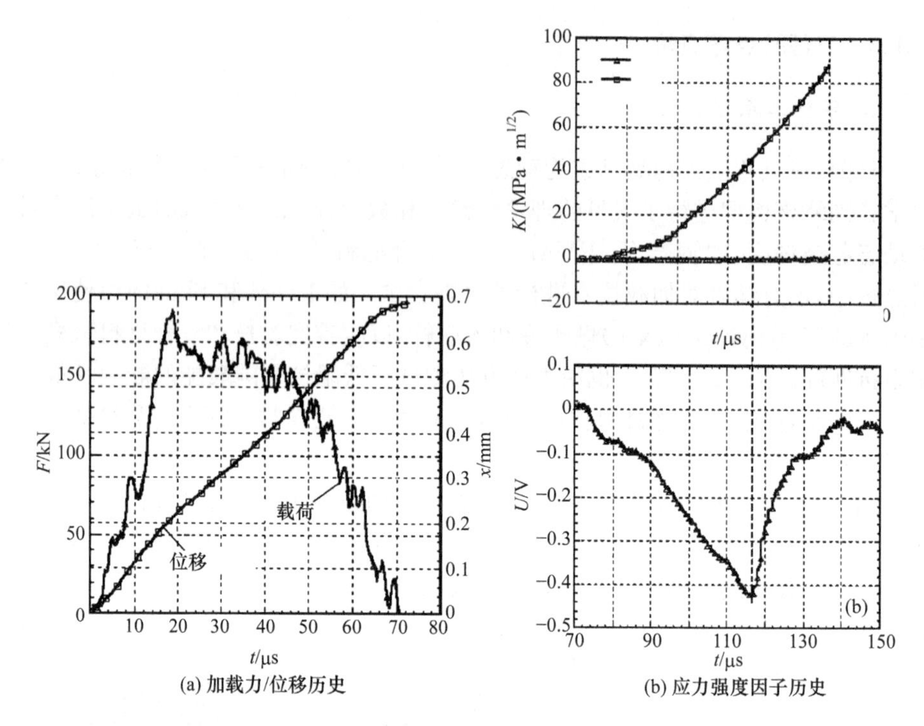

(a) 加载力/位移历史　　(b) 应力强度因子历史

图 7.30　单杆三点弯典型实验结果[43]

相减得到的结果误差较大。另外，在采用式(7.22)进行计算时，起跳点的确定不当也会导致实验结果误差较大。在单杆加载的三点弯实验中难以验证试样两端加载力的平衡，惯性效应难以避免，因此不能直接采用准静态公式计算应力强度因子。建议采用实验-数值法求得应力强度因子。

另外，在加载过程中试样和固定支撑之间可能脱离接触，由三点弯变成单点弯。对于导电的金属试样，可以通过监测试样和支撑之间是否导电的方法，来确定试样和支撑之间是否脱离接触[53]。也有研究表明[54]，试样与支座的脱离与试样跨距有关，试样上存在一个临界点，若支撑点位于该点以外，则试样必然脱离。通过调整试样跨距，可以实现试样与支座的不脱离。

2. 双杆三点弯实验

Tanaka 和 Kagatsume[1]建立了双杆三点弯加载的动态断裂参数测试方法，实验装置如图 7.31 所示。图 7.31(a)中透射杆被替换成一个透射管，于是试样前后端的受力分别为

$$
\begin{aligned}
P_{\mathrm{I}}(t) &= E_{\mathrm{I}}A_{\mathrm{I}}(\varepsilon_{\mathrm{i}}+\varepsilon_{\mathrm{r}}) \\
P_{\mathrm{II}}(t) &= E_{\mathrm{II}}A_{\mathrm{II}}\varepsilon_{\mathrm{t}}
\end{aligned} \tag{7.24}
$$

试样前后加载端的位移分别为

$$
\begin{aligned}
\delta_{\mathrm{I}}(t) &= c_{\mathrm{I}}\int_0^t(\varepsilon_{\mathrm{i}}-\varepsilon_{\mathrm{r}})\mathrm{d}t \\
\delta_{\mathrm{II}}(t) &= c_{\mathrm{II}}\int_0^t\varepsilon_{\mathrm{t}}\mathrm{d}t
\end{aligned} \tag{7.25}
$$

式中，E、c、A 分别为实验杆的弹性模量、弹性波波速和截面积，下标Ⅰ、Ⅱ分别代表入射杆端和透射管端；ε_{i}、ε_{r}和 ε_{t}分别为实验杆(管)上测得的入射、反射和透射应变。为方便计算，一般采用材质相同、截面积相同的入射杆和透射管。Zhou 等[52]采用这种方法测量了碳化硅增强铝合金的动态起裂韧度。Jiang 等直接采用透射杆[53,55~57]测量透射信号，实验装置见图 7.31(b)所示，实验数据处理方法类似。

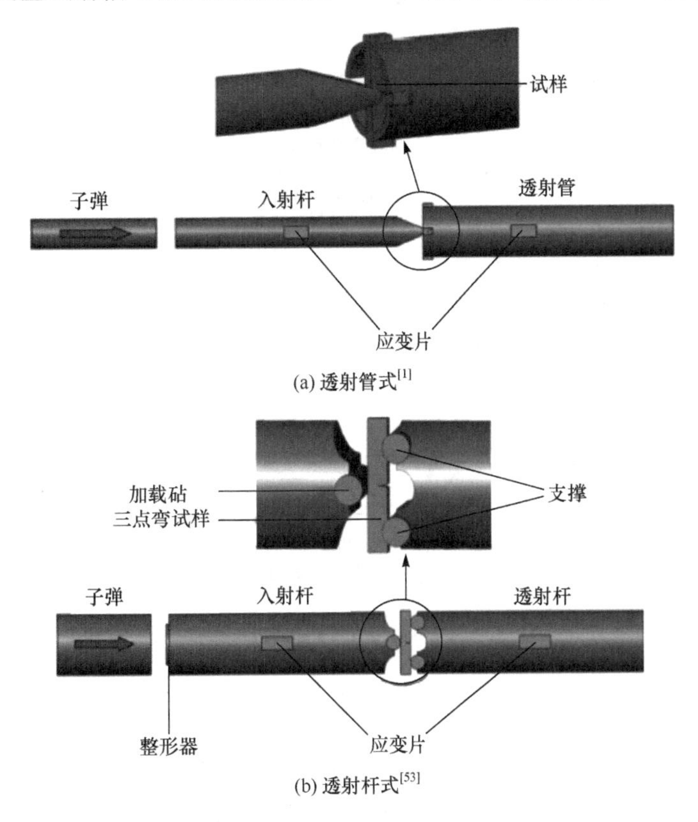

图 7.31　双杆三点弯断裂实验

Jiang 的典型实验结果[53]如图 7. 32 所示，其中图 7. 32(a)为实验波形，从监测接触状态的信号看，实验过程中试样与实验杆之间一直保持接触状态。图 7. 32(b)为相同加载条件下三种不同试样的加载力历史。在这三种材料中，6061 铝合金的加载力最小，但是持续时间最长；而 Fe-10Cr 高强钢的加载力最大，但持续时间最短。

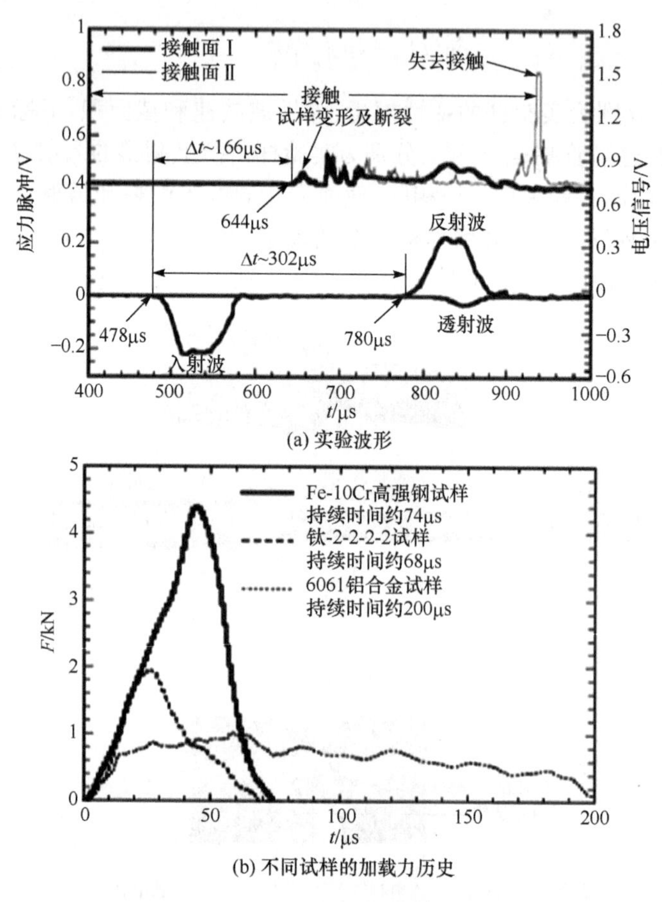

(a) 实验波形

(b) 不同试样的加载力历史

图 7. 32 双杆三点弯典型实验结果[53]

3. 双杆四点弯实验

双杆四点弯实验[58,59]如图 7. 33 所示，与双杆三点弯类似，其加载力和位移历史的检测方法相同，不同之处在于将三点弯试样换成了四点弯试样，相应求解裂尖应力强度因子的方法有所不同。

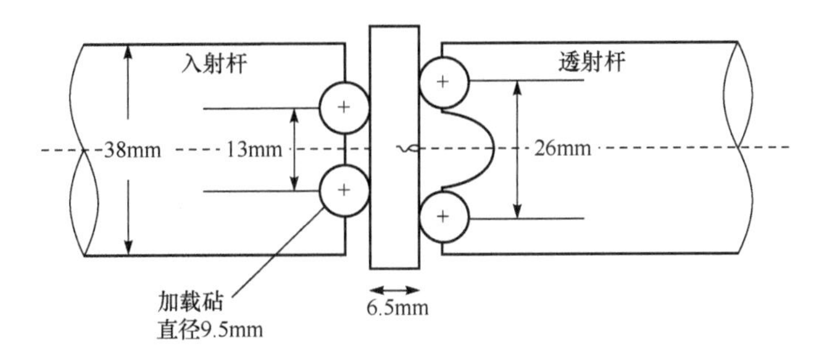

图 7.33　双杆四点弯实验[59]

如 Weerasooriya 等[58]采用人字形切槽的四点弯试样研究陶瓷材料的动态断裂性能，试样构型如图 7.34 所示。图中，a_{11} 和 a_{12} 分别为从试样两侧测得的切口与试样下表面的距离，要求 $|a_{11}-a_{12}|\leqslant 0.02W$。

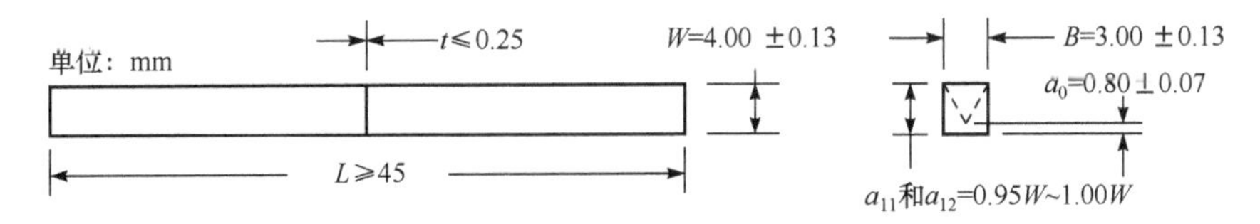

图 7.34　人字形切槽的四点弯试样[60]

人字形切槽试样常用于研究脆性材料的断裂性能，其优点在于：在裂纹扩展过程中，其裂纹宽度越来越大，对应的无量纲应力强度因子有一个先减小再增加的过程，因此加载力的峰值点对应着无量纲应力强度因子系数的最低值。人字形切槽巴西圆盘试样的介绍详见 7.3.5 节。

因为实验中采用了入射波整形技术，实现了试样两端的力平衡，因而可采用准静态公式计算裂尖应力强度因子[60]：

$$K_{\mathrm{Ivb}} = Y_{\min}^{*}\left[\frac{P_{\max}(S_0 - S_1)\times 10^{-6}}{BW^{3/2}}\right] \tag{7.26}$$

$$Y_{\min}^{*}\left(\frac{a_0}{W},\frac{a_1}{W}\right)=\frac{0.3874-3.0919\left(\frac{a_0}{W}\right)+4.2017\left(\frac{a_1}{W}\right)-2.3127\left(\frac{a_1}{W}\right)^2+0.6379\left(\frac{a_1}{W}\right)^3}{1.000-2.9686\left(\frac{a_0}{W}\right)+3.5056\left(\frac{a_0}{W}\right)^2-2.1374\left(\frac{a_0}{W}\right)^3+0.0130\left(\frac{a_1}{W}\right)} \tag{7.27}$$

式中，a_0、a_1、W、B 的意义如图 7.34 所示；S_0 为四点弯实验中透射杆与试样接触的两个支撑间跨距；S_1 为入射杆与试样接触的两个支撑间跨距；$P_{\max}$ 为加载力的峰值点。计算得到应力强度因子峰值认为是材料的起裂韧度，应力强度因子-时间曲线的上升段的斜率拟合得到加载率，由此得到起裂韧度随加载率的变化关系如图 7.35 所示。

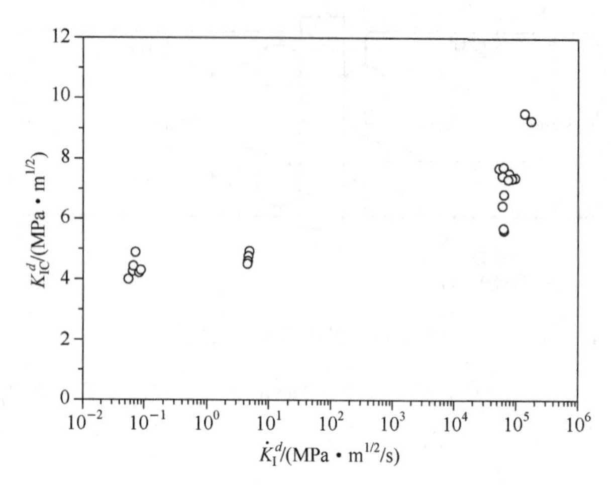

图 7.35　陶瓷试样起裂韧度随加载率的变化关系[58]

4. 三杆三点弯实验

三杆三点弯实验将原来的双杆三点弯中的透射杆由一根换成了两根，如图 7.36 所示。其优点在于减小了透射杆的横截面积，提高了信号的信噪比。但系统较为复杂，而且试样安装时若出现细微的偏移，将导致两透射杆中的应力不一致。两个透射杆端加载力分别为

$$\begin{aligned} P_{\text{II-}A}(t) &= E_{\text{II}} A_{\text{II}} \varepsilon_{\text{t-}A} \\ P_{\text{II-}B}(t) &= E_{\text{II}} A_{\text{II}} \varepsilon_{\text{t-}B} \end{aligned} \tag{7.28}$$

式中，$\varepsilon_{\text{t-}A}$、$\varepsilon_{\text{t-}B}$分别为透射杆 A 和透射杆 B 测得的应变。

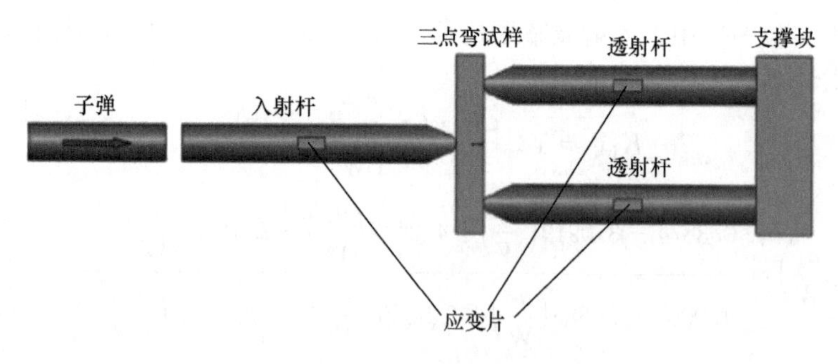

图 7.36　三杆三点弯实验[4]

Yokoyama 和 Kishida[4] 采用三杆三点弯实验研究了 7075-T6 铝合金和 Ti-6A1-2Sn-4Zr-6Mo 钛合金的动态起裂性能。试样采用人字形切槽的三点弯试样，如图 7.37 所示。动态应力强度因子运用实验-数值法求解，通过粘贴在试样表

面的应变片监测起裂时间。这种方法没有进一步的实验报道。

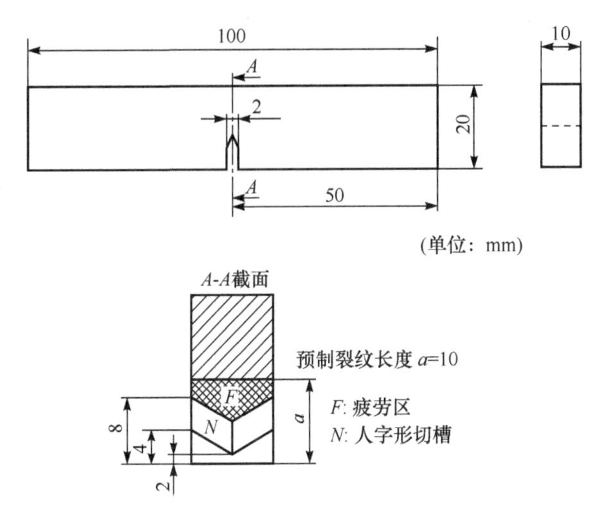

图 7.37　人字形切槽的三点弯试样[4]

7.3.3　楔形加载紧凑拉伸实验

楔形加载紧凑拉伸试样(wedge loaded compact tension，WLCT)的霍普金森杆实验由 Klepaczko[61]提出，如图 7.38 所示。通过紧凑拉伸试样将霍普金森杆加载的压缩应力转换为试样裂尖的拉伸应力。在 Klepaczko 的实验中，试样的应力强度因子通过准静态公式计算得到[61]：

$$K_{\mathrm{I}}=\frac{Pf(a/W)}{2B\sqrt{W}\tan[(\alpha'/2)+\tan^{-1}\mu]} \tag{7.29}$$

式中，P 为试样顶端的压缩应力，由公式(7.24)计算得到；α' 为楔角；μ 为楔尖和试样之间的摩擦系数。

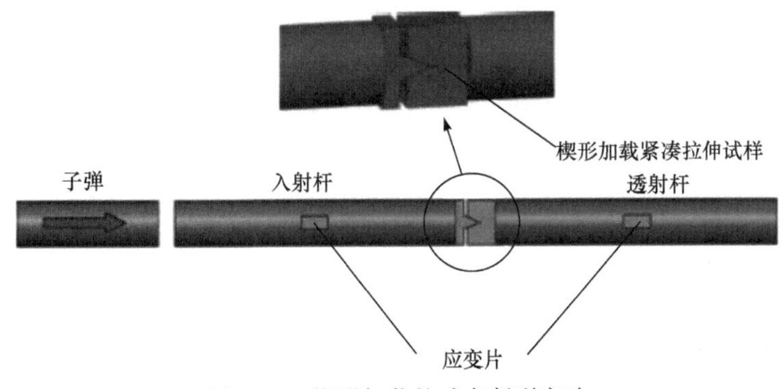

图 7.38　楔形加载的动态断裂实验

楔形加载紧凑拉伸试样为直切槽方试样，Zhang 等[62,63]采用的是人字形切槽短棒试样(short rod，SR)，如图 7.39 所示。SR 试样是国际岩石力学学会(International Society for Rock Mechanics，ISRM)于 1988 年推荐的研究岩石材料起裂韧度的两种试样之一。

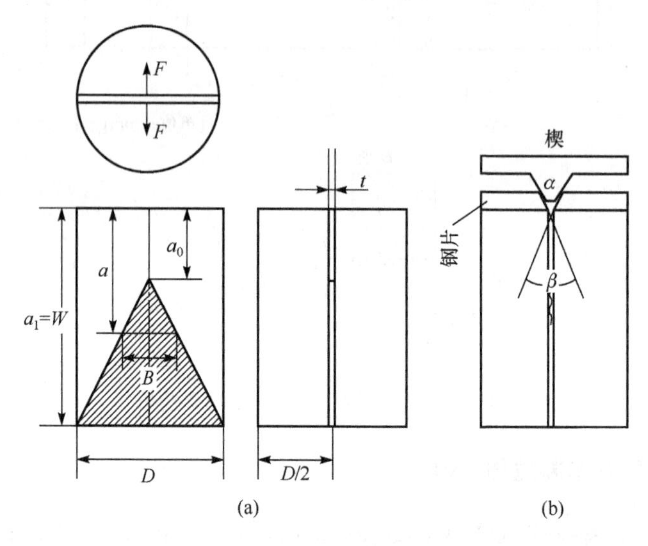

图 7.39　楔形加载的人字形切槽短棒试样[64]

图 7.39 中，D 为试样直径，W 为试样高度，推荐值为 $W=1.450D$，θ 为人字形切槽的角度，推荐值为 54.6°，a_0 为加载端与裂纹尖端的距离，推荐值为 $a_0=0.48D$。

根据 ISRM 标准，SR 试样准静态加载下的应力强度因子计算方法为[64]

$$K_{\mathrm{I}}=\frac{24.0C_KF_{\mathrm{c}}}{D^{1.5}} \tag{7.30}$$

其中，F_{c}为加载在试样裂纹面上的拉伸力峰值，可以由轴向加载力峰值 $P_{\max}$ 计算得到：

$$F_{\mathrm{c}}=\frac{P_{\max}}{\tan[(\alpha'/2)+\tan^{-1}\mu]} \tag{7.31}$$

$P_{\max}$由式(7.24)计算。C_K为试样与标准试样有偏差情况下的修正系数：

$$C_K=\left(1-\frac{0.6\Delta W}{D}+\frac{1.4\Delta a_0}{D}-0.01\Delta\theta\right) \tag{7.32}$$

其中 $\Delta W/D=W/D-1.45$，$\Delta a_0/D=a_0/D-0.48$，$\Delta\theta$ 的单位为度。在动态实验条件下建议采用数值方法作标定后使用式(7.30)。

7.3.4　紧凑压缩实验

霍普金森杆加载的紧凑压缩试样(compact compression specimen，CCS)如

图 7.40 所示[65]。与双杆三点弯的实验类似，加载力的历史通过式(7.24)计算得到。Rittel 等进行的紧凑压缩实验没有满足加载力平衡的要求，其试样两端的受力历史如图 7.41 所示，所以其应力强度因子的计算采用实验-数值法(动态有限元法)进行，并且需要将试样两端的加载力(或位移)历史，带入到有限元仿真中求解裂尖应力强度因子。

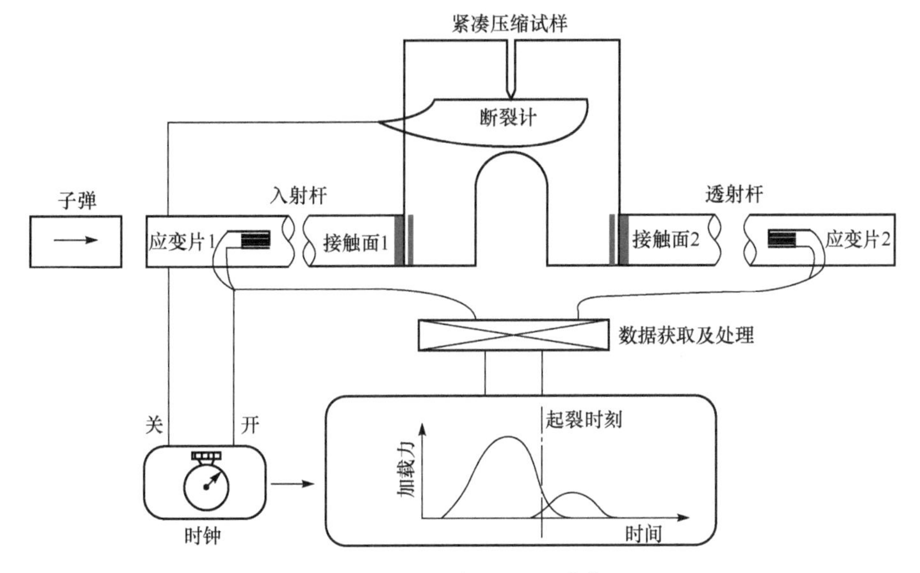

图 7.40　紧凑压缩试样[65]

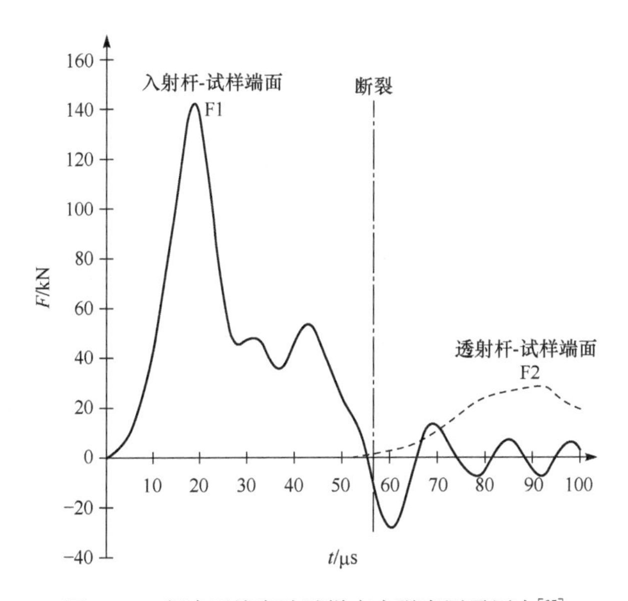

图 7.41　紧凑压缩实验试样应力强度因子历史[65]

另外，Maigre 等还提出了一种理论方法用于求解 CCS 试样应力强度因子，称为 H 积分理论，这里不作详细介绍，感兴趣的读者可以参考文献[66]。图 7.42 给出了实验数值法与 H 积分理论计算得到的应力强度因子历史，其中右侧的阴影部分是起裂之后的情况。从图中可以看出，实验-数值法与 H 积分理论的结果在试样起裂之前吻合较好。

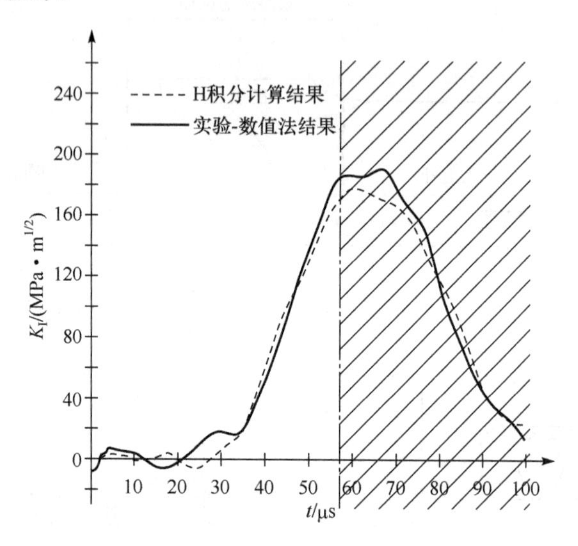

图 7.42 紧凑压缩实验试样应力强度因子历史[65]

通过改变加载方式，紧凑压缩试样还可以进行单点加载下的Ⅰ型断裂实验，加载方式如图 7.43 所示。

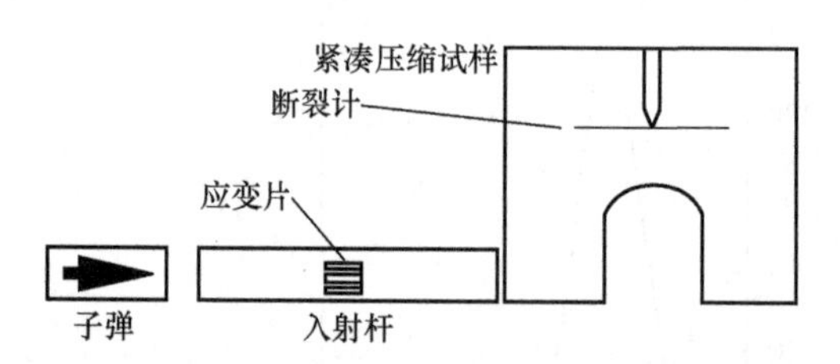

图 7.43 紧凑压缩试样的单杆加载Ⅰ型断裂[68,69]

Rittel 等[65,67]采用霍普金森杆加载的紧凑压缩试样对金属和 PMMA 等材料的动态断裂性能进行了研究。但总体来讲，该方法虽然加载方式简单，但是其求解应力强度因子的过程相对复杂，除 Rittel 小组外，推广应用较少。

7.3.5 巴西圆盘类实验

在脆性材料的Ⅰ型动态断裂测试中，直接拉伸实现困难，通常采用由压缩引起拉伸的方法。基于巴西圆盘的动态断裂试样主要从准静态试样发展而来，包括中心裂纹的巴西圆盘(cracked straight through Brazilian disc，CSTBD)试样、人字形切槽的巴西圆盘(cracked chevron notched Brazilian disc，CCNBD)试样、带预制裂纹的半圆盘三点弯(notched semi-circular bending，NSCB)试样、人字形切槽的半圆盘三点弯(cracked chevron notched semi-circular bend，CCNSCB)试样等，加载手段一般为双杆压缩加载，通过杆上的应变片测量加载力的历史，起裂时间通过试样上的应变片或者断裂计测量得到。

1. 中心裂纹的巴西圆盘试样

图7.44为霍普金森杆加载的SCTBD试样，当试样的预制裂纹方向与加载方向平行，即图中θ为0°时，裂纹尖端为拉伸加载，由此可以研究试样中的Ⅰ型断裂参数[70,71]。

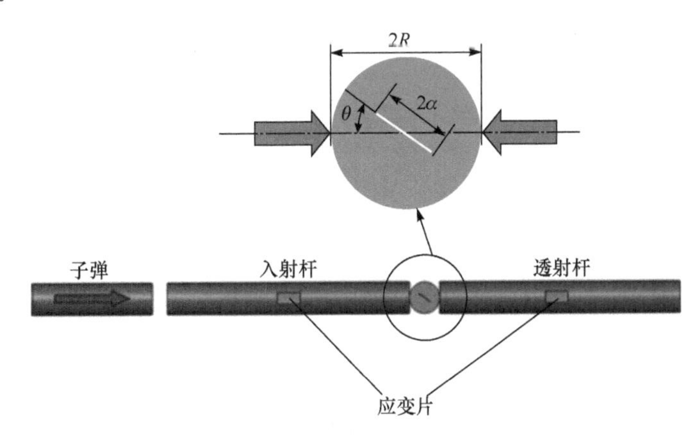

图7.44 双杆巴西圆盘试样[70]

对于Ⅰ型裂纹，在动态力平衡满足的条件下，可以采用下式计算应力强度因子：

$$K_{\mathrm{I}}(t)=\frac{P(t)}{\pi BR}\sqrt{\pi a}Y_{\mathrm{I}} \tag{7.33}$$

式中，$P(t)$为随时间变化的加载力；Y_{I}为无量纲应力强度因子系数，是试样几何构型的函数，可以由数值模拟标定[22]。

而当预制裂纹方向与加载方向不平行，θ不为0°时，试样尖端为拉剪复合加载，可以研究试样中Ⅰ-Ⅱ型复合裂纹的参数[72~74]。相应的Ⅰ-Ⅱ型应力强度因子的求解方法不变：

$$\begin{cases} K_{\mathrm{I}}(t) = \dfrac{P(t)}{\pi BR}\sqrt{\pi a}Y_{\mathrm{I}}(\theta) \\ K_{\mathrm{II}}(t) = \dfrac{P(t)}{\pi BR}\sqrt{\pi a}Y_{\mathrm{II}}(\theta) \end{cases} \tag{7.34}$$

只需要将其中的无量纲应力强度因子系数 $Y_{\mathrm{I}}(\theta)$ 和 $Y_{\mathrm{II}}(\theta)$ 重新标定即可。

2. 人字形切槽的巴西圆盘试样

1995 年，ISRM 推荐了一种测试岩石断裂韧度的试样，即图 7.45(a)所示的人字形切槽巴西圆盘试样。人字形切槽的巴西圆盘试样的优点在于能够观察到试样中裂纹的稳定传播过程。

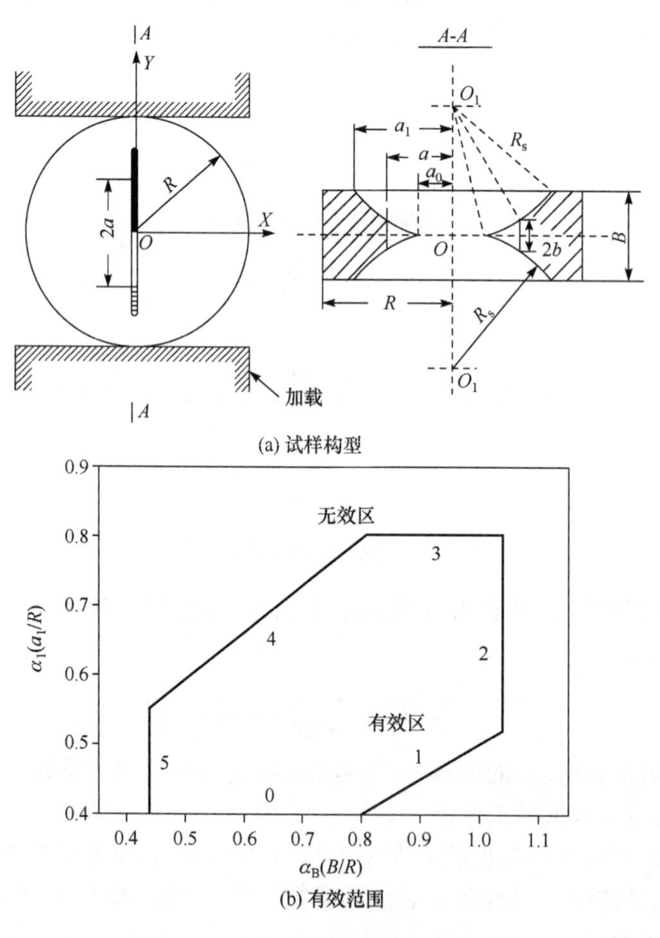

图 7.45　人字形切槽巴西圆盘试样[75]

图7.45(a)中，B为试样厚度；D为试样直径；R为试样半径；R_s为切割半径；a_0为初始切槽长度；a_1为最大切槽长度；a为裂纹长度；b为裂纹前缘宽度。ISRM推荐的标准试样各无量纲参数值为：$\alpha_B=B/R=0.8$，$\alpha_0=a_0/R=0.2637$，$\alpha_s=R_s/R=0.6933$，$\alpha_1=a_1/R=0.65$。在实际操作中可以根据需要调整，只要试样几何尺寸参数α_1和α_B满足图7.45(b)所示的关系即可。

人字形切槽的巴西圆盘试样的一个基本假设是：在裂纹稳定传播的时候认为材料的断裂韧度为定常值。因此在裂纹扩展的过程中总有下式成立：

$$K_{IC}(\alpha)=\frac{P(\alpha)}{B\sqrt{R}}Y(\alpha)=\text{常数} \tag{7.35}$$

图7.46(a)给出了一典型的人字形切槽的巴西圆盘试样无量纲应力强度因子系数随$\alpha(=a/R)$分布的趋势，它和其他人字形切槽的应力强度因子变化趋势是一致的，即无量纲应力强度因子系数有一个明显的先下降后上升的过程。图7.46(a)对应的试样几何参数为：$R=20.0\text{mm}$，$\alpha_B=0.8$，$\alpha_0=0.179$，$\alpha_s=0.625$，$\alpha_1=0.593$。与此相对应，载荷P是先上升后下降，如图7.46(b)所示。因此，当裂纹扩展到临界长度a_m，而函数Y^*达到了最小值Y^*_{min}时，相应的载荷达到了最大值P_{max}。所以通过下式直接求解材料的起裂韧度：

$$K_{IC}=\frac{P_{max}}{B\sqrt{R}}Y^*_{min} \tag{7.36}$$

这里的关键就是如何求解Y^*_{min}。Y^*_{min}由试样几何参数B、a_0、a_1、R决定，通过数值方法标定[76,77]。在动态实验中，必须验证试样两端加载力平衡，如图7.46(b)所示，才能保证公式(7.36)的有效性。

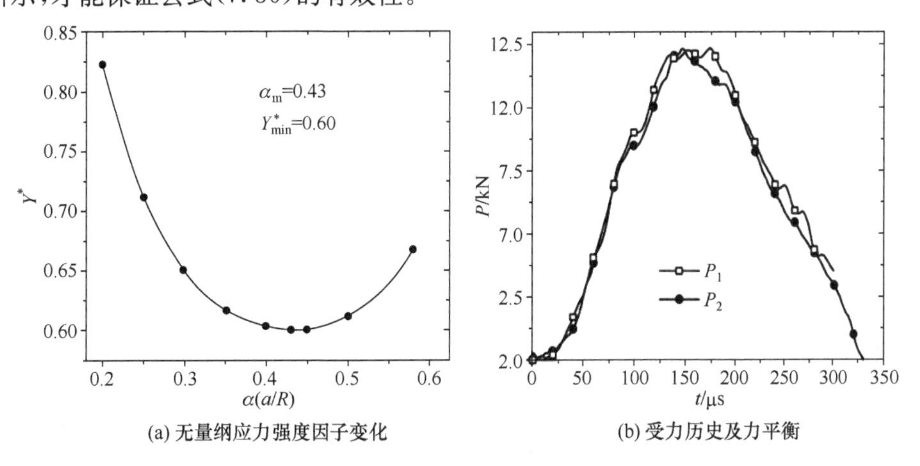

(a) 无量纲应力强度因子变化　(b) 受力历史及力平衡

图7.46　霍普金森杆加载的人字形切槽巴西圆盘实验[21]

3. 带预制裂纹的半圆盘三点弯试样

Chong 和 Kuruppu[78]采用了一个带单一边缘预制裂纹的半圆盘试样在一个压缩装置中测量断裂韧度。带预制裂纹的半圆三点弯试样的几何结构如图 7.47 所示，试样半径为 R，厚度为 B，裂纹深度为 a，裂纹宽度约为 1mm，支撑柱间的跨距为 S。在无支撑柱的一端加载的力为 P_1；带有支撑柱的一端加载力为 P_2，每个支撑柱上的力为 $P_2/2$。在起裂韧度的测量中，必须保证裂缝尖端足够尖[79~81]。理想晶体内自然形成的裂纹宽度约等于原子间距，而对于多晶材料，裂纹宽度与颗粒尺寸相当。Lim 等[82]提出，由疲劳或者其他方法获得的预制裂纹，其宽度约为材料的特征长度，如果切槽预制的裂缝足够小（小于 0.8mm），则不需要疲劳预制裂纹。

在动态力平衡的条件下，参照矩形三点弯试样的 ASTM 标准 E399-06e2，采用下式计算应力强度因子[83]：

$$K_{\mathrm{I}}(t) = \frac{P(t)S}{BR^{3/2}}Y\left(\frac{a}{R}\right) \tag{7.37}$$

式中，$P(t)$为随时间变化的加载力；$Y(a/R)$为无量纲应力强度因子，是试样几何构型的函数，可以由有限元软件计算得到[22]。

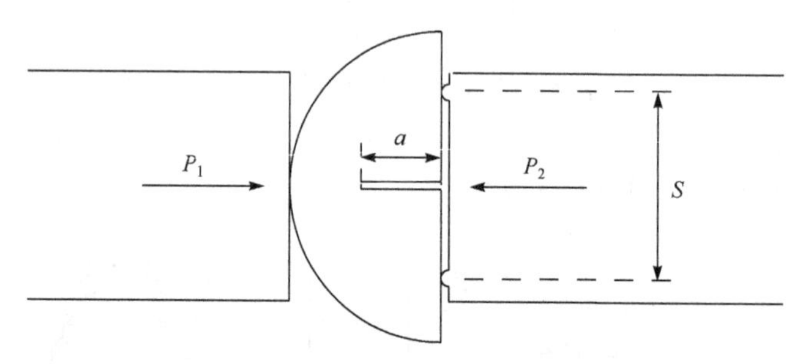

图 7.47　半圆盘三点弯试样

4. 人字形切槽的半圆盘三点弯试样

人字形切槽的半圆盘三点弯（cracked chevron notched semi-circular bend, CCNSCB）试样综合了人字形切槽的巴西试样和带预制裂纹的半圆盘三点弯试样的优点，其几何结构如图 7.48(a)所示。

与人字形切槽的巴西圆盘试样类似，由于人字形切槽的存在，无量纲的应力强度因子系数也存在一个最小值，如图 7.48(b)所示。图中对应的试样几何参数为：R=20.0mm，α_B=0.8，α_0=0.179，α_s=0.625，α_1=0.593，S=28mm。所以可以用公式(7.36)求解起裂韧度,不同的是其 Y^*_{min} 值需要重新标定。

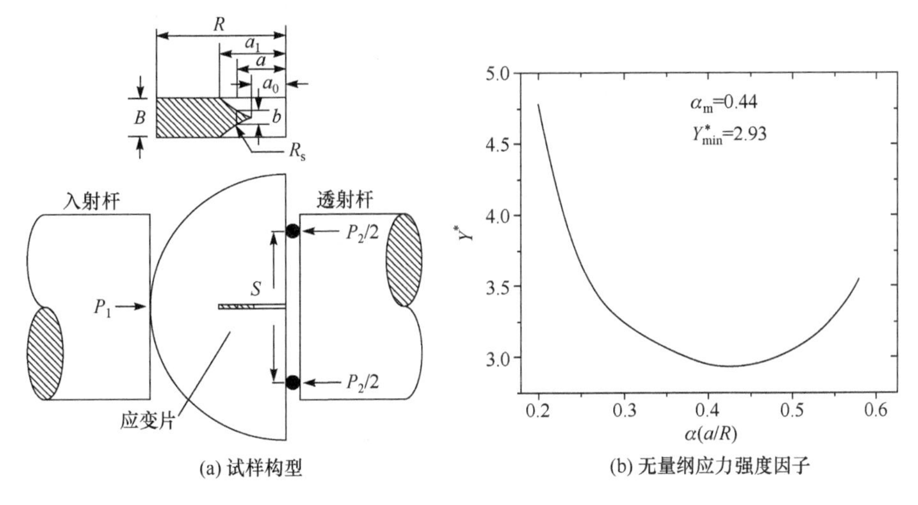

(a) 试样构型　　(b) 无量纲应力强度因子

图 7.48　人字形切槽的半圆盘三点弯试样[84]

图 7.49 给出了 Laurentian 花岗岩不同试样构型的实验结果比较。由图 7.49 可以看出,虽然方法各异,但各种试样构型得到的实验结果还是相互吻合的。

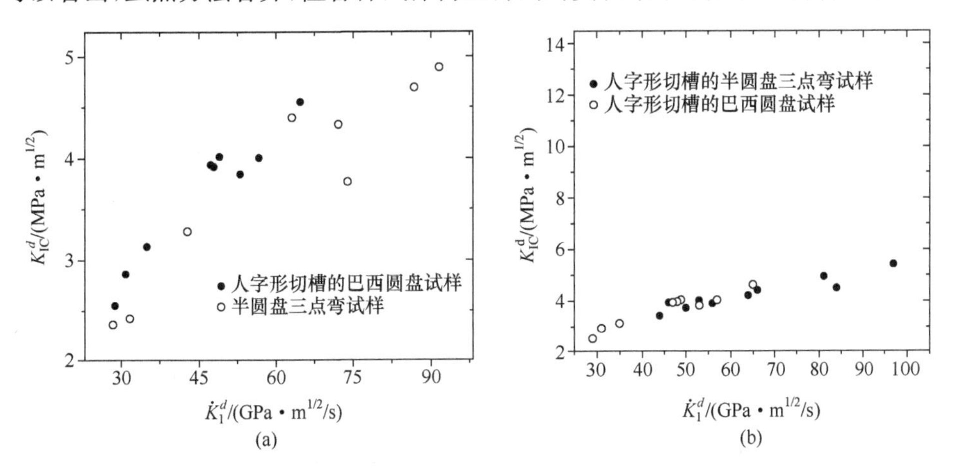

图 7.49　不同试样构型下起裂韧度比较[21,84]

7.4　基于拉伸加载的动态断裂实验

7.4.1　直接拉伸加载断裂实验

如图 7.50 所示,Costin 和 Duffy[2] 最早采用应力波加载的方法测量材料的动态起裂韧度,而加载应力波就是通过霍普金森拉杆得到的。在这里试样是沿圆周有裂纹的圆柱体,称为 NRT 试样(notched round tensile)。如图 7.50 所示,实验杆直径为 25.4mm,长 1016mm,在距离加载端 660.4mm 的地方预制一圈疲劳裂纹,通过实验杆端头的炸药爆炸,在实验杆中产生拉伸波,导致裂纹起裂、传播直到完全断裂。贴在实验杆上的应变片监测试样的加载力历史,通过在试样两侧平行粘贴的透射光栅形成的云纹监测裂尖张开位移。

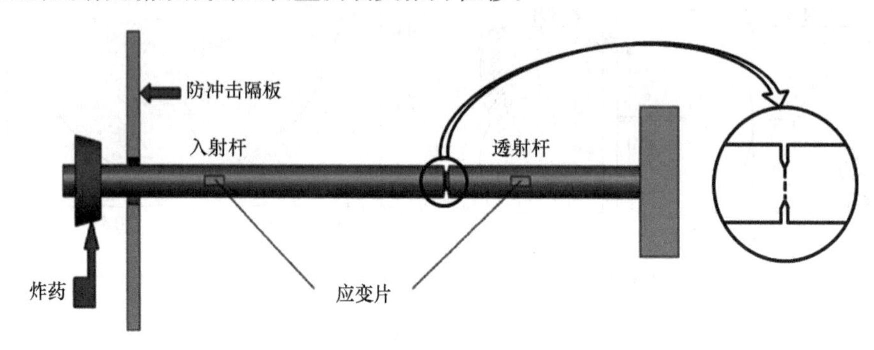

图 7.50　直接拉伸加载 NRT 试样的断裂实验[2]

平面应变的应力强度因子通过准静态公式计算得到:

$$K_{\mathrm{I}} = \frac{P(t)}{\pi R^2} \sqrt{\pi R} Y\left(\frac{2R}{D}\right) \tag{7.38}$$

式中,R 为试样预制裂纹后的直径;$P(t)$ 为加载历史;D 为实验杆的直径;Y 为与 R、D 相关的无量纲修正系数。该实验技术经过适当的改进后被用于复合材料、陶瓷和钢的动态起裂韧度研究,包括加载率和温度对动态起裂韧度和动态断裂性能的影响研究。比如,Duffy 等[85]采用该实验方法研究了复合材料和陶瓷的Ⅰ型和Ⅲ型动态起裂韧度,发现其值比准静态值高约 50%,Ⅲ型的准静态和动态加载率、起裂韧度均比Ⅰ型的要高。

采用长圆柱 NRT 试样基于两方面考虑:首先,试样是一个长杆且除了裂尖之外均处于弹性状态,应力波在试样中传播,粘贴在试样上的应变片可以测量加载历史;其次,长杆试样上有一个预制裂纹,在一定拉伸加载下试样发生断裂,从而测量出应力强度因子。在这类实验中,试样的长度一般在 1m 以上,减小试样长度难以满足试样中应力波一维传播的要求。这种试样的缺点也是显而易见的,首先这种试样对原材料的消耗很大;其次,如陶瓷等材料难以加工成这种试样构型;最后,这么长的试样预制裂纹也比较困难(如图 7.50 中小图所示)。但不管怎样,这种采用杆中应力波加载代替传统 Charpy 冲击或落杆加载来测量断裂韧度的方法是一个进步。

Homma 等[86]在研究 AISI4340 动态断裂性能的实验中，对加载方式进行了改进，采用高压气体加速子弹以产生幅值相对较高的压力脉冲。其试样长度达到 1016mm，以满足试样中应力波一维传播的条件，通过贴在试样上的应变片监测试样中应力状态，如图 7.51(a)所示。加载方式如所图 7.51(b)所示。子弹的形状如图 7.51(c)所示，子弹外径与炮管内径滑动配合，其内部铣出一个方形孔，与试样滑动配合。实验前将气缸中充满高压气体，实验时开启真空泵，密封块的左侧压力减小，向左运动，高压气体通过炮管推动子弹向右运动，撞击连接在试样右端头的撞击杆，撞击杆的长度与试样相同，在撞击杆中产生一个右行的压缩波，在试样中产生一个左行拉伸波，对预制裂纹进行拉伸加载。其动态应力强度因子采用实验-数值法计算得到，该实验方法虽然不具有普适性，但这是直接拉伸断裂实验发展过程中的一种有益尝试。

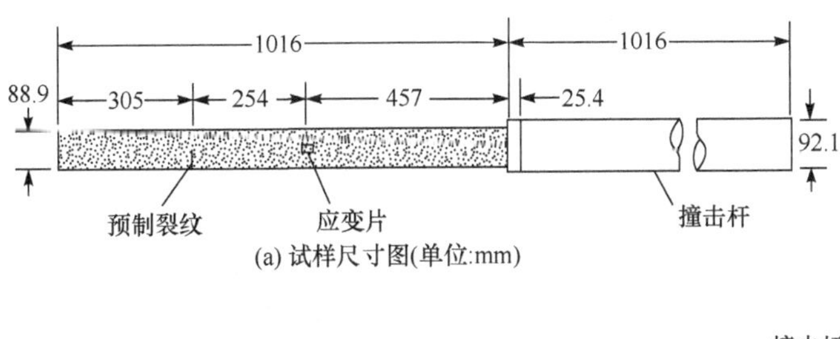

(a) 试样尺寸图(单位:mm)

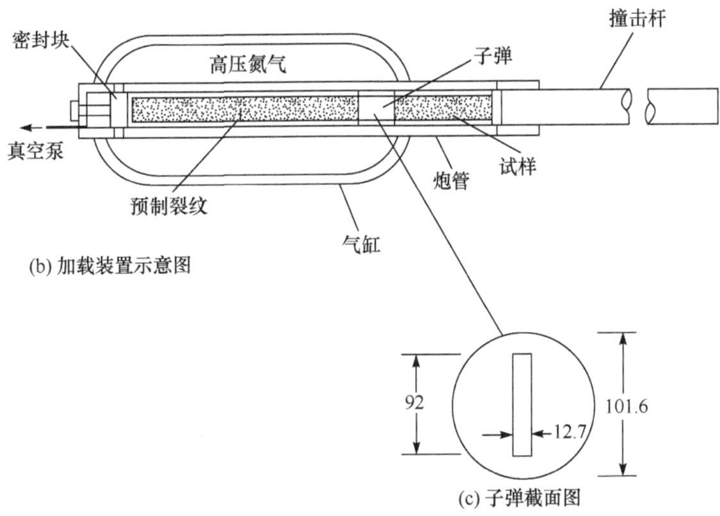

(b) 加载装置示意图

(c) 子弹截面图

图 7.51　气动加载的直接拉伸动态断裂实验[86]

后来，研究人员针对直接拉伸断裂实验进行了若干改进，如采用短的 NRT 试样、双边裂纹试样、单边裂纹试样、中心裂纹试样等。Roudier[87]将试样用螺纹连接到入射杆和透射杆之间，通过杆上的应变片来测量试样的应力历史，这样试样的长度可以减小到 140mm。Xia 等[88]采用高速转盘撞击入射杆端头的法兰，在入射杆中产生拉伸波对双边预制裂纹的试样进行加载，研究材料的断裂性能。Nemat-Nasser 等[89]采用直接拉伸加载中心裂纹试样，用高速摄影监测裂纹的起裂过程，再根据杆上的应变片信号经过传统霍普金森拉杆实验的数据处理方法得到加载过程中“应力-应变”曲线，认为该“应力-应变”曲线的积分即为裂纹增长所需能量，并由此计算得到动态断裂韧度。

Owen 等[32]采用霍普金森拉杆加载传统三点弯试样，实验装置如图 7.52 所示，将试样通过一对楔形装置固定在直接拉伸的霍普金森拉杆入射杆和透射杆之间。实验中采用高速摄影监测裂纹扩展过程，研究了 2024-T3 铝合金的动态拉伸断裂性能，典型实验结果如图 7.53(a)所示。实验采用分析法确定动态应力强度因子及起裂韧度(具体方法参见本章图 7.16)，起裂韧度的加载率由应力强度因子上升段线性拟合得到，如图 7.53(b)所示。

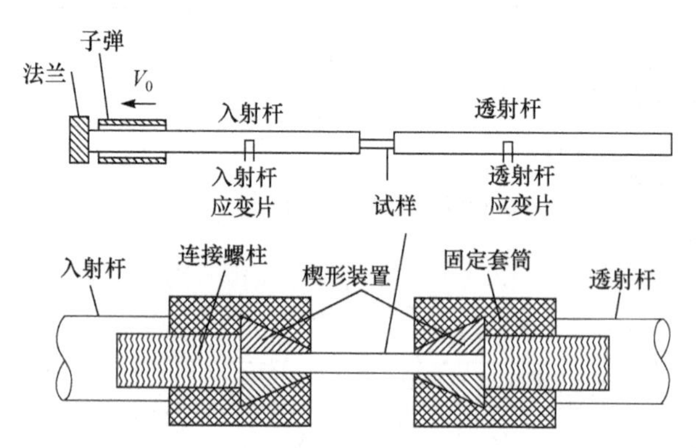

图 7.52　直接拉伸的动态断裂实验[32]

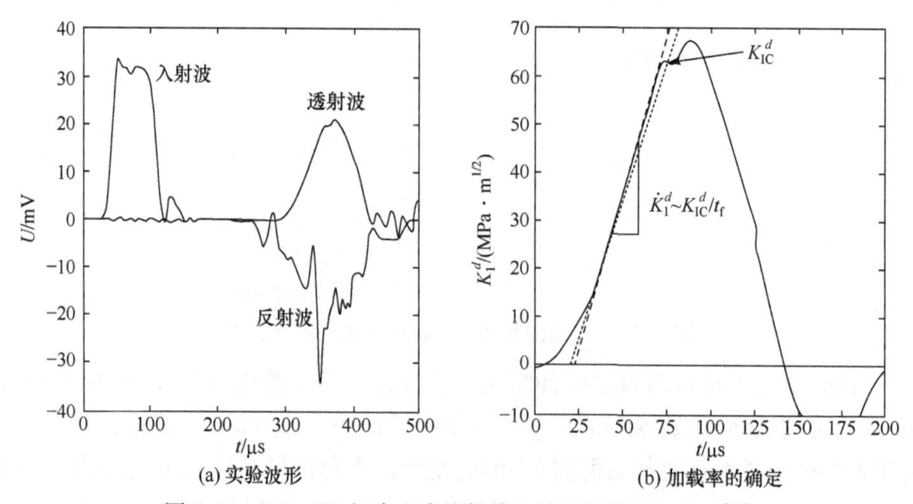

图 7.53　2024-T3 铝合金直接拉伸的动态断裂实验结果[32]

7.4.2　反射式拉伸加载断裂实验

除了直接拉伸断裂加载外，也有学者采用反射式拉伸研究试样的动态断裂性能，如图 7.54 所示。将试样放置在入射杆端头，入射波在试样的右侧自由面反射形成拉伸波对试样进行拉伸加载。这里通过在实验杆或试样上粘贴应变片来测量加载应力波的幅值，进而求出动态起裂韧度[90]：

$$K_{\mathrm{IC}}^{d}=\sigma_{\mathrm{crit}}\sqrt{\pi a}F(a/W,W,\tau_{0}) \tag{7.39}$$

式中，σ_{crit} 是试样的临界应力，定义为使试样裂纹扩展所需要的临界加载应力，可通过一系列不同加载幅值的实验得到；a 为试样的预制裂纹长度；W 为试样宽度；τ_0 为加载脉冲长度；F 为试样构型参数，可通过数值模拟进行标定[90]。

这里，一个重要的假设就是初始压缩波不会对试样造成损伤，裂纹的起裂和扩展是由拉伸波引起的。Buchar 等[91]通过光弹测量实验结果证明，压缩波加载时裂纹没有明显变化，裂纹的扩展仅仅是由拉伸波加载导致的。需要注意的是，入射杆和试样的阻抗必须匹配，并且要接触良好，以避免入射波在实验杆和试样的界面处反射。否则实验杆上测得的加载历史受到界面反射波的干扰，实验结果将不准确。Nakano 和 Kishida[92]采用的试样长达 1000mm，试样预制了环向裂纹，与 NRT 试样相似，入射的压缩波在试样端面反射形成拉伸波，对试样进行加载。应力强度因子通过实验数值法计算得到。这种实验方案的优点在于其加载条件比较简单，然而要使试样完全断开，需要的加载波幅值较大，对于脆性材料试样，容易在压缩波通过时就发生破坏。

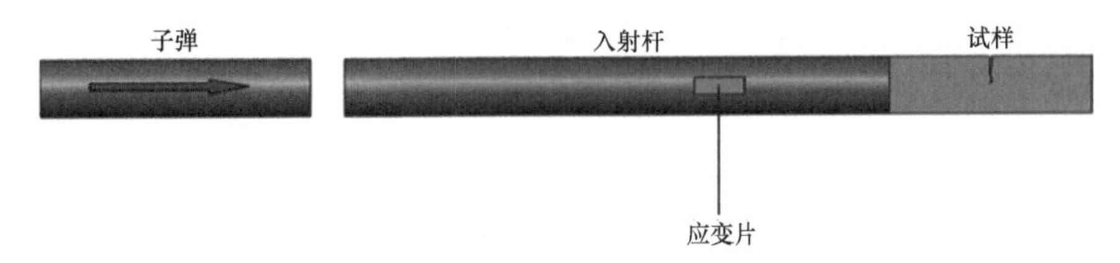

图 7.54　反射式拉伸的动态断裂实验

Nicholas[93]建立的双杆反射式拉伸方案也可以用于Ⅰ型断裂性能的研究。如 Lee 等[94]采用该办法研究材料的起裂韧度，将人字形切槽的陶瓷试样固定在入射杆和透射杆之间，试样外放肩托用来承受初始的压缩加载，当压缩波在透射杆端头反射形成拉伸波后，对试样进行拉伸加载，如图 7.55 所示。该方案的优点在于能够通过杆上的应变片监测试样两端的力平衡，通过一维弹性波理论可以计算得到试样两端的受力历史和位移历史，力平衡时可以采用准静态的断裂理论求解试样的应力强度因子。

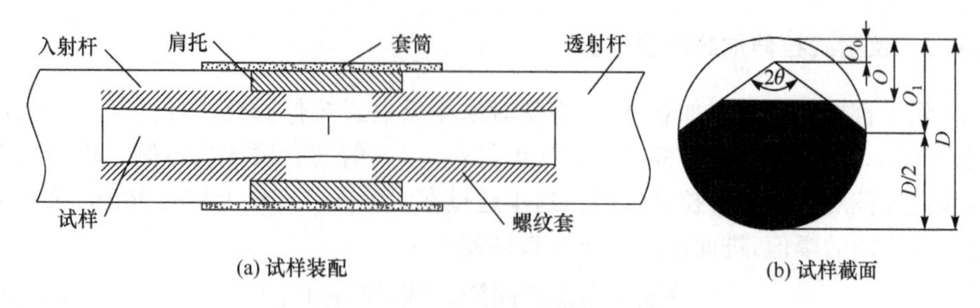

(a) 试样装配　　(b) 试样截面

图 7.55　反射式拉伸的动态断裂实验

与直接拉伸实验相比,反射式拉伸方案的应力波传播过程较为复杂,在传播过程中应力波在界面的多次反射会影响动态应力强度因子的测量,所以推荐采用直接拉伸的方法。

7.5　小　　结

本章绍了基于霍普金森杆的动态断裂实验中所涉及的应力强度因子及起裂时间的测定问题,列举了常用的加载方法及试样构型。基于霍普金森杆的动态断裂实验仍是断裂力学领域蓬勃发展的方向,可以用来研究动态断裂领域的一些基本问题,如动态起裂、传播、止裂以及动态裂纹相互作用等。方法的核心在于采用杆中的应力波同时作为载荷的施加和测量手段。实验-数值法是分析试样受力状态(关键是裂尖应力状态)的有效手段,而测试中的关键问题是获取裂纹位置信息,即裂纹长度,以确定裂纹的起裂、传播与止裂,最终获得动态起裂韧度等断裂参数。

参 考 文 献

[1] Tanaka K, Kagatsume T. Impact bend test on steel at low temperatures using a split Hopkinson bar[J]. Bulletin of the Seismological Society of America, 1980, 23(185): 1736—1744.

[2] Costin L S, Duffy J, Freund L B. Fracture initiation in metals under stress wave loading conditions[C]. Fast Fracture and Crack Arrest, Philadelphia PA, 1977.

[3] Ruiz C, Mines R. The Hopkinson pressure bar: An alternative to the instrumented pendulum for Charpy tests[J]. International Journal of Fracture, 1985, 29: 101—109.

[4] Yokoyama T, Kishida K. A novel impact three-point bend test method for determining dynamic fracture initiation toughness[J]. Experimental Mechanics, 1989, 29(2): 188—194.

[5] Dutton A G, Mines R A W. Analysis of the Hopkinson pressure bar loaded instrumented Charpy test using an inertial modelling technique[J]. International Journal of Fracture, 1991, 51: 176—206.

[6] Jiang F, Vecchio K S. Hopkinson bar loaded fracture experimental technique a critical review

of dynamic fracture toughness tests[J]. Applied Mechanics Reviews,2009,62(6): 060802.

[7] 李玉龙. 利用三点弯曲试样测试材料动态起裂韧性的技术与展望[J]. 稀有金属材料与工程,1993,22(5): 12—18.

[8] ASTM-E1823-07a. Standard Terminology: Relating to Fatigue and Fracture Testing [S]. ASTM International,2007.

[9] 杨卫. 宏微观断裂力学[M]. 北京: 国防工业出版社,1994.

[10] Khanna S K,Shukla A. Development of stress field equations and determination of stress intensity factor during dynamic fracture of orthotropic composites materials[J]. Engineering Fracture Mechanics,1994,47: 345—359.

[11] Singh R P,Shukla A. Subsonic and intersonic crack growth along a bimaterial interface [J]. Journal of Applied Mechanics-Transactions of the ASME,1996,63(4): 919—924.

[12] Ricci V,Shukla A,Chalivendra V B,et al. Subsonic interfacial fracture using strain gages in isotropic-orthotropic bimaterial [J]. Theoretical and Applied Fracture Mechanics, 2003, 39(2): 143—161.

[13] Ricci V,Shukla A,Kavaturu M. Using strain gages to investigate subsonic dynamic interfacial fracture in an isotropic-isotropic bimaterial[J]. Engineering Fracture Mechanics,2003, 70(10): 1303—1321.

[14] Rittel D. A hybrid experimental-numerical investigation of dynamic shear fracture [J]. Engineering Fracture Mechanics,2005,72(1): 73—89.

[15] Kalthoff J F. On the measurement of dynamic fracture toughnesses—A review of recent work[J]. International Journal of Fracture,1985,27(3-4): 277—298.

[16] Dally J W,Fourney W L,Irwin G R. On the uniqueness of the stress intensity factor-crack velocity relationship[J]. International Journal of Fracture,1985,27(3-4): 159—168.

[17] Dally J W. Dynamic photoelastic studies of fracture[J]. Experimental Mechanics, 1979, 19(10): 349—361.

[18] Bradley W B,Kobayashi A S. An investigation of propagating cracks by dynamic photoelasticity[J]. Experimental Mechanics,1970,10(3): 106—113.

[19] Ramesh K. Photoelasticity[M]// Sutton M A. Springer Handbook of Experimental Solid Mechanics. New York:Springer,2008:565.

[20] 范天佑. 断裂动力学原理与应用[M]. 北京: 北京理工大学出版社,2006.

[21] Dai F,Chen R,Iqbal M J,et al. Dynamic cracked chevron notched Brazilian disc method for measuring rock racture parameters[J]. International Journal of Rock Mechanics and Mining Sciences,2010,47(4): 606—613.

[22] Dai F, Chen R, Xia K. A semi-circular bend technique for determining dynamic fracture toughness[J]. Experimental Mechanics,2010,50(6): 783—791.

[23] Chen R,Xia K,Dai F,et al. Determination of dynamic fracture parameters using a semi-circular bend technique in split Hopkinson pressure bar testing[J]. Engineering Fracture Me-

chanics,2009,76(9):1268—1276.

[24] 李玉龙,刘元镛．用弹簧质量模型求解三点弯曲试样的动态应力强度因子[J]. 固体力学学报,1994,15(1):75—79.

[25] 李玉龙,刘元镛．用裂纹张开位移计算三点弯曲试样的动态应力强度因子[J]. 爆炸与冲击,1993,13(3):249—258.

[26] Barsoum R S. Triangular quarter-point elements as elastic and perfectly-plastic crack tip elements[J]. International Journal for Numerical Methods in Engineering, 1977, 11(1): 85—98.

[27] Weisbrod G,Rittel D. A method for dynamic fracture toughness determination using short beams[J]. International Journal of Fracture,2000,104(1):89—103.

[28] Freund L B. Dynamic Fracture Mechanics[M]. Cambridge: Cambridge University Press,1990.

[29] Server W L. Impact three point bend testing for notched and precracked specimens [J]. Journal of Testing and Evaluation,1978,6(1):29—34.

[30] 许泽建,李玉龙,刘元镛,等．两种高强钢在高加载速率下的Ⅱ型动态断裂韧性[J]. 金属学报,2006,42(6):635—640.

[31] Rittel D,Pineau A,Clisson J,et al. On testing of Charpy specimens using the one-point bend impact technique[J]. Experimental Mechanics,2002,42(3):247—252.

[32] Owen D M,Zhuang S,Rosakis A J,et al. Experimental determination of dynamic crack initiation and propagation fracture toughness in thin aluminum sheets[J]. International Journal of Fracture,1998,90(1-2):153—174.

[33] ASTM-E1820-08. Standard Test Method for Measurement of Fracture Toughness[S].

[34] Böhme W,Kalthoff J F. The behavior of notched bend specimens in impact testing [J]. International Journal of Fracture,1982,20(4):R139—R143.

[35] Homma H,Kanto Y. Effect of micro-structures on impact fracture toughness of steel [J]. ASME PVP-95MF4,1995.

[36] Verma S K,Kumar P,Kishore N N. An experimental cum numerical technique to determine dynamic interlaminar fracture toughness[J]. Engineering Fracture Mechanics, 1998, 60: 583—596.

[37] Kalthoff J F. Fracture behavior under high rates of loading[J]. Engineering Fracture Mechanics,1986,23(1):289—298.

[38] Bertram A,Kalthoff J F. Crack propagation toughness of rock for the range of low to very high crack speeds[C]// Buchholz F G,Richard H A,Aliabadi M H. Advances in Fracture and Damage Mechanics Key Engineering Materials. Uetikon-Zurich: Trans Tech Publications, 2003: 423—430.

[39] Samudrala O,Rosakis A J. Effect of loading and geometry on the subsonic/intersonic transition of a bimaterial interface crack[J]. Engineering Fracture Mechanics,2003,70(2):309—337.

[40] Loya J,Fernandez-Saez J,Navarro C. Numerical simulation of dynamic TPB fracture test in

a modified Hopkinson bar[J]. Journal de Physique IV,2003,110: 305—310.

[41] Rosakis A J,Duffy J,Freund L B. The determination of dynamic fracture toughness of AISI 4340 steel by the shadow spot method[J]. Journal of the Mechanics and Physics of Solids, 1984,32(6): 443—460.

[42] Zehnder A T,Rosakis A J. Dynamic fracture initiation and propagation in 4340 steel under impact loading[J]. International Journal of Fracture,1990,43(4): 271—285.

[43] 李玉龙,郭伟国,贾德新,等. 40Cr 材料动态起裂韧性 $K_{Id}(\sigma)$的实验测试[J]. 爆炸与冲击, 1996,16(1): 21—30.

[44] Guo W G,Li Y L,Liu Y Y. Analytical and experimental determination of dynamic impact stress intensity factor for 40Cr steel[J]. Theoretical and Applied Fracture Mechanics,1997, 26: 29—34.

[45] Huang S,Luo S,Xia K. Dynamic fracture initiation toughness and propagation toughness of PMMA[C]. The 2009 SEM Annual Conference. Albuquerque,New Mexico,2009: 211.

[46] Srivastava V K, Maile K. Measurement of critical stress intensity factor in C/C-SiC composites under dynamic and static loading conditions[J]. Composites Science and Technology,2004,64(9): 1209—1217.

[47] Évora V M F,Shukla A. Fabrication,characterization,and dynamic behavior of polyester/ TiO_2 nanocomposites[J]. Materials Science and Engineering A-Structural Materials Properties Microstructure and Processing,2003,361(1-2): 358—366.

[48] Martins C E,Irfan M A,Prakash V. Dynamic fracture of linear medium density polyethylene under impact loading conditions [J]. Materials Science and Engineering A-Structural Materials Properties Microstructure and Processing,2007,465(1-2): 211—222.

[49] Bacon C. An experimental method for considering dispersion and attenuation in a viscoelastic Hopkinson bar[J]. Experimental Mechanics,1998,38(4): 242—249.

[50] Wang L L,Labibes K,Azari Z,et al. Generalization of split Hopkinson bar technique to use viscoelastic bars[J]. International Journal of Impact Engineering,1994,15(5): 669—686.

[51] Rubio L,Fernández-Sáez J,Navarro C. Determination of dynamic fracture-initiation toughness using three-point bending tests in a modified Hopkinson pressure bar[J]. Experimental Mechanics,2003,43(4): 379—386.

[52] Zhou F H,Molinari J F,Li Y L. Three-dimensional numerical simulations of dynamic fracture in silicon carbide reinforced aluminum[J]. Engineering Fracture Mechanics,2004,71(9-10): 1357—1378.

[53] Jiang F C,Vecchio K S. Experimental investigation of dynamic effects in a two-bar/three-point bend fracture test[J]. Review of Scientific Instruments,2007,78(6): 063903.

[54] 吕俊波. Hopkinson 杆动态断裂韧度测试技术研究[D]. 哈尔滨: 哈尔滨工程大学,2005.

[55] Jiang F C,Rohatgi A,Vecchio K S,et al. Analysis of the dynamic responses for a pre-cracked three-point bend specimen[J]. International Journal of Fracture,2004,127(2):

147—165.

[56] Jiang F C, Vecchio K S, Rohatgi A. Analysis of modified split Hopkinson pressure bar dynamic fracture test using an inertia model[J]. International Journal of Fracture, 2004, 126(2): 143—164.

[57] Adharapurapu R R, Jiang F C, Vecchio K S. Dynamic fracture of bovine bone[J]. Materials Science & Engineering C-Biomimetic and Supramolecular Systems, 2006, 26 (8): 1325—1332.

[58] Weerasooriya T, Moy P, Casem D, et al. A four-point bend technique to determine dynamic fracture toughness of ceramics[J]. Journal of the American Ceramic Society, 2006, 89(3): 990—995.

[59] Jiang F C, Vecchio K S. Dynamic effects in Hopkinson bar four-point bend fracture [J]. Metallurgical and Materials Transactions A-Physical Metallurgy and Materials Science, 2007, 38A(12): 2896—2906.

[60] ASTM-C1421-01b. Standard test methods for determination of fracture toughness of advanced ceramics at ambient temperature[S]. ASTM International, 2007.

[61] Klepaczko J R. Discussion of a new experimental-method in measuring fracture-toughness initiation at high loading rates by stress waves[J]. Journal of Engineering Materials and Technology-Transactions of the Asme, 1982, 104(1): 29—35.

[62] Zhang Z X, Kou S Q, Yu J, et al. Effects of loading rate on rock fracture[J]. International Journal of Rock Mechanics and Mining Sciences, 1999, 36(5): 597—611.

[63] Zhang Z X, Kou S Q, Jiang L G, et al. Effects of loading rate on rock fracture: Fracture characteristics and energy partitioning[J]. International Journal of Rock Mechanics and Mining Sciences, 2000, 37(5): 745—762.

[64] ISRM. Suggested methods for determining the fracture-toughness of rock[J]. International Journal of Rock Mechanics and Mining Sciences & Geomechanics Abstracts, 1988, 25(2): 71—96.

[65] Rittel D, Maigre H, Bui H D. A new method for dynamic fracture toughness testing[J]. Scripta Metallurgica Et Materialia, 1992, 26(10): 1593—1598.

[66] Maigre H, Rittel D. Dynamic fracture detection using the force-displacement reciprocity: Application to the compact compression specimen[J]. International Journal of Fracture, 1995, 73(1): 67—79.

[67] Rittel D, Maigre H. An investigation of dynamic crack initiation in PMMA[J]. Mechanics of Materials, 1996, 23(3): 229—239.

[68] Rittel D, Levin R, Maigre H. On dynamic crack initiation in polycarbonate under mixed-mode loading[J]. Mechanics Research Communication, 1997, 24(1): 57—64.

[69] Rittel D, Levin R, Maigre H. The influence of mode-mixity on dynamic failure mode transitions in polycarbonate[J]. Journal de Physique IV, 1997, 7: C3—861.

[70] Zhou J, Wang Y, Xia Y. Mode-I fracture toughness of PMMA at high loading rates [J]. Journal of Material Science, 2006, 41: 8363—8366.

[71] Dong S M, Wang Y, Xia Y M. A finite element analysis for using Brazilian disk in split Hopkinson pressure bar to investigate dynamic fracture behavior of brittle polymer materials [J]. Polymer Testing, 2006, 25(7): 943—952.

[72] Nakano M, Kishida K, Watanabe Y. Mixed-mode impact fracture tests using center-notched disk specimens[C]. Proceedings of the International Symposium on Impact Engineering, 1992: 581—586.

[73] 汪坤,王启智. 中心直裂纹平台巴西圆盘复合型动态断裂实验研究[J]. 实验力学,2008, 23(05).

[74] 冯峰,王启智. 大理岩Ⅰ-Ⅱ复合型动态断裂的实验研究[J]. 岩石力学与工程学报,2009, 28(08):1579—1586.

[75] ISRM. Suggested method for determining mode-I fracture toughness using cracked chevron-notched Brazilian disc (CCNBD) specimens[J]. International Journal of Rock Mechanics and Mining Sciences & Geomechanics Abstracts, 1995, 32(1): 57—64.

[76] Wang Q Z. Stress intensity factors of the ISRM suggested CCNBD specimen used for mode-Ⅰ fracture toughness determination[J]. International Journal of Rock Mechanics and Mining Sciences, 1998, 35(7): 977—982.

[77] Wang Q Z, Jia X M, Kou S Q, et al. More accurate stress intensity factor derived by finite element analysis for the ISRM suggested rock fracture toughness specimen -CCNBD [J]. International Journal of Rock Mechanics and Mining Sciences, 2003, 40(2): 233—241.

[78] Chong K P, Kuruppu M D. New specimen for fracture-toughness determination for rock and other materials[J]. International Journal of Fracture, 1984, 26(2): R59—R62.

[79] Bergmann G, Vehoff H. Precracking of Nial single -crystals by compression-compression fatigue and its application to fracture-toughness testing[J]. 1994, 30(8): 969—974.

[80] James M, Human A, Luyckx S. Fracture-toughness testing of hardmetals using compression-compression precracking[J]. Journal of Materials Science, 1990, 25(11): 4810—4814.

[81] Suresh S, Nakamura T, Yeshurun Y, et al. Tensile fracture toughness of ceramic materials: Effects of dynamic loading and elevated temperatures[J]. Journal of the American Ceramic Society, 1990, 73(8): 2457—2466.

[82] Lim I L, Johnston I W, Choi S K, et al. Fracture testing of a soft rock with semicircular specimens under 3-point bending. 1. Mode-Ⅰ[J]. International Journal of Rock Mechanics and Mining Sciences & Geomechanics Abstracts, 1994, 31(3): 185—197.

[83] ASTM-E399-06e2. Standard test method for plane strain fracture toughness of metallic materials[S]. ASTM international, 2008.

[84] Dai F, Xia K, Zheng H, et al. Determination of dynamic rock mode-Ⅰ fracture parameters using cracked chevron notched semi-circular bend specimen[J]. Engineering Fracture Me-

chanics,2011,78(15): 2633—2644.
[85] Duffy J,Suresh S,Cho K,et al. A method for dynamic fracture initiation testing of ceramic [J]. Journal of Engineering Materials and Technology-Transactions of the Asme,1988,110: 325—331.
[86] Homma H,Shockey D A,Murayama Y. Response of cracks in structural materials to short pulse loads[J]. Journal of the Mechanics and Physics of Solids,1983,31(3): 261—279.
[87] Roudier P. Investigation of ductile fracture toughness loading rate dependence of TA6V in terms of a local approach[J]. Journal de Physique IV,1991,1: 719—725.
[88] Xia Y,Rao S,Yang B. A novel method for measuring plane stress dynamic fracture toughness[J]. Engineering Fracture Mechanics,1994,48: 17—24.
[89] Nemat-Nasser S,Isaacs J,Lischer D,et al. Dynamic fracture toughness of miniature specimens using a new recovery Hopkinson technique[C]. Pressure Vessels and Piping Conference(America Society of Mechanics and Engineering),New York,1998: 237—241.
[90] Stroppe H,Clos R,Schreppel U. Determination of the dynamic fracture toughness using a new stress pulse loading method[J]. Nuclear Engineering and Design, 1992, 137(3): 315—321.
[91] Buchar J,Bílek Z,Kotoul M,et al. Effect of microstructure on the crack initiation at stress pulse loading[M]. London: The Institute of Physics,1984.
[92] Nakano M,Kishida K. Measurement of dynamic fracture toughness by longitudinal impact of precracked bound bar[J]. International Journal of Pressure Vessel Piping, 1990, 44: 3—15.
[93] Nicholas T. Tensile testing of materials at high rates of strain[J]. Experimental Mechanics, 1981,21(5): 177—185.
[94] Lee Y-S,Yoon Y-K,Yoon H-S. Dynamic fracture toughness of chevron-notch ceramic specimen measured in split Hopkinson pressure bar[J]. International Journal of the Korean Society of Precision Engineering,2002,3: 69—75.

第8章　霍普金森杆实验技术拓展应用

霍普金森杆实验技术除了用于传统的压缩、拉伸、断裂等动态实验外，还可以进行其他的拓展实验，如中应变率加载、动态剪切和动态摩擦等。本章将介绍基于霍普金森杆的若干拓展应用。

8.1　用霍普金森杆实现中应变率加载实验

关于材料在中应变率加载下的力学性能研究进行得还比较少，主要原因是受实验技术的限制。准静态实验($<10s^{-1}$)可以采用静态试验机完成[1]，分离式霍普金森压杆可以满足加载应变率在 $10^2\sim10^4s^{-1}$ 的高应变率实验要求[2-4]。在 $10\sim10^2s^{-1}$ 的中应变率，静态试验机因加载频响不足难以得到准确数据，而传统分离式霍普金森压杆因受到杆件长度的限制，其加载脉宽不足，难以得到完整实验结果。目前中应变率加载下的实验技术主要分为两类：一类是通过对静态试验机进行改进，以提高加载应变率；另一类是对霍普金森杆进行改进，以降低加载应变率。

在对静态试验机进行改进的方面，国内中国科技大学夏源明课题组通过液压驱动、缓冲撞击加载、分级调速等技术实现了中应变率加载[5,6]；Song 等[7,8]在静态试验机上引入石英晶体测试应力，克服了原有应力传感器频响不足的缺点；最近，Othman 等[9]通过对静态试验机进行改造，建立了一套中应变率实验装置，如图 8.1 所示。该装置在静态试验机上增加了一个长杆，通过杆上的应变片组实现应力测试，而应变通过高速相机观测得到。

利用霍普金森杆的改进可以实现中应变率加载，但面临一个问题，即随着加载应变率的降低，需要不断增加入射波的波宽才能使试样实现全程变形响应，最终达到破坏，在中应变率条件下这个过程一般需要毫秒量级的加载波宽[8,10]。而传统的分离式霍普金森压杆实验技术中，加载波的波宽由加载子弹的长度控制，数据处理过程要求入射波和反射波完全分离[11]。这时，则需要通过增加入射杆的长度来保证入射波和反射波的有效分离。然而，对于一个脉宽为 2ms 的入射波，入射杆的长度必须大于 10m 才能达到要求(2ms×5000m/s=10m)，这往往是不现实的。即使在入射杆上粘两个或更多应变片，将入射波和反射波进行分离[12]，入射杆的长度也不能小于 5m，比如 Song 等[13]建立的超长霍普金森杆。为此，Zhao 和 Gray[14]利用加载波在入射杆中来回反射对试样进行多次加载叠加，来增加加载脉宽，实现对试样的中应变率加载，他们采用的数据处理方法是对试样在每次加载下的应力-应变曲线分别计算,然后再进行叠加。后来,Zhao 在此基础上发展了慢霍普金森杆技术,通过液压装置加载,以产生任意长的加载波,实现中应变率加载。Tarigopula 等[15]通过改进霍普金森杆的加载端,建立气-水联动装置,获得稳定的低速长脉冲加载,进而实现对试样的中应变率加载,如图 8.2 所示。这里试样的应力测试用杆上的应变片实现,应变通过杆上的位移传感器得到。

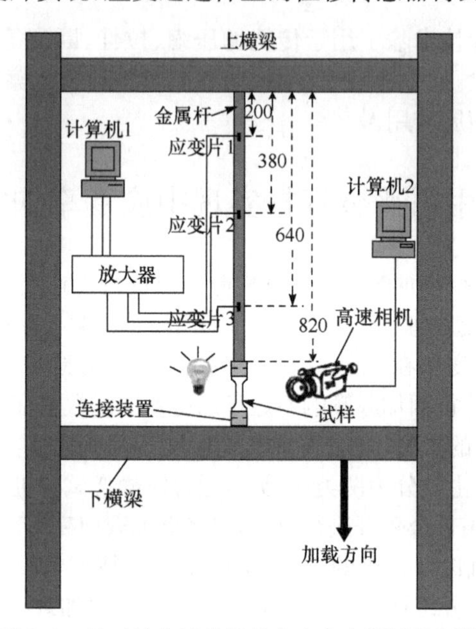

图 8.1 基于静态试验机的中应变率测试装置[9]

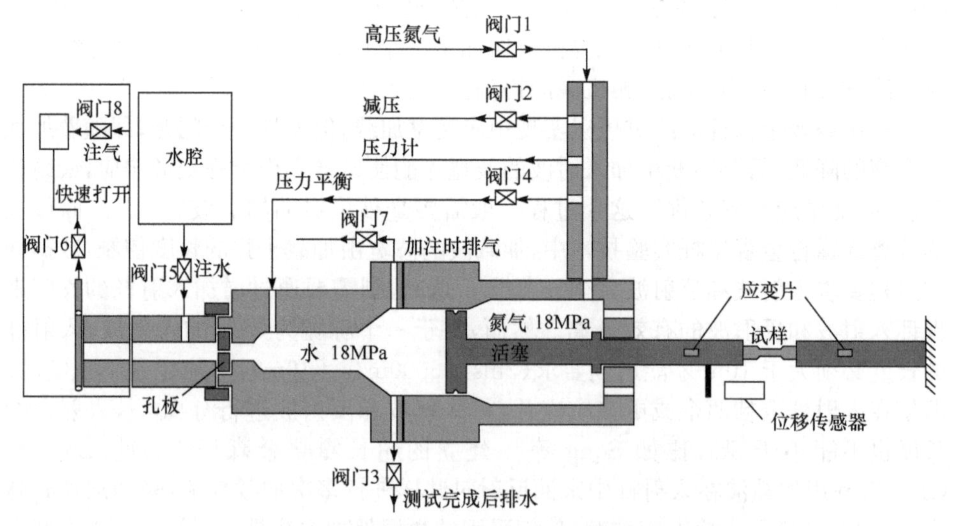

图 8.2 基于霍普金森杆的中应变率测试装置[15]

Chen 等[16]运用了 Zhao 的加载波多次反射叠加的思想，同时采用阻抗失配的长子弹结合软整形器，实现较长的加载脉宽，对试样进行中应变率加载。但不同于传统的应变片测试技术，采用粘在入射杆和透射杆上的一对石英晶体[17]监测试样两端的应力，试样的应变由激光光通量位移计得到，如图 8.3 所示。由于试样的应力、应变均在试样端面测量，故称之为原位测量的霍普金森杆实验技术。下面介绍作者采用上述方法获得的某 PBX 炸药试样中应变率下的力学响应。

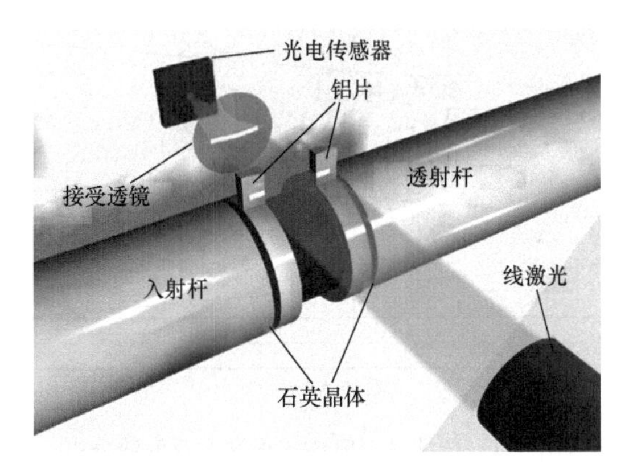

图 8.3　利用霍普金森杆实现中应变率下应力-应变曲线的测量

8.1.1　实验系统

实验采用通常的加载杆系统，实验杆为 LY12 铝杆，入射杆长 1800mm，透射杆长 1000mm。如图 8.3 所示，试样的应变通过激光光通量位移计直接得到，其系统响应频率为 1.5MHz，相当于每秒 150 万幅的高速摄影的结果，而且应变测量不需要进行时间平移，直接由输出信号求出，数据处理相当方便。

采用 X 切石英晶体测试技术对试样两端的应力进行监测。X 切石英晶体的信噪比要优于传统应变片 3 个量级[17~20]。将两个石英晶体应力传感器分别安装在入射杆和透射杆与试样接触的端头，实现对试样应力的原位测量，同时监测试样两端的应力平衡，如图 8.3 所示。

缓慢上升的入射波前沿是中应变率加载的条件之一。为得到实验所需的超长加载脉宽，实验采用 800mm 长的钢杆作为子弹，采用直径 12.5mm、厚 2.5mm 的硅橡胶作为整形器。当子弹以 1m/s 的速度撞击入射杆时，假设入射杆无限长，在杆中形成的入射波宽度为 0.32ms($0.8\times2/5000=3.2\times10^{-4}$s)。加上整形器的效果，入射波可以延展到约 1ms。而在此，入射杆长只有 1800mm，反射波和入射波必然相互叠加，并且反射波在加载端面再次反射为压缩波，会对试样进行二次加载，在此称为二次加载波。在传统的分离式霍普金森压杆实验中，两次加载波是分离的，如图 8.4 所示。但在这里，第一次加载波到达后 0.72ms 时第二次加载波前沿就会到达($1.8\times2/5000=7.2\times10^{-4}$s)，而此时第一次加载尚未结束，于是两个加载波相互叠加。类似地，随着波的传播，会有第三次加载、第四次加载……这样最终加载波的波宽可以达到 5～50ms，如图 8.5 中虚线所示。

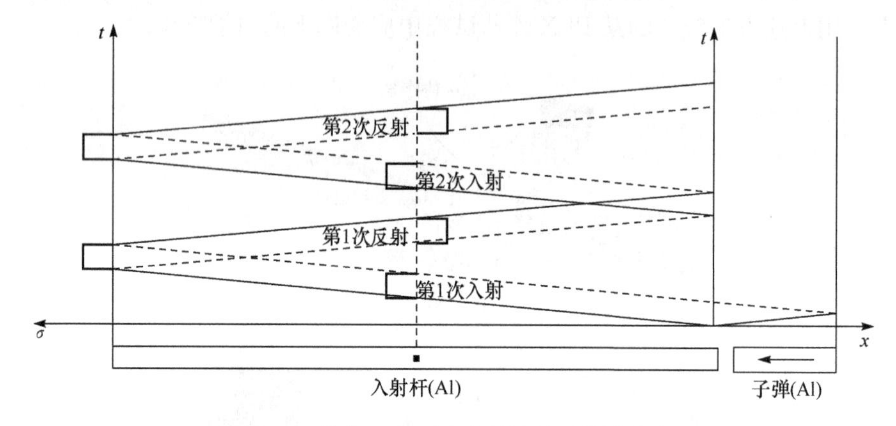

图 8.4 传统 SHPB 中入射波及反射波分离

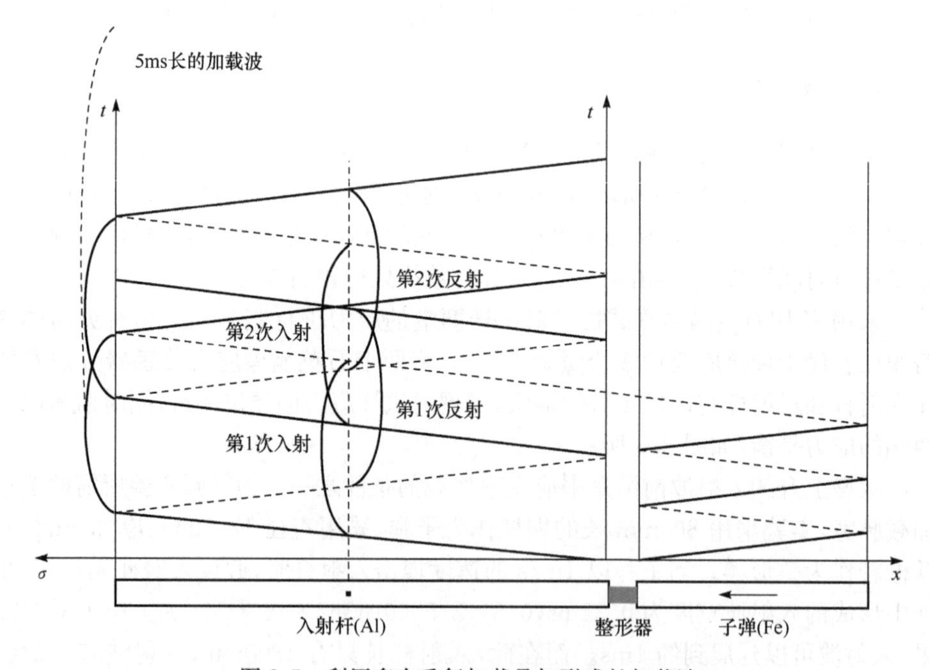

图 8.5 利用多次重复加载叠加形成长加载波

8.1.2 实验误差分析

1. 石英测量误差

在实验中，石英晶体的阳极用导电胶粘在入射杆端，阴极粘在一个与入射杆材料、直径均相同的小圆柱垫块上。垫块长为 Δx，也就是说石英晶体与试样的距离为 Δx。通常小圆柱体高为 3～5mm，若是准静态实验，因为不需考虑波的传播，这个距离可以忽略。而在动态实验中，由于入射波和反射波的叠加，会导致实验误差的产生。

Casem 等[21]采用质量分析的方法得到石英晶体测得的力与试样实际受力之间的关系为

$$F_{QG1} = F_1 + \left(m_p + \frac{m_g}{2}\right)a_1 \tag{8.1}$$

式中，F_{QG1} 为石英晶体测得的力；F_1 为试样实际受力；m_p 为垫块的质量；m_g 为石英晶体质量；a_1 为加速度，如图 8.6 所示。垫块导致的测量误差为

$$\Delta F = \left(m_p + \frac{m_g}{2}\right)a_1 \tag{8.2}$$

这里石英晶体的厚度是给定的，所以 m_g 为定值。可以通过两种方法减小测量误差：一是减小垫块的厚度，从而减小 m_p；二是减缓加载波的上升沿，从而减小加速度 a_1。

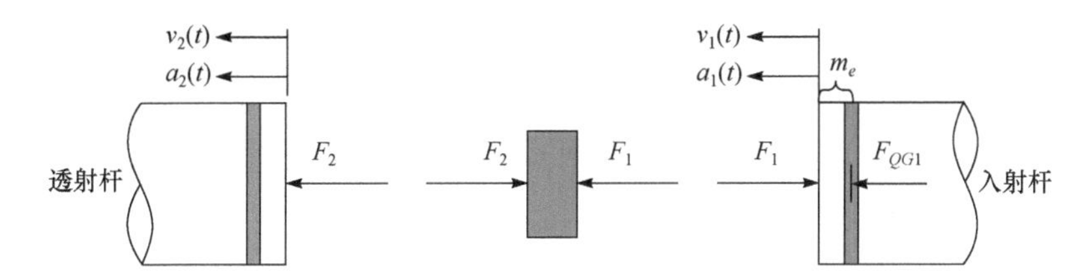

图 8.6 入射杆中石英晶体预埋位置引起的误差——质量分析法[21]

而加速度值可以由下式给出[21]：

$$a_1 = c_0^2 \frac{\Delta\varepsilon}{\Delta x} \tag{8.3}$$

式中，c_0 为杆中弹性波波速；$\Delta\varepsilon$ 为入射杆上相距 Δx 位置测得的应变差。

采用波形分析的方法来解释这个现象。如图 8.7 所示，令垫块和试样接触处为坐标原点，加载波到达坐标原点的时刻为时间零点，并以压缩为正。由于加载波的脉宽很长，上升沿很缓，假设入射波为 $\sigma_i = \sigma_0 \sin[\pi(x + c_0 t)/(c_0 \tau_0)]$，其中 σ_0 是加载波的峰值，τ_0 是加载脉宽，c_0 是杆中弹性波的波速。

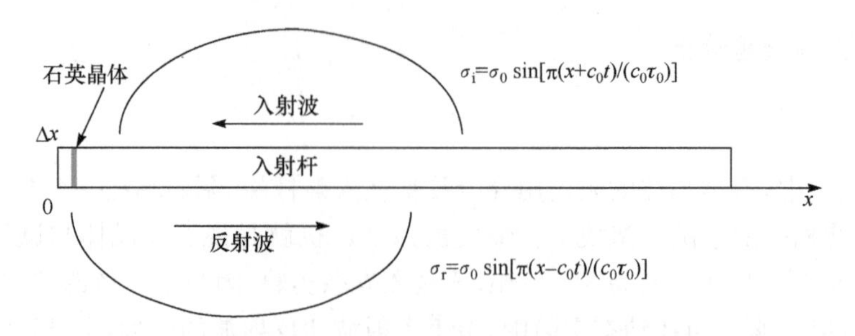

图 8.7 入射杆中石英晶体预埋位置引起的误差——波形分析法

入射波到达试样端面会反射形成拉伸波，假设自由面反射，则反射波为 $\sigma_r = \sigma_0\sin[\pi(x-c_0t)/(c_0\tau_0)]$ 。入射波和反射波叠加之后为

$$\sigma = 2\sigma_0\sin\frac{\pi x}{c_0\tau_0}\cos\frac{\pi t}{\tau_0} \tag{8.4}$$

由式(8.4)可以看到，在试样和杆的端面处，即 $x=0$ 处，应力始终为 0。而石英晶体预埋的位置 $x=\Delta x$ 处的最大应力为

$$\Delta\sigma|_{\Delta x} = 2\sigma_0\sin\frac{\pi\Delta x}{c_0\tau_0} \tag{8.5}$$

杆中弹性波速近似为 5000m/s，传统分离式霍普金森压杆实验中加载脉宽为 $\tau_0=200\mu s$，加载波的幅值为 25MPa，则 $\Delta x=3mm$ 时预埋位置导致的误差为 15kPa。这对普通的材料是可以忽略的。对于强度较小的材料，如质量密度为 $1.5g/cm^3$ 的 PBX 炸药，其单轴压缩强度只有 0.384MPa，必须考虑这个误差。本研究采用 1mm 厚的铝圆片作为石英晶体的阴极，且加载脉宽有 5ms，加载幅值只有 2MPa，这样预埋位置导致的误差只有 0.5kPa，即使对于低密度的 PBX 炸药试样，这个误差也是可以忽略的。

2. 横向惯性误差

自从分离式霍普金森压杆问世以来，其横向惯性效应就受到关注[22]，直到近年来 Forrestal 等[23]和 Song 等[24,25]发表文章分析这个问题。研究表明，采用内径为外径 30%的圆环试样进行实验，横向惯性效应会显著减小[25]。试样的横向惯性效应导致试样中径向应力的存在，相当于对试样中间部分施加了围压效果，必然导致实验结果的偏差。

Forrestal 等[23]假设试样横向惯性导致的轴向应力增量为 σ_z^l，在试样中心处达到最大值，沿径向按照抛物线规律下降，到试样表面下降为 0。Song 等[25]得到横向惯性导致的轴向应力偏差在整个横截面上的平均值为

$$\bar{\sigma}_z^l = \frac{R^2 \rho_s}{8} \ddot{\varepsilon} \tag{8.6}$$

式中,R 为试样半径;ρ_s为试样密度:$\ddot{\varepsilon}$ 为试样轴向加载应变上升沿的加速度。

研究认为[25],传统的分离式霍普金森压杆实验中,$\ddot{\varepsilon}$ 值为 $10^8 s^{-2}$。对于一个密度为 $1.5g/cm^3$,直径为 15mm 的试样,横向惯性导致的轴向应力偏差为 400kPa。采用本研究中的长加载脉宽的加载形式,试样的轴向加载应变率为 $10s^{-1}$,加载波上升时间为 1ms,则 $\ddot{\varepsilon}$ 可以下降到 $10^4 s^{-2}$。对于同样的密度为 $1.5g/cm^3$,直径为 15mm 的试样,此横向惯性导致的轴向应力偏差下降到 40Pa,完全可以忽略。

8.1.3　实验结果

图 8.8 是针对某 PBX 炸药试样进行的中应变率加载实验的典型原始示波器记录。试样为压装 PBX,压装密度分别有 $1.5g/cm^3$、$1.6g/cm^3$、$1.7g/cm^3$ 三种。图 8.8 中示波器的水平灵敏度是 2ms,Ch1 记录入射杆的应变片信号,Ch2 记录石英晶体测试的应力信号,Ch3 记录激光光通量位移计所得的应变信号。从图中可以看出,Ch1 只有一个压缩波,加载脉宽达到 5ms。红外测速计两个红外传感器得到信号的时间间隔为 4.24ms,传感器间的位置间隔为 20mm,计算得到子弹速度为 4.7m/s。由于入射波反射波的多次叠加,入射杆的应变片信号相互叠加形成了超长加载脉宽。在这里入射波的上升沿只有 866MPa/s,而典型的分离式霍普金森压杆的入射波上升沿即使在加整形器的情况下也会达到 1000GPa/s 以上。

图 8.9 为应力及应变历史曲线。对应变上升段的线性部分进行拟合,得到本次实验的加载应变率为 $9s^{-1}$。

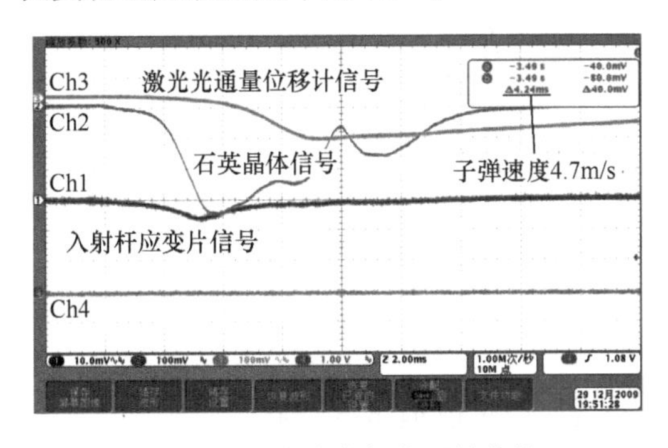

图 8.8　中应变率加载原始曲线

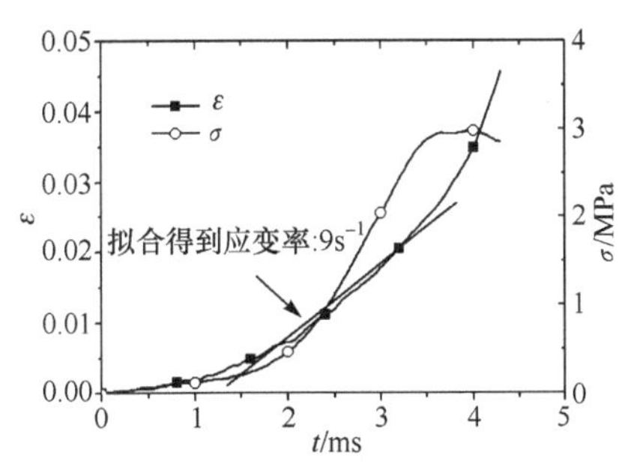

图 8.9　中应变率加载典型应力与应变历史

图 8.10 为不同初始密度试样中应变率加载下的应力-应变曲线。从图 8.10 中可以看出,三种密度下试样均呈现出明显的应变率效应,炸药试样的强度随着加载应变率的提高而增加。

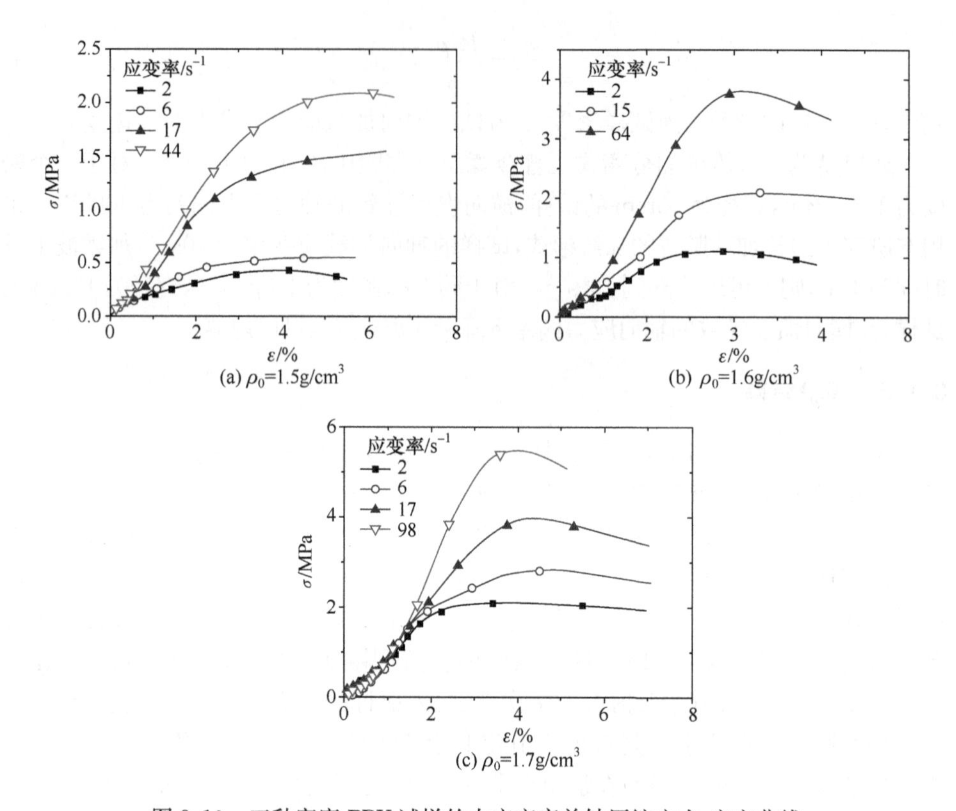

图 8.10 三种密度 PBX 试样的中应变率单轴压缩应力-应变曲线

8.2 基于霍普金森杆的纯剪实验

实际上,材料和结构受载通常不是简单的一维拉伸或压缩,剪切破坏起着重要的作用,因此研究材料在动态剪切加载下的力学响应是一种现实需求。拓展霍普金森杆用于动态剪切性能研究也成为霍普金森杆研究的重要内容之一。

8.2.1 改变试样构型实现剪切加载

直接利用现有分离式霍普金森压杆装置,通过改造试样形状进行剪切实验是一个比较直接的思路。1986 年,Meyers 等提出帽形试样[26],将压缩载荷转化为试样中某部位的剪切变形,用于测试剪切破坏强度,如图 8.11 所示[27],可以在无扭转装置的条件下实现对材料的剪切变形以及损伤断裂考察。在冲击载荷作用下,试样的剪切变形只发生在“剪切带”部分,利用这一思路可以研究材料在动载下的变形、失稳、绝热剪切带,观察微观结构的变化[28]。

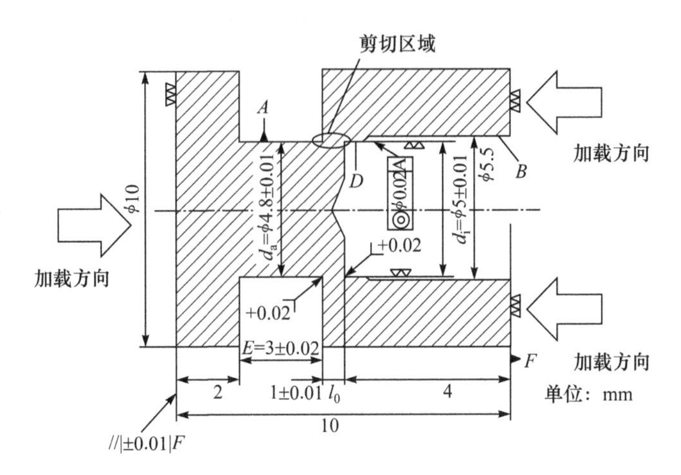

图 8.11　利用纵向加载产生剪切变形的帽形试样[27]

在应力平衡的条件下，帽形试样中剪切应力通过实验杆端的加载力求出：

$$\tau = \frac{F}{S} = \frac{F}{\pi D l_0} \tag{8.7}$$

式中，F 为实验杆端的加载力；S 为承剪面的面积；D 为剪切区的直径；l_0 为试样剪切区的厚度，如图 8.11 所示。其剪切应变率和剪切应变为

$$\dot{\gamma} = \frac{c_0}{l_0}(\varepsilon_i - \varepsilon_r - \varepsilon_t) \tag{8.8}$$

$$\gamma = \frac{c_0}{l_0}\int_0^t (\varepsilon_i - \varepsilon_r - \varepsilon_t)\mathrm{d}\tau \tag{8.9}$$

式中，c_0 为实验杆的弹性压缩波波速。

8.2.2　改进霍普金森杆的杆系结构实现剪切加载

1. 冲塞实验

冲塞实验的典型结构如图 8.12 所示。冲塞实验加载时，试样为一块平板，使用改进冲头的霍普金森杆加载，在平板上冲出一个圆孔或者方孔，常用于研究材料在不同应变率下的剪切性能[29~31]。1970 年，Dowling 等设计了冲塞实验[29]，目的是评估材料动态剪切性质，观测破坏损伤模式。

可以根据实验的需要将冲头设计成圆形或者方形，如图 8.13 所示。

对于圆形冲头的冲塞实验，在应力平衡的条件下，冲塞实验中剪切应力通过实验杆端的加载力求出：

$$\tau = \frac{F}{S} = \frac{F}{\pi D l_0} \tag{8.10}$$

式中,F 为实验杆端的加载力;S 为承剪面的面积;D 为冲头的直径;l_0 为试样厚度。其剪切应变率和剪切应变为

$$\dot{\gamma}=\frac{c_0}{l_0}(\varepsilon_i-\varepsilon_r-\varepsilon_t)$$

$$\gamma=\frac{c_0}{l_0}\int_0^t(\varepsilon_i-\varepsilon_r-\varepsilon_t)\mathrm{d}\tau$$

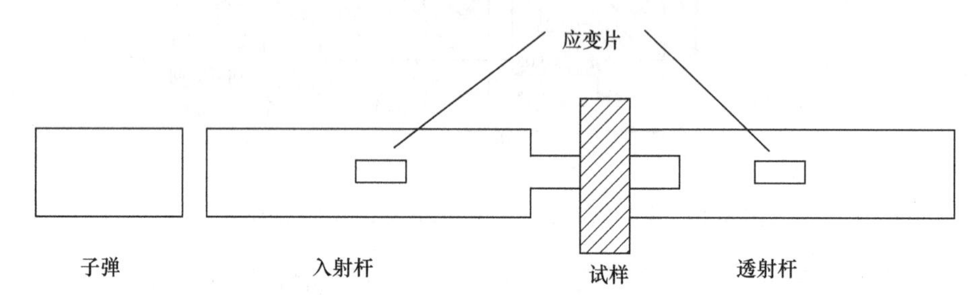

图 8.12　动态冲塞实验装置示例

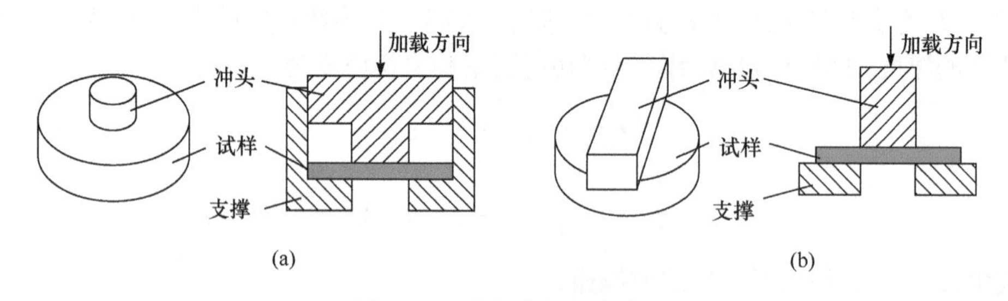

图 8.13　动态冲塞实验冲头

2. 双剪实验

双剪实验的改进思路与冲塞实验很类似,通过改进杆系结构来实现高速剪切。1979 年,Harding 等[32]设计了一种双剪实验装置,如图 8.14 所示,透射杆由透射管代替,入射杆可以滑进透射管中去。入射杆和透射管上都开有沟槽,以便与薄板试样相配合使用,试样构形如图 8.15 所示。该装置实现的最大剪切应变率达到 $40000\mathrm{s}^{-1}$。1994 年,Klepaczko 也采用类似装置进行了实验[33]。这一方法的缺点是,在剪切应变加大时,试样端部相对中段有转动,这样试样就不再以纯剪切方式变形了。

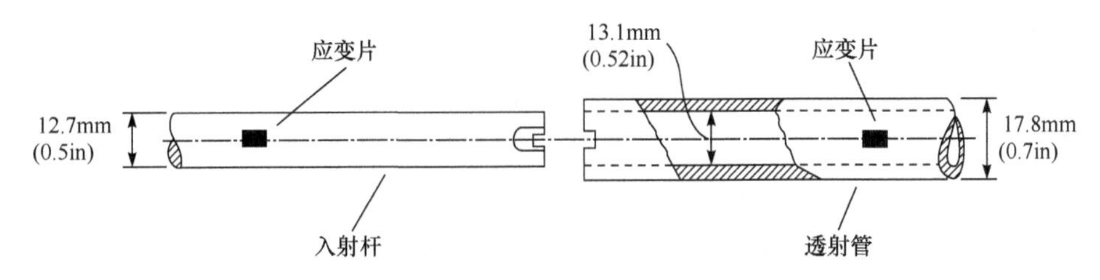

图 8.14　双剪实验装置示意图[33]

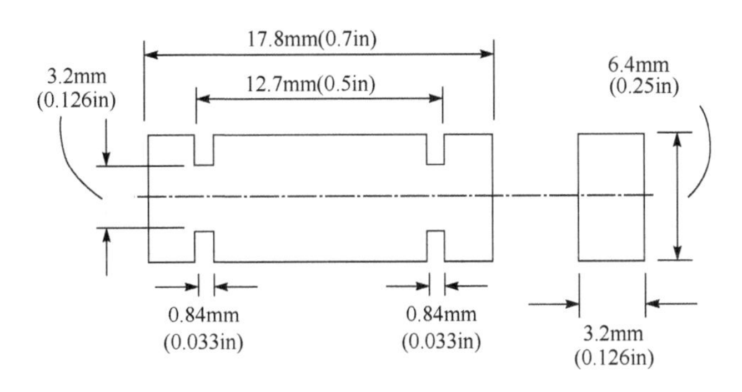

图 8.15　双剪实验的试样[33]

双剪实验的数据处理方法与冲塞实验类似，所不同的是由于入射杆和透射杆的截面积不同，应力平衡的条件为

$$(\varepsilon_i + \varepsilon_r)A_i = \varepsilon_t A_t \tag{8.11}$$

式中，A_i、A_t分别为入射杆和透射杆的截面积。

8.2.3　霍普金森扭杆技术

扭杆技术就其加载而言，有三种方法：储存应变能突然释放、爆炸加载和气动加载。Baker 和 Yew[34]最初使用的加载方法属于储能释放法，即先通过预扭杆的一端储存扭矩，设置滑块和夹钳机构，气枪子弹打击滑块使夹钳突然放松，释放扭矩产生扭转脉冲，用于测定材料在冲击扭转下的应力-应变关系。1971 年，Duffy[35]通过炸药爆炸加载形成上升时间较短的脉冲，并在加载杆和入射杆之间增加了一个脉冲整形器对 1100 铝进行实验。同年，Nicholas[36]采用气动加载，在入射杆的一端对称固定两个悬臂杆，两个启动活塞从相反方向作用于悬臂杆上，产生冲击扭矩。1972 年，Frantz 和 Duffy[37]将扭杆用于应变率递增条件下的实验，即先用静态方法预扭试样，不卸载，再直接叠加动态冲击扭矩，他们证明了霍普金森扭杆是研究金属中应变率历程影响的一种很方便的方法。而后,不少力学家在 Duffy 实验的基础上对加载装置做了大量研究,目的都是为了克服扭杆本身具有的入射波幅值控制困难的缺点。1976 年,Eleiche 改进夹钳,用两个铰接的半圆桥臂和切槽螺栓组成夹钳,螺栓拉断时释放扭矩[38]。1984 年,Vinh 和 Khalil[39]使用马达驱动的电磁加载装置,使扭杆应变率加载较为平稳。

扭杆也是建立在一维应力波假设基础上的。通过 45°应变花测量入射、反射、透射信号,计算剪应变、剪应变率、剪应力的公式为

$$\begin{cases} \dot{\gamma} = \dfrac{4r_2 c_T}{r_0 L}\gamma_{\mathrm{r}}(t) \\ \gamma = \displaystyle\int_0^t \dfrac{4r_2 c_T}{r_0 L}\gamma_{\mathrm{r}}(t)\mathrm{d}t \\ \tau = \dfrac{2J_0 r_1}{J_1 r_0}G\gamma_{\mathrm{t}}(t) \end{cases} \tag{8.12}$$

式中,J_1 为试件极惯性矩,

$$J_1 = \frac{\pi(r_2^4 - r_1^4)}{2}$$

J_0为杆件的极惯性矩,r_1、r_2分别为试样的内径和外径;r_0为杆件的半径;L 为试样的长度;$\gamma_{\mathrm{r}}(t)$为反射波对应的剪应变;$\gamma_{\mathrm{t}}(t)$为透射波对应的剪应变;G 为杆件的剪切模量;C_{T}为杆内剪切波速度。

值得注意的是,用于扭转实验的试样一般采用薄壁圆筒形状,因为扭矩在试样中产生的剪应力由中心向外是逐渐增加的,中心处剪应力为零,为了减少应力分布不均匀造成的影响。但这对一些材料的制样有时会带来困难。

在扭杆实验中,试样是固定在实验杆上的,没有横向惯性效应、端面摩擦效应等的影响,这是扭杆的一个重要优点,也是 Baker[34]提出扭杆实验的最原始动机。Nie 等[40]利用扭杆的这个优势测试超软材料的力学响应,研究了聚二甲基硅氧烷橡胶(poly dimethylsiloxane rubber,PDMS)凝胶的力学性能,实验结果如图 8.16 所示。对于超软材料,其自身强度较小,只有几个 kPa 甚至更小,这时端面摩擦导致的应力增量不可忽略,采用扭杆加载可以避免这个问题。

Barthelat 等[41]将数字图像处理技术与动态扭转实验相结合,分析了扭转过程中试样的变形情况。通过加工薄的试样可以将扭转的应变率达到 $10^4\,\mathrm{s}^{-1}$以上,如 Gilat 和 Cheng[42]在研究 1100 铝的动态剪切性能时,实验中试样承剪段的壁厚只有 0.38～0.76mm,其实验结果如图 8.17 所示。

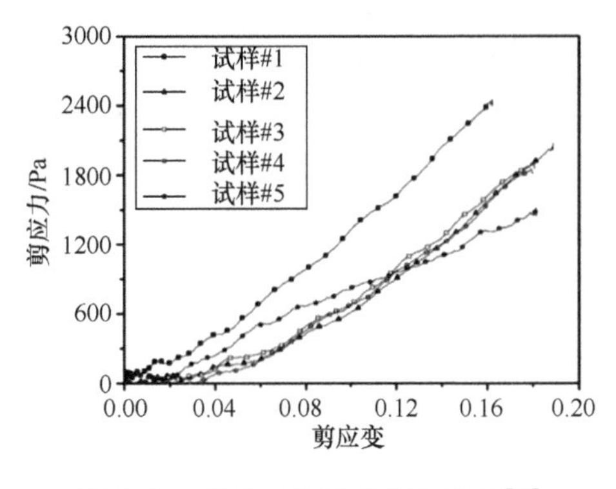

图 8.16　PDMS 凝胶的剪切性能[40]

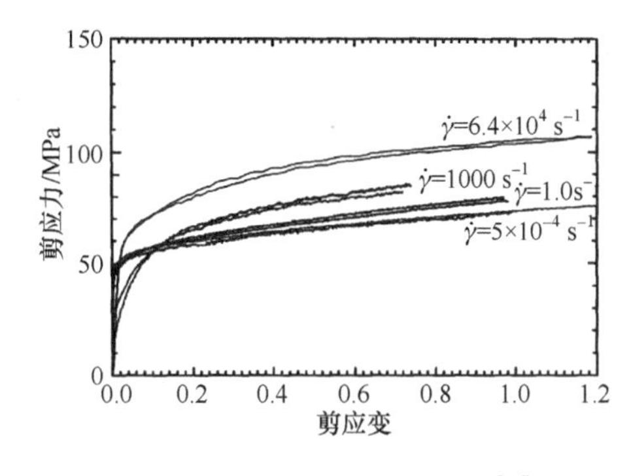

图 8.17　1100 铝的剪切性能[42]

8.3　基于霍普金森杆的动态摩擦实验

随着高速机加工技术的发展以及对动态冲击、碰撞等现象认识的不断深入，动态摩擦问题的研究显得尤为迫切。基于分离式霍普金森杆的动态摩擦实验装置主要分为两类：基于霍普金森扭杆和基于霍普金森压剪杆的动态摩擦装置，下面分别进行介绍。

8.3.1　基于霍普金森扭杆的动态摩擦实验

基于分离式霍普金森扭杆的动态摩擦实验装置巧妙利用了一维应力波传播规律，通过实验杆表面的应变片信号计算出了摩擦副界面的摩擦力、正压力以及滑动位移。

1. 透射杆旋转型动态摩擦装置

1997 年，Ogawa[43]提出了一种改进装置来研究材料的动态摩擦现象。相对于传统分离式霍普金森扭杆，其实验装置主要做了两点改进：①透射杆利用电动马达驱动以一定的速度旋转；②在入射杆端将扭转加载装置替换为轴向撞击发射装置，如图 8.18(a)所示。入射杆与透射杆均为内外径相同的圆管，并且材质相同，利用非接触的转速计记录旋转速度。

摩擦副为环状，并且分别通过螺纹与入射杆、透射杆连接。实验前，入射杆与透射杆间隔一定距离，并且透射杆以一定的速度旋转。当子弹撞击入射杆后，入射杆中传播一个右行的压缩波。在 t_0时刻，压缩波传至入射杆的自由端反射拉伸波，入射杆端面随即向右运动。在 t_1时刻，入射杆与透射杆接触，此时由于摩擦力的作用，分别向入射杆、透射杆中传入一个左行、右行扭转波。杆中的纵波向入射杆、透射杆分别传入反射纵波、透射纵波。波系图如图 8.18(b)所示。在Ⅰ、Ⅱ处，分别利用电阻应变片测量压缩应变，同时也在Ⅱ处通过半导体应变片测量剪切应变。利用一维应力波理论分析获得摩擦副之间压力与摩擦力，进而计算得到动态摩擦系数。

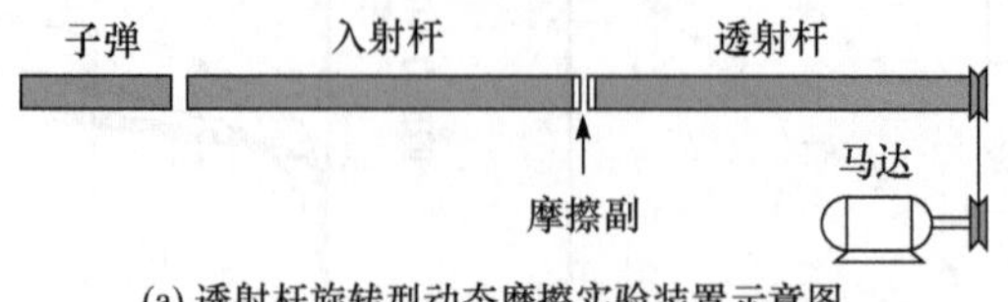

(a) 透射杆旋转型动态摩擦实验装置示意图

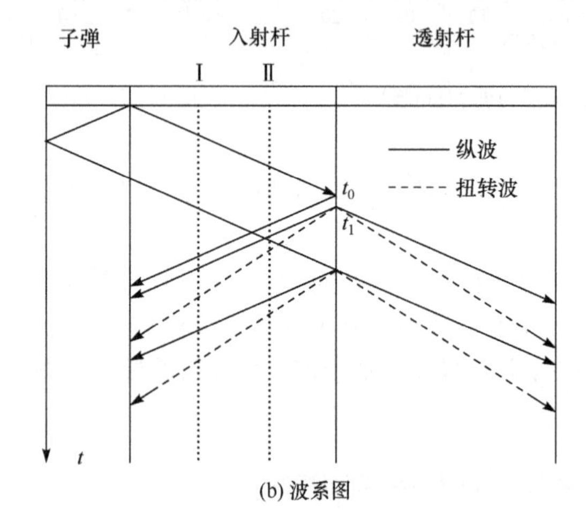

(b) 波系图

图 8.18　透射杆旋转型动态摩擦实验装置示意图及波系图[43]

在实验过程中压缩应力平衡和扭转扭矩平衡的条件下，由于入射杆和透射杆的横截面相同，有

$$\varepsilon_i + \varepsilon_r = \varepsilon_t \tag{8.13}$$

$$\gamma_r = \gamma_t$$

式中，ε_i、ε_r、ε_t分别为入射、反射和透射的压缩应变；γ_r、γ_t分别为反射和透射的扭转波在实验杆表面形成的剪切应变。

得到入射杆和透射杆端面的角速度分别为

$$\theta_1 = \frac{\gamma_r}{r_0} c_T \tag{8.14}$$

$$\theta_2 = \theta_0 - \frac{\gamma_t}{r_0} c_T \tag{8.15}$$

式中，r_0为实验杆的外径；c_T为剪切波的波速；θ_0为透射杆的转速。于是计算得到试样的平均相对摩擦速度为

$$v_r = \frac{\int_{r_1}^{r_2} r^2(\theta_2 - \theta_1)\mathrm{d}r}{\int_{r_1}^{r_2} r\mathrm{d}r}$$

$$= \frac{r_1 + r_2}{2}\left[1 + \frac{1}{12}\left(\frac{r_2 - r_1}{r_2 + r_1}\right)^2\right]\left(\theta_0 - 2\frac{\gamma_r}{r_0}c_2\right) \tag{8.16}$$

式中，r_1、r_2分别为试样的内径和外径。

进一步可以积分得到相对滑动位移为

$$S = \int_0^t v_r \mathrm{d}t \tag{8.17}$$

而正应力和剪应力可以由下式求解：

$$\sigma_n = E(\varepsilon_i + \varepsilon_r) \tag{8.18}$$

$$\tau_a = \frac{\int_{r_1}^{r_2} r\tau \mathrm{d}r}{\int_{r_1}^{r_2} r\mathrm{d}r} = \frac{r_1 + r_2}{2}\left[1 + \frac{1}{12}\left(\frac{r_2 - r_1}{r_2 + r_1}\right)^2\right]\frac{G\gamma_r}{r_0}\frac{J_0}{J_1} \tag{8.19}$$

其中，E 和 G 分别为实验杆的弹性模量和剪切模量。J_0和 J_1分别是实验杆和试样的惯性极矩，进一步可以求出摩擦系数：

$$\mu = \frac{\tau_a}{\sigma_n} \tag{8.20}$$

至此，求得摩擦过程中的所有关键参量。

图 8.19 给出了透射杆转速为 3540RPM(revelution per minute)时黄铜间动态摩擦实验的典型结果。图 8.19(a)为应力历史，正应力与摩擦力同时产生，并且实验中保持应力值基本不变，图 8.19(b)为相对滑动速度、滑动位移及摩擦系数历史。

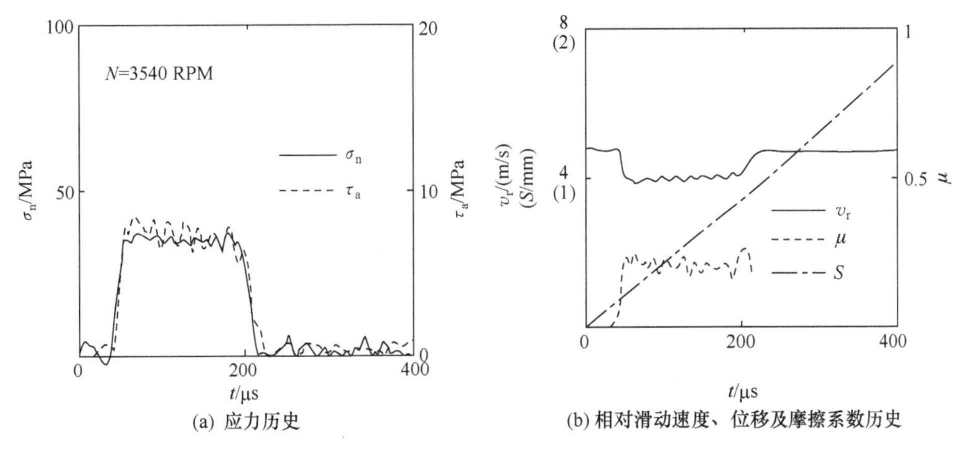

(a) 应力历史　　(b) 相对滑动速度、位移及摩擦系数历史

图 8.19　黄铜间动态摩擦实验结果[43]

2. 轴向预应力加载的单杆扭转

Rajagopalan 和 Prakash[44] 利用改进的霍普金森扭杆进行了干摩擦实验，实验装置如图 8.20 所示。实验装置主要组成部分包括轴向静压装置、扭转加载装置、夹钳、实验杆和刚性支撑。实验杆由两部分组成：存储扭矩部分与传导扭转波部分。前者的横截面是实心圆柱，而后者的横截面是圆管，称为入射管。实验装置中透射杆由刚性支撑代替。实验测试的摩擦副，一部分与入射管连接，另外一部分即为刚性支撑。试样的内外径尺寸与入射管的内外径一致。这样有效地降低了实验杆与试样的阻抗不匹配程度，简化了实验数据分析。而预贮存扭矩的部分采用实心杆的考虑是为了防止夹钳对实验杆造成塑性变形，提高实验的最大加载扭矩。试样与入射管通过环氧胶黏结，并且在轴向压力下固化 24h。通过一个与实验管同轴的轴向液压装置施加轴向正压力，并且通过一个如图 8.20 中左下小图所示的对准装置来保证实验杆与试样在同一轴线上。正压力的值可以达到 100MPa，其幅值由实验杆上的应变片测量。实验测试与传统的分离式霍普金森扭杆一致。

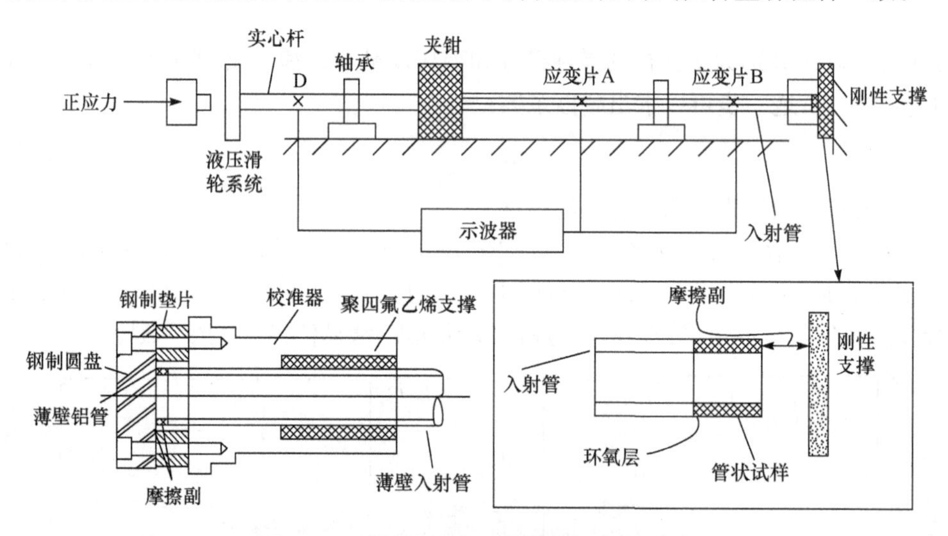

图 8.20　刚性壁型动态摩擦装置示意图[44]

当夹钳释放预存的扭矩时，分别向夹钳两侧传播扭转波，其幅值与阻抗成比例。右行扭转波在试样与刚性壁处反射扭转波，摩擦副出现相对滑动摩擦。

实验中的波系图如图 8.21 所示，在实验前左侧液压装置对系统施加一个轴向压力，实验时夹钳释放，向入射杆中传入扭转波，要求入射管长度是实心杆的两倍。$t=0$ 时刻对应摩擦夹钳释放的时刻，此时，实心杆的状态用 0 表示，它承受着外扭矩 T_0，角速度为 0，夹钳右侧的入射管内部扭矩和角速度均为 0。夹钳释放后，扭矩的一部分往左侧实心杆内传入一个扭转波，同时往右侧入射管中传入扭转波。左右两侧扭转波幅值的比例取决于入射管与实心管的扭转波阻抗之比。如果整根杆扭转波阻抗相同（也就是说，整根杆都是实心或薄壁管），则夹钳两侧的扭矩相同。夹钳释放后，夹钳两侧的状态都用 1 表示。从滑轮端面反射后向夹钳传播的反射波将左侧实心杆卸载到状态 3。

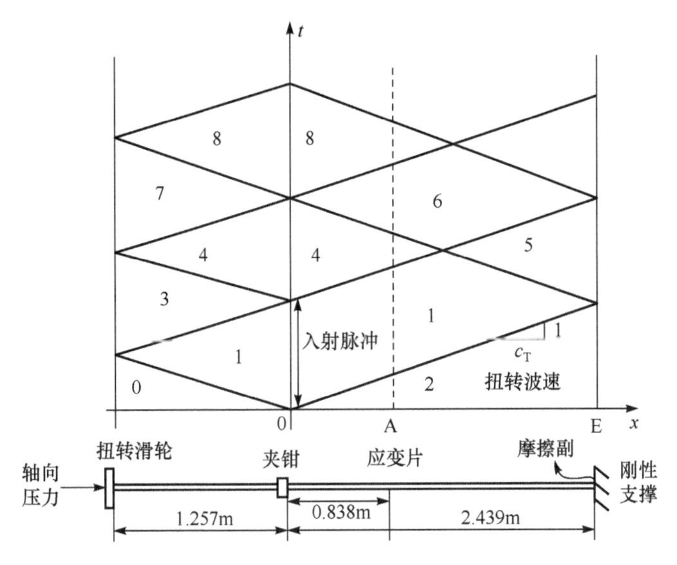

图 8.21　刚性壁型动态摩擦实验波系分析[44]

当夹钳两侧扭转波阻抗相同时，状态 4 应力为 0。但这里夹钳两侧实验杆（管）的波阻抗不同，叠加后的状态 4 应力并不为 0。A 处的应变片记录下状态 4 直到从试样交界面反射过来的波将入射管的状态变为 6。这一反射波携带了试样交界面处摩擦状态的信息。通过测量入射杆中应变片处 A 点的扭转应变，试样交界面处的临界摩擦参量，如摩擦应力、界面滑移速度和总滑移距离等，就可以通过一维平面波的相关理论求解出来。

由于只有入射和反射信号，摩擦过程各参数的求解方法有所不同。首先根据波系分析可知，当应变花粘贴在 A 处时，施加在摩擦面上的扭矩为

$$T_s = T_1 - T_4 + T_6 \tag{8.21}$$

式中，T_1、T_4、T_6分别为图 8.21 中各状态过程所测的扭矩。进一步计算得到试样的相对滑动角速度：

$$\theta_s = \frac{T_s - 2T_1}{J_0 \rho c_T} \tag{8.22}$$

式中，J_0为入射管的极惯性矩；ρ为实验杆密度；c_T为实验杆中剪切波波速。与透射杆旋转型动态摩擦实验类似，可以求出平均相对滑动速度和剪切应力如下：

$$v_r = \frac{\int_{r_1}^{r_2} r^2 \theta_s \mathrm{d}r}{\int_{r_1}^{r_2} r\mathrm{d}r} \tag{8.23}$$

$$\tau_a = \frac{\int_{r_1}^{r_2} r\tau \mathrm{d}r}{\int_{r_1}^{r_2} r\mathrm{d}r} = \frac{\int_{r_1}^{r_2} \frac{r^2 T_s}{J_1} \mathrm{d}r}{\int_{r_1}^{r_2} r\mathrm{d}r} \tag{8.24}$$

式中，J_1为试样的极惯性矩；r_1、r_2分别为入射管/试样的内径和外径。

图 8.22 为典型的实验结果。加载过程中，摩擦应力在 20MPa 附近振荡。液压加载的正应力保持 35MPa，由此可计算得到动态摩擦系数历史。相对滑动速度历史如图 8.22 中虚线所示，均值为 6.5m/s。

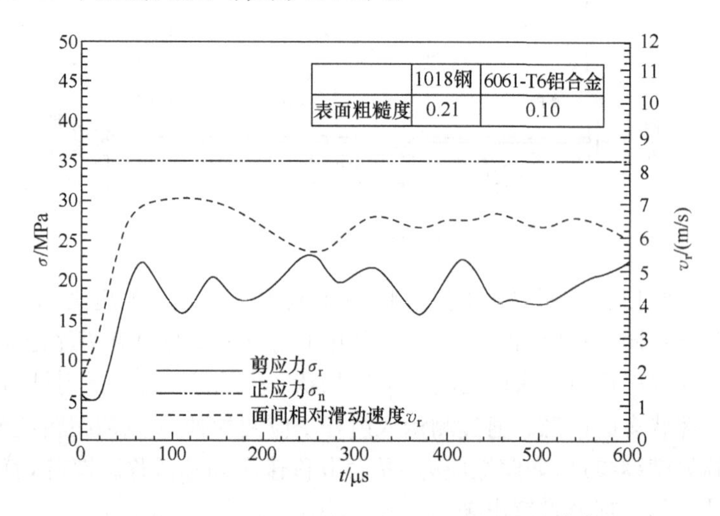

图 8.22　刚性壁型动态摩擦实验典型结果[44]

3. 轴向预应力加载的双杆扭转

2000 年，Espinosa 等[45]基于 Chichili 和 Ramesh[46]提出的扭转单脉冲实验装置建立了第三种类型的动态摩擦装置。Huang 和 Feng[47]也建立了类似的实验装置。图 8.23 是实验装置和试样的示意图，摩擦表面具有环形交界面。长的圆形入射杆由 7075-T6 铝合金制成，圆形输出杆由 4140 钢制成[图 8.23(a)]。摩擦副被夹在入射杆和透射杆之间并通过高强度的环氧胶粘在杆端面。入射杆前端装有扭矩产生器(滑轮),并被装在轴向加载装置的活塞上。该装置的关键部件是 Duffy 设计的摩擦夹钳[48],如图 8.23(b)所示。它能在加载部分(滑轮与夹钳之间)承受 500N·m 的扭矩和 32kN 的轴向外力混合加载时将其夹住。实验时,首先固定夹钳,给杆加载扭矩和轴向压力。当用来锁住夹钳的预刻槽的螺钉被拉断后[图 8.23(b)],加载部分储存的弹性应变能突然释放,产生了一对加载应力波,包括轴向压缩波和紧随其后的扭转波,在入射杆中向摩擦副传播。同时,一对卸载波向左传入加载部分。

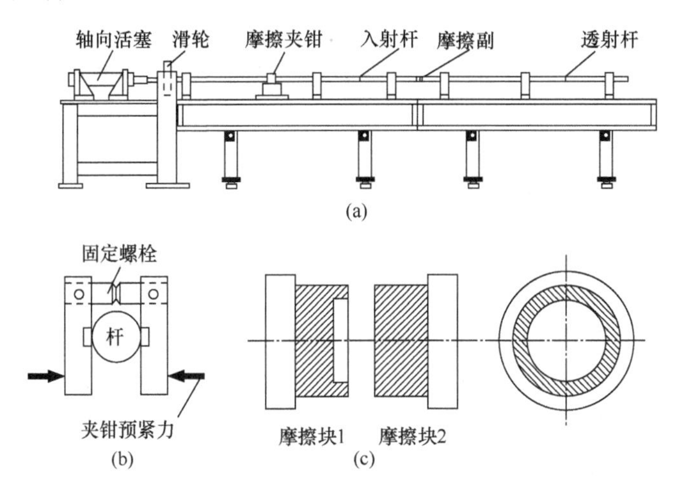

图 8.23　轴向预应力加载的双杆扭转干摩擦实验装置[47]

图 8.24 是实验过程波系图。两个加载波经过摩擦副时,一部分透射,一部分反射。在试件中透射过去的压缩波和扭转波的振幅分别与界面处的正应力和摩擦力成正比。从滑轮端面反射的卸载波是稀疏波。在实验杆中,弹性纵波(压缩波或拉伸波)的传播速度约为弹性扭转波的两倍。因此,试样的环形交界面在初始时刻 t_1 受到入射压缩波作用,在时刻 t_2 剪切波叠加上来(图 8.24)。t_3 时刻压缩和剪切同时卸载,这是因为这时两个纵向卸载波(一个在入射杆中传播,另一个在透射杆中传播)同时抵达试样交界面。

由于入射杆和透射杆的材质不同,故摩擦过程诸参数的计算公式变成:

$$v_r = \frac{r_1 + r_2}{2}\left(\frac{\gamma_i - \gamma_r}{r_i} c_{si} - \frac{\gamma_t}{r_t} c_{st}\right) \tag{8.25}$$

$$\sigma_n = \frac{r_t^2 E_t}{r_2^2 - r_1^2} \varepsilon_t \tag{8.26}$$

$$\tau_a = \frac{3 r_t^3}{4(r_2^3 - r_1^3)} G_t \gamma_t \tag{8.27}$$

式中，r_1、r_2分别为试样的内径和外径；r_i、r_t分别为入射杆和透射杆的外径；c_{si}、c_{st}分别为入射杆和透射杆中剪切波速度；G_t为透射杆的剪切模量；γ_i、γ_r、γ_t分别为入射、反射和透射杆的剪切应变，E_t为透射杆弹性模量，ε_t为透射压缩应变。

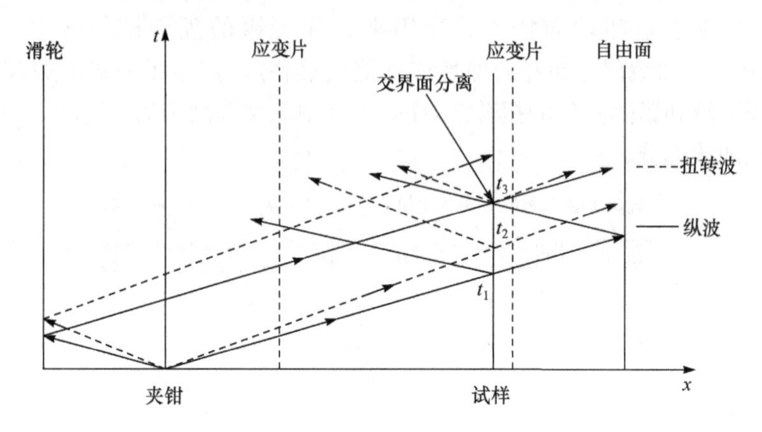

图 8.24　轴向预应力加载的双杆扭转干摩擦实验波系图[47]

图 8.25 为 7075-T6 铝合金之间摩擦系数实验的典型结果，其中摩擦面的表面粗糙度为 3.4μm。从图中可以看出，压缩加载首先到达，在 100μs 时达到 173MPa。与图 8.24 中的分析相对应，剪切加载 240μs 时才开始，在加载过程中保持稳定的相对滑动速度约为 2.42m/s，加载时间持续 150μs。在此过程中，摩擦力保持恒定，由此计算得到动态摩擦系数为 0.170。

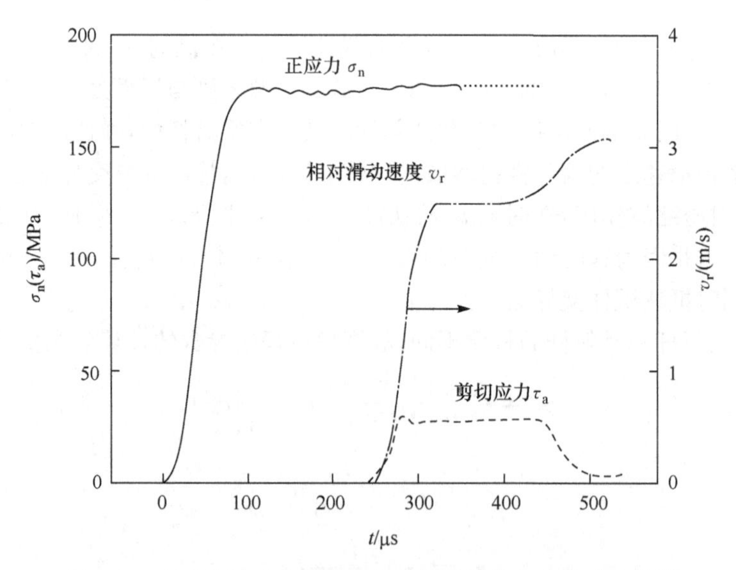

图 8.25　轴向预应力加载的双杆扭转干摩擦实验典型结果[47]

基于分离式霍普金森扭杆的动态摩擦实验装置也继承了传统扭杆的不足。在相同的角速度下，不同径向位置的相对滑移速度及滑移位移不同，为了减小这种不均匀性往往采用薄壁管状试样。对于诸多偏脆性的材料，如含能材料，薄壁管状试样很难加工，于是对发展基于霍普金森压剪杆的动态摩擦实验提出了需求。

8.3.2　基于霍普金森压剪杆的动态摩擦实验

分离式霍普金森压剪杆实验技术包含对试样轴向应力以及剪切应力的测量，因此可以方便地利用分离式霍普金森压剪杆装置研究动态摩擦问题，将分离式霍普金森压剪杆实验技术进行拓展[49,50]。

1. 实验原理

在分离式霍普金森压剪杆实验过程中，若将两种材料试样分别与杆黏结，就可以利用该装置对各种端面摩擦条件下剪应力进行测试，进而求得不同材料试样间的摩擦系数。图 8.26 给出了分离式霍普金森压剪杆动态摩擦测试示意图，由于装置两部分是对称的，图中只画出了其中的一部分。图 8.26 中用箭头分别标出了试样与压杆界面的受力方向，按照牛顿第三定律（作用力与反作用力），在同一界面上压杆与试样的受力方向必定相反。

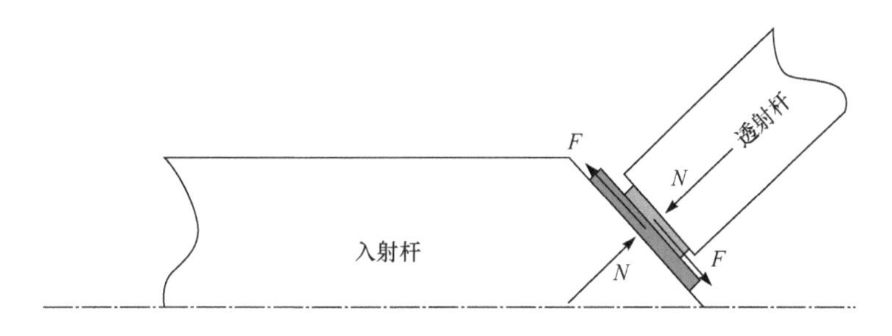

图 8.26　分离式霍普金森压剪杆动态摩擦测试示意图

由于加载脉冲的宽度远大于应力波在摩擦副内反射几次的时间，因此摩擦副所受的压力与摩擦力分别都是力平衡的。

分别利用应变片与剪应力计测试摩擦副之间的压力与剪力。剪应力 τ 完全来源于界面摩擦力 F，于是利用库仑摩擦理论有

$$F = \tau A_t = \mu N \tag{8.28}$$

式中，F 为试样界面间的摩擦力；A_t为透射杆的横截面积；μ 为摩擦系数；N 为作用在界面上的压力，

$$N = \sigma A_t \tag{8.29}$$

将式(8.28)代入式(8.29)可得到摩擦系数 μ 的计算公式为

$$\mu = \frac{\tau}{\sigma} \tag{8.30}$$

与分离式霍普金森压剪杆实验中的剪切应变测量类似，摩擦副的相对滑动位移由激光位移计测量，进而计算出相对滑移速度。

2. 摩擦副

实验摩擦副材料为45钢-PBX炸药。钢试样尺寸为16mm×3mm×16mm。PBX炸药试样采用模具压制而成，试样密度为1.7g/cm³，尺寸为13mm×3mm ×13mm。

固体表面实际上是由许多不规则的大小不同和形状各异的凸峰和凹谷构成的，这种表面几何形态，称为表面形貌或表面轮廓。45钢试样加工采用了两种表面粗糙度。利用Taylor Hobson公司的表面轮廓仪Form Talysurf PGI 1240对摩擦副表面轮廓进行了测量。Form Talysurf PGI 1240的空间分辨率为0.8nm。对每个试样分别从三个不同方向进行测定。

表面形貌测定的原始图如图8.27所示，图中抖动曲线即试样表面的轮廓，直线是软件的测量辅助线。

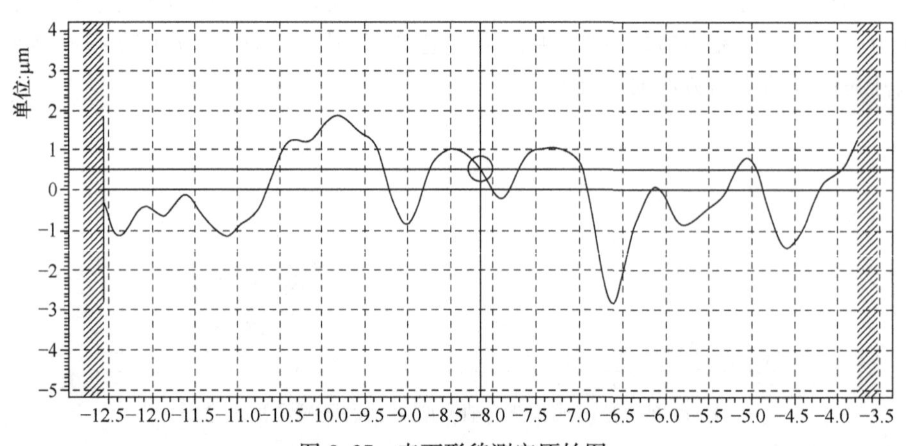

图8.27　表面形貌测定原始图

测定结果如表8.1所示。其中P_a是固体表面轮廓的算术平均偏差，用来评定轮廓粗糙程度，数值越大表示表面越粗糙。

表8.1　表面形貌仪测试结果

	P_a/μm			平均值/μm
	试样1	试样2	试样3	
PBX试样	0.6389	1.0590	0.8018	0.8332
45钢1	1.3755	2.0842	1.4102	1.6233
45钢2	1.5929	2.6389	2.4142	2.2153

3. 实验结果及讨论

研究了 PBX 炸药试样分别与两种不同表面粗糙度的钢之间的动态摩擦特性，同时采用单脉冲加载技术保证试样只受一次加载。

采用 Photron 公司 FASTCAM SA1 高速摄像系统来观察动态摩擦过程。实验采用 512×448 分辨率，将影像的帧频率设置为 24000fps，大约每 42μs 拍摄一张。为了提高对比度便于观察，将钢试样的顶面喷绘为白色。图 8.28 为采用单脉冲加载摩擦副的滑动过程照片。在 200μs 时刻，透射杆一侧 PBX 试样由于反射的拉伸波的作用向远离摩擦界面的方向运动，于是摩擦副在一次加载之后及时分开。而质量块有效地阻挡了入射杆向试样方向的运动，从而使钢试样无法继续向透射杆方向运动，阻止了二次加载。

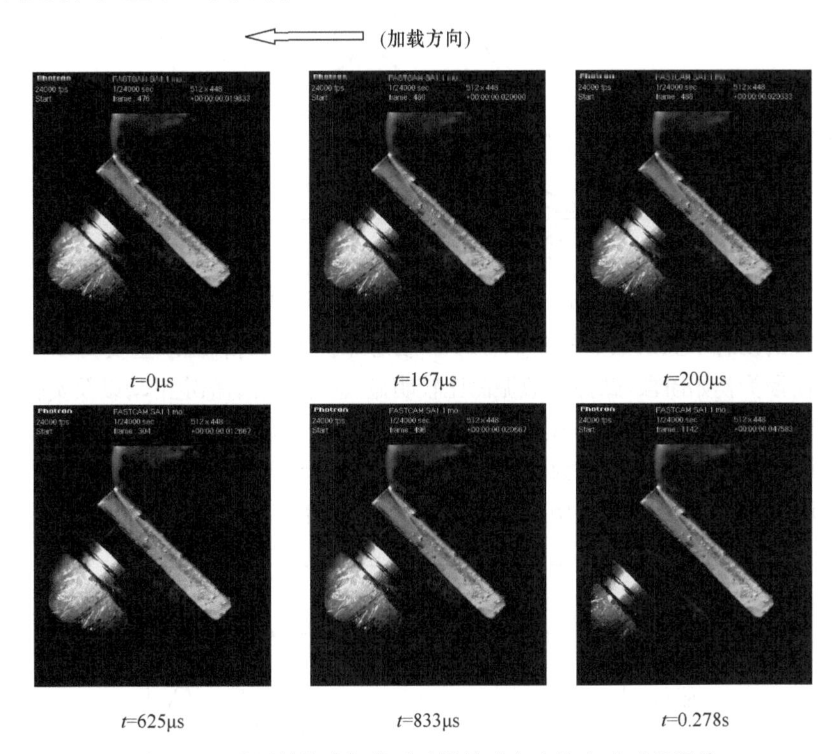

图 8.28　采用单脉冲加载后试样的动态摩擦实验过程照片

典型的实验原始波形如图 8.29 所示，其中 Ch1 记录剪切应力计信号；Ch2 记录透射压缩信号；Ch3 记录激光位移计信号。摩擦副的压力、摩擦力、滑移位移如图 8.30 所示。

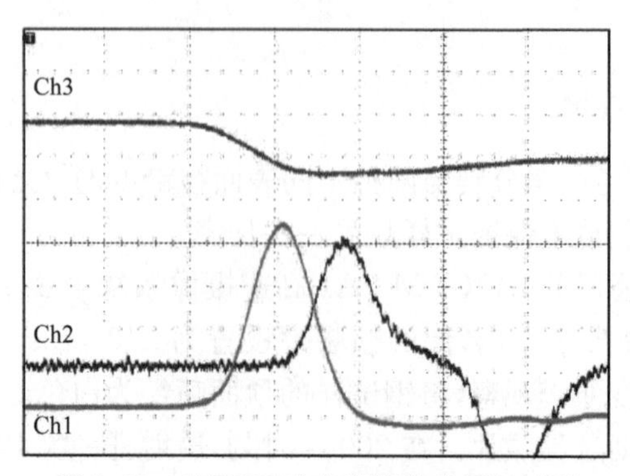

图 8.29　SHPSB 动态摩擦实验原始波形

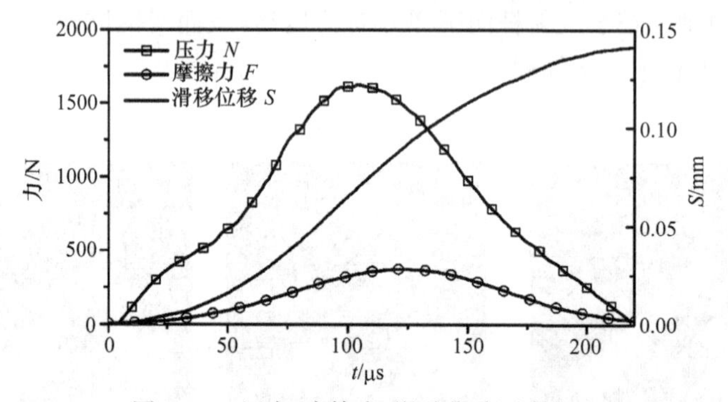

图 8.30　压力、摩擦力、滑移位移历史曲线

典型的动态摩擦系数如图 8.31 所示。动态摩擦系数时程曲线主要可以分为三个阶段，Ⅰ阶段为初始阶段，摩擦系数振荡比较明显，这与初始不稳定滑动以及实验数据值很小而导致其比值不稳定有关；Ⅱ阶段为稳定滑移阶段，摩擦系数基本无振荡；Ⅲ阶段是下降阶段，此阶段的摩擦系数振荡较大，这是因为实验数据值很小所以其比值不稳定。Ⅱ阶段是动态滑动摩擦过程经历时间最长的阶段，也是稳定反映摩擦副摩擦响应的阶段。

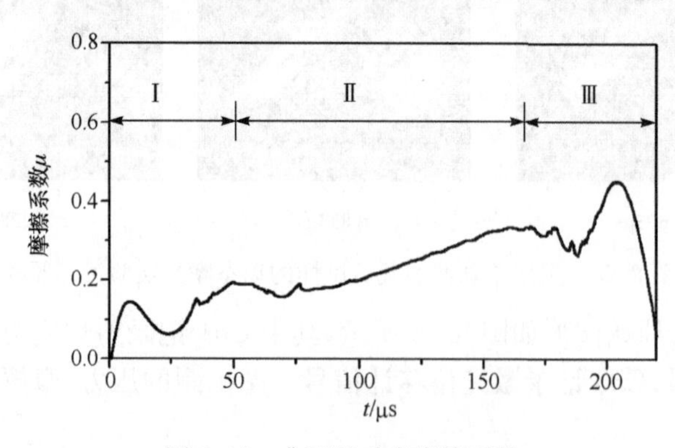

图 8.31　典型的动态摩擦系数

8.4　其他拓展实验

8.4.1　高 g 值加速度传感器的校准

高 g 值加速度传感器作为一次仪表被广泛地应用于撞击及高速运动过程中高过载的测量。在深侵彻武器设计中，可以用它进行目标识别，也可以用于飞机抗坠毁试验中过载的测量和汽车碰撞试验中过载的测量。高 g 值加速度传感器灵敏度系统的精度直接影响着测量精度。高 g 值加速度传感器在很多场合都可重复使用，但在使用过程中，由于所承受的高过载作用，其灵敏度系数可能会发生变化，需经常校准。因此，高 g 值加速度传感器校准系统不仅在研制高 g 值加速度传感器中扮演着重要角色，而且在高过载测量中也起着重要的作用[51,52]。

目前，在利用霍普金森杆标定高 g 值加速度传感器的方法中，根据测试方法的不同可以细分为三类：应变片法、石英晶体法、激光多普勒干涉仪方法。

1. 应变片法

应变片法的基本原理如图 8.32 所示。用真空夹具将被校传感器连接于霍普金森杆一端，另一端用真空夹具将具有相同直径的铝块或铜块与霍普金森杆紧密接触。李玉龙和郭伟国[51]设计的撞击杆前端有锥尖、后面有圆锥坑，撞击铝块或铜块后，使其产生部分塑性变形，在入射杆上产生一类似于正弦函数的应变脉冲，也可以通过整形器[53]、纺锤形子弹[54]等方法产生类似正弦的入射脉冲。贴在入射杆中央的应变片可以测定此入射应变脉冲 $\varepsilon(t)$，当加载脉冲传到入射杆与被校传感器界面时，如果被校传感器的质量可以忽略，则认为应力波在自由面反射，由弹性波阵面的连续性方程可求得质点速度：

$$v_1(t) = 2c_0\varepsilon(t) \tag{8.31}$$

如果被校传感器的灵敏度系数为 S_a[pC/(cm/s^2)]，电荷放大器增益为 K_a(mV/pC)，输出的电压值为 $U_a(\tau)$，则加速度值为

$$a_2(\tau) = \frac{U_a(\tau)}{S_a K_a} \tag{8.32}$$

速度值为

$$v_2(t) = \int_0^t \frac{U_a(\tau)}{S_a K_a}\mathrm{d}\tau \tag{8.33}$$

因加速度传感器与入射杆紧密相接，且加载脉冲为压缩波形，当加速度传感器的质量可忽略不计时，加速度传感器感受到的速度与其界面的质点速度相等。令式(8.31)与式(8.33)相等，即可得到传感器的灵敏度系数

$$S_a(t) = \frac{\int_0^t U_a(\tau)\,d\tau}{2K_a c_0 \varepsilon(t)} \tag{8.34}$$

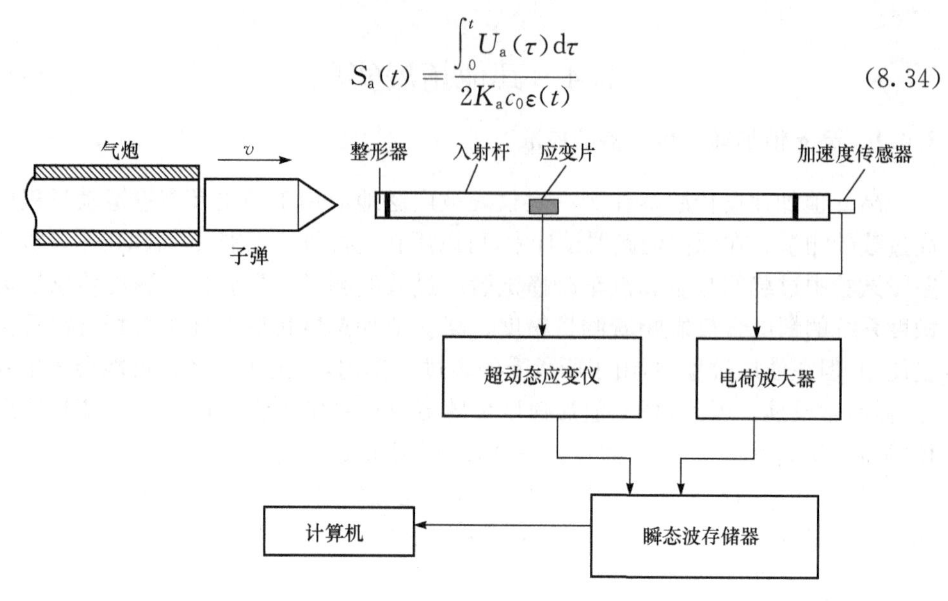

图 8.32　霍普金森杆校准加速度计系统的基本原理[51]

更准确的方法是，利用位移相等来标定。将(8.31)与式(8.33)在加载脉宽范围[0,T]内积分后相等，可得到灵敏度系数的平均值

$$\overline{S}_a = \frac{\int_0^T \int_0^t U_a(\tau)\,d\tau\,dt}{2K_a c_0 \int_0^T \varepsilon(t)\,dt} \tag{8.35}$$

值得注意的是，要保证校准精度必须尽可能减小应力波在入射杆中传播时的衰减及弥散效应。这时，要求杆的长径比足够大，加载脉冲宽度远远大于杆的直径。

2. 石英晶体法

相比于应变片标定方法，石英晶体法避免了波形弥散的影响，同时考虑了加速度传感器自身重量对波形的影响。其装置示意图如图 8.33所示。

实验杆前端使用整形器调整入射应力波的波形，以便产生所需高 g 值的加速度波形，Togami 等[55]使用棉织或树脂玻璃作为整形器材料。在实验杆的后端，高阻抗的质量块通过真空夹具与实验杆连接。高 g 值加速度传感器安装在质量块上。质量块的波阻抗一般要求高于实验杆的阻抗，这样应力波传至实验杆与质量块的界面时将反射压缩波并且向质量块中透射一个压缩波。这样的设计使得加载在质量块上的应力波的上升时间变长，从而使质量块各部分的运动速度趋于一致，

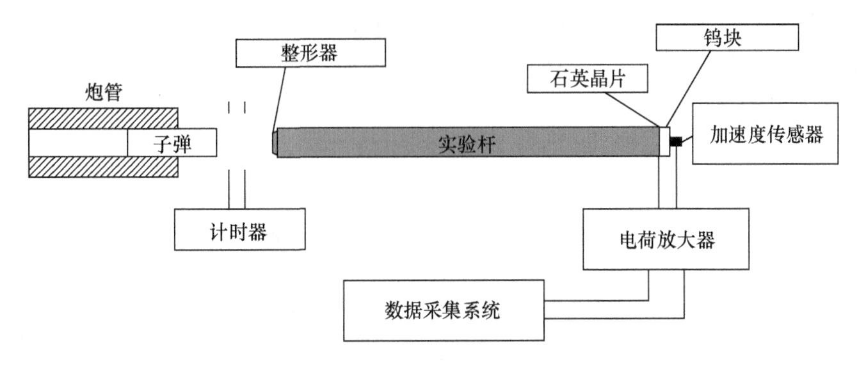

图 8.33　石英晶体标定加速度计示意图[51]

更加接近刚体运动。Togami 等[55]使用钢和钨作为质量块，胡时胜[2]使用 93 钨作为质量块。Togami 等[55]也利用与实验杆相同材质的铝合金作为质量块，结果表明铝合金的实验结果明显不如钨合金的实验结果理想。

利用石英片压力传感器得到的应力 $\sigma(t)$ 可求得质量块的加速度为

$$a_1 = \frac{\sigma(t)A}{m} \tag{8.36}$$

式中，m 为质量块与高 g 值加速度传感器的质量和；A 为石英压力传感器的横截面积。石英晶体片受压时产生的电荷可利用电荷放大器转化为电压信号输出，经灵敏度归一化处理后，可得到石英片受力与电荷放大器输出电压之间的关系：

$$F(t) = \sigma(t)A = \frac{U_1(t)}{K_1 K_a} \tag{8.37}$$

式中，$U_1(t)$ 为电荷放大器输出电压(mV)；K_a 为电荷放大器的增益(mV/pC)；K_1 为石英晶体片的压电系数(pC/N)。将上两式组合可得

$$a_1 = \frac{U_1(t)}{K_1 K_a m} \tag{8.38}$$

如果待标定的高 g 值加速度传感器输出电压为 U_a，则该加速度传感器感受到的加速度值是

$$a_2 = \frac{U_a(t)}{S_a K_a} \tag{8.39}$$

由 $a_1 = a_2$，得到高 g 值加速度传感器灵敏度系数的标定数值是

$$S_a = \frac{K_1 m U_a}{U_1} \tag{8.40}$$

3. 激光多普勒干涉仪法

激光多普勒干涉仪法是运用激光多普勒原理，用衍射光栅作为目标，直接借助

计量学的基本量和单位,复现冲击加速度量值并对加速度计进行校准。由于利用差动式激光多普勒测速仪可以精确测出加速度激励的绝对量值和真实波形,而与被校加速度计的输出完全无关,因此具有更高的精确度。其装置示意图如图 8.34 所示。

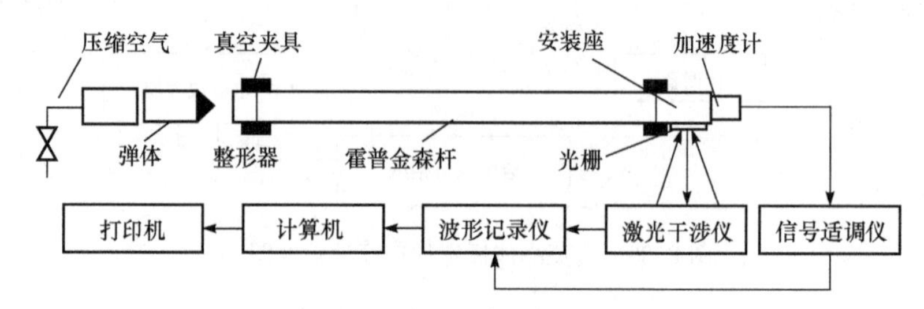

图 8.34　激光多普勒干涉仪标定加速度计示意图[51]

被标定高 g 值加速度计安装在质量块上。质量块的运动时间函数 $v(t)$ 与激光干涉系统的多普勒频移时间函数 $\Delta f_{\mathrm{d}}(t)$ 之间存在确定的关系:

$$v(t)=\frac{\lambda}{2\sin\psi}\Delta f_{\mathrm{d}}(t) \tag{8.41}$$

式中,λ 为入射光波长;ψ 为入射角。

测量方向与运动方向垂直,光栅的衍射公式是:

$$d\sin\psi=(m_1-m_2)\lambda \tag{8.42}$$

式中,d 为光栅常数;m_1 和 m_2 为光栅衍射级数。

对速度 $v(t)$ 一次微分可得到其加速度,再由被标定加速度计输出电压的峰值可以确定得到其灵敏度系数为

$$S_{\mathrm{a}}=\frac{U_{\mathrm{p}}}{a_{\mathrm{p}}} \tag{8.43}$$

式中,U_{p} 为加速度计输出电压峰值;a_{p} 为其加速度。

利用霍普金森杆系统校准加速度传感器,校准范围大,精度较高。国内也有进行这方面的研究[51,52],已建立了利用霍普金森杆校准加速度传感器的装置,可进行 3000g 到 200000g 范围内高 g 值加速度传感器的校准。

8.4.2　火工品过载评价

随着装甲防护的加强和重要军事基地等战备工事向地下深入发展,对动能穿甲弹或钻地弹破坏能力的要求也不断地提高。这类弹在攻击过程中所遇到的环境条件非常恶劣、复杂,要求弹药在高过载加速度环境下具有很高的可靠性,即弹药在高过载加速度环境下的高安定性和高可靠性。火工品及其组成的点火和起爆、

传爆序列是弹体的心脏，在弹药中起着至关重要的作用，尤其是弹内火工品装药的动态安全性、可靠性将直接影响弹药的效能。因此，在这样复杂的环境下火工品装药能否承受住高过载的考验，是安全设计和使用中必须要考虑的问题[56]。

为了研究火工品装药的动态过载，国内外关注弹丸发射和着靶阶段的过载模拟实验技术和耐过载评估技术，尤其关注 100000g～150000g 值或更高的加速度值模拟试验技术和弹药耐高过载能力评定方法。目前，国内外主要采用的火工品装药过载加速度试验方法有实弹射击、马歇特锤击试验、落球碰撞、冲击摆等试验方法。

实弹射击试验是应用最为久远，也是最接近实际过载状态的试验方法。但是这一方法不易获得动态过程的状态量，通常只能通过终态效果定性评估火工品装药过载指标的质量检验和定量分析火工品装药的过载状态。而且实弹射击试验具有成本高，风险大，试验数量少，难以操作，难以获得过载过程中试件的实时状态等缺点。马歇特锤击试验法属于传统的过载能力评价方法，其原理为：用一定重量的重锤为动力，带动装在锤柄上的具有选定重量的击锤，旋转一定角度打击击砧，利用击锤碰撞击砧时产生的惯性力使火工品组件具有加速度过载，运用一定的方法采集装药的加速度值。此方法操作简单，成本低廉，但是只能模拟火炮发射时的加速度极值，不能模拟发射过程中过载加速度的变化规律，且加速度一般不超过 30000g[57]。落球碰撞试验方法的原理是把装有火工品组件的假引信装在定重的假弹上，让假弹从一定高度自由坠落到钢板上产生冲击振动，使火工品组件产生过载。冲击最大幅值由假弹重量和下落高度而定。目前落球碰撞试验方法评价的过载值一般不超过 50000g。冲击摆试验是以一定高度将摆自由释放，在摆的悬定点正下方撞击试件，从而获得过载。此方法装置和操作都简单，但是难以控制精度，其测试过载值一般不超过 10000g[56]。

由于霍普金森杆实验具有装置简单、操作方便等优点，国内外发展了一类基于霍普金森杆实验技术的火工品高过载试验方法，此类试验方法可以有效地考核 30000g～250000g 的冲击加速度下火工品的安全性。

张学舜等[57]考核了 3 种制式引信用针刺雷管的过载安全性。邓琼等[58]利用霍普金森杆拓展实验技术考察了一种冲击片雷管的高过载性能。蔡吉生等[59]研究了 5 种不同管壳尺寸的延期体在 60000g～170000g 的加速度过载作用下的延期性能，比较了加载前后不同尺寸延期体的燃速变化，分析不同尺寸的延期体抗过载的性能。张学舜等[60]利用霍普金森杆拓展技术对两种火工品在高加速度(100000g～160000g)环境下的安全性进行了评价。针对火工品的输入端和输出端两个轴向方向和一个径向方向进行过载试验。试验结果表明：火工品抗轴向冲击的能力高于抗径向冲击的能力，且火工品结构失稳是导致雷管在冲击环境下不安定的主要原因。图 8.35 给出了火工品组件示意图。火工品座和垫块的材料为 LY12 铝，直径为 14mm，垫块厚度为 5.6mm，火工品自由放入火工品座孔中，火工品座与垫块、垫块与压杆之间用 502 胶黏结。杨光强等[61]采用霍普金森杆拓展实验技术，对普通桥丝电雷管在加速度高于 100000g，过载脉冲宽度大于 100μs 情况的高过载性能进行了研究，并对回收试样进行了 CT 层析扫描分析研究。结果表明：桥丝电雷管受到塑性波作用，在周围环境挤压下导致雷管结构变形造成结构失稳，性能指标发生变化，导致雷管失效或早爆。

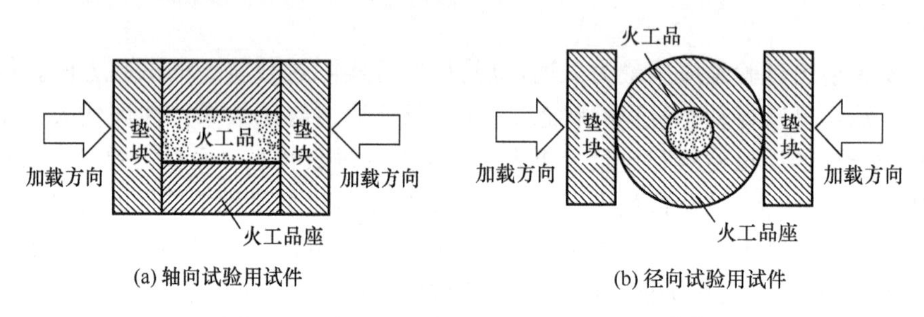

图 8.35　火工品安全性研究试验件结构图[57]

火工品在过载环境中往往承受至少两种形式的应力环境：第一种是火工品自身的质量带来的惯性应力；第二种是火工品与其装配组件的结构失稳导致火工品挤压变形的应力。针对火工品过载特征，基于霍普金森杆实验技术的火工品高过载试验也分为两种。

第一种是将火工品组件采用机械或胶黏的方式固定在入射杆端面，这种实验方法用于评价火工品自身惯性导致的安全性问题。实验过程与高 g 值加速度标定过程相似，实验装置示意图如图 8.32 所示。由应力波理论可知，与入射杆端面黏结的火工品试件的速度和加速度分别为

$$v = 2c_0\varepsilon_i \tag{8.44}$$

$$a = 2c_0 \frac{d\varepsilon_i}{dt} \tag{8.45}$$

第二种是将火工品组件直接放置于入射杆和透射杆之间，这种实验方法用于评价火工品组件结构失稳导致的安全性问题。实验方法与传统分离式霍普金森杆的实验方法一致，在力平衡条件下，火工品组件的平均速度和加速度可以表示为

$$v = \frac{1}{2}(v_1 + v_2) = c_0\varepsilon_i \tag{8.46}$$

$$a = c_0 \frac{d\varepsilon_i}{dt} \tag{8.47}$$

式中，c_0 为杆中弹性纵波波速；v_1 和 v_2 分别为火工品组件两端面的速度；ε_i 为入射

应变。

基于霍普金森杆的高过载试验技术克服了传统实弹射击试验的缺点，同时又能达到马歇特锤击试验、落球碰撞、冲击摆等试验方法不能实现的高 g 值。因此基于霍普金森杆的高过载试验技术为火工品安全性评估研究提供了有利的实验支撑。

8.4.3　炸药安全性研究

美国陆军研究实验室(U. S. Army Research Laboratory)的 Krzewinski 等[62]采用改进的霍普金森杆对炸药和推进剂进行剪冲实验，研究其剪切变形及剪切起爆响应。图 8.36(a)为实验装置示意图，入射杆和透射杆均为长 1.5m、直径 12.7mm 的 350 马氏体超强钢(拉伸强度为 2.3GPa)，采用长度为 0.25m、0.5m、0.55m 的子弹以实现持续时间为 100μs、200μs、220μs 的加载脉冲。此装置与传统分离式霍普金森压杆的主要不同之处在于其试样及试样固定方式，同时由于炸药或推进剂实验时可能发生爆炸，因此在入射杆部分增加能量吸收器，防止炸药爆炸导致入射杆反向冲击引起设备损坏。入射杆、透射杆与试样接触用转换杆过渡，若实验时转换杆被炸坏，则可用新的替换，从而保护入射杆和透射杆。图 8.36(b)为试样固定装置图。试样直径为 19.05mm，长度为 12.7mm。安装时，试样与杆同轴，侧面不能横向膨胀。

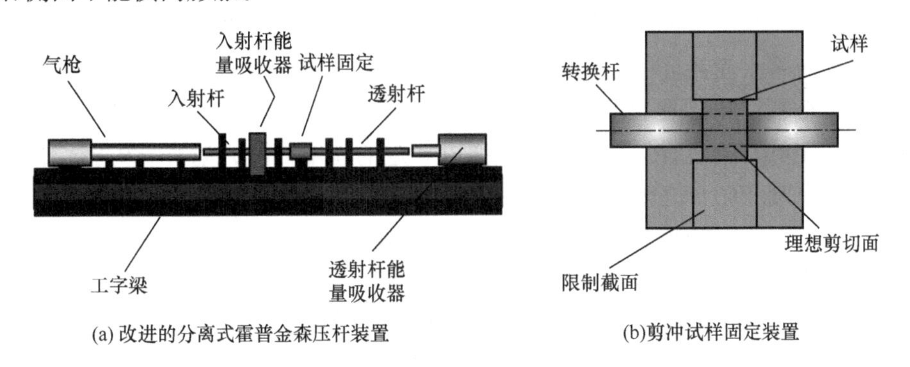

(a) 改进的分离式霍普金森压杆装置　(b)剪冲试样固定装置

图 8.36　炸药安全性实验装置示意图[62]

传统的分离式霍普金森压杆实验要求试样两端加载过程力平衡，即满足 $\varepsilon_i+\varepsilon_r=\varepsilon_t$，其中 ε_i、ε_r、ε_t分别为杆上应变片记录的入射波、反射波和透射波信号，在剪冲实验中，由于试样中剪切力的存在，试样两端力不平衡，且剪切力 τ 可表示为

$$\tau=-AE(\varepsilon_i+\varepsilon_r-\varepsilon_t) \tag{8.48}$$

式中，A、E 分别为杆的横截面积和弹性模量。

通过对实验后未点火试样回收，测出试样凹进和挤出距离并取平均，即可评估试样加载过程的剪切位移，根据剪切力及剪切位移即可得到沉积在试样剪切层的能量，正是该能量达到一定临界值使炸药发生点火起爆。图 8.37 为四种含能材料剪切位移与撞击速度的变化关系：随着撞击速度的增大，剪切位移也相应增大。

图 8.38 为三种材料临界撞击速度与加载脉冲宽度的关系：随着加载脉冲时间的增大，临界撞击速度变小。由于 ETPE/RDX 材料中特殊的弹性黏结剂，撞击速度达到 48.2m/s 时该炸药仍没发生点火起爆，表现出很低的感度。

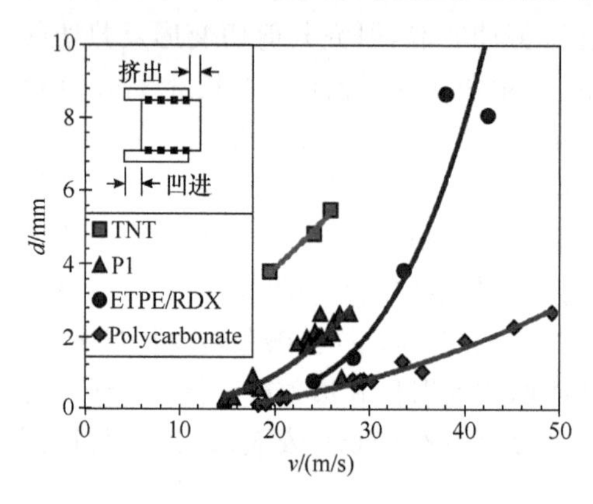

图 8.37　剪切位移与撞击速度关系[62]

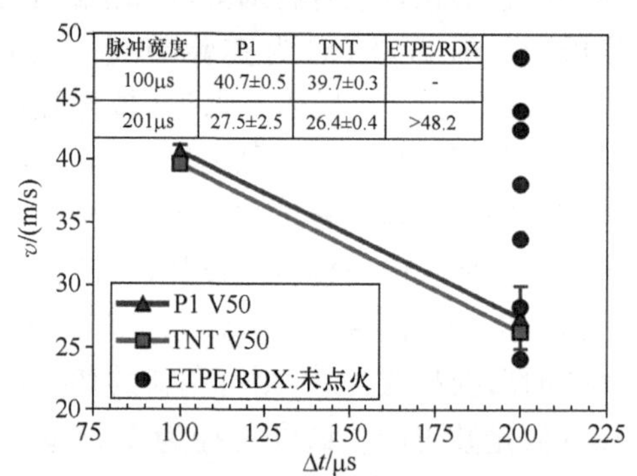

图 8.38　临界撞击速度与脉冲宽度关系[62]

美国海军水面武器中心（U. S. Naval Surface Warfare Center）的 Joshi 等[63,64]采用霍普金森杆和落重的混合实验技术研究了 PBXN-110 的点火极限。图 8.39 为他们采用的实验装置。气枪驱动子弹以一定的速度撞击入射杆，炸药试样安装在入射杆末端和砧骨之间，子弹和入射杆都为长 300mm、直径 25.4mm 的 4340 超硬钢。实验时入射杆动能传入到试样中，试样处于高应变和高应变率加载下，炸药是否发生点火由沉积于试样中的能量和能量随时间的变化率共同决定。入射杆上不贴应变片，试样的轴向变形由试样侧面的高速相机进行记录；试样的受力由砧骨上的压力传感器测得；砧骨背面的高速红外相机可用于记录试样底面的温度场随加载过程的变化，但由于使用时需要将带压力传感器的砧骨替换为带蓝宝石观察窗口的砧骨，故不能同时进行压力的测量。对热敏感的红外探测器用于监测实验过程试样的点火情况。

根据压力传感器测得的力 F，可得试样任意时刻的应力 σ 为

$$\sigma=\frac{F}{A} \tag{8.49}$$

式中，A 为试样的横截面积。

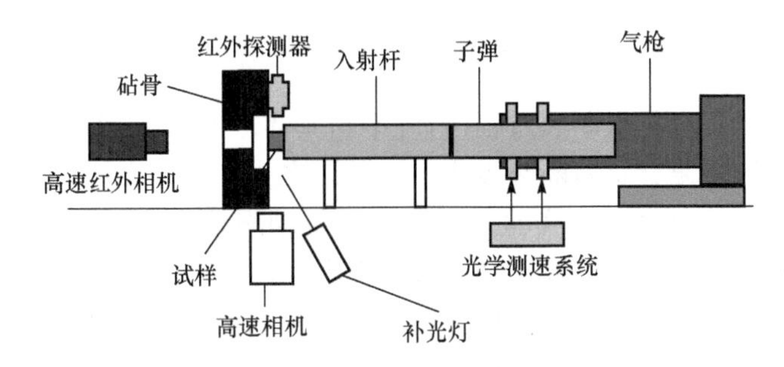

图 8.39　霍普金森杆混合实验技术示意图[64]

根据高速相机记录的入射杆末端的位移 x，可得其速度 v 为

$$v=\frac{\mathrm{d}x}{\mathrm{d}t}=\frac{\mathrm{d}l}{\mathrm{d}t} \tag{8.50}$$

式中，$\mathrm{d}l$ 为试样厚度变化。试样的应变率 $\dot{\varepsilon}$ 为

$$\dot{\varepsilon}=\frac{v}{l_0}=\frac{\dot{l}}{l_0} \tag{8.51}$$

传入炸药中的能量 W 为入射杆损失的动能，可以表示为

$$W=\frac{1}{2}mv^2 \tag{8.52}$$

沉积于炸药中的能量率 $\dot{W}$ 可表示为

$$\dot{W}=\sigma\dot{\varepsilon}=\frac{F}{A}\frac{\dot{l}}{l_0} \tag{8.53}$$

每次实验可以得到能量-能量率坐标平面的一个点，以及炸药是否发生点火的信息。改变加载条件反复进行多次实验，即可获得炸药的点火极限。图 8.40为能量-能量率坐标平面下的实验结果及获得的 PBXN-110 的点火极限。图中点火极限（虚线）将坐标平面分为左下和右上两部分，当炸药中沉积的能量及能量率落在右上区域时，一般会发生点火；而落在左下区域时，一般不发生点火。炸药材料的点火极限越往右上区域移，表明这种炸药感度越低。

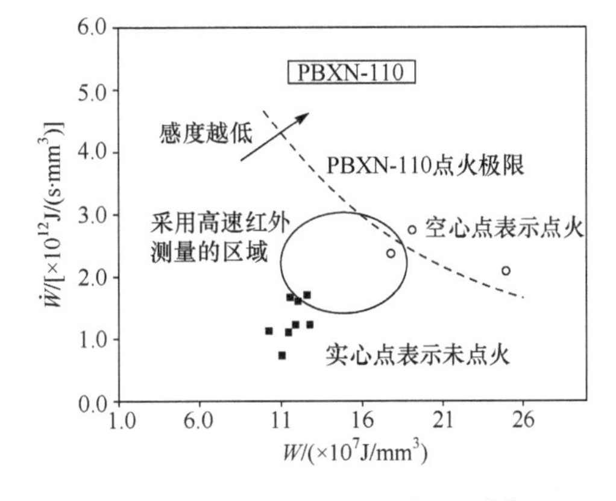

图 8.40　PBXN-110 的点火极限[64]

8.4.4 基于霍普金森杆的动态挤压

在纤维增强复合材料断裂过程中，纤维与基体之间脱黏后纤维从基体中拔出的过程是纤维增强复合材料断裂吸能主要原因之一。为研究该现象，Li 等建立了改进的分离式霍普金森压杆实验装置用于进行动态挤出实验[65,66]，如图 8.41 所示。与复合材料试样相连的冲头和支撑分别固定在入射杆和透射杆的端面上。锥状冲头加载在嵌入单根纤维的基体材料上。当黏结面在冲击载荷下松开后，纤维滑入一个中空的支撑中。实验系统中，入射杆、冲头和支撑材料为钢。由于透射信号相对较小，选择铝作为透射杆材料。

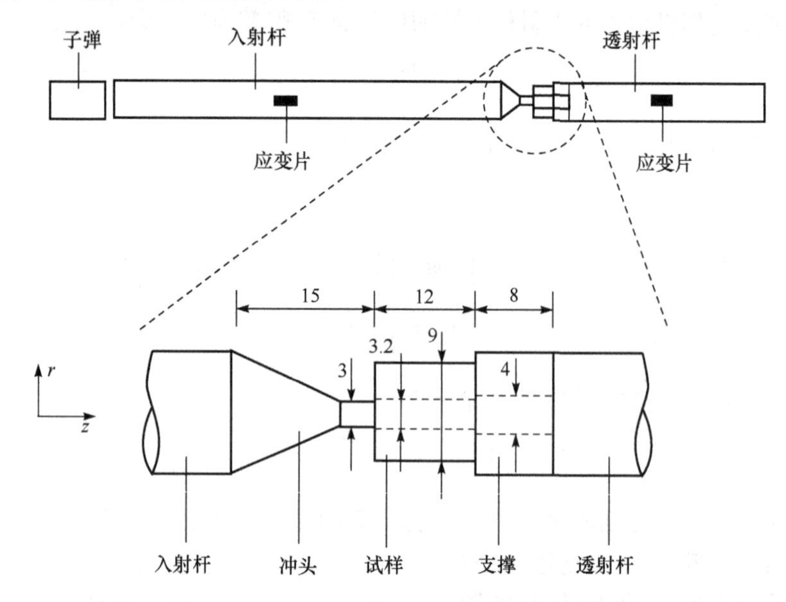

图 8.41 基于霍普金森杆的动态挤压实验装置[65]（单位：mm）

Li 的实验用的纤维材料为直径 3mm 的 308 不锈钢纤维和 4043 铝纤维，基体材料为 EPON862，固化剂为 EPICURE3123。通过模具将纤维固定在基体中，然后在室温下固化。

实验中，将纤维挤出基体的力 f_{pushout} 通过透射信号计算得到：

$$f_{\mathrm{pushout}}(t) = AE\varepsilon_{\mathrm{t}}(\mathrm{t}) \tag{8.54}$$

式中，A 为实验杆截面积；E 为实验杆模量；$\varepsilon_{\mathrm{t}}(t)$ 为透射应变历史。需要注意的是，在实验中必须保证试样两端的力平衡才能保证公式(8.54)的有效性。

图 8.42 为典型的实验结果。随着加载速度的增加，将纤维挤压出基体所需要的力也不断增加。图 8.42(b)表明，在较低的挤压速度下，纤维表面的粗糙程度对

挤出力 $f_{pushout}$ 的影响也较大。当纤维表面比较光滑时，纤维和基体之间一旦松动，在挤出的过程中构件不再受力；而纤维表面比较粗糙时，纤维挤出的过程中构件仍能承力。在较高的挤压速度下，纤维表面的粗糙程度影响较小，纤维和基体之间一旦松动，挤出过程中构件也不再承力。

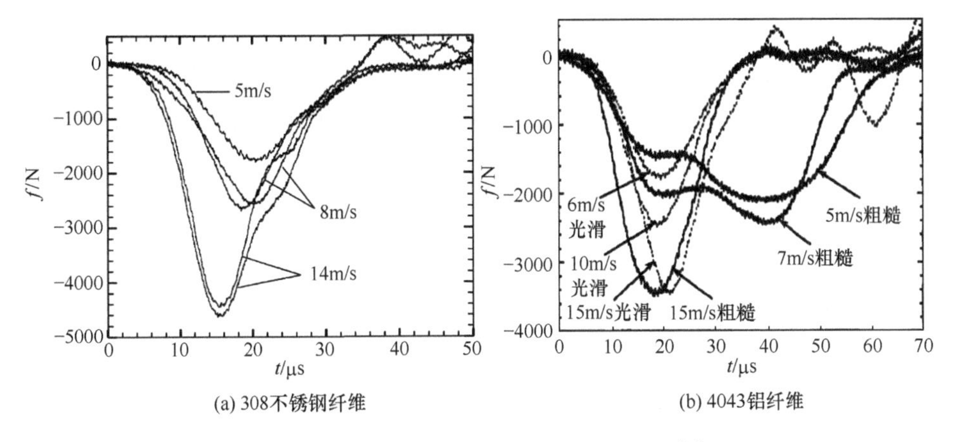

(a) 308不锈钢纤维　　(b) 4043铝纤维

图 8.42　纤维挤压出基体过程的受力历史[65]

8.4.5　基于霍普金森杆的动态切削

Vernaza-Peña 等[67]建立了基于霍普金森杆的动态切削实验装置，用来研究切削过程中的表面升温，其装置如图 8.43 所示。入射杆为马氏体钢，长 2m，直径 19mm；在入射杆端头固定有一个刀架。两个 D2 工具钢制成的切削刀通过螺钉固定在刀架上，如图 8.43(b)所示。刀具的刀面角为 5°，后角为 8°，刀口宽 14.3mm，略大于试样宽度。试样为 6061-T6 铝合金，尺寸为 10.1mm×10.1mm×34.7mm。两个试样对称安装在刀具两侧。

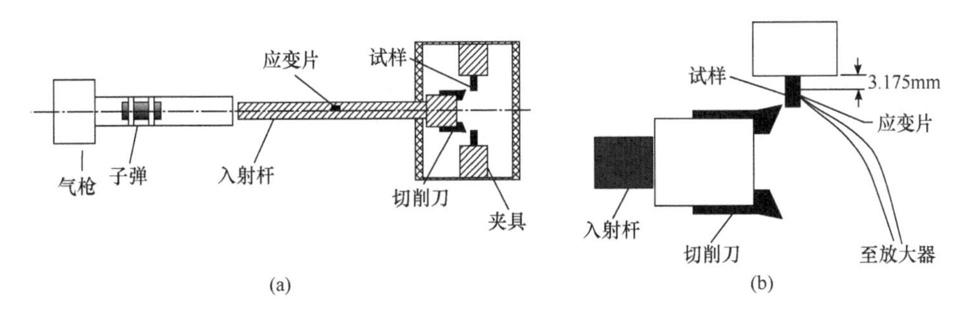

(a)　　(b)

图 8.43　基于霍普金森杆的动态切削研究[67]

实验中子弹撞击入射杆，在杆中产生入射波，当入射波到达入射杆端面时，推动刀具在试样表面产生切削运动，并产生反射波，考虑到入射杆端头刀架的质量不可忽略，建立如下控制方程：

$$-A(\sigma_{\mathrm{i}}+\sigma_{\mathrm{r}})-f(t)=m\ddot{u}_m \tag{8.55}$$

$$\sigma_{\mathrm{i}}-\sigma_{\mathrm{r}}=\rho c_0\dot{u}_m \tag{8.56}$$

式中，u_m为刀架的运动位移；$f(t)$是切削力；A 为实验杆的截面积；σ_{i}、σ_{r}分别为入射、反射应力；ρ 为实验杆材料密度；c_0为杆中声速。联立方程(8.55)和式(8.56)得到

$$\dot{\sigma}_{\mathrm{r}}+\frac{\rho c_0 A}{m}\sigma_{\mathrm{r}}=\dot{\sigma}_{\mathrm{i}}-\frac{\rho c_0 A}{m}\sigma_{\mathrm{i}}-\frac{\rho c_0}{m}f(t) \tag{8.57}$$

该微分方程可以通过以下 Green 函数进行求解：

$$\dot{G}_{\mathrm{r}}+\frac{\rho c_0 A}{m}G_{\mathrm{r}}=\delta(t-\tau) \tag{8.58}$$

求得 Green 函数的通解为

$$G_{\mathrm{r}}(t,\tau)=\exp\left[\frac{\rho c_0 A}{m}(t-\tau)\right]H(t-\tau) \tag{8.59}$$

带入确定的边界条件，如当 $t=0$ 时，$f(t)=0$，并假设入射波为强度 σ_0，宽度 τ_0 的方波 $\sigma_{\mathrm{i}}=\sigma_0[H(t)-H(t-\tau_0)]$，可以求出反射波的历史曲线：

$$\begin{aligned}\sigma_{\mathrm{r}}&=\int_{-\infty}^{\infty}\left[-\frac{\rho c_0 A}{m}\sigma_{\mathrm{i}}(\tau)+\dot{\sigma}_{\mathrm{i}}(\tau)\right]G(t,\tau)\mathrm{d}\tau\\&=\sigma_0\left[2\exp\left(-\frac{\rho c_0 A}{m}t\right)-1\right]H(t)-\sigma_0\left\{2\exp\left[-\frac{\rho c_0 A}{m}(t-\tau_0)\right]-1\right\}H(t-\tau_0)\end{aligned} \tag{8.60}$$

实验杆材料密度为 7800kg/m^3，杆中波速取 5100m/s，入射杆端头附加质量块为 0.5kg，计算结果与实验结果的比较如图 8.44 所示，实线为理论值，虚线为实验值。在初始阶段由于实际上试样和切削刀之间有一个微小的初始间距，所以在初始的 15μs 中实验测得的反射波与理论值有一定的差异，当切刀与试样完全接触后，实验结果与理论结果吻合较好。在卸载过程中，切削刀与实验杆之间脱离接触导致理论值与实验值的差异较大。

另外，还可以通过在试样上粘贴应变片，并结合悬臂梁理论来监测试样中的受力历史，如图 8.45 所示。

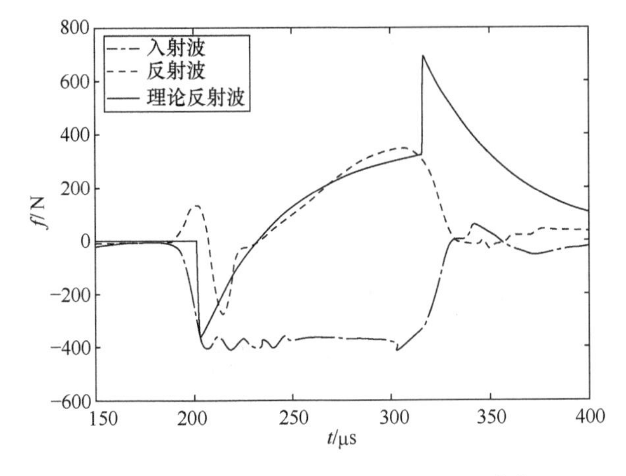

图 8.44　计算结果与实验结果的比较[67]

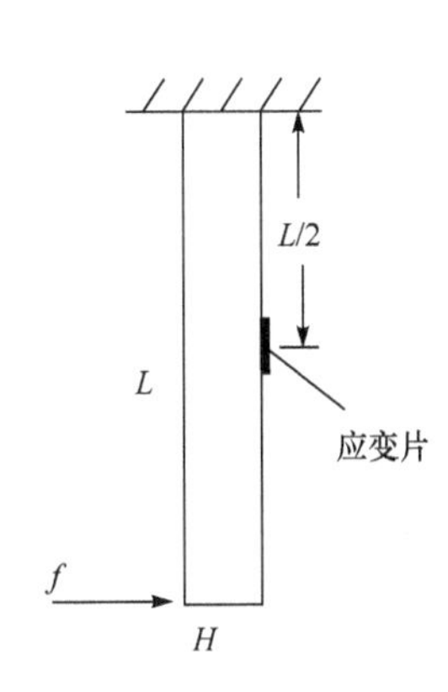

图 8.45　悬臂梁示意图

由材料力学静力计算可知，梁中部的弯矩 M 为

$$M=\frac{1}{2}fL \tag{8.61}$$

式中，f 为梁的切向力；L 为梁的长度。

由梁表面应力与弯矩的关系可得

$$\sigma=\frac{M}{I_z}y \tag{8.62}$$

式中，M 为弯矩；y 为欲求应力点到中性轴的距离，这里假设为梁厚度的一半，即 $H/2$；I_z 为截面对中性轴的惯性矩，对于矩形梁计算式为 $I_z=bH^3/12$，b 为梁的宽度。

利用上述两个公式，并假设悬臂梁试样除了切削部分外均是弹性变形，可得到 $f(t)$ 与梁中部测得的应变 $\varepsilon(t)$ 之间的关系：

$$\sigma=E\varepsilon=\frac{Lf/2}{bH^3/12}\frac{H}{2}=\frac{3Lf}{bH^2} \tag{8.63}$$

即

$$f(t)=E\varepsilon(t)=\frac{bEH^2}{3L}\varepsilon(t) \tag{8.64}$$

式中，E 为梁的弹性模量。

实验中通过红外测温系统对切削过程中试样表面的温升进行检测，实验结果如图 8.46 所示。假设切削过程是自相似的，可以采用以下关系式进行转换：

$$y=y',\quad x=x'-vt \tag{8.65}$$

式中，v 为切削速度。将图 8.46 中的时间轴转化为空间分布，得到切削试样表面的温度分布如图 8.47 所示，从图中可以看出切削的高温区出现在刀具前端。

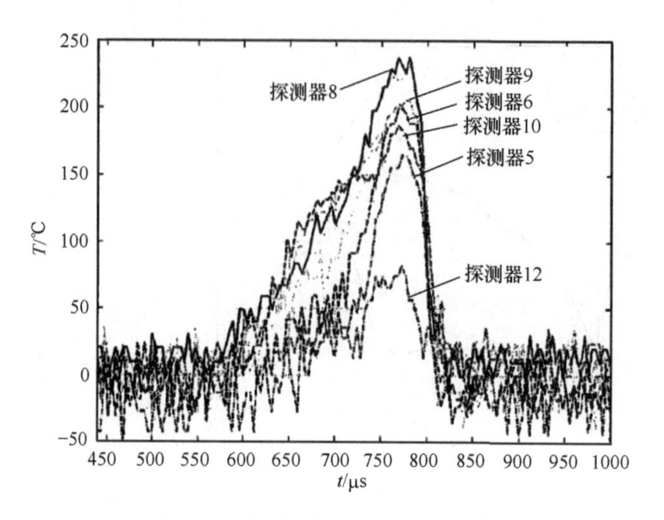

图 8.46 切削试样表面温度历史[67]

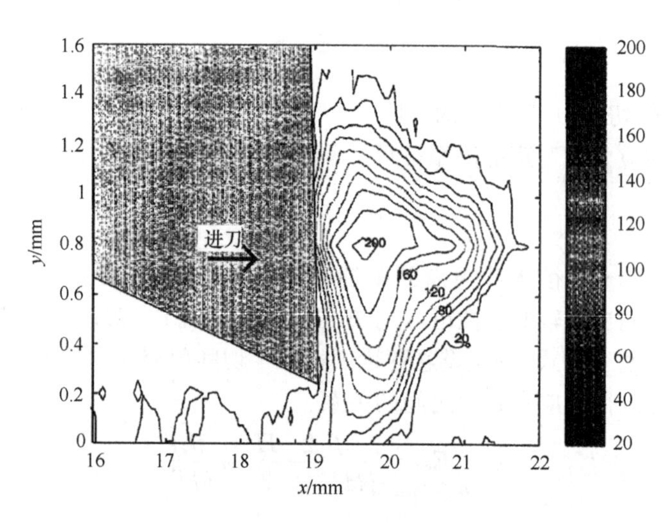

图 8.47 切削试样表面温度分布[67]

8.5 小 结

本章介绍了基于霍普金森杆的拓展应用。这些拓展应用的共同点在于,将杆中的应力波作为一种加载兼测试的手段,配合其他测试方法获得试样的响应信息。掌握了这个核心思想,可以开发出更多基于霍普金森杆的实验技术,进一步挖掘其潜力,创新其应用。

参 考 文 献

[1] Kuhn H A. Uniaxial compression testing[M]. ASM Handbook. Vol 8. Mechanical Testing and Evaluation, OH: ASM International, 2000: 338—357.

[2] 胡时胜. Hopkinson 压杆实验技术的应用进展[J]. 实验力学, 2005, 20(4): 589—594.

[3] 李玉龙, 郭伟国, 徐绯. Hopkinson 压杆技术的推广应用[J]. 爆炸与冲击, 2006, 26(5): 385—394.

[4] Gama B A, Lopatnikov S L, Gillespie Jr J W. Hopkinson bar experimental technique: A critical review[J]. Applied Mechanics Review, 2004, 57(4): 223—250.

[5] 张学峰, 夏源明. 中应变率材料试验机的研制[J]. 实验力学, 2001, 16(1): 13—18.

[6] 吴衡毅, 马钢, 夏源明. PMMA 低、中应变率单向拉伸力学性能的实验研究[J]. 实验力学, 2005, 20(2): 194—199.

[7] Song B, Chen W, Lu W Y. Mechanical characterization at intermediate strain rates for rate effects on an epoxy syntactic foam[J]. International Journal of Mechanical Sciences, 2007, 49(12): 1336—1343.

[8] Song B, Chen W, Lu W Y. Compressive mechanical response of a low-density epoxy foam at various strain rates[J]. Journal of Materials Science, 2007, 42(17): 7502—7507.

[9] Othman R, Guegan P, Challita G, et al. A modified servo-hydraulic machine for testing at intermediate strain rates[J]. International Journal of Impact Engineering, 2009, 36(3): 460—467.

[10] Song B, Chen W W, Lu W Y. Mechanical characterization at intermediate strain rates for rate effects on an epoxy syntactic foam[J]. International Journal of Mechanical Sciences, 2007, 49(12): 1336—1343.

[11] Gray G T, Blumenthal W R. Split-Hopkinson pressure bar testing of soft materials [M]. ASM Handbook. Vol 8. Mechanical Testing and Evaluation, OH: ASM International, 2000: 1093—1114.

[12] Liu K, Li X. A new method for separation of waves in improving the conventional SHPB technique[J]. Chinese Physics Letters, 2006, 23(11): 3045—3049.

[13] Song B, Syn C J, Grupido C L, et al. A long split Hopkinson pressure bar (LSHPB) for intermediate-rate characterization of soft materials[J]. Experimental Mechanics, 2008, 48(6): 809—815.

[14] Zhao H, Gary G. A new method for the separation of waves. Application to the SHPB technique for an unlimited duration of measurement[J]. Journal of the Mechanics and Physics of Solids, 1997, 45(7): 1185—1202.

[15] Tarigopula V, Albertini C, Langseth M, et al. A hydro-pneumatic machine for intermediate strain-rates: Set-up, tests and numerical simulations[C]. The 9th International Conference on the Mechanical and Physical Behaviour of Materials under Dynamic Loading, 2009.

[16] Chen R, Huang S, Xia K, et al. A modified Kolsky bar system for testing ultrasoft materials under intermediate strain rates[J]. Review of Scientific Instruments, 2009, 80(7): 076108.

[17] Chen W, Lu F, Zhou B. A quartz-crystal-embedded split Hopkinson pressure bar for soft materials[J]. Experimental Mechanics, 2000, 40(1): 1—6.

[18] Chen W, Lu F, Frew D J, et al. Dynamic compression testing of soft materials[J]. Journal of Applied Mechanics-Transactions of the ASME, 2002, 69(3): 214—223.

[19] Karnes C H, Ripperge E A. Strain rate effects in cold worked high-purity aluminium [J]. Journal of the Mechanics and Physics of Solids, 1966, 14(2): 75—88.

[20] Wasley R J, Hoge K G, Cast J C. Combined strain gauge-quartz crystal instrumented Hopkinson split bar[J]. Review of Scientific Instruments, 1969, 40(7): 889—894.

[21] Casem D, Weerasooriya T, Moy P. Inertial effects of quartz force transducers embedded in a split Hopkinson pressure bar[J]. Experimental Mechanics, 2005, 45(4): 368—377.

[22] Kolsky H. An investigation of the mechanical properties of materials at very high rates of loading[J]. Proceedings of the Royal Society A-Mathematical Physical and Engineering Sciences, 1949, B62: 676—700.

[23] Forrestal M J, Wright T W, Chen W. The effect of radial inertia on brittle samples during the split Hopkinson pressure bar test[J]. International Journal of Impact Engineering, 2007, 34(3): 405—411.

[24] Song B, Chen W, Ge Y, et al. Dynamic and quasi-static compressive response of porcine muscle[J]. Journal of Biomechanics, 2007, 40(13): 2999—3005.

[25] Song B, Ge Y, Chen W, et al. Radial inertia effects in Kolsky bar testing of extra-soft specimens[J]. Experimental Mechanics, 2007, 47(5): 659—670.

[26] Meyer L W, Manwaring S, Murr L E, et al. Metallurgical applications of shock-wave and high-strain-rate phenomena[M]. New York: Dekker Machanical Engineering, 1986.

[27] Meyers M A, Chen Y J, Marquis F D S, et al. High-strain, high-strain-rate behavior of tantalum[J]. Metallurgical and Materials Transactions A-Physical Metallurgy and Materials Science, 1995, 26(10): 2493—2501.

[28] Meyers M A, Meyer L W, Vecchio K S. High strain, high-strain rate deformation of copper [J]. Journal de Physique IV, 1991, 1: C3-11—C3-16.

[29] Dowling A R, Harding J, Campbell J D. The dynamic punching of metals[J]. Journal: Institute of Metals, 1970, 98(11): 215—224.

[30] Huang S, Feng X T, Xia K. A dynamic punch method to quantify the dynamic shear strength of brittle solids[J]. Review of Scientific Instruments, 2011, 82(5): 053901.

[31] Riendeau S, Nemes J A. Dynamic punch shear behavior of AS4/3501-6[J]. Journal of Composite Materials, 1996, 30(13): 1494—1512.

[32] Harding J, Huddart J. The use of the double-notch shear test in determining the mechanical properties of uranium at very high rates of strain[C]. Proceedings of the 2nd International

Conference, London, 1979: 49—61.

[33] Klepaczko J R. An experimental technique for shear testing at high and very high strain rates[J]. International Journal of Impact Engineering, 1994, 46: 25—39.

[34] Baker W W, Yew C H. Strain rate effects in the propagation of torsional plastic waves [J]. Journal of Applied Mechanics, 1966, 33(6): 917—923.

[35] Duffy J, Campbell J D, Hawley R H. Use of a torsional split Hopkinson bar to study rate effects in 1100-0 aluminum[J]. Journal of Applied Mechanics, 1971, 38(1): 83.

[36] Nicholas T. Strain-rate and strain-rate-history effects in several metals in torsion [J]. Experimental Mechanics, 1971, 11(8): 370—374.

[37] Frantz R A, Duffy J. The dynamic stress-strain behavior in torsion of 1100-0 aluminum subjected to a sharp increase in strain rate[J]. Journal of Applied Mechanics-Transactions of the ASME, 1972, 39(4): 939—945.

[38] Eleiche A M, Campbell J D. Strain-Rate effects during reverse torsional shear [J]. Experimental Mechanics, 1976, 16(8): 281—290.

[39] Vinh T, Khalil T. Adiabatic and viscoplastic properties of some polymers at high strain and high strain rate[C]. Conference on the Mechanical Properites at High Rates of Strain, Oxford, 1984: 39—46.

[40] Nie X, Prabhu R, Chen W W, et al. A Kolsky torsion bar technique for characterization of dynamic shear response of soft materials[J]. Experimental Mechanics, 2011, 51(9): 1527—1534.

[41] Barthelat F, Wu Z, Prorok B C, et al. Dynamic torsion testing of nanocrystalline coatings using high-speed photography and digital image correlation[J]. Experimental Mechanics, 2003, 43(3): 331—340.

[42] Gilat A, Cheng C S. Torsional split Hopkinson bar tests at strain rates above $10^4 s^{-1}$[J]. Experimental Mechanics, 2000, 40(1): 54—59.

[43] Ogawa K. Impact friction test method by applying stress wave[J]. Experimental Mechanics, 1997, 37(4): 398—402.

[44] Rajagopalan S, Prakash V. A modified torsional Kolsky bar for investigating dynamic friction[J]. Experimental Mechanics, 1999, 39(4): 295—303.

[45] Espinosa H D, Patanella A, Fischer M. A novel dynamic friction experiment using a modified Kolsky bar apparatus[J]. Experimental Mechanics, 2000, 40(2): 138—153.

[46] Chichili D, Ramesh K. Recovery experiments for adiabatic shear localization: A novel experimental technique[J]. Journal of Applied Mechanics, 1999, 66(1): 10—20.

[47] Huang H, Feng R. A study of the dynamic tribological response of closed fracture surface pairs by Kolsky-bar compression-shear experiment[J]. International Journal of Solids and Structures, 2004, 41(11-12): 2821—2835.

[48] Hartley K A, Duffy J, Hawley R H. The torsional Kolsky (Split-Hopkinson) bar [M].

ASM Hand book, Vol8. Mechanical Testing and Evaluation. OH: ASM International, 2000: 218—228.

[49] 林玉亮,卢芳云,崔云霄. 冲击加载条件下材料之间摩擦系数的确定[J]. 摩擦学报,2007,27(1):64—67.

[50] Li J, Lu F, Zhao P, et al. Impact friction test for friction materials[C]. The 9th International Conference on the Mechanical and Physical Behaviour of Materials under Dynamic Loading, 2009.

[51] 李玉龙,郭伟国. 高 g 值加速度传感器校准系统的研究[J]. 爆炸与冲击,1997,17(1):90—96.

[52] 王文军,胡时胜. 高 g 值加速度传感器的标定[J]. 爆炸与冲击,2006,26(6):568—571.

[53] Frew D J, Forrestal M J, Chen W. Pulse shaping techniques for testing elastic-plastic materials with a split Hopkinson pressure bar[J]. Experimental Mechanics, 2005, 45(2): 186—195.

[54] 李夕兵,周子龙,王卫华. 运用有限元和神经网络为 SHPB 装置构造理想冲头[J]. 岩石力学与工程学报,2005,24(23):4215—4218.

[55] Togami T C, Baker W E, Forrestal M J. A split Hopkinson bar technique to evaluate the performance of accelerometers [J]. Journal of Applied Mechanics-Transactions of the ASME, 1996, 63(2): 353—356.

[56] 王艳华,张景林. 火工装药过载加速度试验方法研讨[J]. 机械管理开发,2010,25(2):47,48.

[57] 张学舜,秦志春,沈瑞琪,等. 火工品动态惯性过载模拟试验及数值仿真技术研究[J]. 爆破器材,2004,33(4):12—15.

[58] 邓琼,叶婷,苗应刚. 基于 Hopkinson 压杆实验技术研究火工品及含能材料的抗高过载能力[J]. 火炸药学报,2009,32(6):66—70.

[59] 蔡吉生,沈瑞琪,叶迎华,等. 延期体抗高加速度过载的界面加固性能研究[J]. 火工品,2007,33(4):43—46.

[60] 张学舜,沈瑞琪,邓强,等. 雷管抗过载能力的安全性试验评价[J]. 火工品,2004,30(2):4—7.

[61] 杨光强,任炜,商弘藻. 高过载下桥丝电雷管失效模式与机理初步研究[J]. 火工品,2011,38(2):8—11.

[62] Krzewinski B, Blake O, Lieb R, et al. Shear deformation and shear initiation of explosives and propellants[C]. Proceedings of the 12th International Detonation Symposium, San Diego CA, 2002.

[63] Joshi V S, Cart E J, Guirguis R H. Measurement of ignition threshold of explosives using a hybrid Hopkinson bar-drop weight test[C]. Proceedings of the 13th International Detonation Symposium, Norfolk VA, 2006.

[64] Joshi V S, Richmond C T. Characterization of ignition threshold of PBXN-110 using hybrid

drop weight-Hopkinson bar[C]. Proceedings of the 14th International Detonation Symposium, Coeur d'Alene ID, 2010.

[65] Li Z H, Bi X P, Lambros J, et al. Dynamic fiber debonding and frictional push-out in model composite systems: Experimental observations[J]. Experimental Mechanics, 2002, 42(4): 417—425.

[66] Bi X, Li Z, Geubelle P H, et al. Dynamic fiber debonding and frictional push-out in model composite systems: Numerical simulations[J]. Mechanics of Materials, 2002, 34(7): 433—446.

[67] Vernaza-Pena K M, Mason J J, Li M. Experimental study of the temperature field generated during orthogonal machining of an aluminum alloy[J]. Experimental Mechanics, 2002, 42(2): 221—229.